上册

化验员读本
化学分析

周心如　杨俊佼　柯以侃　编著

第5版
The Fifth Edition

U0254285

化学工业出版社
·北京·

《化验员读本》分为上下两册,上册"化学分析",下册"仪器分析"。

本册(上册"化学分析")共十章,内容包括四部分:化验室的基础知识、基本技能和常用设备的使用和维护;化学分析的基本操作和实验技术;化学分析基本理论和基本方法;分析误差及分析实验室建设、质量管理和质量保证。

本次修订仍遵循《化验员读本》各版的编写原则与编写风格,在内容选材上保持与时俱进,注重科学性、先进性、实用性和标准化。本版增加了不确定度评定的介绍;引入了计算滴定法;具体介绍了分析实验室质量控制技术;更新了实验室常用设备及其使用方法的介绍;全面深入贯彻了我国法定计量单位的有关规定,书中名词、术语全部采用最新标准规定;增加了部分章节的例题和习题数量;强化了有关化验员综合能力培养的内容。

本书主要作为化验员的培训教材与自修读本,也可供有关部门分析检验人员在工作中参考和使用,对相关院校师生的教学也具参考价值。

图书在版编目(CIP)数据

化验员读本.上册,化学分析/周心如,杨俊佼,柯以侃编著.—5版.—北京:化学工业出版社,2016.9 (2024.7重印)
ISBN 978-7-122-27464-9

Ⅰ.①化… Ⅱ.①周…②杨…③柯… Ⅲ.①化验员-基本知识②化学分析-基本知识 Ⅳ.①TQ016

中国版本图书馆 CIP 数据核字(2016)第 145196 号

责任编辑:傅聪智 任惠敏   装帧设计:刘丽华
责任校对:王 静

出版发行:化学工业出版社(北京市东城区青年湖南街 13 号 邮政编码 100011)
印 装:三河市延风印装有限公司
850mm×1168mm 1/32 印张 16½ 字数 466 千字 插页 1
2024 年 7 月北京第 5 版第 8 次印刷

购书咨询:010-64518888   售后服务:010-64518899
网 址:http://www.cip.com.cn
凡购买本书,如有缺损质量问题,本社销售中心负责调换。

定 价:39.00 元

前　言

本书自 1983 年出版以来，已经四次再版，历经 33 年，换了几代读者，作者队伍也发生了较大变化，但本书的初衷——为提高化验员的分析化学基本理论和专业实验技能及增强化验员的质量管理和质量保证的信念一直没变。第四版出版后的十多年间，化验员的学习和工作环境发生了很大的变化：世界经济全球化的新局面对质量管理和质量保证提出了更高的要求、分析化学学科自身飞速发展、国家标准不断更新、化验员学历水平不断提升。在此新形势下，为了使本书能够更加适应读者的需求，在化学工业出版社领导和本书责任编辑的支持和帮助下，编者对本书进行了第四次修订再版。此次再版，上、下册的分工更为明确，上册化学分析包括的主要内容有：化验室的基础知识、基本技能和常用设备的使用和维护；化学分析的基本操作和实验技术；化学分析基本理论和基本方法；分析误差及分析实验室建设、质量管理和质量保证等。

在第四版基础上，本次修订对部分章节作了调整和增补。取消了原上册第八章，其中滴定分析计算并入新版第七章化学分析法第二节滴定分析法概述，数据处理并入第六章定量分析测定误差与数据处理。原上册第五章溶液配制与浓度计算中第六节标准溶液的配制和计算并入新版第七章化学分析法第二节滴定分析法概述后，其余内容构成了新版第四章化学试剂和溶液配制。第四版下册第十一章化验室常用电器设备移入新版上册，构成第九章分析实验室辅助设备，新版上册仍为十章。

新版各章内容均有更新：第一章玻璃仪器及其他器具增加了专用玻璃仪器装置和移液器的介绍；第二章天平增加了电子天平的检定；第三章分析实验室用水增加了超纯水制备；第四版第十章中有关标准物质部分并入第四章化学试剂和溶液配制；第五章化学分析基本操作

加强了采样和样品处理的内容；第六章定量分析测定误差与数据处理增加了不确定度评定一节，当前掌握测量不确定度评定方法已成为化验员的必备知识；近十多年来分离富集技术发展很快，尤其是作为仪器分析的前处理手段更受到广泛重视，第八章分离和富集增加了一些新的分离富集技术；第九章分析实验室辅助设备增补较多，几乎包含了分析实验室常用的所有设备，并采用近年来推出的新设备替代老设备；第十章化验室建设和管理及分析测试的质量保证，根据国家标准委发布的 GB/T 27025—2008《检测和校准实验室能力的通用要求》，对分析实验室质量保证和质量控制技术作了更具体的可操作的介绍；第七章化学分析法介绍化学分析基本理论和基本方法，是本书最重要的一章，新版新增了滴定分析法概述一节，其中增加了滴定分析不确定度评定的内容。计算机的应用推动了化学分析的发展，再版时编者在化学分析法酸碱滴定一节中作了一些变革，如引入了酸碱滴定的通用滴定曲线方程，初步介绍了计算滴定法在极弱酸、碱和混合酸、碱测定中的应用等，以引起读者的重视。

我们期待新版的《化验员读本 上册 化学分析》能以崭新的面貌呈现给读者，并得到读者的厚爱和关注。

本次修订仍遵循列次各版的编写原则，在前四版的前言中已作了详述，此处不再重复，新版更多强调的是化验员自身能力的提升，在解决实际问题的能力上能更上一个台阶。

本书由北京化工大学理学院教师编写，参加人员：周心如（第一、二、三、八章）；杨俊佼（第五、九章）；柯以侃（第四、六、七、十章）。

修订过程中，本书责任编辑在策划大纲编写、文稿文字处理、文稿的审理出版等方面做了大量工作，在此编者表示衷心感谢。

由于编者水平所限，不足之处望读者批评指正。

编　者

2017 年 5 月于北京化工大学

第一版　前　言

分析化学是一门实践性很强的基础技术学科，它和国民经济各个部门都有密切的联系，因此化验分析工作常被称为是生产中的眼睛，科研中的尖兵。

随着我国社会主义建设事业的蓬勃发展，化验分析战线上增加了一大批新生力量。他们不仅需要在各自的岗位上掌握实际的操作技能，而且随着科研和生产水平的不断提高，也迫切需要从基础理论和现代化分析技术上迅速地得到提高，以适应四个现代化建设的需要。本书正是为了适应这一需要而编写的。

本书既考虑初参加化验工作人员所需要的基本知识和基本技能，也考虑已参加化验工作人员所需要的基本理论和现代分析技术的要求。通过本书的学习，可使化验工作人员既掌握化验分析的操作技能，又掌握一定的基本原理，既懂化学分析法的要点，又懂一般化验室中常用仪器分析的操作过程。通过实践和学习，可达到触类旁通的目的，举一反三的效果，为进一步深入学习打下初步基础。本书分上下两册出版。

上册从最基本最常用的玻璃仪器的规格和使用方法写起，继而介绍常用的台秤和分析天平，然后介绍实验室所用纯水的制备，分析时取样和制样的常识，溶液的配制和计算，重量分析和容量分析的基本操作。为了进一步提高化验人员的水平，还系统地介绍了化学分析法的基本理论，最后还介绍了化验工作中的安全与防护及化验室的管理。书末附有参考书目，复习思考题及常用数据表。

下册首先介绍化验人员所需要的电工基础知识，以便为使用常用的电器和分析仪器打下初步基础。然后介绍目前化验室中常用的一些仪器分析方法，如比色及分光光度法、原子吸收法、电位分析法及气相色谱法。对这些方法原理，本书仅做概念性的介绍，但对操作方法和仪器的维护知识做较详尽的叙述。最后介绍物理常数测定方法。下册书末亦附有参考书目，复习思考题及常用的数据表。

本书可作为初中以上文化水平从事化验工作人员的自学参考书，也可供分析短训班教学和参考用。

本书由北京化工学院工业分析教研室周心如（第一、二、四章和第五章部分），黄沛成（第三、十一、十二章和第九章部分），刘珍（第五章部分和第六、七、八、十三章）、朱雪贞（第九章部分和第十章）、陈美智（第十四章）、于世林（第十五、十六章）同志编写。全书由刘珍同志主编并审阅。

由于我们的水平有限，对生产实际了解得不够全面，缺点和错误在所难免，衷心希望读者批评指正。

编　者

1981 年 12 月于北京化工学院

第二版 前 言

本书第一版自 1983 年出版以来已 10 余年，广大读者对本书的热情关注与支持实在令我们感动。

在当前正值改革开放的大好形势下，科技腾飞日进万里，市场经济迅速发展，为适应经济发展的要求，增强竞争意识提高产品质量，必然要加强化验分析工作。为此我们对本书第一版进行修订。修订工作是在第一版的基础上进行的，调整更新的主要内容如下：

一、全面贯彻国务院发布的《关于在我国统一实行法定计量单位的命令》及《中华人民共和国法定计量单位》。废止当量、克当量、毫克当量等名词，代之以物质的量的概念，并引用物质的量的规则和以确定基本单元作为滴定分析计算的依据，使计算既有规可循又能规范化，并且还可以利用以前分析数据和资料。

二、保留符合初学者所需的和符合初学者认识规律的基础分析方法和三基要求（基本原理、基本知识、基本操作）。并将所涉及的基准溶液和标准溶液的配制、浓度的计算及分析结果的计算都根据法定计量单位的要求进行了修订，重新计算数据。为巩固三基要求和提高运用法定计量单位进行计算的熟练程度，每章后都附有学习要求和复习题。

三、增设了"化验室建设"一章。化验分析工作历来被称为科研中的尖兵，生产中的眼睛。为使初参加化工分析战线上的新生力量，对化验分析实验室的建设和所要求的技术条件，通风设备和合理的布局等基础知识有一定了解，对各类药品、仪器等的科学管理，以及对化验分析实验室的防火防爆和防毒等的安全知识有一定程度的了解和掌握，我们改编增设了这一章。

四、删除目前不再生产的测试仪器和作为实例的分析规程，选用目前广泛应用于科研单位、高等院校和生产部门的测试方法。并且尽量选用国产测试仪器及国家标准（G.B）和部颁标准（H.G）中的分析规程为例。

五、补充科研实验所需的超纯水的制备方法、毛细管色谱法及生产部门广泛应用的电位分析法和气相色谱分析法测定微量水分含量的分析方法，用离子选择电极分析法测定微量氟或某些微量阴离子的含量。增加在化验分析前对复杂物质中的干扰离子进行分离的基础知识。

第二版修订工作由北京化工学院有关同志担任：周心如（第一、二、四、十章、第五章与第十章部分）、黄沛成（第三、十一、十二章、第五及第十章部分）、刘珍（第六、七、八、九、十三章、第五章部分）、陈美智（第十四章）、于世林（第十五、十六章）。全书由刘珍同志主编，由刘珍和黄沛成同志审阅。承蒙本书责任编辑同志对书的结构与内容提出许多宝贵的建议，在此表示衷心的感谢。

由于我们的水平有限，缺点不足之处在所难免，欢迎广大读者提出宝贵意见。

编　者

1993 年 6 月 北京化工学院

第三版　前　言

本书第一版（1983 年）和第二版（1994 年）发行以来，受到广大读者的关注和好评，在培养基层分析工作者，使之获得必要的分析化学专业技能方面，发挥了一定的积极作用。

在 21 世纪即将到来之际，我国国民经济高速发展，产品质量已成为企业生存与发展的关键，其中产品的质量监控是质量管理的主要手段及发展商品市场的重要因素之一，因此分析监测技术正在不断更新。在新形势下，每个分析工作者在掌握化学分析基础知识的基础上，进一步拓宽仪器分析的专业知识，掌握现代分析仪器的使用方法，是不断提高业务素质和技术水平的必由之路。为了对基层分析工作者提供切实的帮助，在化学工业出版社领导和本书责任编辑的大力支持下，编者对本书进行了第三版的修订工作。本次修订在保持第一版、第二版主要特点的基础上，对部分章节进行了调整更新，适当增加了新的章节。

在上册中增加了电子天平的使用方法；分析实验室用水国标规定的检验方法、高纯水的各种制备方法；更新了溶液浓度表示方法、引入按国标规定的标准溶液的配制和标定方法；加强了偶然误差理论的介绍、格鲁布斯法检验分析结果和回归分析法在标准曲线上的应用；增加了柱色谱和薄层色谱分离方法介绍。

下册删去了"电工基础知识"一章，增加了红外吸收光谱法、高效液相色谱法两章；在电化学分析部分增加了库仑分析法、阳极溶出伏安法和电位溶出法；在光度分析法部分增加了对紫外分光光度法原理、仪器、定性与定量方法的介绍；在原子吸收光谱法部分增加了石墨炉原子化器、最佳实验操作条件、干扰及消除方法的介绍；在气相色谱法部分加强了对毛细管色谱法和范第姆特方程式的介绍；在物理常数测定方法部分增加了闪点与燃点的测定方法。在全书最后增加的"分析化学展望"一章简述了分析方法及分析仪器的发展趋势，利于读者对分析化学全貌及未来发展的综合了解。

本次修订工作遵循以下原则：

① 针对初学者的特点和循序渐进的学习规律，各章阐述由浅入深，从感性认识深化到理性认识，以使读者易于掌握各章的重点和难点。

② 全书各章节内容安排保持科学性、系统性和一定的深广度，使读者既能掌握基础内容又明了进一步深造的方向。

③ 全书注重对基本原理、基本知识和基本技能的介绍。各章均以对基本概念、仪器构成、定性和定量分析方法、操作条件选择的介绍为主，并对测定实例作了简明扼要的介绍，提出各章的学习要求并配备了复习题。

④ 针对生产和科研部门的需求，本次修订增强了对现在广泛使用的仪器分析方法（紫外和红外吸收光谱法、原子吸收光谱法、气相色谱法和高效液相色谱法）的介绍。

主编刘珍同志负责本次修订的组织工作，在刘珍同志编写的第六、七、八、九、十三章第二版原稿的基础上，下列同志分担了本次修订工作。

周心如：第一、二、四、九、十、十三章及第五章第一、二节。

黄沛成：第三、六、七、八、十一、十二章及第五章第三、四、五、六节。

于世林：第十四、十五、十六、十七、十八、十九章。

本书上册由黄沛成，下册由于世林分别负责统稿、整理工作。本书责任编辑在为本次修订工作的总体规划、编写大纲、提供参考资料等方面给予了大力协助，并提出不少宝贵意见，在此表示衷心感谢。

由于编者水平所限，本次修订工作仍有不足之处，欢迎广大读者提出宝贵意见。

编　者

1998 年 2 月于北京化工大学

第四版　前　言

本书自 1983 年面世以来，这已是第三次修订再版，20 多年来承蒙广大读者对本书的厚爱与关注，使其总发行量达近百万册。本书为提高化验员的分析化学基本理论和专业实验技能，增强质量管理和质量保证的信念，发挥一定的积极促进作用。

进入 21 世纪后，我国国民经济的高速发展，尤其在加入世界贸易组织之后，面临世界经济全球化的新局面，我国工、农业产品质量的全面提升，在世界贸易中的比重日益增加，生产高质量的产品，进一步提高我国的声誉，已成为产业部门的共识。面对国际贸易中不公平的单方制裁，更表明产品质量已成为企业生存与发展的关键，对产品的质量监控已成为评价企业信誉的标志。

当前分析检测技术已发生了重大变化，传统的手工或化学分析操作方法已逐渐让位给快速的、操作简便的仪器分析方法。新一代的化验员应在掌握基础化学分析知识的基础上，努力学习常用的仪器分析方法，以适应生产技术已发生的巨大变化。为适应新形势、并对基层分析工作者提供切实、有效的帮助，在化学工业出版社领导和本书责任编辑的大力鼓舞和支持下，编者对本书进行了第三次的修订。本次修订在第三版的基础上，调整、更新并增加了新的章节。

本书上册删除了双盘摇摆天平，精简了离子交换法制无离子水，增加了膜分离制纯水；在酸、碱滴定法中引入质子理论，比较系统地介绍了酸、碱度的计算和缓冲溶液的概念；加强了四大平衡理论，以提高化验员必须掌握的基本理论和基础知识；密切结合当前生产实际，精心选择各种分析方法的实例；在分离、富集方法中增加了膜分离、固相萃取和固相微萃取技术的介绍；在化验室建设中，加强了分析测试的质量管理和质量保证的阐述。

本书下册电化学分析介绍了新型仪器和应用实例；光度分析中增

加了双波长和导数分光光度法；红外吸收光谱法中增加了傅里叶变换红外吸收光谱仪简介，加强了红外吸收谱图解析方法和实例的介绍；在原子吸收光谱法中增加了原子荧光光谱法；在气相色谱法中增加了热离子化和光离子化检测器，保留时间锁定技术，增强对毛细管气相色谱原理、进样方法以及程序升温技术的阐述；在高效液相色谱法中增加了对流动相特性参数、选择流动相的一般原则、改善分离选择性的方法介绍及梯度洗脱技术。

本次修订仍遵循第三版的编写原则：

（1）针对初学者的特点和循序渐进的学习规律，各章阐述由浅入深，从感性认识深化到理性认识，以使读者易于掌握各章的重点和难点。

（2）全书各章节内容安排保持科学性、系统性和一定的深、广度，使读者既能掌握基础内容又明确进一步深造的方向。

（3）全书注重对基本原理、基本知识和基本技能的介绍。各章均以对基本概念、仪器构成、定性和定量分析方法、操作条件选择的介绍为主，并对测定实例作了简明扼要的介绍，提出各章的学习要求并配备了复习题。

（4）为使初学者切实掌握仪器分析的实验技能，在仪器分析各章都突出了实验技术的介绍，以利于初学者提高解决实际操作的能力。

本书主编刘珍同志对本次修订原则予以肯定。在刘珍同志编写的第六、七、八、九、十三章的基础上，几位执笔人分担本次修订工作。

周心如：第一、二、四、九、十、十三章及第五章第一、二节。

黄沛成：第三、六、七、八、十一、十二及第五章第三、四、五、六、七、八节。

于世林：第十四、十五、十六、十七、十八、十九章。

全书经汇总后，由责任编辑审理出版。

本书在第四版修订中，责任编辑在策划编写大纲，文稿文字处理方面，做了大量组织工作，对文稿提出了中肯的修改意见，在此编者表示衷心感谢。

由于编者水平所限，对不足之处欢迎广大读者提出宝贵意见。

编　者

2003 年 10 月于北京化工大学

目　　录

第一章　玻璃仪器及其他器具 ……………………………………………… 1

　第一节　玻璃仪器 ………………………………………………………… 1

　　一、仪器玻璃 …………………………………………………………… 1

　　二、常用的玻璃仪器 …………………………………………………… 3

　　三、专用玻璃仪器装置 ………………………………………………… 11

　　四、玻璃仪器的洗涤方法 ……………………………………………… 14

　　　（一）洗涤仪器的一般步骤 ………………………………………… 14

　　　（二）各种洗涤液的使用 …………………………………………… 14

　　　（三）砂芯玻璃滤器的洗涤 ………………………………………… 15

　　　（四）吸收池（比色皿）的洗涤 …………………………………… 16

　　　（五）特殊的洗涤方法 ……………………………………………… 16

　　五、玻璃仪器的干燥方法 ……………………………………………… 17

　　六、简单玻璃加工操作 ………………………………………………… 17

　　七、打开粘住的磨口塞的方法 ………………………………………… 19

　第二节　石英玻璃仪器 …………………………………………………… 20

　第三节　瓷器和非金属材料器皿 ………………………………………… 21

　第四节　铂及其它金属器皿 ……………………………………………… 22

　　一、铂皿 ………………………………………………………………… 22

　　二、其它金属器皿 ……………………………………………………… 23

　第五节　塑料制品 ………………………………………………………… 24

　　一、聚乙烯和聚丙烯制品 ……………………………………………… 24

　　二、聚四氟乙烯制品 …………………………………………………… 26

　第六节　移液器 …………………………………………………………… 26

　第七节　其它器具 ………………………………………………………… 28

　参考文献 …………………………………………………………………… 32

　学习要求 …………………………………………………………………… 32

　复习题 ……………………………………………………………………… 33

第二章　天平 ………………………………………………………………… 34

　第一节　天平的分类、准确度级别及选用 ……………………………… 34

　　一、天平的分类 ………………………………………………………… 34

二、天平的准确度级别 ·· 35

三、如何选用天平 ·· 36

第二节　机械杠杆式天平 ·· 37

一、双盘天平的称量原理 ·· 37

二、单盘天平的称量原理 ·· 38

三、砝码 ·· 40

（一）概述 ·· 40

（二）砝码的准确度等级和计量性能要求 ······························ 40

（三）砝码的维护 ·· 42

第三节　电子天平 ·· 43

一、电子天平的称量原理 ·· 43

二、电子天平的安装 ·· 43

（一）电子天平的工作环境要求 ·· 43

（二）电子天平的安装方法 ·· 44

三、电子天平的使用方法 ·· 45

四、电子天平使用注意——影响称量准确度的因素 ························ 45

五、电子天平的检定 ·· 46

（一）电子天平检定的准备 ·· 46

（二）电子天平检定方法简介 ·· 46

六、电子天平的维护保养 ·· 47

七、电子天平常见故障及其排除 ·· 48

第四节　试样的称量方法与称量误差 ···································· 49

一、试样的称量方法 ·· 49

二、称量误差 ·· 51

参考文献 ·· 53

学习要求 ·· 53

复习题 ·· 53

第三章　分析实验室用水 ·· 54

第一节　概述 ·· 54

一、原水的杂质 ·· 54

二、水的纯化方法 ·· 55

三、超纯水制备流程中各组件的工作原理 ································ 56

第二节　分析实验室用水的规格和试验（检验）方法 ···················· 59

一、分析实验室用水的规格 ·· 59

二、分析实验室用水的试验（检验）方法 ············· 60

（一）标准方法简介 ················· 60

（二）一般检验方法 ················· 61

第三节　分析实验室用水的储存和选用 ············· 62

第四节　蒸馏法制纯水 ··················· 64

一、蒸馏法 ······················· 64

二、亚沸法 ······················· 64

第五节　离子交换法制纯水 ················· 65

一、离子交换树脂的预处理 ··············· 66

二、离子交换树脂的再生 ················ 67

三、正洗及产水 ···················· 68

参考文献 ······················· 68

学习要求 ······················· 68

复习题 ························ 68

第四章　化学试剂和溶液配制 69

第一节　化学试剂 ···················· 69

一、化学试剂的分类、包装和规格 ············· 69

（一）化学试剂的分类 ················· 69

（二）化学试剂的包装和规格 ·············· 69

二、化学试剂合理选用及使用注意事项 ··········· 70

（一）化学试剂的合理选用 ··············· 70

（二）化学试剂使用注意事项 ·············· 74

第二节　分析化学中的法定计量单位 ············· 75

一、法定计量单位 ··················· 75

二、分析化学中常用法定计量单位 ············· 75

第三节　溶液浓度表示方法及溶液配制 ············· 78

一、B的物质的量浓度 ················· 79

二、B的质量分数 ··················· 79

三、B的质量浓度 ··················· 81

四、B的体积分数 ··················· 82

五、比例浓度 ····················· 82

六、微量分析用离子标准溶液的配制 ············ 83

第四节　配制溶液注意事项 ················· 84

参考文献 ······················· 85

学习要求 ……………………………………………………………… 85

复习题 ………………………………………………………………… 85

第五章 化学分析基本操作 ……………………………………… 87

第一节 试样的采取、制备和保存 ………………………………… 87

一、采样的目的和基本原则 ……………………………………… 87

（一）采样方案 ……………………………………………… 88

（二）采样记录 ……………………………………………… 88

二、采样技术 ……………………………………………………… 88

（一）采样误差 ……………………………………………… 88

（二）物料的类型 …………………………………………… 88

（三）组成比较均匀的试样的采取和制备 ……………… 89

（四）组成很不均匀的试样的采取和制备 ……………… 93

三、采样注意事项 ………………………………………………… 96

四、试样的保存 …………………………………………………… 98

第二节 试样的分解 ………………………………………………… 98

一、分解试样的一般要求 ………………………………………… 98

二、分解试样的方法 ……………………………………………… 99

（一）无机样品的分解 ……………………………………… 99

（二）有机化合物的分解 ………………………………… 107

第三节 称量分析基本操作 ……………………………………… 108

一、溶解样品 …………………………………………………… 108

二、沉淀 ………………………………………………………… 109

三、过滤和洗涤 ………………………………………………… 109

（一）用滤纸过滤 ………………………………………… 109

（二）用微孔玻璃坩埚（漏斗）过滤 …………………… 114

四、干燥和灼烧 ………………………………………………… 115

（一）坩埚的准备 ………………………………………… 115

（二）沉淀的干燥和灼烧 ………………………………… 116

（三）干燥器的使用方法 ………………………………… 117

第四节 滴定分析基本操作 ……………………………………… 118

一、滴定管 ……………………………………………………… 119

（一）种类 ………………………………………………… 119

（二）有关的技术要求 …………………………………… 121

（三）滴定管的使用方法 ………………………………… 121

二、移液管和吸量管 ·································· 126
（一）有关的技术要求 ·························· 126
（二）移液管和吸量管的使用方法 ················ 128
三、容量瓶 ·· 130
（一）有关的技术要求 ·························· 130
（二）容量瓶的使用方法 ························ 130
四、吸管 ·· 132
（一）吸管的种类 ······························ 132
（二）使用方法 ································· 132
五、容量仪器的检定 ································ 133
（一）滴定管的检定 ···························· 134
（二）移液管和吸量管的检定 ···················· 136
（三）容量瓶的检定 ···························· 136
参考文献 ·· 138
学习要求 ·· 138
复习题 ·· 138

第六章　定量分析测定误差与数据处理 ·············· 140
第一节　定量分析测定误差 ························· 140
一、误差、准确度与精密度 ······················ 140
（一）误差 ··································· 140
（二）准确度与精密度 ·························· 141
二、误差分类——系统误差与偶然误差 ·············· 141
（一）系统误差 ······························· 141
（二）偶然误差 ······························· 142
第二节　实验数据处理 ····························· 144
一、数据记录和有效数字 ························· 144
（一）数据记录 ······························· 144
（二）有效数字中"0"的意义 ···················· 145
（三）数字修约规则 ···························· 145
（四）有效数字运算规则 ························ 146
二、基本统计量的计算 ··························· 147
（一）平均值 ································· 147
（二）中位数 ································· 148
（三）偏差 ··································· 148

（四）算术平均偏差 ·· 148

（五）标准偏差 ·· 149

（六）平均值的标准偏差 ··· 151

（七）极差 ·· 151

（八）公差 ·· 152

三、分析数据的离群值检验 ·· 152

（一）分析结果判断 ·· 152

（二）分析结果数据的取舍 ······································ 153

四、检验分析数据准确度的方法 ····································· 156

（一）分析结果准确度的检验 ···································· 156

（二）分析方法可靠性的检验 ···································· 156

五、回归分析法的应用 ·· 158

第三节　不确定度评定 ··· 161

一、不确定度的基本术语及定义 ····································· 161

（一）测量不确定度 ·· 161

（二）标准不确定度 ·· 162

（三）合成标准不确定度 ··· 165

（四）扩展不确定度 ·· 166

二、测量不确定度的评定步骤 ······································· 167

参考文献 ·· 168

学习要求 ·· 169

复习题 ·· 169

第七章　化学分析法 ··· 171

第一节　化学分析法概述 ··· 171

一、化学分析的作用和特点 ·· 171

（一）化学分析的作用 ·· 171

（二）化学分析的特点 ·· 172

二、化学分析方法分类及其进展 ····································· 173

（一）化学分析方法分类 ··· 173

（二）化学分析进展 ·· 174

第二节　滴定分析法概述 ··· 175

一、滴定分析过程和相关术语 ······································· 175

（一）滴定分析过程 ·· 175

（二）滴定分析相关术语 ··· 176

二、滴定分析法分类 ·· 176

三、滴定分析对化学反应的要求和滴定方式 ············ 177

 （一）滴定分析对化学反应的要求 ·················· 177

 （二）滴定方式 ·· 178

四、滴定曲线方程和滴定曲线 ··························· 179

 （一）滴定曲线方程 ···································· 179

 （二）滴定曲线 ·· 180

五、标准滴定溶液的制备和计算 ······················· 181

 （一）一般规定 ·· 181

 （二）标准滴定溶液的制备 ·························· 182

六、滴定分析中的有关计算 ····························· 186

 （一）分析结果表示方法 ····························· 186

 （二）滴定分析计算依据——等物质的量规则 ······ 187

 （三）滴定分析计算公式 ····························· 189

七、滴定分析测定结果的不确定度评定 ··············· 192

 （一）方法和测量参数简述 ·························· 193

 （二）被测量与输入量的函数关系 ················· 193

 （三）标准不确定度的来源和分量的评定 ········· 194

第三节　酸碱滴定法 ···································· 196

一、酸碱平衡理论基础 ·································· 196

 （一）酸碱质子理论 ···································· 196

 （二）酸碱反应平衡常数 ····························· 197

 （三）物料平衡、电荷平衡和质子条件 ············ 200

 （四）分布系数和分布曲线 ·························· 203

 （五）计算 pH 值精确表达式的建立 ·············· 207

二、酸碱缓冲溶液 ······································ 213

 （一）缓冲溶液 pH 值计算和配制 ················· 213

 （二）缓冲容量和缓冲范围 ·························· 215

 （三）缓冲溶液选择 ···································· 215

三、酸碱滴定曲线方程和滴定曲线 ···················· 215

 （一）酸碱滴定曲线方程 ····························· 215

 （二）酸碱滴定曲线 ···································· 216

四、酸碱指示剂 ··· 221

 （一）变色原理 ·· 221

（二）变色范围 ·· 222

（三）混合指示剂 ·· 223

五、单一酸、碱的滴定 ·· 224

（一）cK_a（或 cK_b）$\geqslant 10^{-8}$ 的单一酸、碱的滴定方法 ·········· 224

（二）cK_a（或 cK_b）$< 10^{-8}$ 的单一酸、碱的滴定方法 ············· 226

（三）单一多元酸和多元碱的滴定方法 ··························· 229

六、混合酸、碱的测定 ·· 231

七、酸碱滴定终点误差 ·· 234

八、酸碱标准溶液配制和标定及酸碱滴定应用示例 ············· 236

（一）酸碱标准溶液配制和标定 ································· 236

（二）酸碱滴定应用示例 ·· 238

第四节　络合滴定法 ·· 241

一、络合滴定法概述 ·· 241

（一）方法简介 ·· 241

（二）EDTA 及其分析应用方面的特性 ··························· 242

二、配位化合物反应及其平衡处理 ································· 244

（一）配合物的稳定常数 ·· 244

（二）配位反应中的主反应和副反应 ··························· 246

（三）酸效应和酸效应系数 ····································· 247

（四）金属离子的副反应和副反应系数 ······················· 248

（五）配合物的副反应和副反应系数 ·························· 249

（六）配合物的条件稳定常数 ··································· 249

三、络合滴定曲线方程和滴定曲线 ································· 250

（一）络合滴定曲线方程 ·· 250

（二）滴定曲线 ·· 251

四、络合滴定指示剂——金属指示剂 ······························ 254

（一）金属指示剂变色原理 ····································· 254

（二）金属指示剂应具备的条件 ································· 254

（三）常用金属指示剂 ·· 255

（四）金属指示剂的变色范围和变色点 ······················· 258

五、单一离子的络合滴定 ·· 259

（一）单一离子滴定的最小 pH 值和最大 pH 值 ·············· 259

（二）金属指示剂的选择 ·· 260

（三）单一离子络合滴定方法的初步设计 ··················· 262

六、络合滴定混合离子的选择性测定 ·················· 262

  （一）控制酸度进行分步滴定 ·············· 263

  （二）使用掩蔽和解蔽技术 ·············· 264

  （三）使用不同的滴定剂 ·············· 267

  （四）采用不同的滴定方式 ·············· 267

七、络合滴定终点误差 ·············· 267

八、EDTA 标准溶液配制和标定 ·············· 269

九、络合滴定应用示例 ·············· 270

第五节　氧化还原滴定法 ·············· 272

一、氧化还原反应及其平衡处理 ·············· 272

  （一）氧化还原反应的条件电位 ·············· 272

  （二）氧化还原反应的进行程度 ·············· 274

  （三）氧化还原反应的速度 ·············· 274

二、氧化还原滴定曲线及其滴定终点的确定 ·············· 276

  （一）氧化还原滴定曲线 ·············· 276

  （二）氧化还原滴定的指示剂 ·············· 278

三、常用氧化还原滴定方法及应用示例 ·············· 279

  （一）高锰酸钾法 ·············· 279

  （二）重铬酸钾法 ·············· 281

  （三）碘量法 ·············· 283

四、氧化还原滴定结果的计算 ·············· 289

第六节　沉淀滴定法 ·············· 291

一、沉淀溶解平衡 ·············· 291

  （一）溶度积 ·············· 291

  （二）分级沉淀 ·············· 292

  （三）沉淀转化 ·············· 293

二、沉淀滴定方法 ·············· 293

  （一）莫尔（Mohr）法 ·············· 293

  （二）佛尔哈德（Volhard）法 ·············· 294

  （三）法扬司（Fajans）法 ·············· 296

三、沉淀滴定标准溶液的配制和标定 ·············· 297

  （一）$AgNO_3$ 标准溶液的配制和标定 ·············· 297

  （二）NH_4SCN 标准溶液的配制和标定 ·············· 298

四、沉淀滴定法应用示例 ·············· 298

第七节　称量分析法 ……………………………………………………… 299

一、挥发分析法原理及应用 ……………………………………………… 299

二、沉淀称量分析法原理及应用 ………………………………………… 301

（一）沉淀称量分析法的分析过程和对沉淀的要求 ……………… 301

（二）沉淀称量分析常用沉淀剂 …………………………………… 302

（三）影响沉淀溶解度的因素 ……………………………………… 303

（四）影响沉淀纯度的因素 ………………………………………… 305

（五）沉淀的条件 …………………………………………………… 306

（六）沉淀称量分析结果计算 ……………………………………… 307

（七）沉淀称量分析应用示例 ……………………………………… 309

参考文献 ……………………………………………………………………… 310

学习要求 ……………………………………………………………………… 311

复习题 ………………………………………………………………………… 312

第八章　分离和富集 ………………………………………………………… 319

第一节　概述 ………………………………………………………………… 319

一、分离富集在分析化学中的作用 ……………………………………… 319

二、分离富集方法 ………………………………………………………… 320

三、分离方法的评价 ……………………………………………………… 320

第二节　挥发分离法 ………………………………………………………… 321

一、升华 …………………………………………………………………… 322

二、常压蒸馏 ……………………………………………………………… 324

三、分馏 …………………………………………………………………… 326

四、减压蒸馏 ……………………………………………………………… 327

五、水蒸气蒸馏 …………………………………………………………… 330

第三节　沉淀和共沉淀分离法 ……………………………………………… 331

一、直接沉淀法 …………………………………………………………… 332

（一）无机沉淀剂分离法 …………………………………………… 332

（二）有机沉淀剂分离法 …………………………………………… 333

二、均相沉淀分离法 ……………………………………………………… 334

三、共沉淀分离法 ………………………………………………………… 336

（一）无机共沉淀剂 ………………………………………………… 336

（二）有机共沉淀剂 ………………………………………………… 337

四、盐析法 ………………………………………………………………… 338

五、等电点沉淀法 ………………………………………………………… 339

第四节　重结晶 ·· 339

一、选择溶剂 ·· 339

二、重结晶装置 ·· 340

三、重结晶操作 ·· 342

第五节　溶剂萃取分离法 ·· 343

一、萃取分离法的基本原理 ···································· 344

（一）分配系数 ·· 344

（二）分配比 ·· 344

（三）萃取率 ·· 345

（四）分离因数 ·· 346

二、无机物的萃取分离 ·· 346

（一）形成螯合物 ·· 346

（二）形成离子缔合物 ·· 347

三、有机物的萃取分离 ·· 347

四、液-液萃取分离操作方法 ·································· 348

五、固体试样的萃取方法 ···································· 350

六、超声波提取法 ·· 351

（一）超声波提取的原理 ···································· 351

（二）超声波提取的特点 ···································· 352

（三）超声波提取设备和操作方法 ························ 352

（四）超声波提取效率的影响因素 ························ 353

七、微波萃取简介 ·· 353

八、快速溶剂萃取简介 ·· 354

九、溶剂萃取的应用 ·· 354

（一）分离干扰物质 ·· 354

（二）萃取光度分析 ·· 355

（三）作为仪器分析的样品前处理方法 ·················· 355

第六节　色谱分离法 ·· 356

一、柱色谱 ·· 356

（一）吸附柱色谱法 ·· 357

（二）分配柱色谱法 ·· 360

（三）离子交换色谱法 ·· 362

（四）凝胶柱色谱简介 ·· 370

二、薄层色谱 ·· 371

（一）薄层色谱分离原理 …………………………………………………… 371

（二）薄层色谱操作方法 …………………………………………………… 372

（三）高效薄层色谱法（HPTLC）简介 ………………………………… 376

（四）薄层色谱的应用 ……………………………………………………… 377

第七节　膜分离法 …………………………………………………………… 377

一、概述 ……………………………………………………………………… 377

二、反渗透（RO） ………………………………………………………… 381

三、超滤（UF） …………………………………………………………… 382

四、微滤（MF） …………………………………………………………… 383

五、纳滤（NF） …………………………………………………………… 384

六、膜分离法在分析中的应用 …………………………………………… 384

第八节　固相萃取 …………………………………………………………… 385

一、概述 ……………………………………………………………………… 385

二、固相萃取的装置及固定相 …………………………………………… 385

三、固相萃取的方法 ……………………………………………………… 387

四、固相萃取的应用 ……………………………………………………… 387

第九节　微萃取技术 ………………………………………………………… 389

一、固相微萃取（SPME） ………………………………………………… 389

二、液相微萃取（LPME） ………………………………………………… 390

第十节　超临界流体萃取 …………………………………………………… 392

一、超临界流体萃取的原理和流程 ……………………………………… 392

二、超临界流体萃取的应用 ……………………………………………… 393

第十一节　分离方法的选择及分离富集技术的发展趋势 ……………… 394

一、分离方法的选择 ……………………………………………………… 394

二、分离富集技术的发展趋势 …………………………………………… 395

参考文献 ……………………………………………………………………… 397

学习要求 ……………………………………………………………………… 397

复习题 ………………………………………………………………………… 397

第九章　分析实验室辅助设备 …………………………………………… 399

第一节　电热设备 …………………………………………………………… 399

一、电炉、电热板、电加热套和消化炉 ………………………………… 399

（一）电炉 …………………………………………………………………… 399

（二）电热板和电加热套 ………………………………………………… 400

（三）电炉、电热板和电加热套使用注意事项 ………………………… 400

（四）消化炉 ……………………………………………… 401

二、马弗炉（高温电炉） …………………………………… 402

（一）结构和性能 ………………………………………… 402

（二）使用方法及注意事项 ……………………………… 403

三、鼓风干燥箱、真空干燥箱 ……………………………… 404

（一）鼓风干燥箱、真空干燥箱结构 …………………… 405

（二）使用方法及注意事项 ……………………………… 405

四、电热恒温水（油）浴锅 ………………………………… 407

（一）结构和性能 ………………………………………… 407

（二）使用方法及注意事项 ……………………………… 408

第二节 制冷设备 …………………………………………… 409

一、电冰箱 …………………………………………………… 409

（一）构造和作用原理 …………………………………… 409

（二）使用注意事项 ……………………………………… 411

二、超低温冰箱 ……………………………………………… 411

三、冷水机 …………………………………………………… 412

四、半导体冷阱 ……………………………………………… 413

第三节 电动设备 …………………………………………… 414

一、电动离心机 ……………………………………………… 414

（一）普通电动离心机 …………………………………… 415

（二）高速电动离心机 …………………………………… 415

二、电动搅拌器 ……………………………………………… 416

三、磁力搅拌器 ……………………………………………… 416

四、振荡器 …………………………………………………… 418

五、匀浆机 …………………………………………………… 419

六、旋转蒸发仪 ……………………………………………… 419

第四节 超声清洗机 ………………………………………… 421

一、工作原理 ………………………………………………… 421

二、超声波清洗机的使用方法和注意事项 ………………… 422

第五节 微波制样设备 ……………………………………… 423

一、微波制样的原理及特点 ………………………………… 423

二、微波消解设备 …………………………………………… 424

三、微波萃取设备 …………………………………………… 425

第六节 固相萃取设备 ……………………………………… 426

一、概述 ·· 426

二、设备和操作 ·· 427

第七节 仪器分析的其它辅助设备 ················· 429

一、空气压缩机 ·· 429

二、真空泵 ·· 430

（一）结构与原理 ····································· 430

（二）使用与注意事项 ······························· 430

三、气体钢瓶及减压阀 ································· 431

四、氢气发生器 ·· 433

五、氮气发生器 ·· 434

六、脱气装置 ·· 436

七、保护地线 ·· 436

参考文献 ··· 437

学习要求 ··· 437

复习题 ··· 437

第十章　化验室建设和管理及分析测试的质量保证 ············ 438

第一节　化验室建设和管理 ····························· 438

一、化验室的分类及设计要求 ······················ 438

（一）化验室分类及职责 ··························· 438

（二）化验室设计要求 ····························· 438

二、化验室管理和安全 ································· 443

（一）化验室管理 ··································· 443

（二）化验室安全 ··································· 449

第二节　分析测试的质量保证 ··························· 467

一、概述 ·· 467

二、化学检测实验室质量控制技术 ················· 468

（一）实验室内质量控制技术 ······················ 468

（二）室外质量控制技术 ··························· 474

（三）分析质量评价方法 ··························· 476

参考文献 ··· 477

学习要求 ··· 477

复习题 ··· 477

附录 ··· 479

第一章　玻璃仪器及其他器具

第一节　玻璃仪器

一、仪器玻璃

化验室中大量使用玻璃仪器，是因为玻璃具有一系列可贵的性质，它有很高的化学稳定性、热稳定性，有很好的透明度、一定的机械强度和良好的绝缘性能。玻璃原料来源方便，并可以用多种方法按需要制成各种不同形状的产品。用于制作玻璃仪器的玻璃称为"仪器玻璃"，用改变玻璃化学组成的方法可以制出适应各种不同要求的玻璃。

玻璃的化学成分主要是 SiO_2、CaO、Na_2O、K_2O。加入不同量的 B_2O_3、Al_2O_3、CaO、SrO、BaO 等可以使玻璃具有不同的性质和用途。

表 1-1 列出了各种仪器玻璃的牌号、化学组成及性能（QB/T 2559—2002）。

仪器玻璃的耐水性能、耐酸性能、耐碱性能按国家标准规定的试验方法测定。

酸和碱腐蚀玻璃的原理是：碱会侵蚀玻璃的二氧化硅骨架并逐渐溶解玻璃，酸是以氢离子交换玻璃中的碱金属而沥出玻璃，碱对玻璃的腐蚀性比酸大几个数量级，但是，氢氟酸强烈地腐蚀玻璃，因此玻璃不能用于含有氢氟酸的实验，浓磷酸也腐蚀玻璃。碱溶液的腐蚀会使玻璃的磨口黏结在一起无法打开，因此，不能用玻璃容器长期存放碱液。

因玻璃被侵蚀而有痕量离子进入溶液和玻璃表面吸附待测离子是微量分析必须注意的问题。

石英玻璃属于特种仪器玻璃，它有极其优良的化学稳定性和热稳定性，将另节介绍。

表 1-1 仪器玻璃的牌号、化学组成及性能

项目		玻璃牌号				
		3.3 硼硅玻璃①	4.0 硼硅玻璃	5.0 硼硅玻璃	7.0 硼硅玻璃	9.0 钠钙玻璃②
化学组成(质量分数)/%	SiO_2	约81	约75.5	约75	约71	约70
	B_2O_3	12~13	12~18	8~12	6.0~7.0	0~3.5
	Na_2O+K_2O	约4	约5.3	4~8	约11.5	12~16
	$MgO+CaO+SrO+BaO$	—	约1.3	约3	约5.5	约12
	Al_2O_3	2~3	约3	2~7	3~7	0~3.5
	平均线膨胀系数(20~300℃)/(10^{-6}/K)	3.2~3.4	3.9~4.2	4.7~5.7	6.2~7.5	7.6~9.0
性能	耐水性能/级	Ⅰ	Ⅰ	Ⅰ	Ⅰ	Ⅱ
	耐酸性能/级	Ⅰ	Ⅰ	Ⅰ	Ⅰ	Ⅰ
	耐碱性能/级	Ⅱ	Ⅱ	Ⅱ	Ⅱ	Ⅱ
主要应用领域		实验室各种玻璃仪器、玻璃化工设备、食器、医药包装容器	实验室各种玻璃仪器、玻璃化工设备、食器、光源	实验室各种玻璃仪器、医药包装容器	玻璃量器、实验室各种玻璃仪器、医药包装容器	厚壁玻璃仪器、瓶罐玻璃容器

① 按 ISO 3585。
② 这是一种最早的玻璃种类，在玻璃生产中占有最大的比例。具有高含量的 BaO 和 SrO 等碱土金属氧化物玻璃，具还原碱金属成分的玻璃（例如：在阴极射线管元件中用于防紫外线），以及晶质玻璃（口服液玻璃）均属于该类玻璃。
注：所给出的组成是各类典型玻璃成分的中间值，仅作参考，不能作为限定值用。实际玻璃成分在一定程度上的差异不会影响其物理性能。

二、常用的玻璃仪器

化验室所用到的玻璃仪器种类很多，各种不同专业的化验室还用到一些特殊的玻璃仪器，这里主要介绍一般常用的玻璃仪器及一些磨口玻璃仪器的知识。容量仪器的使用方法见本书另章。

常用玻璃仪器的名称、规格、用途见表 1-2，形状见图 1-1。

表 1-2　常用玻璃仪器名称、规格、用途一览表

名　　称	规　　格	主 要 用 途	使 用 注 意
(1)烧杯	容量/mL：10、15、25、50、100、250、400、500、600、1000、2000	配制溶液、溶样等	加热时应置于石棉网或电热板上，使其受热均匀，一般不可烧干
(2)三角烧瓶(锥形瓶)	容量/mL：50、100、250、500、1000	加热处理试样和容量分析滴定	除有与上相同的要求外，磨口三角瓶加热时要打开塞，非标准磨口要保持原配塞
(3)碘瓶	容量/mL：50、100、250、500、1000	碘量法或其它生成挥发性物质的定量分析	同三角烧瓶
(4)圆(平)底烧瓶	容量/mL：250、500、1000可配橡胶塞号：5～6、6～7、8～9	加热及蒸馏液体；平底烧瓶又可自制洗瓶	一般避免直接火焰加热、隔石棉网或各种加热套、加热浴加热
(5)圆底蒸馏烧瓶	容量/mL：30、60、125、250、500、1000	蒸馏；也可作少量气体发生反应器	同圆底烧瓶
(6)凯氏烧瓶	容量/mL：50、100、300、500	消解有机物质	置石棉网上加热，瓶口方向勿对向自己及他人
(7)洗瓶	容量/mL：250、500、1000	装纯水洗涤仪器或装洗涤液洗涤沉淀	玻璃制的带磨口塞；也可用锥形瓶自己装配；可置石棉网上加热；聚乙烯制的不可加热
(8)量筒(9)量杯	容量/mL：5、10、25、50、100、250、500、1000、2000量出式，量入式	粗略地量取一定体积的液体用	沿壁加入或倒出溶液，不能加热
(10)容量瓶(量瓶)	容量/mL：1、2、5、10、20、50、100、200、250、500、1000、2000、5000量入式，无色，棕色	配制准确体积的标准溶液或被测溶液	非标准的磨口塞要保持原配；漏液的不能用；不能直接用火加热或水浴加热；不能量取热的液体

名　　称	规　　格	主要用途	使　用　注　意
(11)滴定管	容量/mL：5、10、25、50、100 无色、棕色、量出式 具塞、无塞(或聚四氟乙烯活塞)	容量分析滴定操作	活塞要原配；漏液的不能使用；不能加热、不能长期存放碱液；无塞滴定管不能放与橡胶作用的标准溶液
(12)座式滴定管	容量/mL：1、2、5、10 量出式	微量或半微量分析滴定操作	只有活塞式；其余注意事项同滴定管
(13)自动滴定管 准确度等级分为 A 级、B 级，A 级高于 B 级	滴定管容量/mL：5、10、25、50、100，量出式 三通旋塞，侧边旋塞	自动滴定；可用于滴定液需隔绝空气的操作	除有与一般的滴定管相同的要求外，注意成套保管，另外，要配打气用双连球
(14)单标线吸量管 准确度等级分为 A 级、B 级，A 级高于 B 级	容量/mL：1、2、3、5、10、15、20、25、50、100 量出式	准确地移取一定量的液体	
(15)分度吸量管	容量/mL：0.1、0.2、0.25、0.5、1、2、5、10、25、50 完全流出式、不完全流出式、吹出式	准确地移取各种不同量的液体	同单标线吸量管
(16)称量瓶	容量/mL：扁形：10, 25, 35；15, 25, 40；30, 30, 50；……高形：10, 40, 25；20, 50, 30（瓶高/mm、直径/mm）	扁形用作测定水分或在烘箱中烘干基准物；高形用于称量基准物、样品	不可盖紧磨口塞烘烤，磨口塞要原配
(17) 试剂瓶：细口瓶、广口瓶、下口瓶	容量/mL：30、60、125、250、500、1000、2000、10000、20000 无色、棕色	细口瓶用于存放液体试剂；广口瓶用于装固体试剂；棕色瓶用于存放见光易分解的试剂	不能加热；不能在瓶内配制在操作过程放出大量热量的溶液；磨口塞要保持原配；不要长期存放碱性溶液，存放时应使用橡胶塞，不用时在磨砂面间夹衬纸条

名　　称	规　　格	主 要 用 途	使 用 注 意
(18)滴瓶	容量/mL:30、60、125 无色、棕色	装需滴加的试剂	同试剂瓶
(19)漏斗	长颈:口径 50mm、60mm、75mm;管长 150mm 短颈:口径 50mm、60mm;管长 90mm、120mm,锥体均为 60°	长颈漏斗用于定量分析,过滤沉淀;短颈漏斗用作一般过滤	不可直接用火加热
(20)分液漏斗	容量/mL:50、100、250、500、1000 玻璃活塞或聚四氟乙烯活塞	分开两种互不相溶的液体;用于萃取分离和富集;制备反应中加液体(多用球形及滴液漏斗)	磨口旋塞必须原配,漏水的漏斗不能使用;不可加热。不用时在磨砂面间夹衬纸条
(21)试管: 普通试管 离心试管	容量/mL:试管 10、20,离心试管 5、10、15 带刻度、不带刻度 规格也可以用外径(mm)×长度(mm)表示,材质分Ⅰ(最优)、Ⅱ、Ⅲ级	离心试管可在离心机中借离心作用分离溶液和沉淀	硬质玻璃制的试管可直接在火焰上加热,但不能骤冷;离心管只能水浴加热
(22)比色管	容量/mL:10、25、50、100 带刻度、不带刻度,具塞、不具塞	光度分析	不可直接用火加热,非标准磨口塞必须原配;注意保持管壁透明,不可用去污粉刷洗,以免磨伤透光面
(23)吸收管	全长/mm:波氏 173、233 多孔滤板吸收管185,滤片 1#	吸收气体样品中的被测物质	通过气体的流量要适当;两只串联使用;磨口塞要原配;不可直接火加热;多孔滤板吸收管吸收效率较高,可单只使用
(24)冷凝管	全长/mm:320、370、490 直形、球形、蛇形,空气冷凝管	用于冷却蒸馏出的液体,蛇形管适用于冷凝低沸点液体蒸气,空气冷凝用于冷凝沸点 150℃ 以上的液体蒸气	不可骤冷骤热;注意从下口进冷却水,上口出水
(25)抽气管	伽氏、爱氏、改良式	上端接自来水笼头,侧端接抽滤瓶,射水造成负压,抽滤	不同样式甚至同型号产品抽力不一样,选用抽力大的

名 称	规 格	主要用途	使用注意
(26)抽滤瓶	容量/mL:250、500、1000、2000	抽滤时接收滤液	属于厚壁容器,能耐负压;不可加热
(27)表面皿	直径/mm:45、60、75、90、100、120	盖烧杯及漏斗等	不可直接用火加热,直径要略大于所盖容器
(28)研钵	厚料制成;内底及杆均匀磨砂 直径/mm:70、90、105	研磨固体试剂及试样等用;不能研磨与玻璃作用的物质	不能撞击;不能烘烤
(29)干燥器	直径/mm:100、120、150、180、210、240 无色、棕色 普通干燥器,真空干燥器	保持烘干或灼烧过的物质的干燥;也可干燥少量样品	底部放变色硅胶或其它干燥剂,盖磨口处涂适量凡士林;不可将红热的物体放入,放入热的物体后要时时开盖以免盖子跳起
(30)蒸馏水蒸馏器	烧瓶容量/mL:500、1000、2000	制取蒸馏水	防止爆沸(加素瓷片);要隔石棉网用火焰均匀加热或用电热套加热
(31)砂芯玻璃漏斗(细菌漏斗)	容量/mL:35、60、140、500 滤板 1#~6#	过滤	必须抽滤;不能骤冷骤热;不能过滤氢氟酸、碱等;用毕立即洗净
(32)砂芯玻璃坩埚	容量/mL:10、15、30 滤板 1#~6#	称量分析中烘干需称量的沉淀	同砂芯玻璃漏斗
(33)标准磨口组合仪器	磨口表示方法:上口内径/磨面长度,单位为 mm 长颈系列:ϕ10/19、ϕ14.5/23、ϕ19/26、ϕ24/29、ϕ29/32…	有机化学及有机半微量分析中制备及分离	磨口处无须涂润滑剂;安装时不可受歪斜压力;要按所需装置配齐购置。不用时在磨砂面间夹衬纸条

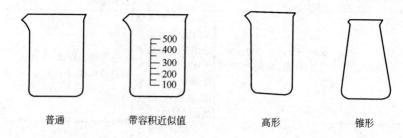

普通   带容积近似值   高形   锥形

(1) 烧杯

图 1-1

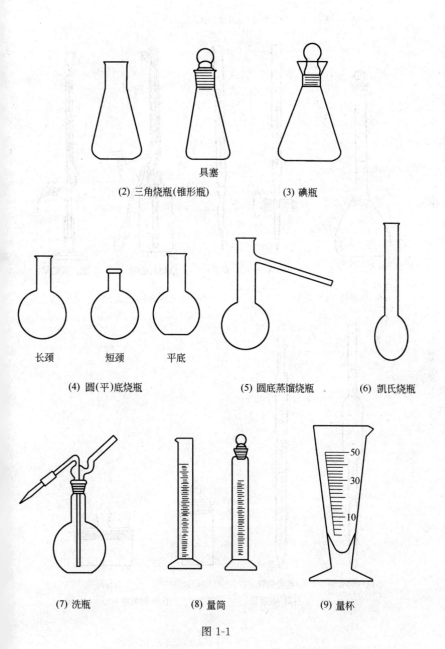

(2) 三角烧瓶(锥形瓶)　具塞

(3) 碘瓶

长颈　　短颈　　平底

(4) 圆(平)底烧瓶

(5) 圆底蒸馏烧瓶

(6) 凯氏烧瓶

(7) 洗瓶

(8) 量筒

(9) 量杯

图 1-1

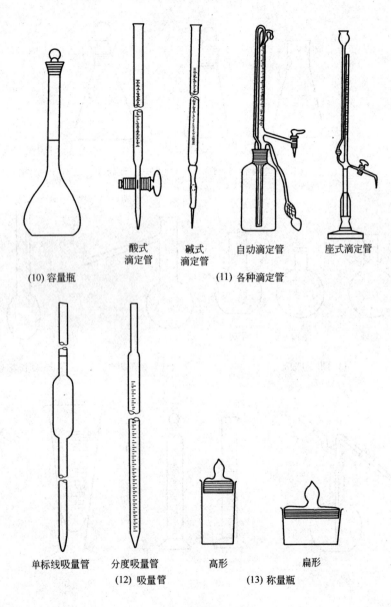

酸式
滴定管

碱式
滴定管

自动滴定管

座式滴定管

(10) 容量瓶

(11) 各种滴定管

单标线吸量管

分度吸量管

(12) 吸量管

高形

扁形

(13) 称量瓶

图 1-1

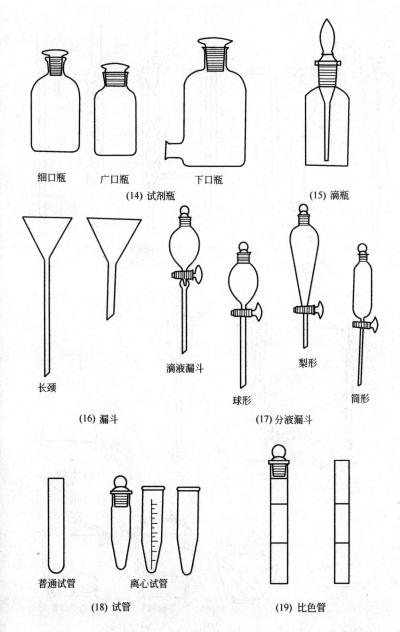

细口瓶　广口瓶　　　下口瓶

(14) 试剂瓶　　　　　　　(15) 滴瓶

长颈　　　　　　　　　滴液漏斗　　　　梨形　　　　筒形

球形

(16) 漏斗　　　　　(17) 分液漏斗

普通试管　　离心试管

(18) 试管　　　　　　(19) 比色管

图 1-1

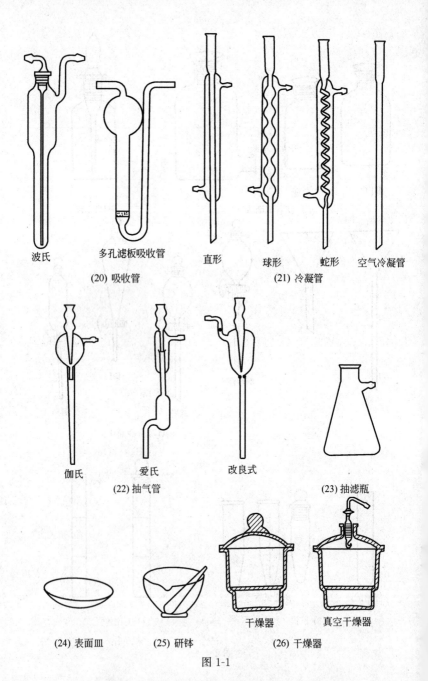

波氏　　　　多孔滤板吸收管　　　直形　　　　球形　　　蛇形　　　空气冷凝管

(20) 吸收管　　　　　　　　　　　　　　　　(21) 冷凝管

伽氏　　　　　爱氏　　　　改良式

(22) 抽气管　　　　　　　　　(23) 抽滤瓶

干燥器　　　真空干燥器

(24) 表面皿　　　(25) 研钵　　　(26) 干燥器

图 1-1

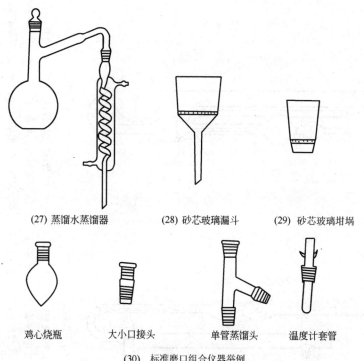

(27) 蒸馏水蒸馏器　　(28) 砂芯玻璃漏斗　　(29) 砂芯玻璃坩埚

鸡心烧瓶　　　大小口接头　　　单管蒸馏头　　　温度计套管

(30)　标准磨口组合仪器举例

图 1-1　常用玻璃仪器

特别要提到的是聚四氟乙烯活塞的滴定管和分液漏斗等（图 1-2）在处理有机溶剂溶液中有独到的好处，它不必涂抹可能引进沾污的凡士林等润滑剂。

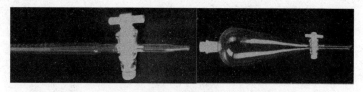

图 1-2　聚四氟乙烯活塞的滴定管和分液漏斗

三、专用玻璃仪器装置

专用的玻璃仪器装置有很多，这里仅举出几个（图 1-3），要根据分析方法的要求选用。

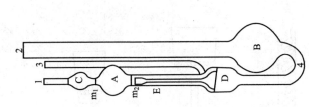

(c) 乌氏黏度计

1—主管；2—宽管；3—侧管；4—弯管；

A—测定球；B—储器；C—缓冲球；D—悬挂

水平储器；E—毛细管；m₁, m₂—环形测定线

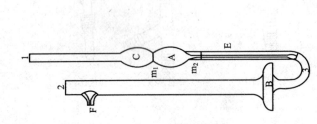

(b) 平氏黏度计

1—主管；2—宽管；3—弯管；

A—测定球；B—储器；C—缓冲球；m₁, m₂—环形测定线

E—毛细管；F—支管；

图 1-3

(a) 密度瓶(a、b)

1—密度瓶主体；2—侧管；3—侧孔；

4—罩；5—温度计；6—玻璃磨口

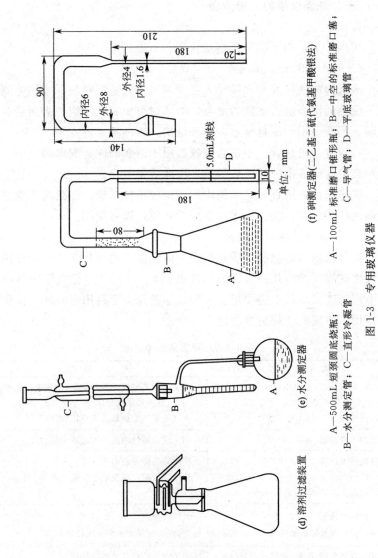

(d) 溶剂过滤装置

(e) 水分测定器

A—500mL 短颈圆底烧瓶；
B—水分测定管；C—直形冷凝管

(f) 砷测定器(二乙基二硫代氨基甲酸银法)

A—100mL 标准磨口锥形瓶；B—中空的标准磨口塞；
C—导气管；D—平底玻璃管

单位：mm

图1-3 专用玻璃仪器

四、玻璃仪器的洗涤方法

(一) 洗涤仪器的一般步骤

1．水刷洗

用水冲洗，用毛刷蘸水刷洗仪器。

2．用低泡沫洗涤液刷洗

蘸低泡沫洗涤液和水摇动，必要时可加入滤纸碎块，或用毛刷刷洗，温热的洗涤液去油能力更强，必要时可短时间浸泡。去污粉有损玻璃，不要使用。用自来水冲净洗涤剂，再冲洗3遍。

将滴管、吸量管、小试管等仪器浸于温热的洗涤剂水溶液中，在超声波清洗机液槽中超洗数分钟，洗涤效果极佳。

洗净的仪器倒置时，水流出后器壁应不挂水珠。至此再用少量纯水涮洗仪器3次，洗去自来水带来的杂质，即可使用。

(二) 各种洗涤液的使用

针对仪器沾污物的性质，采用不同洗涤液通过化学或物理作用能有效地洗净仪器。几种常用的洗涤液见表1-3。要注意在使用各种性质不同的洗液时，一定要把上一种洗涤液除去后再用另一种，以免相互作用，生成的产物更难洗净。

表 1-3　几种常用的洗涤液

洗 涤 液 及 其 配 方	使 用 方 法
(1)铬酸洗液(尽量不用) 研细的重铬酸钾 20g 溶于 40mL 水中，慢慢加入 360mL 浓硫酸	用于去除器壁残留油污，用少量洗液涮洗或浸泡一夜，洗液可重复使用 洗涤废液经处理解毒方可排放
(2)工业盐酸[浓或(1+1)]	用于洗去碱性物质及大多数无机物残渣
(3)纯酸洗液 (1+1)、(1+2)或(1+9)的盐酸或硝酸(除去 Hg、Pb 等重金属杂质)	用于除去微量的离子 常法洗净的仪器浸泡于纯酸洗液中 24h
(4)碱性洗液 100g/L 氢氧化钠水溶液	水溶液加热(可煮沸)使用，其去油效果较好；注意，煮的时间太长会腐蚀玻璃
(5)氢氧化钠-乙醇(或异丙醇)洗液 120g NaOH 溶于 150mL 水中，用 95%乙醇稀释至 1L	用于洗去油污及某些有机物

洗 涤 液 及 其 配 方	使 用 方 法
(6)碱性高锰酸钾洗液 　　30g/L 的高锰酸钾溶液和 1mol/L 的氢 氧化钠等体积混合	清洗油污或其它有机物质,洗后容器沾污处有 褐色二氧化锰析出,再用稀盐酸或草酸洗液、硫 酸亚铁、亚硫酸钠等还原剂去除
(7)酸性草酸或酸性羟胺洗液 　　称取 10g 草酸或 1g 盐酸羟胺,溶于 100mL(1+4)盐酸溶液中	洗涤氧化性物质如洗涤高锰酸钾洗液洗后产 生的二氧化锰,必要时加热使用
(8)碘-碘化钾溶液 　　1g 碘和 2g 碘化钾溶于水中,用水稀 释至 100mL	洗涤用过硝酸银滴定液后留下的黑褐色沾污 物,也可用于擦洗沾过硝酸银的白瓷水槽
(9)有机溶剂 　　汽油、二甲苯、乙醚、丙酮、二氯乙 烷等	可洗去油污或可溶于该溶剂的有机物质,注意 其毒性及可燃性。指示剂乙醇溶液的干渣可用 盐酸-乙醇(1+2)洗液洗涤
(10)乙醇、浓硝酸 （不可事先混合!） 适用于一般方法很难洗净的少量残 留有机物	于容器内加入不多于 2mL 的乙醇,加入 4mL 浓硝酸,静置片刻,立即发生激烈反应,放出大量 热与二氧化氮,反应停止后再用水冲洗,在通风 柜中进行,不可塞住容器

洗涤液的使用要考虑能有效地除去污染物，不引进新的干扰物，又不应腐蚀器皿，强碱性洗液不应在玻璃器皿中停留超过 20min，以免腐蚀玻璃。铬酸洗液使玻璃表面吸附微量铬，在微量分析测定铬时禁用。

（三）砂芯玻璃滤器的洗涤

（1）新的滤器使用前应以热的盐酸或铬酸洗液边抽滤边清洗，再用蒸馏水洗净。可正置或倒置用水反复抽洗。

（2）针对不同的沉淀物采用适当的洗涤剂先溶解沉淀，或反置用水抽洗沉淀物，再用蒸馏水冲洗干净，在 110℃ 烘干，升温和冷却过程都要缓慢进行，以防裂损。然后保存在无尘的柜或有盖的容器中。若不然积存的灰尘和沉淀堵塞滤孔很难洗净。表 1-4 列出的洗涤砂芯滤器的洗涤液可供选用。

表 1-4　洗涤砂芯玻璃滤器常用的洗涤液

沉 淀 物	洗 涤 液
$AgCl$	(1+1)氨水或 100g/L $Na_2S_2O_3$ 水溶液
$BaSO_4$	100℃浓硫酸或用 EDTA-NH_3 水溶液
	(30g/L EDTA 二钠盐 500mL 与浓氨水 100mL 混合)加热近沸

沉　淀　物	洗　涤　液
汞渣	热浓 HNO_3
有机物质	铬酸洗液浸泡或温热洗液抽洗
脂肪	CCl_4 或其它适当的有机溶剂
细菌	化学纯浓 H_2SO_4 5.7mL、化学纯 $NaNO_3$ 2g、纯水 94mL 充分混匀，抽气并浸泡 48h 后以热蒸馏水洗净

(四) 吸收池 (比色皿) 的洗涤

吸收池 (比色皿) 是光度分析最常用的器件，要注意保护好透光面，拿取时手指应捏住毛玻璃面，不要接触透光面。

玻璃和石英吸收池由于组成不同，洗涤方法有所不同，要注意分别洗涤。一般的石英吸收池为石英粉烧接，不能用超声波清洗。黏合的玻璃比色皿不能用酸或碱清洗，要避免用热浓酸清洗。避免使用重铬酸钾洗液，因为残留的铬很难除去。

玻璃和石英吸收池通常可用冷酸或酒精、乙醚等有机溶剂清洗。针对被污染物的性质可以使用以下清洗液：①有机物污染用盐酸 (3mol/L)-乙醇 (1+1) 混合液浸洗；②油脂污染用石油醚等有机溶剂浸洗；③显色剂污染，用硝酸 (1+2) 浸洗。最后用实验用水充分洗净后倒立于滤纸上控干，如立即用可用乙醇润洗后吹干。装入试液后，要吸去表面液滴，用四折的擦镜纸轻擦光学窗面至透明。

(五) 特殊的洗涤方法

下面是一些特殊的洗涤方法，供参考。凡是在标准中如对玻璃器具的清洁有规定的，按标准的规定执行。例如高纯试剂分析，国家标准要求：玻璃器具在一般清洗后，依次用实验用水、丙酮、热硝酸 (1+1) 清洗，最后以实验用水充分冲洗。

(1) 水蒸气洗涤法　有的玻璃仪器，如凯氏微量定氮仪，使用前可用装置本身发生的水蒸气处理 5min。

(2) 测定微量元素用的玻璃器皿用 10% HNO_3 溶液浸泡 8h 以上，然后用纯水冲净。测磷用的仪器不可用含磷酸盐的商品洗涤剂洗。测 Cr、Mn 的仪器不可用铬酸洗液、$KMnO_4$ 洗液洗涤。

(3) 测微量铁用的玻璃仪器不能用铁丝柄毛刷刷洗，测锌、铁的玻璃仪器酸洗后不能再用自来水冲洗，必须直接用纯水洗涤。

（4）用于环境样品中痕量物质提取的索氏提取器，在分析样品前，先用己烷和乙醚分别回流3～4h。

（5）要求灭菌的器皿，可在170℃用热空气灭菌2h。

（6）严重沾污挥发性有机物的器皿可置于高温炉中于400℃加热15～30min。

五、玻璃仪器的干燥方法

玻璃仪器用完应洗净备用，不同的实验对仪器的干燥有不同的要求。

（1）晾干　洗净的仪器倒置控去水分，自然晾干后收纳于无尘的柜中。

（2）烘干　在电热干燥箱中烘干（105～120℃，1h），磨口瓶要打开瓶塞；称量瓶烘干后在干燥器中冷却和保存；砂芯玻璃滤器和带实心玻璃塞及厚壁的仪器烘干时要慢慢升温，以免烘裂；玻璃量器的烘干温度参见仍为现行有效的GB/T 12810—1991《玻璃量器的容量校准和使用方法》，建议玻璃量器的烘干温度不得超过150℃，因为加热温度虽然低于软化点也会引起容积的变化。

（3）吹干　急需干燥又不便于烘干的玻璃仪器，可以使用电吹风机吹干。用少量乙醇、丙酮（或最后用乙醚）倒入仪器中润洗，流净溶剂，再用电吹风机吹。开始先用冷风，然后吹入热风至干燥，再吹冷风使仪器逐渐冷却，此法要求保持通风良好，不可有明火。

六、简单玻璃加工操作

一些小件的玻璃仪器及零件，有时需要自行加工，下面介绍一些加工方法。玻璃加工可以用煤气喷灯（助燃气用压缩空气或氧气加空气），或用煤油、汽油、酒精喷灯。玻璃是热的不良导体，在加热和冷却过程中，由于内外层热胀冷缩不同，使内部产生应力，如果不经退火会自然爆裂，有时也会经相当长时间后发生爆裂。故玻璃加工时必须先用文火预热，加工后再用文火退火，然后放在石棉网上在空气中慢慢冷却。

1. 玻璃的切割

（1）冷割　直径小于 25mm 的玻璃管均可采用，先用扁锉或三角锉、砂轮片划一稍深痕（不要来回锯划）或用金刚钻划一细痕，并用手指蘸水或用湿布擦一下，两手迅速握紧玻璃管向两边及向下拉折，即可折断。操作如图 1-4 所示。为防止扎破手应垫布进行。边缘截面必须在火中烧熔直至平滑。

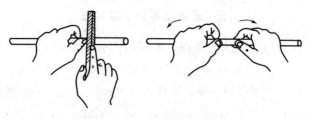

图 1-4　冷割玻璃管的方法

（2）热爆　适用于管径粗，管壁较厚及切割长度短的玻璃管。有用玻璃棒点料热爆和电炉丝加热骤冷等方法。

2. 拉制滴管和毛细管

初学者首先要练习旋转玻璃管的方法：用左手手心向下握住玻璃管，用拇指向上、食指向下推动玻璃管，右手与左手相反，向上托住玻璃管，并作同方向转动。操作方法见图 1-5。

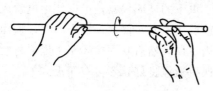

图 1-5　旋转玻璃管的手势

拉制滴管的方法是：截取直径 8mm 左右的管子一段，在要拉细处先用文火预热，然后加大火焰，并不断转动玻璃管当玻璃管发黄变软时，移离火焰，向两边缓慢地边拉边旋转至所需长度，直至玻璃完全变硬方能停转。拉出的细管要和原粗管在同一轴上，然后截断（可用油石），将锥形处再在火上烧软，拉成所需的锥形，最后截取所需长度，管尖略烧平滑。玻璃管另一头烧熔略收缩，旁边略堆料，做成缩口，以便于安胶帽。滴管拉制方法见图 1-6。

毛细管拉制的操作是当玻璃管变软时，离开火焰，两手同时握玻璃管作同方向来回转动，水平方向向两边拉开。

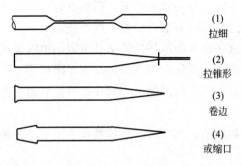

(1)
拉细

(2)
拉锥形

(3)
卷边

(4)
或缩口

图 1-6　滴管拉制方法

3．弯管

简易弯管的加工方法如下：将一段玻璃管在鱼尾灯头上加热，使受热部位达 5～8cm 长，或斜置玻璃管并略移动玻璃管来扩大受热面积，当玻璃管软化后从火中取出，随着玻璃管中段软化向下弯曲，两手轻轻向上弯曲至所需角度，如一次加热达不到所需角度，分几次进行。

4．玻璃棒的加工

将玻璃棒截成所需长度，把截端放在火上烧圆即成搅拌棒，注意大小不同的烧杯应配以长短、直径相适应的搅拌棒。搅拌棒长度一般为烧杯高度的 1.5 倍。如要做小平铲，可把玻璃棒一端烧软，同时将平口钳的钳口

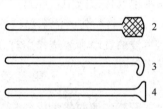

图 1-7　玻璃棒的加工品
1—搅棒；2—玻璃平铲；
3—玻璃药勺；4—平头玻璃棒

加热，把玻璃棒移离火焰用平口钳轻夹即成。如要做成药勺同时加以弯曲即可。将玻璃棒一端烧红后在石棉网上轻按可做成平头玻璃棒，用于压碎样品。玻璃棒的加工品见图 1-7。

七、打开粘住的磨口塞的方法

当磨口活塞打不开时，如用力拧就会拧碎，可试用以下方法：用木器敲击固着的磨口部件的一方，使固着部位因受震动而渐渐松动脱离；加热磨口塞外层，可用热水、电吹风、小火烤，间以敲击；在磨口固着的缝隙滴加几滴渗透力强的液体，如石油醚等溶剂或稀表面活

性剂溶液等，有时几分钟就能打开，但也有时需几天才见效。

针对不同的情况可采取以下相应的措施：

（1）凡士林等油状物质粘住活塞，可以用电吹风或微火慢慢加热使油类黏度降低，或熔化后用木棒轻敲塞子来打开。

（2）活塞长时间不用因尘土等粘住，可把它泡在水中，几小时后可打开。

（3）碱性物质粘住的活塞可将仪器在水中加热至沸，再用木棒轻敲塞子来打开。

（4）内有试剂的试剂瓶塞打不开时，若瓶内是腐蚀性试剂，如浓 H_2SO_4 等，要在瓶外放好塑料圆桶以防瓶破裂，操作者要戴安全防护面罩，脸部不要离瓶口太近。打开有毒蒸气的瓶口要在通风橱内操作。用木棒轻敲瓶盖。也可洗净瓶口，用洗瓶吹洗一点蒸馏水润湿磨口，再轻敲瓶盖。

（5）对于因结晶或碱金属盐沉积及强碱粘住的瓶塞，可把瓶口泡在水中或稀盐酸中，经过一段时间可能打开。

（6）将粘住的活塞部位置于超声波清洗机的盛水清洗槽中，通过超声波的震动和渗透作用打开活塞，此法效果很好。

第二节　石英玻璃仪器

石英玻璃的化学成分是二氧化硅。由于原料不同，石英玻璃可分为"透明石英玻璃"和半透明、不透明的"熔融石英"。透明石英玻璃理化性能优于半透明石英，主要用于制造实验室玻璃仪器及光学仪器等。由于石英玻璃能透过紫外线，在分析仪器中常用来制作紫外范围应用的光学零件。

石英玻璃的线膨胀系数很小（5.5×10^{-7}），仅为特硬玻璃的 1/5，因此它耐急冷急热，将透明石英玻璃烧至红热，放到冷水里也不会炸裂。石英玻璃的软化温度是 1650℃，水晶熔制的石英玻璃能在 1100℃下使用。

石英玻璃的纯度很高，二氧化硅含量在 99.95% 以上，具有相当好的透明度。它的耐酸性能非常好，除氢氟酸和磷酸外，任何浓度的有机酸和无机酸甚至在高温下都极少和石英玻璃作用。因此，石英是痕量分析用的好材料。在高纯水和高纯试剂的制备中也常采用石英器皿。

石英玻璃不能耐氢氟酸的腐蚀，磷酸在 150℃ 以上也能与其作用，强碱溶液包括碱金属碳酸盐也能腐蚀石英，在常温时腐蚀较慢，温度升高腐蚀加快。

在化验室中常用的石英玻璃仪器有石英烧杯、蒸馏瓶、容量瓶、坩埚、蒸发皿、石英舟、石英管、石英蒸馏水器等。因其价格昂贵，应与玻璃仪器分别存放及保管，洗涤方法参看玻璃仪器的洗涤。

第三节　瓷器和非金属材料器皿

瓷也是硅酸盐，一般包含 Na_2O、K_2O、Al_2O_3、SiO_2 等组分，瓷的 Al_2O_3 含量比玻璃高得多。

瓷制器皿能耐高温，可在高至 1200℃ 的温度下使用，耐酸碱的化学腐蚀性也比玻璃好，瓷制品比玻璃坚固，且价格便宜，在实验室中经常要用到。涂有釉的瓷坩埚灼烧后失重甚微，可在重量分析中使用。瓷制品均不耐苛性碱和碳酸钠的腐蚀。

常用的瓷制器皿及非金属材料器皿见表 1-5。

表 1-5　常用的瓷制器皿及非金属材料器皿

名　称	示　意　图	规　格	一　般　用　途
蒸发皿		无釉、涂釉，容量/mL：15、30、60、100、250…	蒸发液体、熔融石蜡，用于标签刷蜡等
瓷坩埚		涂釉，容量/mL：10、15、20、25、30、40…	灼烧沉淀及高温处理试样 高型用于隔绝空气条件下处理试样
研钵		除研磨面外均上釉，直径/mm：60、100、150、200	研磨固体试样

名　称	示　意　图	规　格	一　般　用　途
布氏漏斗		上釉，直径/ mm：51、67、85、106…	上铺2层滤纸用抽滤法过滤
玛瑙研钵			研磨硬度大及不允许带进杂质的样品

刚玉坩埚由多孔熔融氧化铝组成，质坚而耐熔，可用于无水 Na_2CO_3 等一些弱碱性物质作熔剂熔融样品。石墨坩埚具有良好的热导性和耐高温性，热膨胀系数小，对酸、碱性溶液的抗腐蚀性较强。

玛瑙是天然二氧化硅的一种，硬度很大，玛瑙研钵使用时不可用力敲击，用后洗净，可用少量稀盐酸洗或用少许食盐研磨，不可加热，可以自然干燥或低温 60℃ 慢慢烘干。

第四节　铂及其它金属器皿

一、铂　皿

铂又称白金，价格比黄金贵得多，由于它具有许多优良的性质，尽管有各种代用品出现，但许多分析工作仍然离不了铂。铂的熔点很高（1773.5℃），在空气中灼烧不起变化，而且大多数试剂与它不发生作用。能耐熔融的碱金属碳酸盐及氟化氢的腐蚀是铂有别于玻璃、瓷等的重要性质。铂坩埚用于熔样和灼烧及称量沉淀，铂在高温下略有一些挥发性，灼烧时间久时要加以校正。100cm² 面积的铂在1200℃灼烧 1h 约损失 1mg。900℃以下基本不挥发。

铂的领取、使用、消耗和回收都要有严格的制度，为了保护铂皿，使用时要遵守下述规则。

(1) 铂在高温下能与下列物质作用，故不可接触这些物质：

① 固体 K_2O、Na_2O、KNO_3、$NaNO_3$、KCN、$NaCN$、Na_2O_2、$Ba(OH)_2$、$LiOH$ 等（而 Na_2CO_3 和 K_2CO_3 则可使用）；

② 王水、卤素溶液或能产生卤素的溶液，如 $KClO_3$、$KMnO_4$、$K_2Cr_2O_7$ 等的盐酸溶液、$FeCl_3$ 的盐酸溶液；

③ 易还原金属的化合物及这些金属，如银、汞、铅、锑、锡、铋、铜等及其盐类（在高温下铂能与这些元素生成低熔点合金）；

④ 含碳的硅酸盐、磷、砷、硫及其化合物、Na_2S、$NaCNS$ 等。

(2) 铂较软，拿取铂坩埚时不能太用力，以免变形及引起凹凸。不可用玻棒等尖头物件从铂皿中刮出物质，如有凹凸可用木器轻轻整形。

(3) 铂皿用煤气灯加热时，只可在氧化焰中加热，不能在含有炭粒和含烃类化合物的还原焰中灼烧，以免碳与铂化合生成脆性的碳化铂。在铂皿中灰化滤纸时，不可使滤纸着火。红热的铂皿不可骤然浸入冷水中，以免发生裂纹。

(4) 灼烧铂皿时不能与别的金属接触，因高温下铂能与其它金属生成合金，因此铂坩埚必须放在铂三角（或用粗铂丝拧成的三角）上灼烧，也可用清洁的石英三角或泥三角。取下灼热的铂坩埚时，必须用包有铂尖的坩埚钳，冷却至红热以下时才可用镍或不锈钢坩埚钳或镊子夹取。

(5) 未知成分的试样不能在铂皿中加热或溶解。

(6) 铂皿必须保持清洁光亮，以免有害物质继续与铂作用。经常灼烧的铂皿表面可能由于结晶失去光泽，日久杂质会深入铂金属内部使铂皿变脆而破裂。可以在几次使用后用研细（通过 100 筛目即 0.14 mm 筛孔）的潮湿海砂轻轻擦亮。铂皿有斑点可单独用化学纯稀盐酸或稀硝酸处理，切不可将两种酸混合。若仍无效可用焦硫酸钾熔融处理。

二、其它金属器皿

金 熔点 1063℃，适于 NaOH 作熔剂熔融样品，金蒸发皿适于蒸发酸碱溶液。

银 熔点960℃，加热温度不应超过700℃。适于NaOH作熔剂熔融样品，银易与硫作用生成硫化银，不可在银坩埚中分解和灼烧含硫的物质，不许使用碱性硫化熔剂。熔融状态时铝、锌、锡、铅、汞等金属盐都能使银坩埚变脆。银坩埚不可用于熔融硼砂，浸取熔融物时不可使用酸，特别是不可接触浓酸。

镍 镍的熔点较高，为1455℃，强碱与镍几乎不作用，镍坩埚可用于氢氧化钠熔融。过氧化钠熔融也可用镍坩埚，虽有腐蚀，但仍可使用多次。因为镍在空气中生成氧化膜，加热时质量有变化，故镍坩埚亦不能作恒重沉淀用。不能在镍坩埚中熔融含铝、锌、锡、铅、汞等的金属盐和硼砂。镍易溶于酸，浸取熔块时不可用酸。

铁 铁虽然易生锈，耐碱腐蚀性不如镍，但是因为它价格低廉，仍可在做过氧化钠熔融时代替镍坩埚使用。

第五节　塑料制品

由于某些塑料具有特有的理化性质，例如：优良的化学稳定性、耐腐蚀性、电绝缘性等，使塑料制品在实验室的应用日益广泛，成为不可或缺的材料。这里仅介绍化验工作中最需要用到的几种。

一、聚乙烯和聚丙烯制品

聚乙烯（polyethylene，PE）是乙烯经聚合制得的一种热塑性树脂。依聚合方法、分子量高低、链结构之不同，分高密度聚乙烯（HDPE）、低密度聚乙烯（LDPE）及线型低密度聚乙烯。聚乙烯容器使用温度范围：低温-60℃到高温80℃。高密度聚乙烯结晶度80%～90%，工作温度比低密度聚乙烯高。

聚乙烯具有良好的化学稳定性，在常温下耐稀硝酸、稀硫酸和任何浓度的盐酸、氢氟酸、磷酸、甲酸、乙酸、氨水、胺类、氢氧化钠、氢氧化钾等溶液的腐蚀，但不耐强氧化剂如发烟硫酸、浓硝酸、铬酸和硫酸的混合液的腐蚀。在室温下，上述溶剂缓慢侵蚀，在90～100℃下，浓硫酸和浓硝酸快速侵蚀聚乙烯。

聚乙烯在60℃以下不溶于一般溶剂，但与脂肪烃、芳香烃、卤代烃等长期接触会溶胀或皲裂。温度超过 60℃后，可少量溶于甲苯、乙酸戊酯、三氯乙烯、松节油、矿物油及石蜡中，温度高于 100℃，可溶于四氢化萘。

聚丙烯（polypropylene，PP）是一种半结晶的热塑性树脂。聚丙烯具有良好的耐热性，制品能在 100℃以上温度进行消毒灭菌，如不受外力作用，150℃也不变形。脆化温度为−35℃，在低于−35℃会发生脆化，耐寒性不如聚乙烯。聚丙烯的化学稳定性很好，除能被浓硫酸、浓硝酸侵蚀外，对其它各种化学试剂都较稳定，低分子量的脂肪烃、芳香烃和氯化烃等能使聚丙烯软化和溶胀。

由于聚乙烯及聚丙烯耐碱和氢氟酸的腐蚀，常用来代替玻璃试剂瓶储存氢氟酸、浓氢氧化钠溶液及一些呈碱性的盐类（如硫化物、硅酸钠等）。但要注意浓硫酸、硝酸、溴、高氯酸可以与聚乙烯和聚丙烯作用。

聚氯乙烯所含杂质多，一般不用于储存纯水和试剂。

化验工作中使用的塑料制品主要有聚乙烯和聚丙烯的烧杯、漏斗、量杯、试剂瓶、洗瓶（图 1-8）和实验室用纯水储存桶等。

图 1-8　塑料制品

塑料对各种试剂有渗透性，因而不易洗干净。它们吸附杂质的能力也较强，因此，为了避免交叉污染，在使用塑料瓶储存各类溶液时，最好实行专用。

二、聚四氟乙烯制品

聚四氟乙烯（polytetrafluoroethylene，缩写 Teflon 或 PTFE，F4），中文商品名"特氟隆"、"特氟龙"等。是由四氟乙烯经聚合而成的高分子化合物，具有优良的化学稳定性、耐腐蚀性，除熔融碱金属、三氟化氯、五氟化氯和液氟外，能耐其它一切化学药品，在王水中煮沸也不起变化，它还具有密封性、高润滑不粘性、电绝缘性和良好的抗老化能力、耐温优异（能在 $-180℃$ 至 $+250℃$ 的温度下长期工作）。除了在各科技领域的应用外，在化学分析中成为不可或缺的材料，聚四氟乙烯制品应用于各种需要抗酸碱和有机溶剂的场合，如四氟烧杯、四氟坩埚等。聚四氟乙烯消解管（溶样杯）可用于一般样品的消解，难溶样品的消解可以用高压消解或微波消解来实现。高压消解罐或微波消解罐的内罐的材料使用聚四氟乙烯或其改性材料，外罐用不锈钢或耐腐蚀的合金制作。

选用聚乙烯、聚丙烯、聚四氟乙烯等制作的器具作为实验容器时，不要用添加了着色剂、填充剂或类似物的材料，以免引入污染。

下面合成树脂器具的清洗方法（摘自《GB/T 30301—2013 高纯试剂试验方法通则》）可供参考："使用前，先用清洁剂、自来水清洗，再依次用实验用水、丙酮清洗，然后放入盛有硝酸（1+3）的聚丙烯树脂器具中浸泡 12h 以上，再超声清洗，最后以实验用水充分冲洗。"

第六节 移 液 器

移液器（移液枪）是量取少量或微量液体用的仪器（图 1-9）。移取液体的量一般可以从 $5\mu L$ 到 $5000\mu L$，根据体积不同，准确度为 $±2.5\%\sim±1.0\%$ 不等。管嘴由纯聚丙烯制成，可耐 $120℃$ 高温消毒（有的产品整支或下半支可高温消毒）。按通道，可分为单道和多道；按量程，可分为固定式和可调式。正确使用移液器才能达到预期的准确度要求。

1. 移液器使用方法

（1）设定移液体积　从大体积调节
到小体积，逆时针旋转到所需刻度；从
小体积调节至大体积时，可先顺时针调
至超过设定体积的刻度，再回调至设定
体积。

（2）装配移液器管嘴（吸头）　单
道移液器，将移液端垂直插入吸头，左
右微微转动，上紧即可；不可用移液器
反复撞击吸头来上紧吸头。多道移液
器，将移液器的第一道对准第一个吸

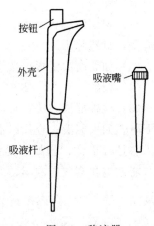

图 1-9　移液器

头，倾斜插入，前后稍许摇动上紧，吸头插入后略超过 O 形环即可。

（3）移液方法　移液之前，要使移液器、吸头和液体处于相同温
度。移液器竖直，将吸头插入液面下 2～3mm。在吸液之前，可以先
吸放几次液体以润湿吸头（尤其是要吸取黏稠或密度与水不同的液体
时），贴住容器壁放液。有以下两种移液方法：

一是前进移液法。用大拇指将按钮按下至第一停点，然后慢慢松
开按钮回原点，吸液，接着将按钮按至第一停点排出液体，稍停片刻
继续按按钮至第二停点吹出残余的液体。最后松开按钮。

二是反向移液法。此法一般用于转移高黏液体、生物活性液体、
易起泡液体或极微量的液体，其原理就是先吸入多于设置量程的液
体，转移液体的时候不用吹出残余的液体。先按下按钮至第二停点，
慢慢松开按钮至原点。接着将按钮按至第一停点排出设置好量程的液
体，继续保持按住按钮位于第一停点（千万别再往下按），取下有残
留液体的枪头，弃之。

（4）移液器的正确放置　使用完毕，可以将其竖直挂在移液器架
上，当移液器吸液嘴里有液体时，切勿将移液器水平放置或倒置，以
免液体倒流腐蚀活塞弹簧。

2. 移液器维护保养

（1）不用时，要把移液器的量程调至最大值，使弹簧处于松弛状

态以保护弹簧。

（2）定期清洗移液器，可用肥皂水或 60％的异丙醇洗，再用纯水清洗，自然晾干。

（3）如需高温消毒，按说明书操作。

（4）校准：在 20～25℃下，称量纯水重量（重复几次）。

（5）检查漏液方法：吸取液体后悬空垂直放置几秒钟，看液面是否下降。如果漏液，查找以下原因解决之：①吸液嘴是否匹配；②弹簧活塞是否正常；③如果是易挥发的液体（许多有机溶剂都如此），则可能是饱和蒸气压的问题。可以先吸放几次液体，然后再移液。

第七节　其它器具

化验室还需要一些配合玻璃仪器使用的夹持器械、台架等器具及小工具。因为这些用品与玻璃仪器有较紧密的联系，一般也习惯于和玻璃仪器一起购置配备。其名称及使用注意见表 1-6 和图 1-10。

表 1-6　化验室常用其它物品名称、用途一览表

名　　称	主要用途	使　用　注　意
（1）煤气灯	加热、灼烧	1. 点火：关小空气进气量，打开煤气开关及灯的针阀，点火 2. 调节煤气及空气量 3. 防止不完全燃烧：空气过小，火焰中有炭粒，呈黄色；回火：煤气过小，空气量过大，需调节后重点火
（2）水浴锅	水浴加热，有铜制水浴锅、铝制水浴锅及电热恒温水浴	1. 水浴锅上的圆圈适于放置不同规格的蒸发皿 2. 不可烧干 3. 不可作沙浴用
（3）泥三角	在煤气灯上灼烧瓷坩埚时放置坩埚	灼热时避冷水，以免炸裂
（4）石棉网	使受热物体均匀受热	1. 不能与水接触 2. 不要损坏石棉涂层
（5）双顶丝	固定万能夹及烧瓶夹	
（6）万能夹	夹住烧瓶颈，冷凝管	头部套耐热橡胶管

名　　称	主要用途	使　用　注　意
(7)烧瓶夹	夹住烧瓶	
(8)烧杯夹	夹取热的烧杯	金属制品,注意防腐蚀
(9)坩埚钳	夹持坩埚和蒸发皿	1. 勿沾上酸等腐蚀性液体 2. 保持头部清洁,尖部向上放于桌上
(10)取坩埚铁叉	(粗铁丝自制)50cm长,从高温炉内取放坩埚	
(11)滴定台及滴定管夹	夹持滴定管	1. 底板上铺白瓷板,以便滴定时观察颜色变化 2. 滴定管夹上套橡胶管
(12)移液管架	木或塑料制,放置移液管及吸量管	
(13)漏斗架	放置漏斗	
(14)试管架	木或塑料、金属制,放置试管	勿沾污酸、碱等腐蚀性试剂
(15)比色管架	木或塑料制,放置比色管及目视比色	
(16)铁架台、铁环	固定反应容器,与双顶丝、万能夹配合使用	
(17)铁三角架	放置石棉网,上置被加热的玻璃仪器	
(18)螺旋夹	夹在橡胶管上,调节气体或液体流量	
(19)弹簧夹	夹住橡胶管,关闭流体通路	
(20)打孔器	橡胶塞或软木塞钻孔	1. 边旋转边向下钻,可涂清水或肥皂水润滑 2. 用毕捅出钻下的孔内容物 3. 软木塞钻孔前要先用压塞机压 4. 不可用锤子敲打钻孔

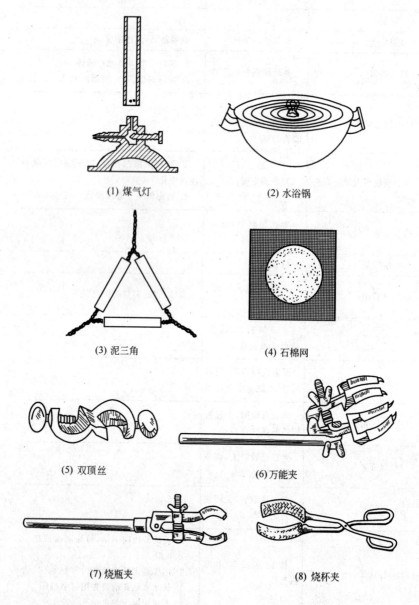

(1) 煤气灯   (2) 水浴锅

(3) 泥三角   (4) 石棉网

(5) 双顶丝   (6) 万能夹

(7) 烧瓶夹   (8) 烧杯夹

图 1-10

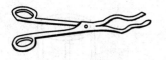

(9) 坩埚钳

(10) 取坩锅用的铁叉

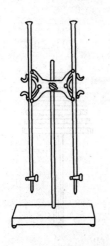

(11) 滴定台及滴管夹

(12) 移液管架

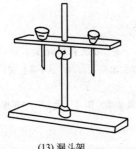

(13) 漏斗架

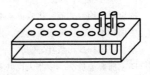

(14) 试管架

图 1-10

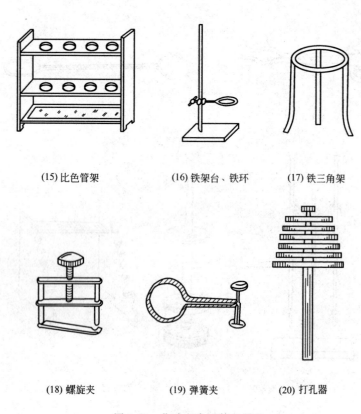

(15) 比色管架   (16) 铁架台、铁环   (17) 铁三角架

(18) 螺旋夹   (19) 弹簧夹   (20) 打孔器

图 1-10　化验室常用其它器具

参 考 文 献

[1] 柯以侃，周心如等．化验员基本操作与实验技术．北京：化学工业出版社，2008.

[2] 中国标准出版社第五编辑室．化学实验室常用标准汇编（上），（下）（第2版）．北京：中国标准出版社，2009.

[3] 国家药典委员会．中华人民共和国药典（2010年版2部）附录．北京：中国医药科技出版社，2010.

学 习 要 求

一、掌握各类常用玻璃仪器的基本知识，能正确选择、洗涤、使用和保管。

二、掌握瓷质、玛瑙、铂等其它材料器皿的性能、特点及使用方法。

复 习 题

1. 玻璃仪器中的锥形瓶、量筒、细口瓶、干燥器哪些可以加热，哪些不能加热？

2. 玻璃仪器洗涤的一般方法是什么？常用的洗涤液有哪几种？其主要能清洗的污物是什么？为什么不能混合使用？

3. 拉制玻璃棒、玻璃管时，最后为什么要退火？

4. 由下列材料制作的器皿各能用于处理何种化学药品？

器皿材料：A. 玻璃、石英、瓷器；B. 铂；C. 银或镍；D. 聚四氟乙烯

药品：（1）盐酸；（2）硝酸；（3）王水；（4）氢氟酸；（5）熔融氢氧化钠

第二章 天　平

天平的定义是"利用作用在物体上的重力以平衡原理测定物体质量或确定作为质量函数的其他量值、参数或特性的仪器"。化验工作中经常要使用天平称量物质的质量，称量的准确度和测定的准确度直接相关，因此天平的正确使用是重要的基本操作。

随着科技的发展，虽然机械天平仍有使用，但先进的电子天平已经得到广泛的应用，因此，本章着重阐述电子天平的内容。

第一节　天平的分类、准确度级别及选用

一、天平的分类

从天平的构造原理来分类，天平分为机械天平（杠杆天平）和电子天平两大类。

机械天平是利用杠杆平衡原理测定物体质量的测量仪器。可以分为等臂双盘天平和不等臂单盘天平。双盘天平还可分为摆动天平和阻尼天平，普通标牌天平和微分标牌天平（有光学读数装置，亦称为电光天平）。按加码器加码范围，可分为部分机械加码天平和全部机械加码天平。由于双盘天平存在不等臂性误差、空载和实载灵敏度不同等固有缺点，逐渐被不等臂单盘天平代替。不等臂单盘天平采用全量机械减码，克服了双盘天平的上述缺点，操作更为简便。

电子天平是利用电磁力或电磁力矩补偿原理，实现被测物体在重力场中的平衡，来获得物体质量并采用数字指示装置输出结果的衡量仪器。电子天平是新一代的天平，它称量速度快，显示清晰，操作简便，灵敏度高。而且具有自动检测系统、质量电信号输出功能，且可与打印机、计算机联用，在检测实验室的质量保证中有着不可替代的作用，是最先进的天平，已经得到越来越广泛的应用。

通常称为"分析天平"的天平是用于化学分析和物质精确衡量的

高准确度天平。这类天平的最小分度值都小于最大秤量的 10^{-5}，属于特种准确度级的电子天平（①级）。分析天平可按衡量范围和最小分度值分为常量天平（衡量范围和最小分度值分别为 $100\sim200g$ 和 $0.01\sim1mg$）、半微量天平（衡量范围 $30\sim100g$ 和 $1\sim10g$）、微量天平（$3\sim30g$ 和 $0.1\sim1g$）和超微量天平（衡量范围 $3\sim5g$ 和 $0.1g$ 以下）。

本章保留了现在仍然有着一定应用的机械天平的内容，重点阐述特种准确度级的电子天平（①级）的原理、使用及检定知识。

二、天平的准确度级别

我国现行的国家计量检定规程 JJG 98—2006《机械天平检定规程》按照天平的计量性能要求，将天平的准确度级别分为特种准确度级（①级）和高准确度级（②级）。JJG 1036—2008《电子天平检定规程》除了上述 2 级，还有中准确度级（③级）和普通准确度级（④级）。下面以电子天平为例介绍。

天平的分度值在天平计量性能要求上有如下定义。

实际分度值（d）：指相邻两个示值之差。即天平标尺一个分度对应的质量。

检定分度值（e）：用于划分天平级别与进行计量检定的以质量单位表示的值。对于无辅助装置的天平，检定标尺分度值 e 等于实际标尺分度值 d。有辅助装置的天平，如电子天平，检定标尺分度值 e 由生产厂根据检定规程的规则选定。它不像 d 值不变，由下式规定：$d \leqslant e \leqslant 10d$；在计量检定中若各项参数指标的最大示值误差均不大于 $1d$，可确定 $e=d$；有时还需根据具体情况而定，比如当 d 为 $0.2mg$ 时，$e=5d$；d 为 $0.5mg$ 时，$e=2d$。我们把除了 $e=d$ 以外的情况都归为 $e\neq d$，其中以 $e=10d$ 最为常见。这就是必须根据检定分度值 e 来对电子天平进行等级划分的原因。

检定分度数（n）：最大秤量与检定分度值之比

$$n=Max/e$$

上式是对于具有单一量程范围的天平，在整个称量范围内的最大秤量所对应的检定分度数，是决定天平准确度级别的指标。双量程的天平另行规定。

例如：梅特勒 AE200 电子天平，最大秤量为 200g，实际分度值为 0.1 mg，检定分度值为 $e=10d=1mg$，检定分度数 $n=200/0.001=2\times10^5$。按表 2-1 的分级，属特种准确度级。

天平按照检定分度值 e 和检定分度数 n，划分成下列四个准确度级别：

特种准确度级　　　　　　符号为 ①

高准确度级　　　　　　　符号为 ⑪

中准确度级　　　　　　　符号为 ⑪

普通准确度级　　　　　　符号为 ⑭

天平准确度级别与 e、n 的关系见表 2-1。

表 2-1　天平准确度级别与 e、n 的关系

准确度级别	检定分度值 e	检定分度数 $n=\dfrac{Max}{e}$		最小秤量
		最小	最大	
特种准确度级 ①	$1\mu g \leqslant e < 1mg$	可小于 5×10^4	不限制	$100e$
	$1mg \leqslant e$	5×10^4		
高准确度级 ⑪	$1mg \leqslant e \leqslant 50mg$	1×10^2	1×10^5	$20e$
	$0.1g \leqslant e$	5×10^3	1×10^5	$50e$
中准确度级 ⑪	$0.1g \leqslant e \leqslant 2g$	1×10^2	1×10^4	$20e$
	$5g \leqslant e$	5×10^2	1×10^4	$20e$
普通准确度级 ⑭	$5g \leqslant e$	1×10^2	1×10^3	$10e$

注：在上表的最后一列中，除 $e<1mg$ 的 ① 级天平外，其余用 d 代替 e 计算最小秤量。

三、如何选用天平

天平的名称、规格不同，价格相差很大。需要我们在了解天平的技术参数和各类天平特点的基础上，根据各分析项目称样量大小及称量要求的准确度等来选用天平。各生产厂给出的电子天平的型号规格的参数不尽相同，主要有：名称、型号、称量范围（单量程或双量程）、分度值、重复性、秤盘直径、工作空间高度等。

1. 最大秤量

选择电子天平还要看天平的量程是否满足称量要求，一般取常用

最大载荷加上 20％左右的保险系数即可。量程并非越大越好，因为同样准确度的天平，量程越大，价格越贵。

2. 准确度级别的选择

要根据检定分度值（e）来选择符合称量的准确度要求的天平，而不是天平的分度值（d），对于机械天平，当某型号的天平检定标尺分度值 e 等于实际标尺分度值 d 时，可以用分度值；对于电子天平，比如一台实际标尺分度值 d 为 0.1mg，检定标尺分度值 e 为 1mg 的天平，用该天平称量 0.6g 基准物，达不到称量准确度为 0.1mg 的要求，必须用 e 为 0.1mg 的电子天平。

3. 单量程或双量程

双量程的电子天平例如岛津 AUW120D 电子分析天平，称量能力为 120g/42g，最小显示值 0.1mg/0.01mg，重现性（标准偏差 σ）：$\leqslant$0.1mg（120g 量程）；$\leqslant$0.02mg（42g 量程）。可以满足不同称量准确度的应用。

又例如，称样量 5mg，要求精确至 1％即 0.05mg 的称量，样品加容器的质量小于 1g，可以选用最大秤量 2g，检定分度值小于 0.05mg 的半微量天平。

4. 自动化程度更高的电子天平

电子天平的发展主要体现在应用技术和风险（称量的不确定度）控制能力的发展，同样的技术指标，由于对称量风险控制能力不同，可以在价格上相差好几倍。根据需要，可以选用具有监视和控制天平准确度功能的天平。天平违反限制条件，将不会输出数据的功能，这些条件为：样品量小于最小秤量、天平没有调整水平、天平需要校准等。最先进的电子天平具有全自动水平调整、时间和温度触发的自动校准、自动的可重复性测试、偏载误差自动补偿和超高压静电消除功能等。

第二节　机械杠杆式天平

一、双盘天平的称量原理

杠杆式机械天平是根据杠杆原理制成的一种衡量仪器。

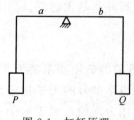

图 2-1　杠杆原理

杠杆原理表述如下：当杠杆平衡时，两力对支点所形成的力矩相等，即力×力臂＝重力×重臂。

在图 2-1 中，Q 为被称物的重力，P 为砝码的重力，a 为力臂，b 为重臂。如 g 为重力加速度，m_P 为砝码的质量，m_Q 为物体的质量，杠杆平衡时

$$P \cdot a = Q \cdot b$$

$$m_P \cdot g \cdot a = m_Q \cdot g \cdot b$$

对于等臂天平设力臂等于重臂即 $a = b$，同一位置重力加速度 g 相同，故

$$m_P = m_Q$$

利用杠杆原理，可以在杠杆秤上通过比较被称物体的质量和已知物体——砝码的质量来进行称量。在天平上测出的是物体的质量而不是重力。质量与 g 无关，不随地域不同而改变。

天平的灵敏度是指天平指针尖端沿着标牌移动的分度数与任一盘中所添加的小砝码的质量之比。

天平的灵敏度与横梁的质量成反比，与臂长成正比，与重心距（即支点与重心间的距离）成反比，重心越高，天平的灵敏度越高，但其稳定性必将减小。

二、单盘天平的称量原理

本节介绍的单盘天平是指不等臂单盘天平，也称双刀单盘天平，具有全部机械减码装置及光学读数机构。它比双盘天平性能优越，具有感量恒定、无不等臂性误差、称量速度快等特点。

单盘天平只有两个刀子，一个是支点刀，一个是承重刀。砝码和被称物在同一个悬挂系统中，在称量时加上被称物体，减去悬挂系统上的砝码，使横梁始终保持全载平衡状态。即用放置在秤盘上的被称物替代悬挂系统中的砝码，使横梁保持原有的平衡位置，所减去的砝码的质量等于被称物的质量。这就是替代法称量的原理。

单盘天平称量原理见图 2-2。

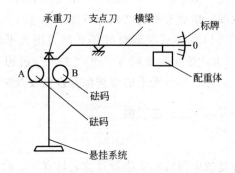

(1) 砝码在悬挂系统上，横梁平衡在0

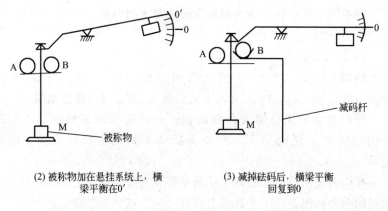

(2) 被称物加在悬挂系统上，横
　　梁平衡在0′

(3) 减掉砝码后，横梁平衡
　　回复到0

图 2-2　单盘天平称量原理

单盘天平具有以下特点：

(1) 感量恒定　从以上称量原理得知，在称量全过程中，被称物的质量等于悬挂系统中减去的砝码的质量，悬挂系统的总质量不随被称物质量的不同而改变，因此，在称量范围内，单盘天平的感量是恒定的。

(2) 不存在不等臂性误差　不等臂性误差是指双盘天平由于两个承重刀对支点刀的距离不可能调整到绝对相等所产生的称量误差。在单盘天平上，被称物与砝码在同一臂上，臂长是一个，因此不存在不等臂误差。

（3）操作简便，称量速度快　要求机械式天平向提高称量的准确度和称量速度发展，单盘天平的结构特点能适合这两点要求。有"半开"机构的天平可以免去每次调整砝码必须关闭天平的麻烦；附加"预称"机构可以大大缩短称量时间；有"去皮"机构的天平可直接得出物品净重。此外，单盘天平的维护保养也比较方便。

三、砝　　码

（一）概述

砝码是一种复现质量值的实物量具。它具有一定的物理特性和计量特性；形状、尺寸、材料、表面状况、密度、磁性、质量标称值和最大允许误差等。

分析天平的砝码　主要的组合形式是下列两种：

① 5、2、2、1

② 5、2、1、1

例如，以 5、2、1、1 形式组成的砝码组，100g、50g、20g、10g、10g、5g、2g、1g、1g 九个砝码组成 199g 以内任意质量。

砝码通常采用金属或合金制造，砝码应为耐腐蚀的。不同等级的砝码有不同的要求，例如奥氏体不锈钢、拉制黄铜、铜合金等。

相同名义质量的砝码其实际质量值会有差别，为了区别相同名义质量的两个砝码，在一个砝码上打有"·"或"＊"标记。

砝码结构分为实体和有调整腔的两种，高准确度的砝码必须采用整块材料的实心体，以保证其真值稳定。有调整腔的砝码便于制造和检修，调整腔的内容物的材料要求与砝码材料相同，或用锡、钼、钨作为调整腔的材料，调整后必须密封。

（二）砝码的准确度等级和计量性能要求

1. 砝码的准确度等级

我国现行的砝码检定规程（JJG 99—2006）规定了砝码的准确度等级及其主要技术指标。砝码等级与被替代的老规程相比，用折算质量值表述砝码质量值，取消了真空质量值，分级中取消了原工作基准砝码和一等砝码、二等砝码的名称。

砝码准确度等级定义如下（适用于 1mg～5000kg）。

E_1 等级砝码（原工作基准等级砝码）：溯源于国家基准、副基准，用于检定传递 E_2 等级砝码、用于检定相应的衡量仪器，和与相应的衡量仪器配套使用。

E_2 等级砝码：用于检定传递 F_1 等级及其以下的砝码，用于检定相应的衡量仪器，和与相应的衡量仪器配套使用。

F_1 等级砝码：用于检定传递 F_2 等级及其以下砝码，用于检定相应的衡量仪器，和与相应的衡量仪器配套使用。

F_2 等级砝码：用于检定传递 M_1 等级、M_{12} 等级及其以下的砝码，用于检定相应的衡量仪器，和与相应的衡量仪器配套使用。

M_1 等级砝码：用于检定传递 M_2 等级、M_{23} 等级及其以下的砝码，用于检定相应的衡量仪器，和与相应的衡量仪器配套使用。

M_2 等级砝码：用于检定传递 M_3 等级砝码，用于检定相应的衡量仪器，和与相应的衡量仪器配套使用。

M_3 等级砝码：用于检定相应的衡量仪器，和与相应的衡量仪器配套使用。

M_{12} 和 M_{23} 等级砝码：用于检定相应的衡量仪器，和与相应的衡量仪器配套使用。

化验室分析天平中最常用到的是 E_1、E_2 和 F_1 等级砝码。

2. 砝码的计量性能要求

砝码标称质量：砝码上标明的质量值。

砝码的折算质量，即折算质量值：一物体在约定温度和约定密度的空气中，与一约定密度的标准器达到平衡，则标准器的质量即为该物体的折算质量。约定温度（t_{ref}）为 20℃；约定的空气密度（ρ_0）为 1.2kg/m^3；砝码折算质量的约定密度（ρ_{ref}）为 8000kg/m^3。

砝码的计量性能要求有三项：最大允许误差，扩展不确定度和砝码折算质量。

（1）最大允许误差　各准确度等级的砝码，首次检定及后续检定的最大允许误差不应大于表 2-2 的要求。

（2）扩展不确定度　在规定的准确度等级内，任何一个质量标称值为 m_0 的单个砝码，其折算质量的扩展不确定度，U（$k=2$），应不大于表 2-2 中相应准确度等级的最大允许误差绝对值的三分之一。

表 2-2　砝码最大允许误差的绝对值

（｜MPE｜，以 mg 为单位）（摘 E_1、E_2、F_1 等级）

标称值	E_1	E_2	F_1	标称值	E_1	E_2	F_1
200g	0.1	0.3	1.0	200mg	0.006	0.02	0.06
100g	0.05	0.16	0.5	100mg	0.005	0.016	0.05
50g	0.03	0.1	0.3	50mg	0.004	0.012	0.04
20g	0.025	0.08	0.25	20mg	0.003	0.01	0.03
10g	0.02	0.06	0.20	10mg	0.003	0.008	0.025
5g	0.016	0.05	0.16	5mg	0.003	0.006	0.020
2g	0.012	0.04	0.12	2mg	0.003	0.006	0.020
1g	0.01	0.03	0.10	1mg	0.003	0.006	0.020
500mg	0.008	0.025	0.08				

（3）砝码折算质量　首次检定时（修理后同）：在规定的准确度等级（E_1 等级砝码除外）内，任何一个质量标称值为 m_0 的单个砝码，折算质量 m_c 与砝码标称值 m_0 的差，正值不能超过最大允许误差绝对值｜MPE｜的三分之二，负值的绝对值不能超过最大允许误差绝对值｜MPE｜的三分之一。

后续检定中：在规定的准确度等级（E_1 等级砝码除外）内，任何一个质量标称值为 m_0 的单个砝码，如果具体限定了最大允许误差的单个砝码，则折算质量 m_c 与砝码标称值 m_0 之差的绝对值不能超过最大允许误差的绝对值｜MPE｜减去扩展不确定度。

（三）砝码的维护

（1）根据所需天平准确度配用相应等级的砝码。要按原天平所配备的砝码使用。

（2）必须用镊子夹取砝码，不得用手直接拿取。镊子应用有骨质或塑料尖的，不要使用合金钢镊子，以免划伤砝码。

（3）砝码表面应保持清洁，可以用软毛刷刷去尖土。如有污物可用绸布蘸无水乙醇擦净。擦拭砝码后，必须放置足够的时间（参考检定规程规定，一般需 24h 以上），方可使用。

（4）砝码如有跌落碰伤、发生氧化污痕及砝码头松动等情况要立即进行检定，合格的砝码才能使用。

（5）按检定规程的规定定期检定砝码。

第三节　电子天平

一、电子天平的称量原理

应用现代电子控制技术进行称量的天平称为电子天平。各种电子天平的控制方式和电路结构不相同，但其称量的依据都是电磁力平衡原理。现以 MD 系列电子天平为例说明其称量原理。

我们知道，把通电导线放在磁场中时，导线将产生电磁力，力的方向可以用左手定则来判定。当磁场强度不变时，力的大小与流过线圈的电流强度成正比。如果使重物的重力方向向下，电磁力的方向向上，与之相平衡，则通过导线的电流与被称物体的质量成正比。

电子天平结构示意图，见图2-3。

秤盘通过支架连杆与线圈相连，线圈置于磁场中。秤盘及被称物体的重力通过连杆支架作用于线圈上，方向向下。线圈内有电流通过，产生一个向上作用的电磁力，与秤盘重力方向相反，大小相等。位移传感器处于预定的中心位置，当秤盘上的物体质量发生变化时，位移传感器检出位移信号，经调节器和放大器改变线圈的电流直至线圈回到中心位置为止。通过数字显示出物体的质量。

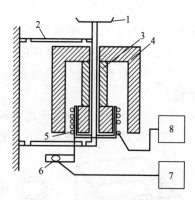

图 2-3　MD 系列电子天平结构示意图
1—秤盘；2—簧片；3—磁钢；4—磁回路体；5—线圈及线圈架；6—位移传感器；7—放大器；8—电流控制电路

二、电子天平的安装

（一）电子天平的工作环境要求

（1）称量室应避免阳光直射，最好选择阴面房间或用遮光窗帘，避免温度变化，配备冷光源。

（2）远离震源（如铁路、公路、震动机等），无法避免者应采取防震措施。

（3）远离热源和高强电磁场等环境。在称量室或在流水线现场，电子天平都应该使用单独的电源，并经过稳压源，以保证电源的稳定性。

（4）称量室内温度恒定，20℃±2℃较理想。（电子天平检定的温度要求，最大温差对于①级，不超过1℃）。

（5）称量室内相对湿度应保持在45%～75%（45%～60%较理想）。

（6）电子天平安放的位置应远离热源和空调出风口、风扇、门、窗、暖气、电脑主机箱等。以避免温度和气流的影响。必要时可在天平外配置合适的防风罩。

（7）称量室内应无腐蚀性气体。

（8）电子天平应放在平稳坚固的台面上，可用大理石台面，不要用玻璃或塑胶，因为容易带静电。

（二）电子天平的安装方法

（1）开箱和检查　检查各部件是否和装箱单一致，确认没有破损。

（2）检查供电电源电压是否和天平要求的一致。

（3）按照说明书要求拆下天平运输保护部件（有些天平无此项）。

秤盘

盘托

防风环

防尘隔板

（4）清洁天平各个部件，将天平主机放置到位，顺序安装防尘隔板、防风环、盘托、称盘（图2-4）。检查活动部位不能和天平的固定部位有靠擦。

（5）调节天平水平　调节天平的前面两个脚的水平调整螺丝，顺时针转脚伸长，逆时针转脚缩短，至调

图2-4　电子分析天平外形及各部件

节至水泡位于水平仪的圆环中央。

注意：将一台放置在较低温度的天平搬到一个较高温度的工作间

时，应切断电源，待仪器放置 2h 后，再行安装及通电使用。这是为了使由于温度差产生的湿气排出。

三、电子天平的使用方法

（1）检查（如需要，调节）水平。

（2）预热。

（3）接通电源，预热至规定时间　按说明书要求进行，各种天平预热时间要求不同，30min 到 4h 或更多。一天内，需要多次使用天平的，使天平总是处于预热状态，不要切断电源。

（4）微量/半微量天平在预热后，应当进行砝码的多次加载卸载来"运动天平"以使天平的示值稳定。

（5）校准　在天平安放位置变动、重新调节水平和使用中实验室环境（温度、湿度等）发生变化时都需要进行校准才可进行称量。

校准方式有外部砝码校准和内部砝码校准两种：外校，使用外部砝码校准；内校，使用天平内置的砝码进行校准。仅有外校功能的天平只能使用外部砝码校准，有内校功能的天平可以使用外部或内置砝码校准。带有温度、时间触发全自动内校功能的天平，会自动实行校准程序。按说明书操作即可。

（6）打开显示器，显示值稳定后，回零。

（7）称量　打开侧面玻璃门，将称量物轻轻放入秤盘中央，关闭玻璃门。显示稳定后，读取显示值。

（8）称量结束后，取出被称物品，关闭显示器，若当天还要使用天平，可保持天平预热状态。若当天不再使用天平，应切断电源。

四、电子天平使用注意——影响称量准确度的因素

（1）不可用手直接接触被称物，要用镊子、纸条或戴棉布手套（为防止静电不要戴一次性手套）进行操作。手接触被称物品，指纹吸湿带来约 $50 \sim 100 \mu g$ 的误差；把手伸入防风罩带来温度的变化可以持续影响 10min 以上。

（2）称量时，身体任何部位尽量不接触称量台，以免影响天平的稳定性。称量时，不要开动和使用前门。

（3）称量室与样品和容器之间温度不同，读数会漂移，样品热显示质量小，样品冷显示质量大。解决方法：把样品及容器在称量室内放置一段时间后再行称量。

（4）具有吸湿性或挥发性的样品，应使用密闭的容器，把样品放入长颈瓶或小试管时要防止遗撒，可选用专门的支架工具。有吸湿性的样品建议在干燥环境中快速测量。

（5）静电影响称量　现象：在使用特种准确度级的天平称量粉末样品或者干燥后的玻璃容器时，读数不稳定或称量结果重现性差。发生原因：称量低电导率的物质或容器；面积大的样品（塑料或玻璃容器，滤纸）；粉末或液体样品加样的摩擦力；被人为带进来的电荷；相对湿度小于 $40\% \sim 45\%$。解决方法：配置去静电装置；将称量试管放在一个金属容器内；保持空气相对湿度 $45\% \sim 60\%$；有良好的接地线。

（6）对于微量/半微量天平，称量前"运动天平"或称"预压"是必要的。因为天平在通电预热或较长时间停止称量时，其传感器也处于休眠状态，也就是簧片处于休止状态，其恢复性能不佳，通过预压（预压方法：用相当于天平最大秤量的砝码或物体加载到秤盘上，然后再卸载，如此反复 10 次左右），使传感器的簧片从休眠状态逐渐进入工作状态，提高天平的示值稳定性。

五、电子天平的检定

（一）电子天平检定的准备

（1）配备一组标准砝码，其扩展不确定度（$k = 2$）不得大于被检天平在该载荷下最大允许误差绝对值的 1/3。

（2）检定环境条件：记录的最大温差，对于①级天平，不大于 1℃（分度值 0.2℃的温度计），湿度等其他条件不得对测量结果产生影响。

（二）电子天平检定方法简介

根据《检定规程》要求，电子天平的检定项目为外观检查、偏载误差、重复性和示值误差。

（1）外观检查　按检定规程进行。

（2）偏载误差　载荷在不同位置的示值误差必须满足相应载荷最大允许误差的要求。

工作用天平，用最大载荷的三分之一的砝码放在天平的四角（秤盘的中心和该秤盘半径的 1/3 处），其偏载误差等于各点的示值与中心点的示值之差中的最大者。

（3）天平的重复性　相同载荷多次测量结果的差值不得大于该载荷点下最大允许误差的绝对值。试验载荷应选择 80%～100% 最大称量的单个砝码，测试次数不少于 6 次。测量中每次加载前可置零。

（4）示值误差　各载荷点的示值误差不得超过该天平在该载荷时的最大允许误差。

测试时，载荷应从零载荷开始，逐渐地往上加载，直至加到天平的最大秤量，然后逐渐地卸下载荷，直到零载荷为止。试验载荷必须包括下述载荷点：a）空载；b）最小秤量；c）最大允许误差转换点（或接近）；d）最大秤量。加载或卸载的测量点数，首次检定的天平，不得少于 10 点；后续检定或使用中天平，不得少于 6 点。

电子天平检定分度值应符合 $e_{i+1} > e_i$ （$i=1,2\cdots$），并标明相应的最小秤量、检定分度数和最大秤量。

在实际操作中，对具有数字指示和自动或半自动校准装置的电子天平，可以免检该天平的灵敏度（电子天平的灵敏度一般指分度灵敏度，其在数值上应正好等于该天平相应载荷的检定分度值）。当电子天平的 $d \leqslant 1mg$ 和 $e \neq d$ 时，可以免检该天平的鉴别力。

以上检定，要求在天平开机按说明书要求充分预热、预压天平、校准天平后进行。

六、电子天平的维护保养

（1）培训　对使用者进行良好和规范的使用前培训；建立使用记录和档案。

（2）清洁　保持称量室和天平内外部的清洁，天平内必要时用软毛刷或绸布抹净或用无水乙醇擦净。样品如有遗撒应立即清理，粉末样品遗撒，忌用洗耳球吹或毛刷直接清理。应将秤盘拿到玻璃防风罩外清理，避免样品散落到传感器内部。

（3）校准　先校准才可使用，按要求的检定周期进行天平检定。

（4）称量物的质量不得超过天平的最大载荷。

（5）较长时间不使用的天平，应每隔一定时间通一次电，以保证天平内电子元器件的干燥。

（6）在搬动和运输天平时，应将秤盘及其托盘取下。按要求重新安装和检定。

（7）同一个试验应在同一台天平上进行称量，以减少称量产生的误差。

（8）减小磁性物引入的误差，消磁、用挂钩、用非金属容器、非磁性材料等。

七、电子天平常见故障及其排除

这里列出一些电子天平常见的故障，使用者可以查找原因尝试排除，应该按照说明书进行操作，若天平仍不正常，应请相关专业技术人员进行检修。

（1）显示器没有显示　①检查供电电压是否设置正确；②检查供电线路及供电电源是否正常；③检查电源变压器、电源开关，是否接触不良或损坏。

（2）开启天平后零点单方向漂移　属于预热时间不够的正常现象，磁传感器中的磁钢达到热平衡即可稳定。

（3）外部校准不能执行（内校和外校各有特点，内置砝码长期使用后，难以进行砝码检定和表面清洁处理，故可以定期使用外附校准砝码校准）　①天平不水平；②天平安装环境不符合要求；③校准前天平不在零位；④外校砝码误差过大；⑤称量系统有机械故障；⑥天平的内设程序拒绝外校；改变天平的内设程序，使之处于执行外校状态。

（4）空载时零点不稳定，双向漂移　①天平放置的环境不符合要求，环境因素包括：振动、气流、温度、外部磁场；②防风窗未关闭；③天平参数设置不合适。

（5）称量结果不稳定　①天平严重不水平，倾斜度太大；②天平长时间没有校正；③电子天平的稳定性设置不合适，按说明书调整之；④天平安装环境不符合要求；⑤检查天平防风罩，看是否未完全关闭；⑥秤盘和天平壳体中间是否有杂物；⑦玻璃罩和秤盘是否擦蹭；⑧检查传感器放置位置及连接部分，看是否接触良好；⑨观察附近是否有强电磁干扰；⑩被称物的质量是否稳定（吸潮或挥发、或带静电荷等）；⑪温度影响：称量室内受到手的温度影响，被称物温度与室温相差较大；带棉质手套，被称物放在天平室一段时间，使其恒温；⑫天平的四角误差有问题，检验并调整；⑬微处理器或 A/D 转换器有问题，检修。

（6）显示乱码　①操作电压选择错误，电压偏低；②操作错误，按说明书操作；③检查触摸按键是否未弹起、接触不好或变形而影响其它功能键；④检查内部电源线路、传感器和信号线；⑤查看控制回路的各插件板和底座，是否有松动、虚接及底座与连接线断开。

（7）称量结果明显不对　①没有去皮回零；②没有校准或采用错误的外部砝码校准；③电源电压超出正确的工作电压范围，采取措施，稳定电源电压。

（8）去皮回零不好，较难回到全零　电子天平工作台不够稳固，台面上垫有一层防震橡胶，使操作时天平已受到振动。

（9）称量室内不要放置干燥剂　干燥剂的吸水和放水形成不同方向的气流，引起空气浮力的变化，导致称量不稳定。

（10）静电及其排除方法　产生原因：①空气干燥，尤其是冬季湿度低于 45% 时；②被称物体带静电；③操作者衣服或使用的工具带静电；④秤盘安装不当；⑤地板或天平台的胶板带静电。排除方法：①增加湿度，使相对湿度在 70% 左右；②除去被称物静电；③操作者使用应先用手触摸墙壁等除去静电；④正确安装秤盘；⑤天平接好地线，天平室不要用易产生静电的装饰材料；⑥选购除静电装置。

第四节　试样的称量方法与称量误差

一、试样的称量方法

1. 指定质量的试样的称量方法（固定称样法）

在分析工作中，有时要求准确称取某一指定质量的试样。例如：要求配制浓度为 $c(1/6\ K_2Cr_2O_7) = 0.1000mol/L$ 的 $K_2Cr_2O_7$ 标准溶液1000mL，需称取4.904g $K_2Cr_2O_7$。在例行分析中，为了便于计算结果或利用计算图表，往往要求称取某一指定质量的被测样品，这时可采用固定称样法。此法要求试样在空气中稳定。称量方法如下：

在天平上准确称出容器的质量（容器可以是小表面皿、小烧杯、不锈钢制的小簸箕或碗形容器、电光纸等），然后在天平上增加欲称取质量数的砝码，用药勺盛试样，在容器上方轻轻振动，使试样徐徐落入容器，调整试样的量至达到指定质量。称量完后，将试样全部转移入实验容器中（表面皿可用水洗涤数次，称量纸上必须不黏附试样）。

此法也可用于称取不是指定质量的试样。

2. 减量法称样

减量法称样的方法是首先称取装有试样的称量瓶的质量，再称取倒出部分试样后称量瓶的质量，二者之差即是试样的质量，如再倒出一份试样，可连续称出第二份试样的质量。

此法因减少被称物质与空气接触的机会故适于称量易吸水、易氧化或与二氧化碳反应的物质，适于称量几份同一试样。称量方法如下：

图2-5 从称瓶中倒出
试样的操作方法

在称量瓶中装入一定量的固体试样，例如要求称2份0.4～0.6g试样，可用天平称取1.2g试样装入瓶中，盖好瓶盖，手带细纱手套或用纸条套住称量瓶放在天平盘上，称出其质量。取出称量瓶在容器（一般为烧杯或锥形瓶）上方，使瓶倾斜，打开瓶盖，用盖轻敲瓶口上缘，渐渐倾出样品（图2-5），估计已够0.4g时，在一面轻轻敲击的情况下，慢慢竖起称量瓶，使瓶口不留一点试样，轻轻盖好瓶盖（这一切都要在容器上方进行，防止试样丢失），放回天平盘上。分别以减去0.4g和减去0.6g砝码试称，确定试样质量在0.4～0.6g之间后，准确称出其质量。如一次减样，不够0.4g，应再倒一次，但次数不能太多。如倒出的试样超过要求值，不可借助药勺放回，只能弃去重称。两次质量之差就是试样质量。如要再称一份试样，则仍按上述方法倒样、称量，第二次质量与第三次质量之差即为第二份试样的质量。例如：

第一次称量	瓶＋样		21.8947g
第二次称量	倒出一份样后瓶＋样		21.3562g（—
	①号烧杯中样品质量		0.5385g
第二次称量			21.3562g
第三次称量	倒出第二份样后瓶＋样		20.8050g（—
	②号烧杯中样品质量		0.5512g

液体试样可以装在小滴瓶中用减量法称量。

3. 挥发性液体试样的称量

用软质玻璃管吹制一个具有细管的球泡，称为安瓿，用于吸取挥发性试样，熔封后进行称量。沸点低于15℃的试样，球泡壁应稍厚。泡壁均匀，在木板上敲击不碎。先称出空安瓿质量，然后将球泡部在火焰中微热，赶出空气，立即将毛细管插入试样中［图2-6(1)］，同时将安瓿球浸在冰浴中（碎冰＋食盐或干冰＋乙醇）待试样吸入到所需量（不超过球泡2/3），移开试样瓶，使毛细管部试样吸入，用小火焰熔封毛细管收缩部分［图2-6(2)］，将熔下的毛细管部分赶去试样，和安瓿一起称量，两次称量之差即为试样质量。

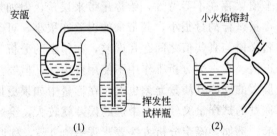

图 2-6　挥发性试样称量用安瓿

盛装沸点低于20℃的试样时应带上有机玻璃防护面罩。

二、称 量 误 差

称量同一物体的质量，不同天平、不同操作者有时称量结果不完全相同，即测量值与真值之间有误差存在。称量误差亦分为系统误差、偶然误差。

如果发现称量的质量有问题应从被称物、天平和砝码、称量操作等几方面找原因。

1. 被称物情况变化的影响

（1）被称物表面吸附水分的变化　烘干的称量瓶、灼烧过的坩埚等一般放在干燥器内冷却到室温后进行称量。它们暴露在空气中会吸附一层水分而使质量增加。空气湿度不同，所吸附水分的量也不同，故要求称量速度快。

（2）试样能吸收或放出水分或试样本身有挥发性　这类试样应放在带磨口盖的称量瓶中称量。灼烧产物都有吸湿性，应在带盖的坩埚中称量。为加快称量速度，可把砝码预先放好再称量。

（3）被称物温度与天平温度不一致，如果被称物温度较高，能引起天平两臂膨胀伸长程度不一，并且在温度高的一盘上有上升热气流，使称量结果小于真实值。故烘干或灼烧的器皿必须在干燥器内冷至室温后再称量，要注意在干燥器中不是绝对不吸附水分，只是湿度较小而已，应掌握相同的冷却时间如都为 45min 或 1h。

2. 天平和砝码的影响

应对天平和砝码定期（最多不超过 1 年）进行计量性能检定。

双盘天平横梁存在不等臂性，给称量带来误差，但如果在合格的范围内，因称量试样的量很小，其带来的误差亦很小，可忽略不计。

砝码的名义值与真实值之间存在误差，在精密的分析工作中可以使用砝码修正值。在一般分析工作中不使用修正值，但要注意这样一个问题：质量大的砝码其质量允差也大，在称量中如果更换较大的克组砝码，而称量的试样量又较小，带进的误差就较大，会超过分析方法规定的要求。例如：滴定分析方法要求误差 0.1%，称取标准物质 0.1g，用单盘分析天平称量，砝码是 F1 级砝码，空瓶重 19.9000g，瓶＋样重 20.0000g，第一次用了 9 个砝码，第二次用了 1 个砝码，如砝码真实质量是正误差的上限，参看表 2-2，可计算出砝码带来的误差为＋0.80mg，称量的相对误差达 0.80%。

因此，在称量的试样量较少时，应设法不更换克组大砝码以减小称量误差。方法是在被称物盘中加适当重物如小铝片等，第一次称量时就使用大砝码，使大砝码在称量中不被更换。

3. **环境因素的影响**

由于环境不符合要求，如震动、气流、天平室温度太低或有波动等，使天平的变动性增大。

4. **空气浮力的影响**

当物体的密度与砝码的密度不同时，所受的空气浮力也不同，空气浮力对称量的影响可进行校正。在分析工作中，标准物和试样的空气浮力的影响可互相抵消大部分，因此一般可忽略此项误差。

5. **操作者造成的误差**

由于操作者不小心或缺乏经验可能出现差错，如砝码读错、标尺看错、天平摆动未停止就读数等。操作者开关天平过重、吊耳脱落、天平水平不对或由于容器受摩擦产生静电等都会使称量不准确。

参 考 文 献

[1] 柯以侃，周心如等．化验员基本操作与实验技术．北京：化学工业出版社，2008.
[2] 中国标准出版社第五编辑室．化学实验室常用标准汇编（上），（下）（第2版）．北京：中国标准出版社，2009.
[3] 国家药典委员会．中华人民共和国药典（2010年版2部）附录．北京：中国医药科技出版社，2010.

学 习 要 求

一、掌握天平的分类，双盘天平、单盘天平和电子天平的称量原理及特点。

二、了解天平的技术参数和准确度级别、砝码的准确度等级，根据称量要求正确选用天平。

三、能分析称量误差产生的原因及避免方法。

复 习 题

1. 机械天平中，为什么单盘天平没有不等臂误差？

2. 用一套F1级砝码，根据砝码最大允许误差表，设砝码的真实质量是正误差的上限，计算20g的1个砝码和19.9g的多个砝码的称量误差。

3. 电子天平为什么必须预热？为什么必须校准才能使用？

4. 对称量结果有疑问时，怎样区别是天平和砝码不合格引起的问题，还是操作有误引起的问题？

5. 影响天平称量准确度的因素有哪些？

6. 指定质量的称量法和减量法对样品性质的要求有何不同？

第三章　分析实验室用水

第一节　概　　述

化验室中的自来水或符合饮用水标准的自来水因为仍然含有各种杂质，不能直接作为化学分析的试验用水，只能用于初步洗涤仪器、作冷却或加热浴用水等，需要将水纯化，制取满足分析要求的试验用水，称为"分析实验室用水"。

国家标准 GB/T 6682—2008《分析实验用水规格和试验方法》规定了分析实验室用水的级别、规格、取样及贮存、试验方法和试验报告。

分析实验室用水共分三个级别：一级水、二级水和三级水。可根据实际工作需要选用不同级别的水。一级水用于有严格要求的分析试验，包括对颗粒有要求的试验，如高效液相色谱分析用水。二级水用于无机痕量分析等试验，如原子吸收光谱分析用水。三级水用于一般化学分析试验。

市场上出售的作为饮用水的"纯净水"、"蒸馏水"能否作为化验室的分析用水，主要看其是否达到国家标准，达到的可以使用。

一、原水的杂质

制备分析实验室用水的原水应为饮用水或适当纯度的水。了解原水含什么杂质对选择纯化方法很重要。

（1）电解质　水中电解质包括可溶性无机物、有机物及带电的胶体离子等。其中阳离子有 H^+、Na^+、K^+、Mg^{2+}、Ca^{2+}、Fe^{2+}、Fe^{3+}、Al^{3+} 等，阴离子有 OH^-、HCO_3^-、SO_4^{2-}、Cl^-、NO_3^-、PO_4^{3-}、$HSiO_3^-$、有机酸（腐殖酸、烷基苯磺酸等）离子。

由于电解质杂质的存在，使水的电导率增加。测量水的电导率可以反映天然水中电解质杂质的含量。

电导率为电阻率的倒数，单位为西门子/厘米（S/cm）。水的电阻率是指某一温度下，每边为1cm立方体的水的电阻，单位为欧姆·厘米（$\Omega \cdot cm$）。

通过测量水的电导率再换算出水的总溶解性盐类的含量的方法，虽须做某些假设且带有一定的经验性及误差，但仍具有实用价值。表3-1给出的水的电导率、电阻率与溶解性总固体含量的关系，可供制备纯水及检验水质时参考。

表3-1 水的电导率、电阻率与溶解性总固体（TDS）含量的关系

电导率(25℃)/(μS/cm)	电阻率(25℃)/($\Omega \cdot$ cm)	溶解性总固体含量/(mg/L)	电导率(25℃)/(μS/cm)	电阻率(25℃)/($\Omega \cdot$ cm)	溶解性总固体含量/(mg/L)
0.056	18×10^6	0.028	20.00	5.00×10^4	10
0.100	10×10^6	0.050	40.00	2.50×10^4	20
0.200	5×10^6	0.100	100.0	1.00×10^4	50
0.500	2×10^6	0.250	200.0	5.00×10^3	100
1.00	1×10^6	0.5	400.0	2.5×10^3	200
2.00	0.5×10^6	1	1000	1.0×10^3	500
4.00	0.25×10^6	2	1666	0.6×10^3	833
10.00	0.100×10^6	5			

注：TDS是英文 tatal dissolved solids 的缩写。

（2）有机物 水中所含的有机物常以阴性或中性状态存在。

（3）颗粒物 水中的颗粒物质包括泥沙、有机物、微生物及胶体颗粒等。

（4）微生物 水中的微生物包括细菌、浮游生物和藻类等。

（5）溶解气体 水中的溶解气体包括 N_2、O_2、Cl_2、H_2S、CO、CO_2、CH_4 等。

二、水的纯化方法

水的纯化是一个多级过程，每一级除掉一定种类的污染物，根据实验用水需要的级别确定水纯化的流程。以超纯水制备为例，需要将原水经过预处理、脱盐和后处理三步工序，见表3-2。

表 3-2　超纯水纯化工序

工　序	预　处　理	脱　盐	后　处　理
去除物	悬浮物、有机物	各种盐类	细菌、颗粒
方法	沙滤、膜过滤、活性炭吸附	反渗透、电渗析、离子交换	紫外杀菌、臭氧杀菌、超过滤、微孔过滤

一般化学分析用纯水可以只经过离子交换脱除杂质离子。

各种水处理工艺除去水中杂质的能力列于表 3-3 中。

表 3-3　各种水处理工艺去除水中杂质的能力

工　艺	过滤	活性炭大孔树脂吸附	电渗析	反渗透	复床	离子交换	紫外杀菌	膜过滤	超过滤	蒸馏
悬浮物质	好									
胶体(>0.1μm)		一般	好	很好				好	很好	很好
胶体(<0.1μm)			好	很好				一般	很好	很好
微粒(>0.2μm)		一般		很好				很好	很好	很好
低分子量溶解性有机物		好		好	一般	一般		一般		
高分子量溶解性有机物	一般	好	一般	很好	一般	一般		很好		
溶解性无机物			很好	很好	很好	很好				很好
微生物		一般					好	很好	好	很好
细菌		一般					很好	很好	很好	很好
热原质①								好	好	很好

① 在注入人体和某些动物体内后可使体温增加的一组物质,一般认为来源于微生物的多糖。

三、超纯水制备流程中各组件的工作原理

超纯水的制备国内外有很多仪器,我们通过下面超纯水制备的流程,来了解各组件在纯水制备中的作用。下面的流程可以从自来水制取一级水,如果制取三级水可以免去部分流程。

自来水 → 预过滤(活性炭等) → RO(反渗透装置) →

EDI(连续电去离子) → 254nm 紫外灯照射 → 离子交换 →

185nm/254nm 紫外灯照射 → 精纯化柱 → 终端微滤 → 超纯水

1. 预过滤

第一级 PP 棉过滤器:用聚丙烯树脂为原料制成纤维,经纤维自

身的缠绕黏结而成，属梯度深层过滤，具有高孔隙率、高截留率、大纳污量、大流量、低压降的特点。孔径 $5\mu m$，除去尘土、铁锈、砂砾等大于 $5\mu m$ 的物质。

第二级活性炭过滤器：预过滤，有颗粒活性炭、烧结活性炭滤芯（CTO），又称炭棒滤芯、压缩活性炭滤芯等。烧结活性炭滤芯兼有吸附和过滤（平均孔径 $3\sim20\mu m$）两种功能，但其过滤功能低于 PP 熔喷滤芯，吸附功能低于颗粒活性炭滤芯。后置抑菌活性炭，避免压力储水桶内纯水二次污染。

活性炭可去除水中的臭味、色度、余氯、胶体、有机物（合成洗涤剂、农药、除草剂、合成染料、三卤甲烷、卤乙酸、内分泌干扰物如邻苯二甲酸酯 PAES 等）、重金属（如汞、银、镉、铬、铅等）、放射性物质等。为防止活性炭吸附的有机物使细菌等微生物繁殖，后面的流程需要 UV 灯杀菌。

活性炭过滤器起到保护离子交换柱床和反渗透组件的作用。

第三级 PP 棉过滤器：孔径 $1\mu m$，除去由于活性炭脱落产生的细小颗粒物质等。

2. RO（反渗透装置）

反渗透是一种膜分离技术。反渗透膜能够在外加压力作用下，使水溶液中的水分子和某些组分选择性透过，从而达到淡化、净化或浓缩分离的目的。

反渗透分离物质的粒径在 $0.001\sim0.01\mu m$，一般为相对分子质量小于 500 的低分子。反渗透作为预脱盐的主要工序，它的脱盐率在 95% 以上，可减轻离子交换树脂的负荷，反渗透能有效地去除细菌等微生物及铁、锰、硅等无机物，因而可减轻这些杂质引起的离子交换树脂的污染。

反渗透净水机可以自动稳定地运行，滤芯组件的反渗透膜使用寿命可达 3 年。但是它的原水回收率只有 50%～75%。

3. EDI（连续电去离子）

EDI 是在电渗析器的淡化室中填充离子交换树脂，借助外直流电场的作用使离子选择性迁移、深度除盐、树脂电化学再生三个过程相伴发生，相当于连续获得再生的混床离子交换柱，脱盐率大于

99.9%，可以获得 2 级分析实验室用水。

电渗析是一种固膜分离技术。电渗析纯化水是除去原水中的电解质，故又称电渗析脱盐。它利用离子交换膜的选择性透过性，即阳离子交换膜（简称阳膜）仅允许阳离子透过，阴离子交换膜（简称阴膜）仅允许阴离子透过，在外加直流电场作用下，使一部分水中的离子透过离子交换膜迁移到另一部分水中，造成一部分水淡化，另一部分水浓缩。收集淡水即为所需的纯化水。其工作原理见图 3-1。

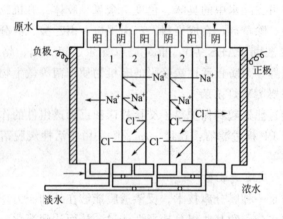

图 3-1　电渗析器工作原理

阴—阴膜；阳—阳膜；1—淡水室；2—浓水室

4. 紫外照射

UV 照射用于杀菌，254nm 附近紫外线的杀菌能力强，185nm 的紫外线能将许多有机化合物的化学键断裂，组合使用 185nm 与 254nm 的紫外线，能有效杀菌及氧化分解有机物。由于有机物质的分解与阴离子的生成，会影响电导率，因此在紫外线照射的后段程序中，应使用离子交换树脂等程序来去除水中离子。

5. 离子交换

离子交换树脂是一种不溶于水的高分子离子交换剂，当水通过离子交换树脂时，水中的杂质阳离子和阴离子交换到离子交换树脂上，相同电荷的离子等量地释放到水中，达到纯化水的目的。

氢型阳离子交换树脂和氢氧型阴离子交换树脂能分别除去水中的阳离子杂质和阴离子杂质，交换下来的 H^+ 和 OH^- 结合成为水。当树脂失效后，可以用酸和碱溶液再生，树脂能较长时期反复使用。

离子交换法制备纯水的优点是造价低，出水的电解质含量很低，电导率低，其局限是不能除去非电解质的胶态物质和有机物。

随着反渗透、EDI 等工艺的应用，离子交换制取纯水的操作复杂、不易实现自动化、需要酸碱再生等缺点显现，因此离子交换装置更有应用价值的是其混合床用在反渗透等水处理工艺之后制取超纯水、高纯水。在小型化验室，用反渗透净水机的出水，连接混合床离子交换柱，可以制取三级水。

超纯水配套树脂是已再生预混好的、可直接使用的混床专用离子交换树脂（超纯混床树脂、抛光树脂、核子级树脂），均为一次性使用的产品。

6. 超滤和微孔过滤

超滤（UF）膜的孔径小于 100nm，一般不以孔径尺寸，而是以被分离物质所具有的分子量（截留分子量，molecular weight cut-off，MWCO）来表示其分离特性。UF 膜根据分子的大小来捕捉污染物质，大于截留分子量的分子可以被捕捉，而小于截留分子量的小分子则与滤液一同透过。选择合适的截留分子量的 UF 膜，可以使水中离子类的小分子通过而达到去除内毒素、RNA 分解酶等大分子及悬浮胶状物质的目的。

微孔滤膜具有较整齐、均匀的多孔结构，小于膜孔的粒子通过滤膜，大于膜孔的粒子阻拦在膜上。作为超纯水的终端过滤器，$0.22\mu m$ 滤膜可去除颗粒物与细菌。还有多种不同应用要求的终端过滤器可供选择。

第二节　分析实验室用水的规格和试验（检验）方法

一、分析实验室用水的规格

分析实验室用水的规格（GB/T 6682—2008）见表 3-4。

表 3-4 分析实验室用水的规格

名　　称	一级	二级	三级
pH 值范围(25℃)	—	—	5.0～7.5
电导率(25℃)/(mS/m)	≤0.01	≤0.10	≤0.50
可氧化物质含量(以 O 计)/(mg/L)	—	≤0.08	≤0.4
吸光度(254nm,1cm 光程)	≤0.001	≤0.01	—
蒸发残渣(105℃±2℃)含量/(mg/L)	—	≤1.0	≤2.0
可溶性硅(以 SiO$_2$ 计)含量/(mg/L)	≤0.01	≤0.02	—

注：1. 由于在一级水、二级水的纯度下，难于测定其真实的 pH 值，因此，对一级水、二级水的 pH 值范围不做规定。

2. 由于在一级水的纯度下，难于测定可氧化物质和蒸发残渣，对其限量不做规定。可用其他条件和制备方法来保证一级水的质量。

二、分析实验室用水的试验（检验）方法

(一) 标准方法简介

1. pH 值

量取 100mL 水样，按 GB/T 9724 的规定测定。

2. 电导率

用于一、二级水测定的电导仪：配备电极常数为 0.01～0.1cm^{-1} 的"在线"电导池，并具有温度自动补偿功能。用于三级水测定的电导仪：配备电极常数为 0.1～1cm^{-1} 的电导池，并具有温度自动补偿功能。若电导仪不具温度补偿功能，测定方法参阅 GB/T 6682—2008。

一、二级水的测量：将电导池装在水处理装置流动出水口处，调节水流速，赶净管道及电导池内的气泡，即可进行测量。三级水的测量：取 400mL 水样于锥形瓶中，插入电导池后即可进行测量。

测量用的电导仪和电导池应定期进行检定。

3. 可氧化物质

量取 1000mL 二级水（或 200mL 三级水）置于烧杯中，加入 5.0mL（20%）硫酸（三级水加入 1.0mL 硫酸），混匀。加入 1.00mL 高锰酸钾标准滴定溶液[c(1/5 KMnO$_4$)＝0.01mol/L]，混匀，盖上表面皿，加热至沸并保持 5min，溶液粉红色不完全消失。

4. 吸光度

将水样分别注入 1cm 和 2cm 吸收池中，于 254nm 处，以 1cm 吸收池中的水样为参比，测定 2cm 吸收池中水样的吸光度。若仪器灵

敏度不够，可适当增加测量吸收池的厚度。

5. 蒸发残渣

(1) 水样预浓集　量取 1000mL 二级水（三级水取 500mL）。将水样分几次加入旋转蒸发器的蒸馏瓶（500mL）中，于水浴上减压蒸发（避免蒸干）。待水样最后蒸至约 50mL 时，停止加热。

(2) 测定　将上述预浓集的水样，转移至一个已于 105℃±2℃ 恒量的蒸发皿（材质可选用铂、石英、硼硅玻璃）中，并用 5～10mL 水样分 2～3 次冲洗蒸馏瓶，将洗液与预浓集水样合并于蒸发皿中，按 GB/T 9740 的规定测定。

6. 可溶性硅

量取 520mL 一级水（二级水取 270mL），注入铂皿中，在防尘条件下，亚沸蒸发至约 20mL，停止加热，冷却至室温，加 1.0mL 钼酸铵溶液（50g/L），摇匀，放置 5min 后，加 1.0mL 草酸溶液（50g/L），摇匀，放置 1min 后，加 1.0mL 对甲氨基酚硫酸盐溶液（2g/L），摇匀。移入比色管中，稀释至 25mL，摇匀，于 60℃ 水浴中保温 10min。溶液所呈蓝色不得深于标准比色溶液。

标准比色溶液的制备是取 0.50mL 二氧化硅标准溶液（0.01mg/mL），用水样稀释至 20mL 后，与同体积试液同时同样处理。

(二) 一般检验方法

下面介绍的电导率法和化学方法可用于纯水的初步检验。

1. 电导率法

测定纯水的电导率可以方便地检测纯水器出水的水质，图 3-2 是一种笔式电导率仪，有单量程和多量程的多种产品。可用于测定纯水、原水的 TDS 值和液体的盐度。自动温度补偿，自动识别校准液，传感器是铂电极，测量准确度为全量程的 ±1%～2%。使用时拔去下部保护套，将电极插入待测水中，待仪器稳定后即可读数。取水样后要

图 3-2　笔式电导率仪

立即测定，因为空气中的二氧化碳会溶于水中，使水的电导率增大。

2. 化学检验方法

（1）阳离子的检验　取水样 10mL 于试管中，加入 2～3 滴氨缓冲液❶（pH＝10），2～3 滴铬黑 T 指示剂❷如水呈现蓝色，表明无金属阳离子（含有阳离子的水呈现紫红色）。

（2）氯离子的检验　取水样 10mL 于试管中，加入数滴硝酸银水溶液（1.7g 硝酸银溶于水中，加浓硝酸 4mL，用水稀释至 100mL），摇匀，在黑色背景下看溶液是否变白色浑浊，如无氯离子应为无色透明（注意：如硝酸银溶液未经硝酸酸化，加入水中可能出现白色或变为棕色沉淀，这是氢氧化银或碳酸银造成的）。

（3）指示剂法检验 pH 值　取水样 10mL，加甲基红 pH 指示剂❸2 滴不显红色。另取水样 10mL，加溴麝香草酚蓝 pH 指示剂❹5 滴不显蓝色即符合要求。

用于测定微量硅、磷等的纯水，应该先对水进行空白试验，才可应用于配制试剂。

第三节　分析实验室用水的储存和选用

实验室用水的质量是保障实验结果准确的前提，是实验室认证的重要保证，水被视为用量最大的试剂，因此，实验室用水的选用和储存都需要规范化。

经过各种纯化方法制得的各种级别的分析实验室用水，纯度越高要求储存的条件越严格，成本也越高，应根据不同分析方法的要求合理选用。表 3-5 列出了国家标准中规定的各级水的制备方法、储存条件及使用范围。

---

❶　54g 氯化铵溶于 200mL 水中，加入 350mL 浓氨水，用水稀释至 1L。

❷　0.5g 铬黑 T 加入 20mL 二级三乙醇胺，以 95％乙醇溶解并稀释至 1L。也可在铬黑 T 指示剂溶液中每 100mL 加入 2～3mL 浓氨水，试验中免去加氨缓冲溶液。

❸　甲基红指示剂的变色范围 pH＝4.2～6.3，红→黄。称取甲基红 0.100g 于研钵中研细，加 18.6mL 0.02mol/L 氢氧化钠溶液，研至完全溶解，加纯水稀释至 250mL。

❹　溴麝香草酚蓝指示剂变色范围 pH＝6.0～7.6，黄→蓝。称取溴麝香草酚蓝 0.100g，加入 8.0mL 0.02mol/L 氢氧化钠溶液，同上法操作，加纯水稀释至 250mL。

表 3-5 分析实验室用水的制备、储存及使用

级别	制备与储存	使用
一级水	可用二级水经过石英设备蒸馏或离子交换混合床处理后,再经0.2μm 微孔滤膜过滤制取 不可储存,使用前制备	有严格要求的分析实验,包括对颗粒有要求的试验,如高压液相色谱分析用水
二级水	可用多次蒸馏或离子交换等方法制取 储存于密闭的、专用聚乙烯容器中	无机痕量分析等试验,如原子吸收光谱分析用水
三级水	可用蒸馏或离子交换等方法制取 储存于密闭的、专用聚乙烯容器中,也可使用密闭的、专用玻璃容器储存	一般化学分析试验

对储存水的容器要求如下:

① 各级用水均使用密闭、专用聚乙烯容器存放。三级水也可使用密闭、专用的玻璃容器存放。

② 储存水的新容器在使用前需用盐酸溶液(20%)浸泡 2~3天,再用待储存的水反复冲洗。

各级用水在储存期间其沾污的主要来源是容器可溶成分的溶解、二氧化碳和其他杂质。因此一级水不可储存,使用前制备。二级水、三级水可适量制备,分别储存在预先用同级水清洗过的相应容器中。

超纯水能满足 HPLC、LC-MS、IC、ICP、AA 等理化分析领域和生命科学领域如 PCR、凝胶电泳、基因组学、细胞培养等的用水要求。

下面列出部分国家标准对水的要求。GB/T 9723—2007《化学试剂 火焰原子吸收光谱法通则》要求:实验用水应符合 GB/T 6682 中二级水规格。GB/T 15337—2008《原子吸收光谱分析法通则》要求:常量分析时,所用水应符合 GB/T 6682 二级水的规格,进行痕量分析时,所用用水应符合 GB/T 6682 中一级水规格。GB/T 9721—2006《化学试剂分子吸收分光光度法通则(紫外和可见光部分)》要求:校正仪器时配置溶液的水应符合 GB/T 6682 二级水的规格,检验样品时所用的水根据产品标准的要求选用 GB/T 6682 中的二级水

或三级水。GB/T 16631—2008《高效液相色谱法通则》要求使用的水是通过蒸馏、离子交换，或反渗透、蒸馏、离子交换等方法精制的水，水质不应干扰分析。GB/T 5750.7—2006《生活饮用水标准检验方法 有机物综合指标》总有机碳测定中对所用纯水的总有机碳最高容许含量要求：测定样的总有机碳含量（mg/L）分别为 <10、10~100、>100 时，要求纯水中总有机碳含量（mg/L）分别为 0.1、0.5、1。

第四节　蒸馏法制纯水

一、蒸　馏　法

将天然水用蒸馏器蒸馏可制取蒸馏水，其缺点是能耗高，大型的已较少使用。蒸馏水的杂质主要是：二氧化碳和某些低沸物、少量液态水成雾状进入蒸气中。

可以用自动双（三）重纯水蒸馏器制取重蒸馏水和三次蒸馏水，用纯净水或去离子水在仪器上蒸馏可以减少清洗仪器水碱的次数。仪器全部由优质耐高温玻璃制成，用石英管加热。

测定《生活饮用水标准检验方法　有机物综合指标》（GB/T 5750.7—2006）总有机碳时，所用纯水的总有机碳最高容许含量要求 0.5mg/L 时，可以用加高锰酸钾、重铬酸钾重蒸馏的方法制取。

二、亚　沸　法

一般的沸腾蒸馏方法由于沸腾的水泡破裂，使蒸气中带入微粒，另外，未蒸馏的液体沿器壁爬行，使蒸馏水受到明显的沾污。亚沸蒸馏是在液体不沸腾的条件下蒸馏，完全消除了由沸腾带来的沾污。

图 3-3 为石英亚沸蒸馏器。

亚沸蒸馏装置中采用红外线加热，因此器壁保持干燥，避免被蒸馏液体向上爬行。

亚沸蒸馏也是高纯酸纯化的方法。GB/T 15337—2008《原子吸收光谱分析法通则》指出：无机酸是常用试剂，常含有痕量金属元素，使用前应严格检查，必要时应经亚沸蒸馏提纯。

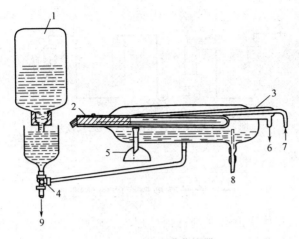

图 3-3　石英亚沸蒸馏器

1—原料瓶；2—红外辐射加热器；3—冷凝管；4—三通
活塞；5—蒸馏产物出口；6—冷却水出口；
7—冷却水进口；8—溢出口；9—排出口

第五节　离子交换法制纯水

制取纯水一般选用强酸性阳离子交换树脂和强碱性阴离子交换树脂。离子交换树脂的交换机理如下。

强酸性阳离子交换树脂：

$$R—SO_3H+Na^+ \underset{再生}{\overset{交换}{\rightleftharpoons}} R—SO_3Na+H^+$$
　　氢型　　　　　　　　　　钠型

强碱性阴离子交换树脂：

$$RN(CH_3)_3OH+Cl^- \underset{再生}{\overset{交换}{\rightleftharpoons}} RN(CH_3)_3Cl+OH^-$$
　氢氧型　　　　　　　　　　氯型

式中 R 表示离子交换树脂本体，用 Na^+ 和 Cl^- 分别代表水中的阴阳离子杂质，交换下来的 OH^- 和 H^+ 结合成水。

反应式的正方向为纯水制取过程，反方向为离子交换树脂的再生过程。

以自来水为原水制取纯水一般采用复床（阳柱、阴柱）-混合床的流程（图3-4）。

大型装置可在阳柱后面加二氧化碳脱气塔，脱除二氧化碳，减轻

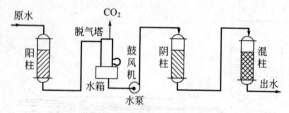

图 3-4 复床-混合床离子交换制水流程

阴柱的负荷。

一、离子交换树脂的预处理

新树脂在使用前必须进行预处理除去磺酸、胺类等有机杂质和铁、铅、铜等金属离子，并将树脂从储存时的钠型（阳树脂）和氯型（阴树脂）转变成氢型（阳树脂）和氢氧型（阴树脂）。预处理可在交换柱中或在柱外的容器中进行。

（1）树脂用量　单柱：柱高的 2/3（以膨胀后体积计）。混柱：柱高的 3/5，阳树脂装至加酸管上面，阴树脂装量为阳树脂体积的 2 倍。

（2）再生剂用量和浓度　再生阳树脂用 4%～5% 的 HCl（化学纯），用量为树脂体积的 2 倍。再生阴树脂用 4%～5% 的 NaOH（化学纯），用量为树脂体积的 2 倍。

（3）阳离子交换树脂的预处理　用水冲洗树脂，用水浸泡树脂 12～24h，用 4%～5% 的 HCl 和 NaOH 在交换柱中依次交替浸泡 2～4h，在酸碱之间用水淋洗至出水接近中性，重复 2～3 次，每次酸碱用量为树脂体积的 2 倍。最后一次处理用 4%～5% 的 HCl 溶液，用水淋洗至 pH≈3～4，用铬黑 T 检验无金属阳离子（方法见化学检验法），即完成新树脂的首次再生操作。

（4）阴离子交换树脂的预处理　前面步骤同上，其中 NaOH 溶液用 5%～8%。最后一次处理用 4%～5% 的 NaOH 溶液，用阳柱出水淋洗至 pH≈11～12，用硝酸银溶液检验无氯离子（方法见化学检验法），即完成新树脂的首次再生操作。

（5）混合柱树脂的预处理　阴离子交换树脂的预处理的方法同前，最后，按下面混柱的再生方法，再生阳树脂及混合。

二、离子交换树脂的再生

1. 阳柱再生方法

(1) 逆洗　底部通入自来水，顶部排水，松动树脂层，排除气泡，时间15~30min。

(2) 加酸　放水至液面在树脂层上面，再生过程始终保持液面不低于树脂层，加4%~5%的HCl溶液，控制流速，在30~45min加完。

(3) 正洗　用自来水正洗，流速约为加酸流速的2倍，时间30~45min。洗至出水pH为3~4，用铬黑T溶液检验应无金属阳离子。

2. 阴柱再生方法

(1) 逆洗　用阳柱水逆洗，时间15~30min。

(2) 加碱　加4%~5%的NaOH溶液，控制流速，在1~1.5h加完。

(3) 正洗　用阳柱水正洗，流速约为加碱流速的2倍，洗至pH为11~12，用硝酸银溶液检验应无氯离子。

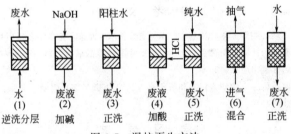

图3-5　混柱再生方法

3. 混柱再生方法（图3-5）

(1) 逆洗分层　用自来水逆洗分层，时间约15min，两种树脂颜色不同，阴树脂在上层，如分层不明显，可通入稀NaOH溶液（使树脂失效），再继续逆洗分层。

(2) 加碱　再生阴树脂，方法同阴柱再生。

(3) 正洗　用阳柱水正洗，方法同阴柱再生。

(4) 加酸　放水至阴阳树脂分界面，从进酸管加酸再生阳树脂，控制液面不渗入到阴树脂层。

(5) 正洗　从进酸口或柱的顶部通入复床出水或纯水正洗，洗至出水pH为3~4。

（6）混合　从底部通入氮气（或净化的压缩空气），也可从顶部真空抽气，混合树脂层，时间约 5～10min，混合之后快速放水至液面在树脂层之上。

三、正洗及产水

连接好复床（阳柱、阴柱）-混合床离子交换纯水系统，出水通过在线电导仪的电导池检测，从阳柱通入自来水，流速可为 10m/h（线速度），监测出水的电导率为 0.5mS/m 以下，即达到三级水的电导率标准可以连接到储水容器。

离子交换树脂使用注意事项：如果长期不用，树脂应分别转换成钠型和氯型储存于氯化钠溶液中。如果自来水直接进入阴柱或混柱，会生成钙、镁的盐类和氢氧化物的白色絮状物，可用 3% HCl 溶液反洗除去。铁、铜等重金属及其氧化物污染可用 5%～10% 的 HCl 溶液浸泡树脂 12h，再用水洗除去。

参 考 文 献

[1] 柯以侃，周心如等．化验员基本操作与实验技术．北京：化学工业出版社，2008.
[2] 中国标准出版社第五编辑室．化学实验室常用标准汇编（上），（下）（第 2 版）．北京：中国标准出版社，2009.
[3] 国家药典委员会．中华人民共和国药典（2010 年版 2 部）附录．北京：中国医药科技出版社，2010.

学 习 要 求

一、了解各种纯化水方法的原理和特点。
二、掌握分析实验室用水的分级、储存方法，学会正确选用各级纯水。
三、了解分析实验室用水的标准试验方法和化学检验方法。

复 习 题

1. 原水未经纯化为什么不能直接用于化验工作？

2. 一、二、三级分析实验室用水，各适用于何种分析工作？

3. 怎样用化学检验方法检查三级水中的阳离子和阴离子杂质？

4. 离子交换制纯水时，为什么要采用阳柱、阴柱、混合柱的流程而不能调换其顺序？

第四章 化学试剂和溶液配制

第一节 化学试剂

化学试剂是品种繁多、用途广泛的一大类精细化学品。经典意义的化学试剂是指那些在化验室使用的各种标准纯度的纯化学物质,目前化学试剂的范围已大大超出了这种经典定义。本节仅介绍化验室常用化学试剂的相关知识。

一、化学试剂的分类、包装和规格

(一) 化学试剂的分类

按化学试剂的用途和化学组成,目前通常将化学试剂分为以下十类:无机分析试剂、有机分析试剂、特效试剂、基准试剂、标准物质、指示剂和试纸、仪器分析试剂、生化试剂、高纯物质和液晶。

有关化学试剂的分类至今国际上尚未统一,但其趋势是要与当今科研前沿和热点相适应。从世界著名的生产化学试剂公司的商品分类来看,化学试剂可归纳为四大类:生命科学大类、化学部分大类、分析部分大类和精细化工大类。对化学试剂的分类研究正在不断深入,将为化学试剂快速检索、查询、应用及合理管理等提供更有效便捷的依据。

(二) 化学试剂的包装和规格

化学试剂的规格反映试剂的质量,一般按试剂的纯度及杂质的含量区分不同的级别。为确保和控制产品质量,我国相关部门制定和颁布了一系列化学试剂的国家标准(代号 GB)、行业标准(代号 HB)和企业标准(代号 QB)。

化学试剂的规格按试剂的纯度及杂质的含量一般划分为:高纯、光谱纯、基准、分光纯、优级纯、分析纯和化学纯等。2012 年 12 月 31 日发布了新标准 GB/T 15346—2012《化学试剂 包装与标志》,MOS 试剂、临床试剂、高纯试剂和精细化工产品不在该标准范围。

标准对内包装形式、包装单位、中包装容器、外包装组装量、外包装容器及隔离材料等作了详细的规定。对产品包装标志也作出了规定，标签内容一般包括 13 项。

GB/T 15346—2012 要求按表 4-1 规定的标签颜色标记化学试剂的级别。

表 4-1 化学试剂的级别和标签颜色

序　号	级　别		颜　色
1	通用试剂	优级纯	深绿色
		分析纯	金光红色
		化学纯	中蓝色
2	基准试剂		深绿色
3	生物染色剂		玫红色

在购买化学试剂时，除了了解试剂的等级外，还需要知道试剂的包装单位。化学试剂的包装单位是指每个包装容器内盛装化学试剂的净质量（固体）或体积（液体）。包装单位的大小根据化学试剂的性质、用途和经济价值而决定的。

我国规定化学试剂以下列 5 类包装单位（固体产品以克计，液体产品以毫升计）包装。

第一类：0.1g、0.25g、0.5g、1g 或 0.5mL、1mL；

第二类：5g、10g、25g 或 5mL、10mL、20mL、25mL；

第三类：50g、100g 或 50mL、100mL；

第四类：250g、500g 或 250mL、500mL；

第五类：1000g、2500g、5000g 或 1000mL、2500mL、5000mL。

应该根据用量决定购买量，以免造成浪费。如过量储存易燃易爆品，不安全；易氧化及变质的试剂，过期失效；标准物质等贵重试剂，积压浪费等。

二、化学试剂合理选用及使用注意事项

（一）化学试剂的合理选用

选择化学试剂的基本原则是：要根据不同的工作要求合理选用不同类别和相应级别的试剂，在满足实验要求的前提下，选用试剂的级别就低不就高。下面就不同的工作应该选择何种化学试剂和使用作具体地说明。

1. 标准物质

标准物质是已确定其一种或几种特性的物质,可以是纯物质、固体、液体、气体和水溶液。通常在校准测量仪器和装置、评价测量分析方法、测量物质或材料特性值、考核分析人员的操作技术水平以及在生产过程中产品质量控制等工作中使用。标准物质分为一级标准物质和二级标准物质,一级标准物质主要用于标定比它低一级的标准物质和作为仲裁分析的定值、校准高准确度的计量仪器、研究与评定方法。二级标准物质作为工作标准物质直接使用,用于现场方法的研究和评价及日常分析测量。

按照鉴定特性,标准物质分为3大类:化学成分标准物质;物理和物理化学特性标准物质和工程技术特性标准物质。也可根据标准物质所预期的应用领域或学科进行分类,国际标准化组织标准物质委员会将标准物质分为十七大类:地质学,核材料,放射性材料,有色金属,塑料、橡胶、塑料制品,生物、植物、食品,临床化学,石油,有机化工产品,物理学和计量学物理化学,环境,黑色金属,玻璃、陶瓷,生物医学、药物,纸,无机化工产品,技术和工程。

我国也是按照这种方法将标准物质分为十三个大类:钢铁成分分析标准物质,有色金属及金属中气体成分分析标准物质,建材成分分析标准物质,材料成分分析与放射性测量标准物质,高分子材料特性测量标准物质,化工产品成分分析标准物质,地质矿产成分分析标准物质,环境化学分析标准物质,临床化学分析与药品成分分析标准物质,食品成分分析标准物质,煤炭、石油成分分析和物理特性测量标准物质,工程技术特性测量标准物质,物理特性与化学特性测量标准物质。

在使用标准物质时要注意以下问题:

(1)标准物质可从国家质量监督检验检疫总局发布的"标准物质目录"中选购,根据使用目的选择相应类别的一级或二级标准物质。

(2)仔细阅读标准物质的证书,确认该标准物质的用途是否和使用目的一致,做成分分析时,样品的基体组成和被测成分的含量要和标准物质相当。

（3）使用前要检查外观和包装有无异常，标准物质的生产日期、有效期及不确定度是否符合要求，必要时通过实验对标准物质的准确性作验证。

（4）标准物质必须在有效期内使用，有效期是在规定的储存条件下，标准物质特性值稳定的时间间隔。

（5）按照标准物质证书要求正确使用和保存。

2. 基准试剂

基准试剂包括滴定分析标准溶液、杂质标准溶液、滴定分析基准试剂和 pH 基准试剂。滴定分析基准试剂主要用于滴定分析标准溶液的配制和标定，按 JJG 2061《基准试剂纯度》规定，基准试剂分为两个级别，即第一基准试剂和工作基准试剂。第一基准试剂中的容量基准试剂有 6 种，邻苯二甲酸氢钾、重铬酸钾、氯化钠、氯化钾、无水碳酸钠和乙二胺四乙酸二钠。它们相当于 IUPAC 的 C 级，纯度范围为 99.98%～100.02%，测量不确定度优于 0.01%（置信概率95%）。工作基准试剂有 15 种（见表 4-2）。工作基准试剂相当于 IUPAC 的 D 级，纯度范围为 99.95%～100.05%，测量不确定度优于 0.05%（置信概率 95%）。

表 4-2 滴定分析工作基准试剂

名 称	用 途	标 准 号
氯化钾	K 或 Cl 的基准	GB 10736
碳酸钙	碱量基准	GB 12596
苯二甲酸氢钾	碱量基准	GB 1257
无水碳酸钠	碱量基准	GB 1255
苯甲酸	酸量基准	GB 12597
氯化钠	Na 或 Cl 的基准	GB 1253
三氧化二砷	还原量基准	GB 1256
草酸钠	还原量基准	GB 1254
重铬酸钾	氧化量基准	GB 1259
碘酸钾	氧化量基准	GB 1258
溴酸钾	氧化量基准	GB 12594
氧化锌	配合量基准	GB 1260
乙二胺四乙酸二钠	配合量基准	GB 12593
硝酸银	Cl 的基准	GB 12595
无水对氨基苯磺酸	有机胺的基准	GB 1261

国家标准 GB/T 602—2002 规定了 85 种化学试剂杂质测定用标准溶液的制备方法，它是在单位体积内含有准确数量的物质的溶液，用分析纯以上试剂按标准要求的条件制备而得。主要用于化学试剂中杂质测定，也可用于其他行业。一般规定保存期为两月，当出现浑浊、沉淀或颜色有变化等现象，应予重配。

pH 基准试剂用作酸度计的定位标准，其 pH 工作基准试剂共 7 种见表 4-3，可用于制备 pH 标准缓冲溶液。可以购买整瓶的基准试剂自行准确称量后配制成 pH 标准缓冲溶液；或购买已准确称量的小包装的 pH 基准试剂，将其溶于一定体积的纯水中，即可使用；也可购买 pH 标准缓冲溶液直接使用。

表 4-3　pH 基准试剂

名　称	标准代号	pH 值(25℃)	不确定度
草酸氢钾	GB 6855	1.680	±0.005pH
酒石酸氢钾	GB 6858	3.559	±0.005pH
苯二甲酸氢钾	GB 6857	4.003	±0.005pH
磷酸二氢钾	GB 6853	6.864	±0.005pH
磷酸二氢钠	GB 6854	6.864	±0.005pH
硼砂	GB 6856	9.182	±0.005pH
氢氧化钙	GB 6852	12.460	±0.005pH

3. 优级纯、分析纯、化学纯化学试剂

优级纯（一级品）：主成分含量很高、纯度很高，适用于痕量分析、仲裁分析、进出口商品检验和研究工作等，有的可作为基准物质。分析纯（二级品）：纯度略低于优级纯，杂质含量略高于优级纯，适用于化学分析和一般性研究工作。化学纯（三级品）：主成分含量高、纯度较高，存在干扰杂质，适用于化学实验和合成制备。

4. 仪器分析试剂

仪器分析试剂是用于仪器检定、定标和试样分析所用的试剂，按分析仪器的分类包括以下方面：

① 原子吸收光谱标准品　用于试样分析时作标准品的试剂；

② 色谱用试剂　指用于气相色谱和液相色谱用的试剂，包括色谱纯标准品、固定液、载体、溶剂、减尾剂、离子对试剂等；

③ 分光纯试剂　用于光度分析的标准品和显色剂等；

④ 光谱纯试剂　通常指用于发射光谱分析并经发射光谱分析检验过的高纯试剂；

⑤ 核磁共振用的氘代试剂；

⑥ 电子显微镜用的固定剂、包埋剂、染色剂等。

（二）化学试剂使用注意事项

（1）同一规格的试剂要注意制造厂和批号不同可能引起的性能上的微小差别，在同一实验中使用相同厂家和相同批号的试剂，以保证测定结果的重现性和可比性。对于以下试剂如指示剂、有机显色剂、试纸、吸附剂、气相色谱载体、气相和液相色谱柱等尤其要注意这个问题。

（2）在使用试剂前要尽可能了解试剂的物理和化学性质及其危险性，如腐蚀性、毒性、易燃易爆性等，在操作前，做好防护措施。如打开久置未用的浓硫酸、浓硝酸、浓氨水等试剂瓶时，应佩戴防护面罩和手套；在配制发出大量溶解热的试剂溶液时，如配制硫酸溶液、氢氧化钾或氢氧化钠溶液时，切记要将试剂慢慢加入到纯水中，绝不可相反；取用氢氟酸时，绝不可与皮肤接触，应佩戴防护面罩和手套。

（3）取用固体试剂时，通常用药勺或不锈钢铲从试剂瓶中取用，若取样量为几毫克，可用纸条对折成直角，头部剪成 45°代替药勺。当固体颗粒较重时，要沿倾斜的容器壁滑下，以免击碎容器。多取的固体试样不要放回原瓶。液体试剂用倾注法取用，操作时注意以下几点：取下的瓶塞要倒置放置；握瓶时标签面向手心；倾倒时沿器皿内壁缓慢流下，也可沿玻璃棒流入容器，取至所需量后，将瓶口在容器口或玻璃棒上靠一下，再竖起试剂瓶以免液体流到试剂瓶外壁；若需用吸管吸取时，不可将吸管直接插入试剂瓶，要将试剂转移至其他洁净干燥的容器或滴瓶中再吸取，取出的液体不要放回原瓶。在夏季或室温太高时，取用易挥发性溶剂时，最好在冷水中先冷却试剂瓶后再开盖，瓶口不能对准自己和他人。

（4）不能用嗅味和尝味的方法来识别试剂。若要嗅味，必须将试剂瓶远离鼻子，开瓶塞用手在试剂瓶上方扇动，使空气流向自己而闻其味。

(5) 试剂的保管是一项重要工作，一般实验室中不宜保存过多易燃、易爆、剧毒的化学试剂，随用随领。根据试剂性质采取相应的保存方法，见光易分解、氧化的试剂放于暗处；易腐蚀玻璃的试剂放于塑料瓶中；吸水性强的试剂要严格密封；易相互作用的试剂不宜一起存放；易挥发、易燃、易爆的试剂存于通风处，不能放于冰箱中；剧毒试剂由专人保管，取用时登记。

第二节　分析化学中的法定计量单位

一、法定计量单位

我国法定计量单位是以国际单位制（International System of Units，简称 SI）为基础，由国务院以法令形式颁布的计量单位。国际单位制的 7 个基本量及其单位和代表它们的符号如表 4-4 所示。

表 4-4　SI 基本单位

量的名称	单位名称	符号	量的名称	单位名称	符号
长度	米	m	热力学温度	开[尔文]	K
质量	千克（公斤）	kg	物质的量	摩[尔]	mol
时间	秒	s	光强度	坎[德拉]	cd
电流	安[培]	A			

其中包含了基本单位摩，摩是物质的量的单位，起着统一克分子、克原子、克当量、克离子等的作用，同时也将物理学上的光子、电子及其他粒子等物质的量包括在内，从而使物理学和化学上的这一基本量有了统一的单位。

自计量法于 1986 年 7 月 1 日起实施后，不允许再使用非法定计量单位，本书将统一采用法定计量单位。

二、分析化学中常用法定计量单位

1. **物质的量**

物质的量是表示物质多少的一个物理量，它是一个整体名称，不能将"物质"与"量"分开理解。国际上规定的符号为 n_B，单位名称为摩，摩符号为 mol，其中文符号为摩。1mol 是指系统中物质 B 基本单元的数目与 0.012kg ^{12}C 的原子数目相同，基本单元可以是分子、原子、离子、电子及其他粒子，或是这些粒子的特定组合。例如以 $KMnO_4$ 作为基本单元时，158.04g 的 $KMnO_4$ 其基本单元的数目与 0.012kg ^{12}C 的原子数目相同，这时 158.04g 高锰酸钾的物质的量为 1mol。如以 1/5 $KMnO_4$ 作为基本单元时，158.04g 的 $KMnO_4$ 其基本单元的数目是 0.012kg ^{12}C 原子数目的 5 倍，这时 158.04g 高锰酸钾的物质的量为 5mol。由此可见相同质量的同一物质，由于采用不同的基本单元，其物质的量值也不同，因此 n_B 中下标 B 要标明其基本单元。如 31.61g 高锰酸钾的物质的量 $n_{(1/5KMnO_4)}$ ＝1mol。在分析化学中物质的量的单位还常用毫摩，符号为 mmol。

2. 质量

质量习惯上称为重量，用符号 m 表示。质量的单位为千克（kg），在分析化学中常用克（g）、毫克（mg）、微克（µg）和纳克（ng）。它们的关系为：

1kg＝1000g；1g＝1000mg；1mg＝1000µg；1µg＝1000ng

例如：1mol NaOH，具有质量 40.00g。

3. 体积

体积或容积用符号 V 表示，国际单位为立方米（m^3），在分析化学中常用升（L）、毫升（mL）和微升（µL）。它们之间的关系为：

$1m^3＝1000L$；$1L＝1000mL$；$1mL＝1000µL$

4. 摩尔质量

摩尔质量定义为质量（m）除以物质的量（n_B）。

摩尔质量的符号为 M_B，单位为千克/摩（kg/mol），即

$$M_B = \frac{m}{n_B}$$

摩尔质量在分析化学中是一个非常有用的量，单位常用克/摩（g/mol）。当已确定了物质的基本单元之后，就可知道其摩尔质量。

常用物质的摩尔质量见表 4-5。

表4-5 常用物质的摩尔质量

名 称	化学式	式 量	基本单元	M_B /(g/mol)	化 学 反 应 式
盐酸	HCl	36.46	HCl	36.46	$HCl+OH^- \longrightarrow H_2O+Cl^-$
硫酸	H_2SO_4	98.08	$\frac{1}{2}H_2SO_4$	49.04	$H_2SO_4+2OH^- \longrightarrow 2H_2O+SO_4^{2-}$
草酸	$H_2C_2O_4 \cdot 2H_2O$	126.07	$\frac{1}{2}H_2C_2O_4 \cdot 2H_2O$	63.04	$H_2C_2O_4+2OH^- \longrightarrow 2H_2O+C_2O_4^{2-}$
邻苯二甲酸氢钾	$KHC_8H_4O_4$	204.22	$KHC_8H_4O_4$	204.22	$KHC_8H_4O_4+NaOH \longrightarrow KNaC_8H_4O_4+H_2O$
氢氧化钠	NaOH	40.00	NaOH	40.00	$NaOH+H^+ \longrightarrow H_2O+Na^+$
氨水	$NH_3 \cdot H_2O$	35.05	$NH_3 \cdot H_2O$	35.05	$NH_3+H^+ \longrightarrow NH_4^+$
碳酸钠	Na_2CO_3	105.99	$\frac{1}{2}Na_2CO_3$	53.00	$Na_2CO_3+2H^+ \longrightarrow 2Na^+ + H_2O+CO_2\uparrow$
高锰酸钾	$KMnO_4$	158.04	$\frac{1}{5}KMnO_4$	31.61	$MnO_4^-+8H^++5e^- \longrightarrow Mn^{2+}+4H_2O$
重铬酸钾	$K_2Cr_2O_7$	294.18	$\frac{1}{6}K_2Cr_2O_7$	49.03	$Cr_2O_7^{2-}+14H^++6e \longrightarrow 2Cr^{3+}+7H_2O$
碘	I_2	253.81	$\frac{1}{2}I_2$	126.90	$I_3^-+2e^- \longrightarrow 3I^-$
硫代硫酸钠	$Na_2S_2O_3 \cdot 5H_2O$	248.18	$Na_2S_2O_3 \cdot 5H_2O$	248.18	$2S_2O_3^{2-} \longrightarrow S_4O_6^{2-}+2e^-$
硫酸亚铁铵	$FeSO_4 \cdot (NH_4)_2SO_4 \cdot 6H_2O$	392.14	$FeSO_4 \cdot (NH_4)_2SO_4 \cdot 6H_2O$	392.14	$6Fe^{2+}+Cr_2O_7^{2-}+14H^+ \longrightarrow 6Fe^{3+}+2Cr^{3+}+7H_2O$
氯化钠	NaCl	58.45	NaCl	58.45	$NaCl+AgNO_3 \longrightarrow AgCl\downarrow +NaNO_3$
硝酸银	$AgNO_3$	169.9	$AgNO_3$	169.9	$Ag^+ +Cl^- \longrightarrow AgCl\downarrow$
EDTA	$Na_2H_2Y \cdot 2H_2O$	372.24	$Na_2H_2Y \cdot 2H_2O$	372.24	$H_2Y^{2-}+M^{2+} \longrightarrow MY^{2-}+2H^+$

5. 摩尔体积

摩尔体积定义为体积（V）除以物质的量（n_B）。

摩尔体积的符号为 V_m，国际单位为米^3/摩（m^3/mol），常用单位为升/摩（L/mol）。即

$$V_m = \frac{V}{n_B}$$

6. 密度

密度作为一种量的名称，符号为 ρ，单位为千克/米^3（kg/m^3），常用单位为克/厘米^3（g/cm^3）或克/毫升（g/mL）。由于体积受温度的影响，对密度必须注明有关温度。

7. 元素的原子量

元素的原子量是指元素的平均原子质量与^{12}C 原子质量的 1/12 之比。

元素的原子量用符号 A 表示，此量的量纲为 1，之前一段时间称为相对原子质量。

例如：Fe 的原子量是 55.85

Cu 的原子量是 63.55

8. 物质的分子量

物质的分子量，是指物质的分子或特定单元平均质量与^{12}C 原子质量的 1/12 之比。

物质的分子量用符号 M 表示。此量的量纲为 1，之前一段时间称为相对分子质量。

例如：CO$_2$ 的分子量是 44.01

$\frac{1}{3}$H$_3$PO$_4$ 的分子量是 32.67

第三节　溶液浓度表示方法及溶液配制

溶液浓度通常是指在一定量的溶液中所含溶质的量，根据不同需要，其表示方法亦不同，常用的有以下几种，按国际和国家标准规定溶剂用 A 代表，溶质用 B 代表。

一、B 的物质的量浓度

B 的物质的量浓度，常简称为 B 的浓度，是指 B 的物质的量除以混合物的体积，以 c_B 表示，单位为 mol/L，即

$$c_B = \frac{n_B}{V}$$

式中　c_B——物质 B 的物质的量浓度，mol/L；

　　　n_B——物质 B 的物质的量，mol；

　　　V——混合物（溶液）的体积，L。

c_B 是浓度的国际符号，下标 B 指基本单元。

在滴定分析中标准溶液浓度通常是用物质的量浓度表示，例如高锰酸钾溶液浓度表示为：$c(1/5\ KMnO_4) = 0.1000mol/L$，表示 1L 溶液中含高锰酸钾 3.161g。有关标准溶液配制将在第七章第二节中介绍。

二、B 的质量分数

B 的质量分数是指 B 的质量与混合物的质量之比。以 w_B 表示。由于质量分数是相同物理量之比，因此其量纲为 1，一律以 1 作为其 SI 单位，但是在量值的表达上这个 1 并不出现而是以纯数表达。例如，$w_{(HCl)} = 0.38$，也可以用"百分数"表示，即 $w_{(HCl)} = 38\%$。市售浓酸、浓碱大多用这种浓度表示。如果分子、分母两个质量单位不同，则质量分数应写上单位，如 mg/g、μg/g、ng/g 等。

质量分数还常用来表示被测组分在试样中的含量，如铁矿中铁含量 $w_{(Fe)} = 0.36$，即 36%。在微量和痕量分析中，含量很低，过去常用 ppm、ppb、ppt 表示，其含义分别为 10^{-6}、10^{-9}、10^{-12}，现已废止使用，应改用法定计量单位表示。例如，某化工产品中含铁 5ppm，现应写成 $w_{(Fe)} = 5 \times 10^{-6}$，或 5μg/g，或 5mg/kg。

按溶质是固体或是溶液，配制质量分数溶液的方法如下。

1. 溶质是固体物质

计算公式：

$$m_1 = mw$$

$$m_2 = m - m_1$$

式中　m_1——固体溶质的质量，g；

　　　m_2——溶剂的质量，g；

　　　m——欲配溶液的质量，g；

　　　w——欲配溶液的质量分数。

例　欲配 $w_{(NaCl)}=10\%$ 的 NaCl 溶液 500g，如何配制？

[**解**]　　　　　$m_1=(500\times10\%)g=50g$

　　　　　　　　$m_2=(500-50)g=450g$

配法：称取 NaCl 50g，加水 450g，若水密度为 1g/mL，可加水 450mL，混匀。

2. 溶质是浓溶液

由于浓溶液取用量是以量取体积较为方便，故一般需查阅酸、碱溶液浓度-密度关系表，查得溶液的密度后可算出体积，然后进行配制。计算依据是溶质的总量在稀释前后不变。

$$V_0\rho_0 w_0=V\rho w$$

式中　V_0，V——溶液稀释前后的体积，mL；

　　　ρ_0，ρ——浓溶液、欲配溶液的密度，g/mL；

　　　w_0，w——浓溶液、欲配溶液的质量分数。

例　欲配 $w_{(H_2SO_4)}=30\%$ 的 H_2SO_4 溶液（$\rho=1.22g/mL$）500mL，如何配制？（市售浓 H_2SO_4，$\rho_0=1.84g/mL$，$w_0=96\%$）

[**解**]　$V_0=\dfrac{V\rho w}{\rho_0 w_0}=\dfrac{500\times1.22\times30\%}{1.84\times96\%}mL=103.6mL$

配法：量取浓 H_2SO_4 103.6mL，在不断搅拌下慢慢倒入适量水中，冷却，用水稀释至 500mL，混匀。（记住，切不可将水往浓 H_2SO_4 中倒，以防浓 H_2SO_4 溅出伤人。）

常用酸碱试剂密度和物质的量浓度关系见表 4-6。

表 4-6　常用酸碱试剂密度和物质的量浓度关系

试剂名称	化 学 式	M	密度 $\rho/(g/mL)$	质量分数 $w/\%$	物质的量浓度 $c_B/(mol/L)$[①]
浓硫酸	H_2SO_4	98.08	1.84	96	18
浓盐酸	HCl	36.46	1.19	37	12
浓硝酸	HNO_3	63.01	1.42	70	16
浓磷酸	H_3PO_4	98.00	1.69	85	15

试剂名称	化学式	M	密度 $\rho/(g/mL)$	质量分数 $w/\%$	物质的量浓度 $c_B/(mol/L)$[①]
冰醋酸	CH_3COOH	60.05	1.05	99	17
高氯酸	$HClO_4$	100.46	1.67	70	12
浓氢氧化钠	$NaOH$	40.00	1.43	40	14
浓氨水	$NH_3 \cdot H_2O$	17.03	0.90	28	15

① c_B 以化学式为基本单元。

三、B 的质量浓度

B 的质量浓度是指 B 的质量除以混合物的体积，以 ρ_B 表示，单位为 g/L，即

$$\rho_B = \frac{m_B}{V}$$

式中　ρ_B——物质 B 的质量浓度，g/L；

　　　m_B——溶质 B 的质量，g；

　　　V——混合物(溶液)的体积，L。

例　$\rho_{(NH_4Cl)} = 10g/L$ 的 NH_4Cl 溶液，表示 1L NH_4Cl 溶液中含 10g NH_4Cl。

当浓度很稀时，可用 mg/L、$\mu g/L$ 或 ng/L 表示(过去有用 ppm、ppb、ppt 表示，应予废除)。

在滴定分析中一般的试剂溶液浓度常用质量浓度表示。微量分析用的离子标准溶液浓度也常用质量浓度表示，其单位常用 mg/mL、$\mu g/mL$ 等。

质量浓度溶液配制方法如下：

例　欲配制 20g/L 的亚硫酸钠溶液 100mL，如何配制？

[解]　$\rho_B = \dfrac{m_B}{V}$

$$m_B = \rho_B V = \left(20 \times \frac{100}{1000}\right)g = 2g$$

配法：称取 2g 亚硫酸钠溶于水中，加水稀释至 100mL，混匀。

四、B的体积分数

混合前 B 的体积除以混合物的体积称为 B 的体积分数（适用于溶质 B 为液体），以 φ_B 表示。将原装液体试剂稀释时，多采用这种浓度表示，如 $\varphi_{(C_2H_5OH)}=0.70$，也可以写成 $\varphi_{(C_2H_5OH)}=70\%$，可量取无水乙醇 70mL 加水稀释至 100mL。

体积分数也常用于气体分析中表示某一组分的含量。如空气中含氧 $\varphi_{O_2}=0.20$，表示氧的体积占空气体积的 20%。

体积分数溶液配制方法如下：

例 欲配制 $\varphi_{(C_2H_5OH)}=50\%$ 的乙醇溶液 1000mL，如何配制？

[**解**] $V_B=1000mL \times 50\%=500mL$

配法：量取无水乙醇 500mL，加水稀释至 1000mL，混匀。

五、比 例 浓 度

包括容量比浓度和质量比浓度，容量比浓度是指液体试剂相互混合或用溶剂（大多为水）稀释时的表示方法。例如（1＋5）HCl 溶液，表示 1 体积市售浓 HCl 与 5 体积蒸馏水相混而成的溶液。有些分析规程中写成（1:5）HCl 溶液，意义完全相同。质量比浓度是指两种固体试剂相互混合的表示方法，例如（1＋100）钙指示剂-氯化钠混合指示剂，表示 1 个单位质量的钙指示剂与 100 个单位质量的氯化钠相互混合，是一种固体稀释方法。同样也有写成（1:100）的。

比例浓度溶液配制方法如下：

例 欲配（2＋3）乙酸溶液 1L，如何配制？

[**解**] $V_A=V \times \dfrac{A}{A+B}=\left(1000 \times \dfrac{2}{2+3}\right) mL=400mL$

$V_B=(1000-400)mL=600mL$

配法：量取冰乙酸 400mL，加水 600mL，混匀。

在滴定分析中还有一种浓度表示方法——滴定度，将在第七章第二节中介绍。

六、微量分析用离子标准溶液的配制

微量分析，如比色法、原子吸收法等，所用离子标准溶液，常用 mg/mL、µg/mL 等表示，配制时需用基准物或纯度在分析纯以上的高纯试剂配制。浓度低于 0.1mg/mL 的标准溶液，常在临用前用较浓的标准溶液在容量瓶中稀释而成。因为太稀的离子液，浓度易变，不宜存放太长时间。配制离子标准溶液应按下面式子计算所需纯试剂的量，溶解后在容量瓶中稀释成一定体积，摇匀即成。

$$m = \frac{cV}{f \times 1000}$$

式中　m——纯试剂的质量，g；

　　　c——欲配离子液的浓度，mg/mL；

　　　V——欲配离子液的体积，mL；

　　　f——换算系数。

f 由下式计算：

$$f = \frac{试剂中欲配组分的式量}{试剂的式量}$$

例1　欲配 10µg/mL 锌标准溶液 100mL，如何配制？

[解]　先配 0.1mg/mL Zn^{2+} 标准溶液 1000mL 作为储备液，然后在临用前取出部分储备液用水稀释 10 倍即成。

配法1：称取 0.125g 氧化锌，溶于 100mL 水及 1mL 硫酸中，移入 1000mL 容量瓶中，稀释至刻度。

配法2：称取 0.440g 七水合硫酸锌（$ZnSO_4 \cdot 7H_2O$），溶于水，移入 1000mL 容量瓶中，稀释至刻度。

例2　欲配 1mg/mL Cu^{2+} 标准溶液 100 mL，如何配制？

[解]　用高纯 $CuSO_4 \cdot 5H_2O$ 试剂配制

$$f = \frac{M_{Cu}}{M_{CuSO_4 \cdot 5H_2O}} = \frac{63.546}{249.68} = 0.2545$$

$$m = \frac{1 \times 100}{0.2545 \times 1000}g = 0.3929g$$

配法：准确称取 $CuSO_4 \cdot 5H_2O$ 0.3929g，溶于水中，加几滴

H_2SO_4，转入 100mL 容量瓶中，用水稀释至刻度，摇匀。

第四节　配制溶液注意事项

（1）分析实验所用的溶液应用纯水配制，容器应用纯水洗三次以上。特殊要求的溶液应事先作纯水的空白值检验。如配制 $AgNO_3$ 溶液，应检验水中无 Cl^-，配制用于 EDTA 配位滴定的溶液应检验水中无杂质阳离子。

（2）溶液要用带塞的试剂瓶盛装，见光易分解的溶液要装于棕色瓶中，挥发性试剂例如用有机溶剂配制的溶液，瓶塞要严密，见空气易变质及放出腐蚀性气体的溶液也要盖紧，长期存放时要用蜡封住。浓碱液应用塑料瓶装，如装在玻璃瓶中，要用橡皮塞塞紧，不能用玻璃磨口塞。

（3）每瓶试剂溶液必须有标明名称、规格、浓度和配制日期的标签。

（4）溶液储存时可能的变质原因

① 玻璃与水和试剂作用或多或少会被侵蚀（特别是碱性溶液），使溶液中含有钠、钙、硅酸盐等杂质。某些离子被吸附于玻璃表面，这对于低浓度的离子标准液不可忽略。故低于 1mg/mL 的离子溶液不能长期储存。

② 由于试剂瓶密封不好，空气中的 CO_2、O_2、NH_3 或酸雾侵入使溶液发生变化，如氨水吸收 CO_2 生成 NH_4HCO_3，KI 溶液见光易被空气中的氧氧化生成 I_2 而变为黄色，$SnCl_2$、$FeSO_4$、Na_2SO_3 等还原剂溶液易被氧化。

③ 某些溶液见光分解，如硝酸银、汞盐等。有些溶液放置时间较长后逐渐水解，如铋盐、锑盐等。$Na_2S_2O_3$ 还能受微生物作用逐渐使浓度变低。

④ 某些配位滴定指示剂溶液放置时间较长后发生聚合和氧化反应等，不能敏锐指示终点，如铬黑 T、二甲酚橙等。

⑤ 由于易挥发组分的挥发，使浓度降低，导致实验出现异常现象。

（5）配制硫酸、磷酸、硝酸、盐酸等溶液时，都应把酸倒入水中。对于溶解时放热较多的试剂，不可在试剂瓶中配制，以免炸裂。配制硫酸溶液时，应将浓硫酸分为小份慢慢倒入水中，边加边搅拌，必要时以冷水冷却烧杯外壁。

（6）用有机溶剂配制溶液时（如配制指示剂溶液），有时有机物溶解较慢，应不时搅拌，可以在热水浴中温热溶液，不可直接加热。易燃溶剂使用时要远离明火。几乎所有的有机溶剂都有毒，应在通风柜内操作。应避免有机溶剂不必要的蒸发，烧杯应加盖。

（7）要熟悉一些常用溶液的配制方法。如碘溶液应将碘溶于较浓的碘化钾水溶液中，才可稀释。配制易水解的盐类的水溶液应先加酸溶解后，再以一定浓度的稀酸稀释。如配制 $SnCl_2$ 溶液时，如果操作不当已发生水解，加相当多的酸仍很难溶解沉淀。

（8）不能用手接触腐蚀性及有剧毒的溶液。剧毒废液应作解毒处理，不可直接倒入下水道。

参 考 文 献

[1] 刘征宙，谭方等. 资源网站中化学试剂的分类研究与应用，化学试剂，2009，31（3）：230.
[2] 孟蓉，韩宝英等. 化学试剂标准化的现状与发展，化学试剂，2013，35（1）：16.
[3] 黎宗明. 基准试剂的纯度的确定及其使用要求，化工标准化与质量监督，1996（6），17.
[4] 陈训浩. 法定计量单位的正确使用和常见错误. 北京：金盾出版社，1991.
[5] 王令今，王桂花. 分析化学计算基础（第二版），北京：化学工业出版社，2002.

学 习 要 求

一、了解化学试剂的分类及我国通用化学试剂的级别和标签颜色。

二、了解标准物质的作用及使用注意事项。

三、了解我国基准试剂的分类和相关标准。

四、掌握国际单位制和滴定分析中常用的物理量和单位。

五、掌握化验工作中常用的溶液的浓度表示方法。

六、掌握一般溶液的配制和计算。

复 习 题

1. 通常化学试剂分为哪十类，不同级别的通用试剂其对应的标签颜色是什么？

2. 何谓标准试剂，其主要作用是什么？使用时要注意哪些问题？

3. 滴定分析第一基准试剂和工作基准试剂分别包括哪些化合物？

4. 物质的量的定义是什么？

5. 一般溶液的浓度表示方法有几种？

6. 已知浓硝酸的相对密度 1.42，其中含 HNO_3 约为 70.0%，求其浓度。如欲配制 1L 0.250mol/L HNO_3 溶液，应取这种浓硝酸多少毫升？

7. 已知浓硫酸的相对密度为 1.84，其中 H_2SO_4 含量约为 96%。欲配制 1L 0.200mol/L H_2SO_4 溶液应取这种浓硫酸多少毫升？

8. 有一 NaOH 溶液，其浓度为 0.5450mol/L，取该溶液 100.0mL 需加水多少毫升方能配制成 0.5000mol/L 的溶液？

9. 欲配制 0.2500mol/L HCl 溶液，现有 0.2120mol/L HCl 1000mL，应加入 1.121mol/L HCl 溶液多少毫升？

第五章　化学分析基本操作

第一节　试样的采取、制备和保存

一、采样的目的和基本原则

一个产品分析过程一般经过采样、试样的预处理、测定和结果的计算四个步骤。其中，采样是第一步，也是关键的一步，如果采得的样品由于某种原因不具备充分的代表性，那么，即使分析方法好，测定准确，计算无差错，最终也不会得出正确的结论。因此，加强对产品采样理论的学习，对具体的分析工作有着重要的指导意义。

采样的基本目的是从被检的总体物料中取得有代表性的样品。通过对样品的检测，得到在允许误差内的数据，从而求得被检物料的某一特性或某些特性的平均值。

采样要从采样误差和采样费用两方面考虑。首先要满足采样误差的要求，采样误差不能以样品的检测来补偿，当样品不能很好地代表总体时，以样品的检测数据来估计总体时就会导致错误的结论。有时采样费用（如物料费用、作业费等）较高，这样在设计采样方案时就要适当地兼顾采样误差和费用。

实际工作中采样的具体目的可划分为下列几个方面。

技术方面的目的：为了确定原材料、半成品及成品的质量；为了控制生产工艺过程；为了鉴定未知物；为了确定污染的性质、程度和来源；为了验证物料的特性或特性值；为了测定物料随时间、环境的变化；为了鉴定物料的来源等。

商业方面的目的：为了确定销售价格；为了验证是否符合合同的规定；为了保证产品销售质量满足用户的要求等。

法律方面的目的：为了检查物料是否符合法定要求；为了检查生产过程中残留或者泄漏的有害物质是否超过允许限制；为了确定法律

责任；为了进行仲裁等。

安全方面的目的：为了确定物料是否安全或危险程度；为了分析发生事故的原因；为了按危险性进行物料的分类等。

因此，采样的具体目的不同，要求也各异。

（一）采样方案

根据采样的具体目的和要求以及所掌握的被采物料的所有信息制订采样方案，包括确定总体物料的范围；确定采样单元和二次采样单元；确定样品数、样品和采样部位；规定采样操作方法和采样工具；规定样品的加工方法；规定采样安全措施。采样的步骤和细节在有关产品的国家标准和行业标准中都有详细规定，例如化工产品采样总则（GB 6678—2003）、化学试剂取样及验收规则（GB 619—88）等。

（二）采样记录

为明确采样工与分析工的责任，方便分析工作，采样时应记录被采物料的状况和采样操作，如物料的名称、来源、编号、数量、包装情况、存放环境、采样部位、所采的样品数和样品量、采样日期、采样人姓名等，必要时根据记录填写采样报告。实际工作中例行的常规采样，可简化上述规定。

二、采样技术

（一）采样误差

（1）采样随机误差 采样随机误差是在采样过程中由一些无法控制的偶然因素所引起的偏差，这是无法避免的。增加采样的重复次数可以缩小这个误差。

（2）采样系统误差 由于采样方案不完善、采样设备有缺陷、操作者不按规定进行操作以及环境等的影响，均可引起采样的系统误差。系统误差的偏差是定向的，必须尽力避免。增加采样的重复次数不能缩小这类误差。

采得的样品都可能包含采样的随机误差和系统误差。在应用样品的检测数据来研究采样误差时，还必须考虑试验误差的影响。

（二）物料的类型

物料按特性值变异型可以分为两大类，即均匀物料和不均匀物料。

均匀物料的采样，原则上可以在物料的任意部位进行。但要注意采样过程不应引入杂质；避免在采样过程中引起物料变化（如吸水、氧化等）。

不均匀物料的采样，除了要注意与均匀物料相同的两点外，一般采取随机采样。对所得样品分别进行测定，再汇总所有样品的检测结果。

随机不均匀物料是指总体物料中任一部分的特征平均值与相邻部分的平均值无关的物料。对其采样可以随机选取，也可以非随机选取。

（三）组成比较均匀的试样的采取和制备

一般地说，金属试样、水样以及某些较为均匀的化工产品等，组成比较均匀，任意采取一部分或稍加混合后取一部分，即成为具有代表性的分析试样。

1. 金属试样

金属经高温熔炼，组成比较均匀。例如钢片，只要任意剪取一部分即可。但对钢锭和铸铁来说，由于表面和内部的凝固时间不同，铁和杂质的凝固温度也不一样，因此表面和内部所含的杂质也有所不同，使组成不很均匀。为了克服这种不均匀性，在钻取试样时，先用砂轮将表面层磨去，然后采用多钻几个点及钻到一定的深度的方法。将所取得的钻屑放于冲击钵中捣碎混匀，作为分析试样。

2. 水样

由于各种水的性质不同，水样的采集方法也不同。洁净的与稍受污染的天然水，水质变化不大，因此在规定的地点和深度，按季节采取一、二次，即具有代表性；生活污水与人们的作息时间、季节性的食物种类都有关系，一天中不同时间的水质不完全一样，每个月的水质情况也不相同；工业废水的变化更大，同一种工业废水，由于生产工艺过程不同，废水水质差别很大。同时工业废水的水质还会因原材料不均一、工艺的间歇性，随时跟着变化。所以在采集上述各种水样时，必须根据分析目的不同采取不同的采集方式。如平均混合水样，平均比例混合水样，用自动取样器采集一昼夜的连续比例混合水样等。但对于受污染十分严重的水体，其采样要求，应根据污染来源，分析目的而定，不能按天然水采样。

供一般确定物理性质与化学成分分析用的水样有 2L 即可。水样瓶可以是容量为 2L 的、无色磨口塞的硬质玻璃细口瓶，也可以是聚乙烯塑料瓶。当水样中含多量油类或其它有机物时，以玻璃瓶为宜；当测定微量金属离子时，采用塑料瓶较好，塑料瓶的吸附性较小。测定 SiO_2 必须用塑料瓶取样。测定特殊项目的水样，可另用取样瓶取样，必要时需加药品保存。

采样瓶要洗得很干净，采样前应用水样冲洗样瓶至少 3 次，然后采样。采样时，水要缓缓流入样瓶，不要完全装满，水面与瓶塞间要留有空隙（但不超过 1 cm），以防水温改变时瓶塞被挤掉。

采集水管或有泵水井中的水样时，只需将水龙头或泵打开，放水数分钟，使积留在水管中的杂质冲洗掉，然后取样即可。

采集池、江、河水的水样时，将一个干净的空瓶盖上塞子，塞子上系上一根绳子，瓶底系一铁砣或石头（如图 5-1 所示），沉入水面下一定深处（通常为 20～50cm），然后拉绳拔塞，让水样灌入瓶中取出即可。一般要在不同深度取几个水样混合后作为分析试样，如水面较宽，应该在不同的断面分别采取几个水样。

图 5-1　水样采集瓶

采集工业废水样品时要根据废水的性质、排放情况及分析项目的要求，采用下列 4 种采集方式。

① 间隔式平均采样　对于连续排出水质稳定的生产设备，可以间隔一定时间采取等体积的水样，混匀后装入瓶内。

② 平均取样或平均比例取样　对几个性质相同的生产设备排出的废水，分别采集同体积的水样，混匀后装瓶；对性质不同的生产设备排出的废水，则应先测定流量，然后根据不同的流量按比例采集水样，混匀后装瓶。最简单的办法是在总废水池中采集混合均匀的水样。

③ 瞬间采样 对通过废水池停留相当时间后继续排出的工业废水，可以一次采取。

④ 单独采样 某些工业废水，如油类和悬浮性固体分布很不均匀，很难采到具有代表性的平均水样，而且在放置过程中水中一些杂质容易浮于水面或沉淀，若从全分析水样中取出一部分用来分析某项目，则会影响到结果的正确性。在这种情况下，则可单独采样，进行全量分析。

水样采集后应及时化验，保存时间愈短，分析结果愈可靠。有些化学成分和物理性状要在现场测定，因为在送往实验室的过程中就会产生变化。水样保存的期限取决于水样性质、测定项目的要求和保存条件。对于现场无条件测定的项目，可采用"固定"的方法，使原来易变化的状态转变成稳定的状态。例如：

氰化物 加入 NaOH，使 pH 值调至 11.0 以上，并保存在冰箱中，尽快分析。

重金属 加 HCl 或 HNO_3 酸化，使 pH 值在 3.5 左右，以减少沉淀或吸附。

氮化合物 每 1L 水加 0.8mL 浓 H_2SO_4，以保持氮的平衡，在分析前用 NaOH 溶液中和。

硫化物 在 250～500mL 采样瓶中加入 1mL 250g/L 乙酸锌溶液，使成硫化物沉淀。

酚类 每升水中加 0.5g 氢氧化钠及 1g 硫酸铜。

溶解氧 按测定方法加入硫酸锰和碱性碘化钾。

pH 值、余氯 必须当场测定。

3. 化工产品

组成比较均匀的化工产品可以任意取一部分为分析试样。若是贮存在大容器内的物料，可能因相对密度不同而影响其均匀程度，可在上、中、下不同高度处各取部分试样，然后混匀。

如果物料是分装在多个小容器（如瓶、袋、桶等）内，则可从总体物料单元数（N）中按下述方法随机抽取数件（S）。

① 总体物料单元数小于 500 的，推荐按表 5-1 的规定确定采样单元数。

表 5-1　采样单元数的选取

总体物料的单元数	选取的最少单元数	总体物料的单元数	选取的最少单元数
1～10	全部单元	182～216	18
11～49	11	217～254	19
50～64	12	255～296	20
65～81	13	297～343	21
82～101	14	344～394	22
102～125	15	395～450	23
126～151	16	451～512	24
152～181	17		

② 总体物料单元数大于 500 的，推荐按总体物料单元数立方根的 3 倍数确定采样单元数，即 $S = 3 \times \sqrt[3]{N}$，如遇小数时，则进为整数。

③ 采样器有舌形铁铲、取样钻、双套取样管等。

例　有一批化肥，总共有 600 袋，则采样单元数应为多少？

[**解**]　$S = 3 \times \sqrt[3]{600} = 25.3$，则应取 26 袋。

样品量：在一般情况下，样品量应至少满足 3 次全项重复检测的需要、满足保留样品的需要和制样预处理的需要。

4. 气体试样

气体的组成虽然比较均匀，但不同存在形式的气体，如静态的气体与动态的气体，其取样方法和装置都有所不同。

采取静态气体试样时，于气体的容器上装一个取样管，用橡皮管与吸气瓶或吸气管等盛气体的容器连接，也可将气体试样取于球胆内，但球胆取样后不宜放置过夜，应立即分析。如果只取少量样品，也可用注射器抽取。大气中采取气样，常用双连球取样。

采取动态气体试样，即从管道中流动的气体中取样时，应注意气体在管道中流速的不均匀性。位于管道中心的气体流速比管壁处要大。为了取得平均气样，取样管应插入管道 1/3 直径深度，取样管口切成斜面，面对气流方向。

如果气体温度过高，取样管外应装上夹套，通入冷水冷却。如果气体中有较多尘粒，可在取样管中放一支装有玻璃棉的过滤筒。

对常压气体，一般打开取样管旋塞即可取样。如果气体压力过高，应在取样管与容器间接一个缓冲器。如果是负压气体，可连接抽气泵，通过抽气泵取样。

测定气体中微量组分时，一般需采取较大量试样，这时采样装置要由取样管、吸收瓶、流量计和抽气泵组成。在不断抽气的同时，欲测组分被吸收或吸附在吸收瓶内的吸收剂中，流量计可记录所采试样的体积。

(四) 组成很不均匀的试样的采取和制备

对一些颗粒大小不均匀，成分混杂不齐，组成极不均匀的试样，如矿石、煤炭、土壤等，选取具有代表性的均匀试样是一项较为复杂的操作。为了使采取的试样具有代表性，必须按一定的程序，自物料的各个不同部位，取出一定数量大小不同的颗粒。取出的份数越多，试样的组成与被分析物料的平均组成越接近。但考虑以后在试样处理上所花费的人力、物力等，应该以选用能达到预期准确度的最节约的采样量为原则。

根据经验，平均试样选取量与试样的均匀度、粒度、易破碎度有关，可用下式(称为采样公式) 表示之:

$$Q = Kd^a$$

式中，Q 为采取平均试样的最小质量，单位为 kg；d 为试样中最大颗粒的直径，单位为 mm；K 和 a 为经验常数，由物料的均匀程度和易破碎程度等决定，可由实验求得。K 值在 $0.05 \sim 1$ 之间，a 值通常为 $1.8 \sim 2.5$。地质部门将 a 值规定为 2，则上式为 $Q = Kd^2$。

例如在采取赤铁矿的平均试样时 (赤铁矿的 K 值为 0.06)，若此矿石最大颗粒的直径为 20mm，则根据上式计算得:

$$Q = 0.06 \times 20^2 \text{kg} = 24 \text{kg}$$

也就是最小质量要采取 24kg。这样取得的试样，组成很不均匀，数量又太多，不适宜于直接分析。根据采样公式，试样的最大颗粒越小，最小质量可越小。如将上述试样最大颗粒破碎至 1mm，则

$$Q = 0.06 \times 1^2 \text{kg} = 0.06 \text{kg}$$

此时试样的最小质量可减至 0.06kg。因此，采样后进一步破碎，混合，可减缩试样量而制备适宜于分析用的试样。制备试样一般可分为破碎，过筛，混匀，缩分 4 个步骤。

1. 破碎

用机械或人工方法把样品逐步破碎，大致可分为粗碎、中碎和细碎等阶段。

粗碎：用颚式破碎机把大颗粒试样压碎至通过 4～6 号筛。

中碎：用盘式粉碎机把粗碎后的试样磨碎至通过 20 号筛。

细碎：用盘式粉碎机，进一步磨碎，必要时再用研钵研磨，直至通过所要求的筛孔为止。

在矿石中，难破碎的粗粒与易破碎的细粒的成分常常不同，在任何一次过筛时，应将未通过筛孔的粗粒进一步破碎，直至全部过筛为止，不可将粗粒随便丢掉。

筛子一般用细的铜合金丝制成，有一定孔径，用筛号（目）表示，通常称为标准筛。

筛号/目	3	6	10	20	40	60	80	100	120	140	200
筛孔直径/mm	6.72	3.36	2.00	0.83	0.42	0.25	0.177	0.149	0.125	0.105	0.074

2. 缩分

在样品每次破碎后，用机械（分样器）或人工取出一部分有代表性的试样，继续加以破碎。这样，样品量就逐渐缩小，便于处理。这个过程称为"缩分"。

常用的手工缩分方法是"四分法"。如图 5-2 所示：先将已破碎的样品充分混匀，堆成圆锥形，将它压成圆饼状，通过中心按十字形切为 4 等份，弃去任意对角的 2 份。由于样品中不同粒度、不同相对密度的颗粒大体上分布均匀，留下样品的量是原样的一半，仍能代表原样的成分。

缩分的次数不是随意的，在每次缩分时，试样的粒度与保留的试样量之间，都应符合采样公式。否则应进一步破碎后，再缩分。根据 $Q=Kd^2$ 公式，计算不同 K 值和不同粒度时所需试样的最小质量如表 5-2 所示。

例 有试样 20kg，粗碎后最大粒度为 6mm 左右，已定 K 值为 0.2，问应缩分几次？如缩分后，再破碎至全部通过 10 号筛，问应再缩分几次？

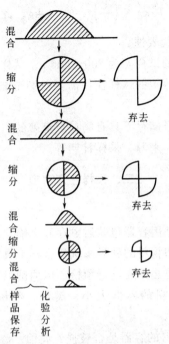

图 5-2 四分法取样图解

[解] 由表 5-2 可知，当 $d=6\text{mm}$ 时，$Q \approx 9\text{kg}$，故 20kg 试样应缩分一次，留下 $20\text{kg} \times \dfrac{1}{2} = 10\text{kg}$。此量大于要求的 Q 值（9kg）。

表 5-2 采集平均试样时的最小质量

筛号/目	筛孔直径/mm	最小质量/kg				
		$K=0.1$	$K=0.2$	$K=0.3$	$K=0.5$	$K=1.0$
3	6.72	4.52	9.03	13.55	22.6	45.2
6	3.36	1.13	2.26	3.39	5.65	11.3
10	2.00	0.40	0.80	1.20	2.00	4.00
20	0.83	0.069	0.14	0.21	0.35	0.69
40	0.42	0.018	0.035	0.053	0.088	0.176
60	0.25	0.006	0.013	0.019	0.031	0.063
80	0.177	0.003	0.006	0.009	0.016	0.031

破碎过 10 号筛后，$d=2.00\text{mm}$，$Q=0.80\text{kg}$，将 10kg 试样连

续缩分 3 次，留下 $10\text{kg} \times \left(\dfrac{1}{2}\right)^3 = 1.25\text{kg}$。此量大于要求的 Q 值（0.80kg），故仍有代表性。

一般送化验室的试样是为 $200 \sim 500$ g。试样最后的细度应便于溶样，对于某些较难溶解的试样往往需要研磨至能通过 100 目甚至 200 目的细筛。

将制备好的试样储存于具有磨口玻璃塞的广口瓶中，瓶外贴好标签，注明试样名称、来源、采样日期等。

三、采样注意事项

1. 液体产品的采样

液体产品一般是用容器包装后贮存和运输。液体产品的采样，首先应根据容器情况和物料的种类来选择采样工具，确定采样方法。因此，液体产品采样前必须要进行预检，以明确以下事项：

① 了解被采物料的容器大小、类型、数量、结构和附属设备情况；

② 检查被采物料的容器是否破损、腐蚀、渗漏，并核对标志；

③ 观察容器内物料的颜色、黏度是否正常。表面或底部是否有杂质、分层、沉淀和结块等现象。确认无可疑或异常现象后，方可采样。

在采取液体产品时，应注意的事项有：

① 样品容器和采样设备必须清洁、干燥，不能用与被采取物料起化学作用的材料制造；

② 采样过程中防止被采物料受到环境污染和变质；

③ 采样者必须熟悉被采产品的特性、安全操作的有关知识和处理方法。

一般情况下，采得的原始样品量要大于实验室样品需要量，因而必须把原始样品缩分成两到三份小样，一份送实验室检测，一份保留，在必要时封送一份给买方。

为更好地进行产品质量审核，解决质量争议，确定造成质量事故的责任者，样品在规定期限内一定要妥善保管，在贮存过程中应注意下列事项：

　　① 对易挥发物质，样品容器必须预留空间，需密封，并定期检查是否泄漏；

　　② 对光敏物质，样品应装入棕色玻璃瓶中并置于避光处；

　　③ 对温度敏感物质，样品应贮存在规定的温度之下；

　　④ 易和周围环境物起反应的物质，应隔绝氧气、二氧化碳、水等；

　　⑤ 对高纯物质应防止受潮和灰尘侵入；

　　⑥ 对危险品，特别是剧毒品应贮放在特定场所，并由专人保管。

2. 气体产品的采样

　　由于气体容易通过扩散和湍流作用混合均匀，成分的不均匀性一般都是暂时的，同时气体往往具有压力，易于渗透，易被污染，并且难贮存。因此，气体的采样，在实践上存在的问题比理论上更大。

　　在实际工作中，通常采取钢瓶中压缩的或液化的气体、贮罐中的气体和管道内流动的气体。

　　采取的气体样品类型有部位样品、混合样品、间断样品和连续样品。最小采样量要根据分析方法、被测物组分含量范围和重复分析测定需要量来确定。管道内输送的气体，采样和时间以及气体的流速关系较大。

　　由于气体采样时产生误差的因素很多，因此采样前应积极采取措施，减少误差。

　　分层能引起气体组成不均。在大口径管道和容器中，气体混合物常分层，导致各部分组成可能不同。这时应预先测量各断面的点，找出正确取样点。

　　在采样前必须消除漏气点。

　　在采取平均样品和混合样品时，流速变化会引起误差，应该对流速进行补偿和调节。以合适的冷凝等手段控制采样系统的温度，消除系统不稳定所带来的误差。采样时尽可能采用短的、细的导管，以消除由于采样导管过长而引起采样系统的时间滞后带来的误差。也可采取在连续采样时加大流速，间断采样时，在采样前翻底吹洗导管的方法来减小误差。

　　消除封闭液造成的误差的方法是以封闭液充满样品容器，然后用样品气将封闭液置换出去。

四、试样的保存

（1）样品容器　对盛样品容器有以下要求：具有符合要求的盖、塞或阀门，在使用前必须洗净、干燥；材质必须是非敏性物料，盛样容器应是不透光的。

（2）样品标签　样品盛入容器后，随即在容器上贴上标签。标签内容包括样品名称及样品编号、总体物料批号及数量、生产单位、采样者等。

（3）样品的保存和撤销　按产品采样方法标准或采样操作规程中规定的样品的保存量（作为备考样）、保存环境、保存时间以及撤销办法等有关规定执行。对剧毒、危险样品的保存和撤销，除遵守一般规定外，还必须严格遵守有关规定。

第二节　试样的分解

在一般分析工作中，除干法（如发射光谱）分析外，通常先要将试样分解，制成溶液，再进行测定。因此试样的分解是分析工作的重要步骤之一。我们必须了解各种试样的分解方法，这对制定快速而准确的分析方法具有重要意义。

一、分解试样的一般要求

分析工作对试样的分解一般要求三点：

① 试样应分解完全。要得到准确的分析结果，试样必须分解完全，处理后的溶液不应残留原试样的细屑或粉末。

② 试样分解过程中待测成分不应有挥发损失。如在测定钢铁中的磷时，不能单独用 HCl 或 H_2SO_4 分解试样，而应当用 HCl（或 H_2SO_4）＋HNO_3 的混合酸，将磷氧化成 H_3PO_4 进行测定，避免部分磷生成挥发性的磷化氢（PH_3）而损失。

③ 分解过程中不应引入被测组分和干扰物质。如测定钢铁中的磷时，显然不能用 H_3PO_4 来溶解试样，测定硅酸盐中的钠时，不能用 Na_2CO_3 熔融来分解试样。在超纯物质分析时，应当用超纯试剂

处理试样，若用一般分析试剂，则可能引入含有数十倍甚至数百倍的被测组分。又如在用比色法测定钢铁中的磷、硅时，采用 HNO_3 溶解试样，生成的氮的氧化物使显色不稳定，必须加热煮沸将其完全除去后，再显色。

二、分解试样的方法

试样的品种繁多，所以各种试样的分解要采用不同的方法。常用的分解方法大致可分为溶解和熔融两种：溶解就是将试样溶解于水、酸、碱或其它溶剂中；熔融就是将试样与固体熔剂混合，在高温下加热，使欲测组分转变为可溶于水或酸的化合物。另外，测定有机物中的无机元素时，首先要除去有机物。下面将对无机样品和有机样品的分解方法进行介绍。

（一）无机样品的分解

1. 溶解

溶解比较简单、快速，所以分解试样尽可能采用溶解的方法，如果试样不能溶解或溶解不完全时，才采用熔融法。溶解根据使用溶剂不同可分为酸溶法和碱溶法。水作溶剂，只能溶解一般可溶性盐类，如硝酸盐、乙酸盐、铵盐，绝大部分碱金属化合物、大部分的氯化物和硫酸盐。

（1）酸溶法　酸溶法是利用酸的酸性、氧化还原性和配合性使试样中被测组分转入溶液。钢铁、合金、有色金属、纯金属、碳酸盐类矿物、部分硫化物、氧化物和磷酸盐类矿物，可采用此法。

常用作溶剂的酸有盐酸、硝酸、硫酸、磷酸、高氯酸、氢氟酸，以及它们的混合酸等。

① 盐酸[HCl，相对密度 1.19，含量 38%，$c_{(HCl)} = 12mol/L$]　纯盐酸是无色液体，它是分解试样的重要强酸之一。在金属的电位次序中，氢以前的金属或其合金都能溶于盐酸，产生氢气和氯化物。其反应式为：

$$M + nHCl \Longrightarrow MCl_n + \frac{n}{2}H_2 \uparrow$$

（M 代表金属，n 为金属离子价数）

多数金属氯化物易溶于水，只有银、一价汞和铅的氯化物难溶于水（氯化铅易溶于热水）。

盐酸还能分解许多金属的氧化物、氢氧化物和碳酸盐类矿物。如：

$$CuO+2HCl \Longrightarrow CuCl_2+H_2O$$
$$Al(OH)_3+3HCl \Longrightarrow AlCl_3+3H_2O$$
$$BaCO_3+2HCl \Longrightarrow BaCl_2+H_2O+CO_2\uparrow$$

盐酸又能分解一部分硫化物（主要是硫化铵组离子的硫化物和硫化镉）。生成 H_2S 和氯化物。如：

$$CdS+2HCl \Longrightarrow CdCl_2+H_2S\uparrow$$
$$FeS+2HCl \Longrightarrow FeCl_2+H_2S\uparrow$$

盐酸中的 Cl^- 离子与某些金属离子（如 Fe^{3+} 等）形成氯配合离子，能帮助溶解。

盐酸对 MnO_2，Pb_3O_4 等有还原性，也能帮助溶解。其反应式为：

$$MnO_2+4HCl \overset{\triangle}{\Longrightarrow} MnCl_2+Cl_2\uparrow+2H_2O$$
$$Pb_3O_4+8HCl \overset{\triangle}{\Longrightarrow} 3PbCl_2+Cl_2\uparrow+4H_2O$$

金属铜不溶于 HCl，但能溶于 $HCl+H_2O_2$ 中，其反应式为：

$$Cu+2HCl+H_2O_2 \Longrightarrow CuCl_2+2H_2O$$

单独使用 HCl，不适宜于钢铁试样的分解，因为会留下一些褐色的碳化物。

当用 HNO_3 溶解硫化矿物时，会析出大量单质硫，常包藏矿样，妨碍继续溶解，如先加入 HCl，使大部分硫形成 H_2S 挥发，再加入 HNO_3 使试样分解完全，可以避免上述现象。$HCl+H_2O_2$，$HCl+Br_2$ 是分解硫化矿物和某些合金的良好溶剂。

② 硝酸 [HNO_3，相对密度 1.42。含量 70%，$c_{(HNO_3)}=$ 16mol/L]：纯硝酸是无色的液体，加热或受光的作用即可促使它分解，分解的产物是 NO_2，致使硝酸呈现黄棕色。其分解反应式为：

$$4HNO_3 \Longrightarrow 4NO_2+O_2+2H_2O$$

浓硝酸是最强的酸和最强的氧化剂之一，随着硝酸的稀释，其氧化性能亦随之而降低。所以，硝酸作为溶剂，兼有酸的作用和氧化作用，溶解能力强而且快。除铂、金和某些稀有金属外，浓硝酸能分解几乎所有的金属试样，硝酸与金属作用不产生 H_2，这是由于所生成的氢在反应过程中被过量硝酸氧化之故。绝大部分金属与硝酸作用生成硝酸盐，几乎所有的硝酸盐都易溶于水。

硝酸被还原的程度，是根据硝酸的浓度和金属活泼的程度决定的，浓硝酸一般被还原为 NO_2，稀硝酸通常被还原为 NO。若硝酸很稀，而金属相当活泼时，则生成 NH_3，而 NH_3 与过量 HNO_3 作用生成 NH_4NO_3。例如：

$$Cu+4HNO_3(浓)=\!=\!=Cu(NO_3)_2+2NO_2\uparrow+2H_2O$$

$$3Pb+8HNO_3(稀)=\!=\!=3Pb(NO_3)_2+2NO\uparrow+4H_2O$$

$$4Mg+10HNO_3(极稀)=\!=\!=4Mg(NO_3)_2+NH_4NO_3+3H_2O$$

值得注意的是有些金属如铁、铝、铬等虽然能溶于稀硝酸，但却不易和浓硝酸作用。这是因为浓硝酸将它们表面氧化生成一层致密的氧化物薄膜，阻止了进一步的反应。

锑、锡与浓硝酸作用产生白色 $HSbO_3$、H_2SnO_3 沉淀。

硝酸也能溶解许多金属氧化物，生成硝酸盐和水。如：

$$CuO+2HNO_3=\!=\!=Cu(NO_3)_2+H_2O$$

硝酸还能氧化许多非金属使之成为酸，如硫被氧化成硫酸，磷被氧化成磷酸，碳被氧化成碳酸等。其反应式为：

$$S+2HNO_3=\!=\!=H_2SO_4+2NO$$

$$3P_4+20HNO_3+8H_2O\xrightarrow{\triangle}12H_3PO_4+20NO$$

$$3C+4HNO_3\xrightarrow{\triangle}3CO_2+2H_2O+4NO$$

用硝酸分解试样后，溶液中产生亚硝酸和氮的其它氧化物，常能破坏有机显色剂和指示剂，需要把溶液煮沸将其除掉。

③ 硫酸 [H_2SO_4，相对密度 1.84，含量 98%，$c_{(H_2SO_4)}=18mol/L$] 纯硫酸是无色油状液体，它与水混合时，放出大量热，1mol 硫酸放热 4537.2J（19kcal）。故在配制稀硫酸时必须将浓硫酸徐徐加入水中，并随加搅拌以散热。切不可相反进行，否则由于放出大量热，水即迅速蒸发致使溶液飞溅。

浓硫酸具有强烈的吸水性，可吸收有机物中的水使碳析出，是一种强的脱水剂。在高温时，又是一种相当强的氧化剂（稀 H_2SO_4 无氧化能力），与碳作用，碳被氧化为二氧化碳。

$$C + 2H_2SO_4 \xrightarrow{\triangle} CO_2 \uparrow + 2SO_2 \uparrow + 2H_2O$$

硫酸沸点（338℃）比较高，溶样时加热蒸发到冒出 SO_3 白烟，可除去试液中挥发性的 HCl、HNO_3、HF 及水等。这个性质在化学分析中被广为应用，以消除去上述这些酸的阴离子对测定可能造成的干扰，但冒白烟的时间不宜过长，否则生成难溶于水的焦硫酸盐。

除钙、锶、钡、铅、一价汞的硫酸盐难溶于水外，其它金属的硫酸盐一般都易溶于水。硫酸可溶解铁、钴、镍、锌等金属及其合金。硫酸常用来分解独居石、萤石和锑、铀、钛等矿物。硫酸也常用于破坏试样中的有机物。

④ 磷酸 [H_3PO_4，相对密度 1.69，含量 85%，$c_{(H_3PO_4)} = 15mol/L$] 纯磷酸是无色糖浆状液体，是中强酸，也是一种较强的配合剂，能与许多金属离子生成可溶性配合物。磷酸在高温时分解试样的能力很强，绝大多数过去认为不溶于酸的矿，如铬铁矿、钛铁矿、铌铁矿、金红石都能被磷酸分解。钨、钼、铁等在酸性溶液中都能与磷酸形成无色配合物，因此，常用磷酸作某些合金钢的溶剂。

磷酸溶样的缺点是：如加热温度过高，时间过长，将析出难溶性的焦磷酸盐沉淀；并对玻璃器皿腐蚀严重；以及溶样后如冷却过久，再用水稀释，会析出凝胶。为了克服上述缺点，应将试样研磨细一些，温度低些，时间短些，并不断摇动，冒白烟就应停止加热，溶液未完全冷却时即用水稀释。

⑤ 高氯酸 [$HClO_4$，相对密度 1.67，含量 70%，$c_{(HClO_4)} = 12mol/L$] 又名过氯酸，纯高氯酸是无色液体，在热浓的情况下它是一种强氧化剂和脱水剂。用 $HClO_4$ 分解试样时，能把铬氧化为 $Cr_2O_7^{2-}$，钒氧化为 VO_3^-，硫氧化为 SO_4^{2-}。高氯酸的沸点为 203℃，用它蒸发赶走低沸点酸后，残渣加水很容易溶解，而用 H_2SO_4 蒸发后的残渣则常常不易溶解。除 K^+、NH_4^+ 等少数离子外，其它金属的高氯酸盐都是可溶性的。高氯酸常被用来溶解铬矿石、不锈钢、钨

铁及氟矿石等。热、浓 $HClO_4$ 遇有机物常会发生爆炸,当试样含有机物时,应先用浓硝酸蒸发破坏有机物,然后加入 $HClO_4$。蒸发 $HClO_4$ 的浓烟容易在通风道中凝聚,故经常使用 $HClO_4$ 的通风橱和烟道,应定期用水冲洗,以免在热蒸汽通过时,凝聚的 $HClO_4$ 与尘埃、有机物作用,引起燃烧或爆炸。70% 的 $HClO_4$ 沸腾时(不遇有机物)没有任何爆炸危险。热、浓的 $HClO_4$ 造成的烫伤疼痛且不易愈合,使用时要极其注意。

⑥ 氢氟酸 [HF,相对密度 1.13,含量 40%,$c_{(HF)} = 22mol/L$]

纯氢氟酸是无色液体,是一种弱酸,它对一些高价元素有很强的配合作用,能腐蚀玻璃、陶瓷器皿。氢氟酸和大多数金属均能产生反应,反应后,金属表面生成一层难溶的金属氟化物,结果就阻止进一步反应。因此,它常与 HNO_3、H_2SO_4 或 $HClO_4$ 混合作为溶剂,用来分解硅铁、硅酸盐以及含钨、铌的合金钢等。用氢氟酸分解试样应在铂器皿或聚四氟乙烯塑料器皿中进行。氢氟酸对人体有毒性和腐蚀性,皮肤被 HF 灼伤溃烂,不易愈合。使用氢氟酸时应戴上橡皮手套,注意安全。

⑦ 混合溶剂 在实际工作中常应用混合溶剂,混合溶剂具有更强的溶解能力。最常用的混合溶剂是王水(3 份 HCl + 1 份 HNO_3)。由于 HCl 的配合能力和 HNO_3 的氧化能力,它可以溶解单独用 HCl 或 HNO_3 所不能溶解的贵金属如铂、金等以及难溶的 HgS 等物。

$$3Pt + 4HNO_3 + 18HCl \longrightarrow 3H_2PtCl_6 + 4NO\uparrow + 8H_2O$$

所以在洗涤铂器皿时不能用王水。

常用的混合溶剂还有逆王水(1 份 HCl + 3 份 HNO_3)、硫酸和磷酸、硫酸和氢氟酸、盐酸和高氯酸、盐酸和过氧化氢等。

有时为了加速溶解,常在溶剂中加入某些试剂,如用 HCl 溶解铁矿时,加入少量 $SnCl_2$,以还原 Fe^{3+},使其溶解速度加快。

⑧ 加压溶解法 在密闭容器中,用酸或混合酸加热分解试样时,由于蒸气压增高,酸的沸点提高,可以热至较高的温度,因而使酸溶法的分解效率提高。在常压下难溶于酸的物质,在加压下可能溶解。例如,用 HF-$HClO_4$ 在加压条件下,可分解刚玉(Al_2O_3)、钛铁矿($FeTiO_3$)、铬铁矿($FeCr_2O_4$)、钽铌铁矿 [FeMn (Nb、Ta)$_2O_6$]

等难溶试样。另外，在加压下消煮一些生物试样，可以大大缩短消化时间。目前所使用的加压溶解装置，类似一种微型的高压锅，是双层附有旋盖的罐状容器，内层用铂或聚四氟乙烯制成，外层用不锈钢制成，溶样时将盖子旋紧加热。

（2）碱溶法　一般用 $200\sim300g/L$ NaOH 溶液作溶剂，主要溶解金属铝及铝、锌等有色合金。

$$2Al+2NaOH+2H_2O \xrightarrow{\quad\quad} 2NaAlO_2+3H_2\uparrow$$

反应可在银或聚四氟乙烯塑料器皿中进行，试样中的铁、锰、铜、镍、镁等形成金属残渣析出，铝、锌、铅、锡和部分硅形成含氧酸根进入溶液中。可以将溶液与金属残渣过滤分开，溶液用酸酸化，金属残渣用 HNO_3 溶解后，分别进行分析。

2. 电热消解法（熔融法）

电热消解法（熔融法）是利用酸性或碱性熔剂与试样混合，在高温下进行复分解反应，将试样中的全部组分转化为易溶于水或酸的化合物（如钠盐、钾盐、硫酸盐及氯化物等）。由于熔融时反应物的浓度和温度都比用溶剂溶解时高得多，所以分解试样的能力比溶解法强得多。但熔融时要加入大量熔剂（约为试样质量的 6～12 倍），因而熔剂本身的离子和其中的杂质就带入试液中，另外熔融时坩埚材料的腐蚀，也会使试液受到沾污，所以尽管电热消解法分解能力很强，也只有在用溶剂溶解不了时才应用。电热消解法分酸熔法和碱熔法两种。

（1）酸熔法　常用的酸性熔剂有焦硫酸钾（$K_2S_2O_7$ 熔点 419℃）和硫酸氢钾（$KHSO_4$ 熔点 219℃）。硫酸氢钾灼烧后失去水分，亦生成焦硫酸钾

$$2KHSO_4 \xrightarrow{\quad\quad} K_2S_2O_7+H_2O$$

所以，两者的作用是相同的。焦硫酸钾在 420℃以上分解产生 SO_3，

$$K_2S_2O_7 \xrightarrow{\quad\quad} K_2SO_4+SO_3$$

这类熔剂在 300℃以上即可与碱性或中性氧化物发生反应，生成可溶性硫酸盐。例如金红石（主成分为 TiO_2）被 $K_2S_2O_7$ 分解的反应为：

$$TiO_2+2K_2S_2O_7 \xrightarrow{\quad\quad} Ti(SO_4)_2+2K_2SO_4$$

$K_2S_2O_7$ 常被用来分解铁、铝、钛、锆、铌、钽的氧化物类矿，以及中性和碱性耐火材料。用 $K_2S_2O_7$ 熔融时，温度不应超过 500℃，时

间不宜太长，以免 SO_3 大量挥发和硫酸盐分解为难溶性氧化物。熔融后，将熔块冷却，加少量酸后用水浸出，以免某些易水解元素发生水解而产生沉淀。

近年来采用铵盐混合熔剂熔样取得较好效果。本法熔解力强，试样在 2～3 min 内即可分解完全。方法原理是基于铵盐在加热时分解出相应的无水酸，在高温下具有很强的溶解能力。一些铵盐的热分解反应如下：

$$NH_4F \xrightarrow{约110℃} NH_3\uparrow + HF$$

$$(NH_4)_2S_2O_8 \xrightarrow{120℃} 2NH_3\uparrow + 2H_2SO_4$$

$$5NH_4NO_3 \xrightarrow{>190℃} 4N_2\uparrow + 9H_2O\uparrow + 2HNO_3$$

$$NH_4Cl \xrightarrow{330℃} NH_3\uparrow + HCl\uparrow$$

$$(NH_4)_2SO_4 \xrightarrow{350℃} 2NH_3\uparrow + H_2SO_4$$

对于不同试样可以选用不同质量比例的混合铵盐，例如：对含锌试样 $NH_4Cl：NH_4NO_3：(NH_4)_2S_2O_8$ 的质量比为 1.5：1：0.5；对硅酸盐试样 $NH_4Cl：NH_4NO_3：(NH_4)_2SO_4：NH_4F$ 的质量比为 1：1：1：3。用此法熔样一般采用瓷坩埚，硅酸盐试样则采用镍坩埚。

(2) 碱熔法 酸性试样如酸性氧化物（硅酸盐、黏土）、酸性炉渣、酸不溶残渣等，均可采用碱熔法。常用的碱性熔剂有 Na_2CO_3（熔点 853℃）、K_2CO_3（熔点 903℃），NaOH（熔点 318℃），KOH（熔点 404℃），Na_2O_2（熔点 460℃）和它们的混合熔剂。

① Na_2CO_3 或 K_2CO_3 经常把两者混合使用，这样熔点可降到 712℃，用来分解硅酸盐、硫酸盐等。如分解钠长石（$NaAlSi_3O_8$）和重晶石（$BaSO_4$）。

$$NaAlSi_3O_8 + 3Na_2CO_3 = NaAlO_2 + 3Na_2SiO_3 + 3CO_2\uparrow$$

$$BaSO_4 + Na_2CO_3 = BaCO_3 + Na_2SO_4$$

用碳酸盐熔融时，空气可以把某些元素氧化成高价状态，为了使氧化更完全，有时用 $Na_2CO_3 + KNO_3$ 的混合熔剂。它可分解含硫、砷、铬的矿物，将它们氧化为 SO_4^{2-}、AsO_4^{3-}、CrO_4^{2-}。

常用的混合熔剂还有 $Na_2CO_3 + S$，用来分解含 As、Sb、Sn 的矿石，把它们转化为可溶的硫代酸盐。如锡石（SnO_2）的分解反应为：

$$2SnO_2 + 2Na_2CO_3 + 9S = 2Na_2SnS_3 + 2SO_2 \uparrow + 2CO_2 \uparrow$$

② Na_2O_2　Na_2O_2 是强氧化性、强腐蚀性的碱性熔剂，能分解许多难溶物质，如铬铁、硅铁、锡石、独居石、黑钨矿、辉钼矿等，能把其中大部分元素氧化成高价状态。有时为了减缓作用的剧烈程度，可将它与 Na_2CO_3 混合使用。用 Na_2O_2 作熔剂时，不应让有机物存在，否则极易发生爆炸。

③ NaOH 或 KOH　NaOH 与 KOH 都是低熔点强碱性熔剂，常用于铝土矿、硅酸盐等的分解。在分解难溶矿物时，可用 NaOH 与少量 Na_2O_2 混合，或将 NaOH 与少量 KNO_3 混合，作为氧化性的碱性熔剂。

④ 混合熔剂烧结法（或称混合熔剂半熔法）　此法是在低于熔点的温度下，让试样与固体试剂发生反应。和熔融法比较，烧结法的温度较低，加热时间较长，但不易损坏坩埚，可在瓷坩埚中进行。常用的半熔混合剂有：

$$2 份 MgO + 3 份 Na_2CO_3$$
$$1 份 MgO + 2 份 Na_2CO_3$$
$$1 份 ZnO + 2 份 Na_2CO_3$$

它们被广泛用来分解矿石或做煤中全硫量的测定。MgO 或 ZnO 的作用在于：熔点高，可预防 Na_2CO_3 在灼烧时熔合；试剂保持着松散状态，使矿石氧化得更快、更完全；反应产生的气体也容易逸出。

3. 微波消解法

微波是一种高频率的电磁波，具有反射、穿透、吸收三种特性。微波加热技术应用在化验工作中，始于 20 世纪 80 年代，其原理是在 2450MHz 微波电磁场作用下，产生每秒 24.5 亿次的超高频率震荡，使样品与溶（熔）剂混合物分子间相互碰撞、摩擦、挤压、重新排列组合，因而产生高热，促使固体样品表层快速破裂，产生新的表面与溶（熔）剂作用，使样品在数分钟内分解完全。

样品一般放在聚四氟乙烯或瓷质器皿中，不可放在金属容器内，否则会引起放电打火。分解试样一般在密封条件下进行，通常用聚四氟乙烯生料带来密封比较安全。由于所用试样量比较少，因而试剂空白低，环境沾污的机会少。挥发性元素如砷、硒、汞等均无挥发损失。微波溶（熔）样的操作也容易。所以国内外使用微波加热技术都比较广泛。

4. 坩埚材料的选择

由于熔融是在高温下进行的，而且熔剂又具有极大的化学活性，所以选择进行熔融的坩埚材料就成为很重要的问题。在熔融时不仅要保证坩埚不受损失，而且还要保证分析的准确度。表5-3列出常用熔剂和应选用的坩埚材料表，可供工作时参考，符号"＋"表示可以用此种材料的坩埚进行熔融，符号"－"表示不宜用此种材料的坩埚进行熔融。

表5-3　常用熔剂和选用坩埚材料表

熔　剂	坩　埚					
	铂	铁	镍	瓷	石英	银
无水 $Na_2CO_3(K_2CO_3)$	＋	＋	＋	－	－	－
6 份无水 Na_2CO_3＋0.5 份 KNO_3	＋	＋	＋	－	－	－
2 份无水 Na_2CO_3＋1 份 MgO	＋	＋	＋	＋	＋	－
1 份无水 Na_2CO_3＋2 份 MgO	＋	＋	＋	＋	＋	－
2 份无水 Na_2CO_3＋1 份 ZnO	－	－	－	＋	＋	－
Na_2O_2	－	＋	＋	－	－	＋
1 份无水 Na_2CO_3＋1 份研细的结晶硫黄	－	－	－	＋	＋	－
硫酸氢钾	＋	－	－	＋	＋	－
氢氧化钠(钾)	－	＋	＋	－	－	＋
1 份 KHF_2＋10 份焦硫酸钾	＋	－	－	－	－	－
硼酸酐(熔融、研细)	＋	－	－	－	－	－

（二）有机化合物的分解

有些样品，如饲料，其矿物元素常以结合形式存在于有机化合物中，测定这些元素，首先要将有机化合物破坏，让无机元素游离出来。破坏有机化合物有下列一些方法。

1. 定温灰化法

定温灰化是将有机试样置坩埚中，在电炉上炭化，然后移入高温炉中 500～550℃灰化 2～4h，将灰白色残渣冷却后，用（1＋1）HCl

或 HNO_3 溶解，进行测定。此法适用于测定有机化合物中含的铜、铅、锌、铁、钙、镁等。

2. 氧瓶燃烧法

氧瓶燃烧在充满氧气的密闭瓶内，用电火花引燃有机样品，瓶内盛适当的吸收剂以吸收其燃烧产物，然后再测定各元素。此法常用于有机化合物中卤素等非金属元素的测定。

3. 湿法分解

(1) HNO_3-H_2SO_4 消化　先加 HNO_3，后加 H_2SO_4，防止炭化（一旦炭化，很难消化到终点）。此法适合于有机化合物中铅、砷、铜、锌等的测定。

(2) H_2SO_4-H_2O_2 消化　适用于含铁或含脂肪高的样品。

(3) H_2SO_4-$HClO_4$ 消化或 HNO_3-$HClO_4$ 消化　适用于含锡、铁的有机物的消化。

4. 微波消解法

利用微波对有机样品进行消解具有比普通开口或密闭容器制样更快速、更易于控制、更适合于自动化等特点。

据报道，用荧光法测定红葡萄酒中铁和钴含量时，将 0.5mL 酒样置于聚四氟乙烯罐中，加入 2mL 浓 HNO_3，1mL 30% H_2O_2，在微波炉中消化 5min，可得无色透明溶液。表明消化快速、完全，测定结果也很好。

第三节　称量分析基本操作

称量分析的基本操作包括样品溶解、沉淀、过滤、洗涤、干燥和灼烧等步骤，分别介绍如下。

一、溶　解　样　品

样品称于烧杯中，沿杯壁加溶剂，盖上表皿，轻轻摇动，必要时可加热促其溶解，但温度不可太高，以防溶液溅失。

如果样品需要用酸溶解且有气体放出时，应先在样品中加少量水调成糊状，盖上表皿，从烧杯嘴处注入溶剂，待作用完了以后，用洗瓶冲洗表皿凸面并使之流入烧杯内。

二、沉　淀

称量分析对沉淀的要求是尽可能地完全和纯净，为了达到这个要求，应该按照沉淀的不同类型选择不同的沉淀条件，如沉淀时溶液的体积、温度，加入沉淀剂的浓度、数量、加入速度、搅拌速度、放置时间等。因此，必须按照规定的操作步骤进行。

一般进行沉淀操作时，左手拿滴管，滴加沉淀剂，右手持玻璃棒不断搅动溶液，搅动时玻璃棒不要碰烧杯壁或烧杯底，以免划损烧杯。溶液需要加热，一般在水浴或电热板上进行，沉淀后应检查沉淀是否完全，检查的方法是：待沉淀下沉后，在上层澄清液中，沿杯壁加 1 滴沉淀剂，观察滴落处是否出现浑浊，无浑浊出现表明已沉淀完全，如出现浑浊，需再补加沉淀剂，直至再次检查时上层清液中不再出现浑浊为止。然后盖上表皿。

三、过滤和洗涤

（一）用滤纸过滤

1. 滤纸的选择

滤纸分定性滤纸和定量滤纸两种，称量分析中常用定量滤纸（或称无灰滤纸）进行过滤。定量滤纸灼烧后灰分极少，其重量可忽略不计，如果灰分较重，应扣除空白。定量滤纸一般为圆形，按直径分有 11cm、9cm、7cm 等几种；按滤纸孔隙大小分有"快速"、"中速"和"慢速" 3 种。根据沉淀的性质选择合适的滤纸，如 $BaSO_4$、$CaC_2O_4 \cdot 2H_2O$ 等细晶形沉淀，应选用"慢速"滤纸过滤；$Fe_2O_3 \cdot nH_2O$ 为胶状沉淀，应选用"快速"滤纸过滤；$MgNH_4PO_4$ 等粗晶形沉淀，应选用"中速"滤纸过滤。根据沉淀量的多少，选择滤纸的大小。表 5-4 是常用国产定量滤纸的灰分质量，表 5-5 是国产定量滤纸的类型。

表 5-4　国产定量滤纸的灰分质量

直径/cm	7	9	11	12.5
灰分/(g/张)	3.5×10^{-5}	5.5×10^{-5}	8.5×10^{-5}	1.0×10^{-4}

表 5-5　国产定量滤纸的类型

类型	滤纸盒上色带标志	滤速/(s/100mL)	适　用　范　围
快速	白色	60～100	无定形沉淀,如 $Fe(OH)_3$
中速	蓝色	100～160	中等粒度沉淀,如 $MgNH_4PO_4$
慢速	红色	160～200	细粒状沉淀,如 $BaSO_4$

2. 漏斗的选择

用于称量分析的漏斗应该是长颈漏斗,颈长为 15～20cm,漏斗锥体角应为 60°,颈的直径要小些,一般为 3～5mm,以便在颈内容易保留水柱,出口处磨成 45°角,如图 5-3 所示。漏斗在使用前应洗净。

3. 滤纸的折叠

折叠滤纸的手要洗净擦干。滤纸的折叠如图 5-4 所示。

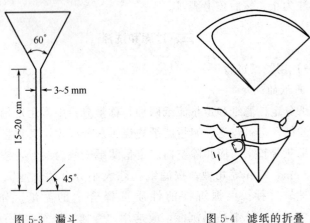

图 5-3　漏斗　　　　　　　　图 5-4　滤纸的折叠

先把滤纸对折并按紧一半,然后再对折但不要按紧,把折成圆锥形的滤纸放入漏斗中。滤纸的大小应低于漏斗边缘 0.5～1cm,若高出漏斗边缘,可剪去一圈。观察折好的滤纸是否能与漏斗内壁紧密贴合,若未贴合紧密可以适当改变滤纸折叠角度,直至与漏斗贴紧后把第二次的折边折紧。取出圆锥形滤纸,将半边为三层滤纸的外层折角撕下一块,这样可以使内层滤纸紧密贴在漏斗内壁上,撕下来的那一小块滤纸,保留作擦拭烧杯内残留的沉淀用。

4. 做水柱

滤纸放入漏斗后，用手按紧使之密合，然后用洗瓶加水润湿全部滤纸。用手指轻压滤纸赶去滤纸与漏斗壁间的气泡，然后加水至滤纸边缘，此时漏斗颈内应全部充满水，形成水柱。滤纸上的水已全部流尽后，漏斗颈内的水柱应仍能保住，这样，由于液体的重力可起抽滤作用，加快过滤速度。

若水柱做不成，可用手指堵住漏斗下口，稍掀起滤纸的一边，用洗瓶向滤纸和漏斗间的空隙内加水，直到漏斗颈及锥体的一部分被水充满，然后边按紧滤纸边慢慢松开下面堵住出口的手指，此时水柱应该形成。如仍不能形成水柱，或水柱不能保持，而漏斗颈又确已洗净，则是因为漏斗颈太大。实践证明，漏斗颈太大的漏斗，是做不出水柱的，应更换漏斗。

做好水柱的漏斗应放在漏斗架上，下面用一个洁净的烧杯承接滤液，滤液可用做其它组分的测定。滤液有时是不需要的，但考虑到过滤过程中，可能有沉淀渗滤，或滤纸意外破裂，需要重滤，所以要用洗净的烧杯来承接滤液。为了防止滤液外溅，一般都将漏斗颈出口斜口长的一侧贴紧烧杯内壁。漏斗位置的高低，以过滤过程中漏斗颈的出口不接触滤液为度。

5. 倾泻法过滤和初步洗涤

首先要强调，过滤和洗涤一定要一次完成，因此必须事先计划好时间，不能间断，特别是过滤胶状沉淀。

过滤一般分 3 个阶段进行，第一阶段采用倾泻法把尽可能多的清液先过滤过去，并将烧杯中的沉淀作初步洗涤，第二阶段把沉淀转移到漏斗上，第三阶段清洗烧杯和洗涤漏斗上的沉淀。

过滤时，为了避免沉淀堵塞滤纸的空隙，影响过滤速度，一般多采用倾泻法过滤，即倾斜静置烧杯，待沉淀下降后，先将上层清液倾入漏斗中，而不是一开始过滤就将沉淀和溶液搅混后过滤。

过滤操作如图 5-5 所示，将烧杯移到漏斗上方，轻轻提取玻璃棒，将玻璃棒下端轻碰一下烧杯壁使悬挂的液滴流回烧杯中，将烧杯嘴与玻璃棒贴紧，玻璃棒稍左倾直立，下端接近三层滤纸的一边，慢慢倾斜烧杯，使上层清液沿玻璃棒流入漏斗中，漏斗中的液面不要超过滤纸高度的 2/3，或使液面离滤纸上边缘约 5mm，以免少量沉淀因毛细管作用越过滤纸上缘，造成损失。

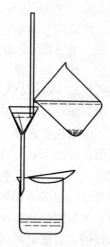

图 5-5　倾泻法过滤

暂停倾注时，应沿玻璃棒将烧杯嘴往上提，逐渐使烧杯直立，等玻璃棒和烧杯由相互垂直变为几乎平行时，将玻璃棒离开烧杯嘴而移入烧杯中。这样才能避免留在棒端及烧杯嘴上的液体流到烧杯外壁上去。玻璃棒放回原烧杯时，勿将清液搅混，也不要靠在烧杯嘴处，因嘴处沾有少量沉淀，如此重复操作，直至上层清液倾完为止。当烧杯内的液体较少而不便倾出时，可将玻璃棒稍向左倾斜，使烧杯倾斜角度更大些。

在上层清液倾注完了以后，在烧杯中作初步洗涤。选用什么洗涤液洗沉淀，应根据沉淀的类型而定。

① 晶形沉淀：可用冷的稀的沉淀剂进行洗涤，由于同离子效应，可以减少沉淀的溶解损失。但是如沉淀剂为不挥发的物质，就不能用作洗涤液，此时可改用蒸馏水或其它合适的溶液洗涤沉淀。

② 无定形沉淀：用热的电解质溶液作洗涤剂，以防止产生胶溶现象，大多采用易挥发的铵盐溶液作洗涤剂。

③ 对于溶解度较大的沉淀，采用沉淀剂加有机溶剂洗涤沉淀，可降低其溶解度。

洗涤时，沿烧杯内壁四周注入少量洗涤液，每次约 20mL，充分搅拌，静置，待沉淀沉降后，按上法倾注过滤，如此洗涤沉淀 4～5 次，每次应尽可能把洗涤液倾倒尽，再加第二份洗涤液。随时检查滤液是否透明不含沉淀颗粒，否则应重新过滤，或重作实验。

6. 沉淀的转移

沉淀用倾泻法洗涤后，在盛有沉淀的烧杯中加入少量洗涤液，搅拌混合，全部倾入漏斗中。如此重复 2～3 次，然后将玻璃棒横放在烧杯口上，玻璃棒下端比烧杯口长出 2～3cm，左手食指按住玻璃棒，大拇指在前，其余手指在后，拿起烧杯，放在漏斗上方，倾斜烧杯使玻璃棒仍指向三层滤纸的一边，用洗瓶冲洗烧杯壁上附着的沉淀，使之全部转移入漏斗中，如图 5-6 所示。最后用保存的小块滤纸擦拭玻璃棒，再放入烧杯中，用玻璃棒压住滤纸进行擦拭。擦拭后的滤纸块，用玻璃棒拨入漏斗中，用洗涤液再冲洗烧杯将残存的沉淀全部转入漏斗中。有时也可用淀帚如图 5-7 所示，擦洗烧杯上的沉淀，然后洗净淀帚。淀帚一般可自制，剪一段乳胶管，一端套在玻璃棒上，另一端用橡胶胶水粘接，用夹子夹扁晾干即成。

图 5-6　最后少量沉淀的冲洗　　　图 5-7　淀帚　　　图 5-8　洗涤沉淀

7. 洗涤

沉淀全部转移到滤纸上后，再在滤纸上进行最后的洗涤。这时要用洗瓶由滤纸边缘稍下一些地方螺旋形向下移动冲洗沉淀如图 5-8 所示。这样可使沉淀集中到滤纸锥体的底部，不可将洗涤液直接冲到滤纸中央沉淀上，以免沉淀外溅。

采用"少量多次"的方法洗涤沉淀，即每次加少量洗涤液，洗后尽量沥干，再加第二次洗涤液，这样可提高洗涤效率。洗涤次数一般都有规定，例如洗涤 8～10 次，或规定洗至流出液无 Cl^- 为止等。如果要求洗至无 Cl^- 为止，则洗几次以后，用小试管或小表皿接取少量滤液，用硝酸酸化的 $AgNO_3$ 溶液检查滤液中是否还有 Cl^-，若无白色浑浊，即可认为已洗涤完毕，否则需进一步洗涤。

（二）用微孔玻璃坩埚（漏斗）过滤

有些沉淀不能与滤纸一起灼烧，因其易被还原，如 AgCl 沉淀。有些沉淀不需灼烧，只需烘干即可称量，如丁二肟镍沉淀，磷钼酸喹啉沉淀等，但也不能用滤纸过滤，因为滤纸烘干后，重量改变很多，在这种情况下，应该用微孔玻璃坩埚（或微孔玻璃漏斗）过滤，如图 5-9 所示。

微孔玻璃坩埚　　　微孔玻璃漏斗

图 5-9　微孔玻璃坩埚和漏斗

这种滤器的滤板是用玻璃粉末在高温熔结而成的。

这类滤器的分级和牌号见表 5-6。

滤器的牌号规定以每级孔径的上限值前置以字母"P"表示，上述牌号是我国 1990 年开始实施的新标准，过去玻璃滤器一般分为 6 种型号，现将过去使用的玻璃滤器的旧牌号及孔径列于表 5-7。

表 5-6　滤器的分级和牌号[①]

牌　号	孔径分级/μm		牌　　号	孔径分级/μm	
	>	≤		>	≤
$P_{1.6}$	—	1.6	P_{40}	16	40
P_4	1.6	4	P_{100}	40	100
P_{10}	4	10	P_{160}	100	160
P_{16}	10	16	P_{250}	160	250

① 资料引自 GB 11415—89。

表 5-7　滤器的旧牌号及孔径范围

旧牌号	G_1	G_2	G_3	G_4	G_5	G_6
滤板孔径/μm	80~120	40~80	15~40	5~15	2~5	<2

分析实验中常用 P_{40}（G_3）和 P_{16}（G_4）号玻璃滤器，例如，过滤金属汞用 P_{40} 号，过滤 $KMnO_4$ 溶液用 P_{16} 号漏斗式滤器，重量法测 Ni 用 P_{16} 号坩埚式滤器。

$P_4 \sim P_{1.6}$ 号常用于过滤微生物，所以这种滤器又称为细菌漏斗。

这种滤器在使用前，先用强酸（HCl 或 HNO_3）处理，然后再用水洗净。洗涤时通常采用抽滤法。如图 5-10 所示，在抽滤瓶瓶口配一块稍厚的橡皮垫，垫上挖一个圆孔，将微孔玻璃坩埚（或漏斗）插入圆孔中（市场上有这种橡皮垫出售），抽滤瓶的支管与水流泵（俗称水抽子）相连接。先将强酸倒入微孔玻璃坩埚（或漏斗）中，然后开水流泵抽滤，当结束抽滤时，应先拔掉抽滤瓶支管上的胶管，再关闭水流泵，否则水流泵中的水会倒吸入抽滤瓶中。

橡皮垫

图 5-10　抽滤装置

　　这种滤器耐酸不耐碱，因此，不可用强碱处理，也不适于过滤强碱溶液。

　　将已洗净、烘干、且恒重的微孔玻璃坩埚（或漏斗）置于干燥器中备用。过滤时，所用装置和上述洗涤时装置相同，在开动水流泵抽滤下，用倾泻法进行过滤，其操作与上述用滤纸过滤相同，不同之处是在抽滤下进行。

四、干燥和灼烧

　　沉淀的干燥和灼烧是在一个预先灼烧至质量恒定的坩埚中进行，因此，在沉淀的干燥和灼烧前，必须预先准备好坩埚。

（一）坩埚的准备

　　先将瓷坩埚洗净，小火烤干或烘干，编号（可用含 Fe^{3+} 或 Co^{2+} 的蓝墨水在坩埚外壁上编号），然后在所需温度下，加热灼烧。灼烧可在高温电炉中进行。由于温度骤升或骤降常使坩埚破裂，最好将坩埚放入冷的炉膛中逐渐升高温度，或者将坩埚在已升至较高温度的炉膛口预热一下，再放进炉膛中。一般在 800～950℃ 下灼烧半小时（新坩埚需灼烧 1h）。从高温炉中取出坩埚时，应先使高温炉降温，然后将坩埚移入干燥器中，将干燥器连同坩埚一起移至天平室，冷却至室温（约需 30min），取出称量。随后进行第二次灼烧，约 15～20min，冷却和称量。如果前后两次称量结果之差不大于 0.2mg，即可认为坩埚已达质量恒定，否则还需再灼烧，直至质量恒定为止。灼烧空坩埚的温度必须与以后灼烧沉淀的温度一致。

坩埚的灼烧也可以在煤气灯上进行。事先将坩埚洗净晾干，将其直立在泥三角上，盖上坩埚盖，但不要盖严，需留一小缝。用煤气灯逐渐升温，最后在氧化焰中高温灼烧，灼烧的时间和在高温电炉中相同，直至质量恒定。

（二）沉淀的干燥和灼烧

　　坩埚准备好后即可开始沉淀的干燥和灼烧。利用玻璃棒把滤纸和沉淀从漏斗中取出，按图 5-11 所示，折卷成小包，把沉淀包卷在里面。此时应特别注意，勿使沉淀有任何损失。如果漏斗上沾有些微沉淀，可用滤纸碎片擦下，与沉淀包卷在一起。

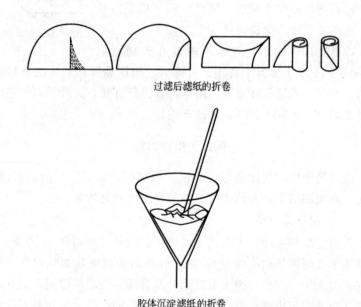

过滤后滤纸的折卷

胶体沉淀滤纸的折卷

图 5-11　沉淀后滤纸的折卷

　　将滤纸包装进已质量恒定的坩埚内，使滤纸层较多的一边向上，可使滤纸灰化较易。按图 5-12 所示，斜置坩埚于泥三角上，盖上坩埚盖，然后如图 5-13 所示，将滤纸烘干并炭化，在此过程中必须防止滤纸着火，否则会使沉淀飞散而损失。若已着火，应立刻移开煤气灯，并将坩埚盖盖上，让火焰自熄。

图 5-12　坩埚侧放泥三角上

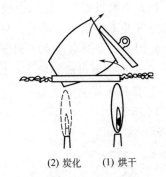

(2) 炭化　　(1) 烘干

图 5-13　烘干和炭化

当滤纸炭化后，可逐渐提高温度，并随时用坩埚钳转动坩埚，把坩埚内壁上的黑炭完全烧去，将炭烧成 CO_2 而除去的过程叫灰化。待滤纸灰化后，将坩埚垂直地放在泥三角上，盖上坩埚盖（留一小孔隙），于指定温度下灼烧沉淀，或者将坩埚放在高温电炉中灼烧。一般第一次灼烧时间为 $30\sim45min$，第二次灼烧 $15\sim20min$。每次灼烧完毕从炉内取出后，都需要在空气中稍冷，再移入干燥器中。沉淀冷却到室温后称量，然后再灼烧、冷却、称量，直至质量恒定。

微孔玻璃坩埚（或漏斗）只需烘干即可称量，一般将微孔玻璃坩埚（或漏斗）连同沉淀放在表面皿上，然后放入烘箱中，根据沉淀性质确定烘干温度。一般第一次烘干时间要长些，约 2h，第二次烘干时间可短些，约 45min 到 1h，根据沉淀的性质具体处理。沉淀烘干后，取出坩埚（或漏斗），置干燥器中冷却至室温后称量。反复烘干、称量，直至质量恒定为止。

（三）干燥器的使用方法

干燥器是具有磨口盖子的密闭厚壁玻璃器皿，常用以保存干坩埚、称量瓶、试样等物。它的磨口边缘涂一薄层凡土林，使之能与盖子密合，如图 5-14 所示。

干燥器底部盛放干燥剂，最常用的干燥剂是变色硅胶和无水氯化钙，其上搁置洁净的带孔瓷板。坩埚等即可放在瓷板孔内。

干燥剂吸收水分的能力都是有一定限度的。例如硅胶，20℃时，被其干燥过的 1L 空气中残留水分为 $6\times10^{-3}mg$；无水氯化钙，25℃

时，被其干燥过的 1L 空气中残留水分小于 0.36mg。因此，干燥器中的空气并不是绝对干燥的，只是湿度较低而已。

使用干燥器时应注意下列事项：

① 干燥剂不可放得太多，以免沾污坩埚底部。

② 搬移干燥器时，要用双手拿着，用大拇指紧紧按住盖子，如图 5-15 所示。

图 5-14　干燥器

图 5-15　搬干燥器的动作

③ 打开干燥器时，不能往上掀盖，应用左手推挡住干燥器，右手小心地把盖子稍微推开，等冷空气徐徐进入后，才能完全推开，盖子必须仰放在桌子上。

④ 不可将太热的物体放入干燥器中。

⑤ 有时较热的物体放入干燥器中后，空气受热膨胀会把盖子顶起来，为了防止盖子被打翻，应当用手按住，不时把盖子稍微推开（不到 1s），以放出热空气。

⑥ 灼烧或烘干后的坩埚和沉淀，在干燥器内不宜放置过久，否则会因吸收一些水分而使质量略有增加。

⑦ 变色硅胶干燥时为蓝色（含无水 Co^{2+} 色），受潮后变粉红色（水合 Co^{2+} 色）。可以在 120℃ 烘受潮的硅胶待其变蓝后反复使用，直至破碎不能用为止。

第四节　滴定分析基本操作

在滴定分析中，要用到 3 种能准确测量溶液体积的仪器，即滴定管，移液管和容量瓶。这 3 种仪器的正确使用是滴定分析中最重要的基本操作。对这些仪器使用得准确、熟练就可以减少溶液体积的测量误差，为获得准确的分析结果创造了先决条件。

下面分别介绍这些仪器的性能、规格、使用、校准和洗涤方法。

一、滴　定　管

（一）种类

滴定管是准确测量放出液体体积的仪器，为量出式（Ex）计量玻璃仪器，按其容积不同分为常量、半微量及微量滴定管；按构造上的不同，又可分为普通滴定管和自动滴定管等。

常量滴定管中最常用的是容积为 50mL 的滴定管，这种滴定管上刻有 50 个等分的刻度（单位为mL），每一等分再分十格（每格 0.1mL），在读数时，两小格间还可估出一个数值（可读至0.01mL）。

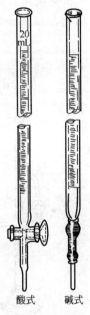

此外，还有容积为 100mL 和 25mL 的常量滴定管，分刻度值为 0.1mL。

容积 10mL、分刻度值为 0.05mL 的滴定管有时称为半微量滴定管。

在滴定管的下端有一玻璃活塞的称为酸式滴定管；带有尖嘴玻璃管和胶管连接的称为碱式滴定管。图 5-16 所示即为这两种滴定管。碱式滴定管

酸式　　碱式

图 5-16　滴定管

下端的胶管中有一个玻璃珠，用以堵住液流。玻璃珠的直径应稍大于胶管内径，用手指捏挤玻璃珠附近的胶管，在玻璃珠旁形成一条狭窄的小缝，液体就沿着这条小缝流出来。

酸式滴定管适用于装酸性和中性溶液，不适宜装碱性溶液，因为玻璃活塞易被碱性溶液腐蚀。碱式滴定管适宜于装碱性溶液。与胶管起作用的溶液（如 $KMnO_4$、I_2、$AgNO_3$ 等溶液）不能用碱式滴定管。有些需要避光的溶液，可以采用茶色（棕色）滴定管。

微量滴定管如图 5-17 所示，这是测量小量体积液体时用的滴定管，它的分刻度值为 0.005mL 或 0.01mL，容积有 1～5mL 各种规

格。使用时，打开活塞 A，微微倾斜滴定管，从漏斗 B 注入溶液，当溶液接近量管的上端时，关闭活塞 A，继续向漏斗加入溶液至占满漏斗容积的 2/3 左右止。滴定前先检查管内，特别是两活塞间是否有气泡，如有应设法排除。打开活塞 C，调节液面至零线。滴定完毕，读数后，打开活塞 A 让溶液流向刻度管，经调节后又可进行第二份滴定。

自动滴定管是上述滴定管的改进，它的不同点就是灌装溶液半自动化，如图 5-18 所示，储液瓶 A 用于储存标准溶液，常用储液

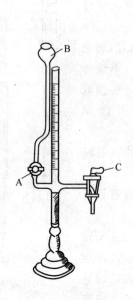

图 5-17　微量滴定管

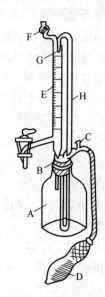

图 5-18　自动滴定管

瓶的容积为 1～2L。量管 E 是以磨口接头（或胶塞）B 与储液瓶连接起来，使用时，以打气球 D 打气通过玻璃管 H 将液体压入量管并将其充满。玻璃管 G 末端是一毛细管，它准确位于量管零的标线上。因此，当溶液压入量管略高出零的标线时，用手按下通气口 C，让压力降低，此时溶液即自动向右虹吸到储液瓶中，使量管中液面恰好位于零线上。

F 是防御管，为了防止标准溶液吸收空气中的 CO_2 和水分，可

在防御管中填装碱石灰。

自动滴定管的构造比较复杂，但使用比较方便，适用于经常使用同一标准溶液的日常例行分析工作。

（二）有关的技术要求

滴定管必须符合 GB 12805—2011 要求。

滴定管按精度的高低分为 A 级和 B 级，A 级为较高级，B 级为较低级。

标准中规定滴定管的容量允差见表 5-8 所示。

表 5-8　滴定管的容量允差

标称容量/mL		1	2	5	10	25	50	100
最小分度值/mL		0.01	0.01	0.02	0.05	0.1	0.1	0.2
容量允差/mL	A 级	±0.010	±0.010	±0.010	±0.025	±0.04	±0.05	±0.10
	B 级	±0.020	±0.020	±0.020	±0.050	±0.08	±0.10	±0.20

（三）滴定管的使用方法

1. 洗涤

无明显油污不太脏的滴定管，可直接用自来水冲洗，或用肥皂水或洗衣粉水泡洗，但不可用去污粉刷洗，以免划伤内壁，影响体积的准确测量。若有油污不易洗净时，可用铬酸洗液洗涤。洗涤时将酸式滴定管内的水尽量除去，关闭活塞，倒入 10～15mL 洗液于滴定管中，两手端住滴定管，边转动边向管口倾斜，直至洗液布满全部管壁为止，立起后打开活塞，将洗液放回原瓶中。如果滴定管油垢较严重，需用较多洗液充满滴定管浸泡十几分钟或更长时间，甚至用温热洗液浸泡一段时间。洗液放出后，先用自来水冲洗，再用蒸馏水淋洗 3～4 次，洗净的滴定管其内壁应完全被水均匀地润湿而不挂水珠。

碱式滴定管的洗涤方法与酸式滴定管基本相同，但要注意铬酸洗液不能直接接触胶管，否则胶管变硬损坏。为此，最简单的方法是将胶管连同尖嘴部分一起拔下，滴定管下端套上一个滴瓶塑料帽，然后装入洗液洗涤。也可用另外一种方法洗涤，即将碱式滴定管的尖嘴部分取下，胶管还留在滴定管上，将滴定管倒立于装有洗液的烧杯中，将滴定管上胶管（现在朝上）连接到抽水泵上，打开抽水泵，轻捏玻璃珠，待洗液徐徐上升至接近胶管处即停止，让洗液浸泡一段时间后放回原瓶中。然后用自来水冲洗，用蒸馏水淋洗 3～4 次备用。

2．涂油

酸式滴定管活塞与塞套应密合不漏水，并且转动要灵活，为此，应在活塞上涂一薄层凡士林（或真空油脂）。涂油的方法是：将活塞取下，用干净的纸或布把活塞和塞套内壁擦干（如果活塞孔内有旧油垢堵塞，可用细金属丝轻轻剔去，如管尖被油脂堵塞，可先用水充满全管，然后将管尖置热水中，使熔化，突然打开活塞，将其冲走）。用手指蘸少量凡士林在活塞的两头涂上薄薄一圈，在紧靠活塞孔两旁不要涂凡士林；以免堵住活塞孔。涂完，把活塞放回套内，向同一方向旋转活塞几次，使凡士林分布均匀呈透明状态。然后用橡皮圈套住，将活塞固定在塞套内，防止滑出。

涂油也可以按图 5-19 所示的方法进行，即用手指蘸少量凡士林，在活塞的大头一边涂一圈，再用火柴棍蘸少量凡士林在塞套内小头一边涂一圈。然后将活塞悬空插入塞套内，沿一个方向转动直至凡士林均匀分布为止。其余操作同上。

碱式滴定管不涂油，只要将洗净的胶管、尖嘴和滴定管主体部分连接好即可。

3．试漏

酸式滴定管，关闭活塞，装入蒸馏水至一定刻线，直立滴定管约 2min。仔细观察刻线上的液面是否下降，滴定管下端有无水滴滴下，及活塞隙缝中有无水渗出。然后将活塞转动 180°后等待 2min 再观察，如有漏水现象应重新擦干涂油。

碱式滴定管，装蒸馏水至一定刻线，直立滴定管约 2min，仔细观察刻线上的液面是否下降，或滴定管下端尖嘴上有无水滴滴下。如有漏水，则应调换胶管中玻璃珠，选择一个大小合适比较圆滑的配上再试。玻璃珠太小或不圆滑都可能漏水，太大操作不方便。

4．装溶液和赶气泡

准备好滴定管即可装标准溶液。装之前应将瓶中标准溶液摇匀，使凝结在瓶内壁的水混入溶液，为了除去滴定管内残留的水分，确保标准溶液浓度不变，应先用此标准溶液淋洗滴定管 2～3 次，每次用约 10mL，从下口放出少量（约 1/3）以洗涤尖嘴部分，然后关闭活

(1) 用小布卷擦干净活塞槽

(3) 活塞涂好凡士林,再将滴定管的活塞槽的细端涂上凡士林

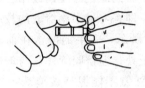 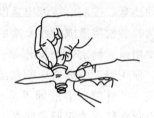

(2) 活塞用布擦干净后,在粗端涂少量凡士林,细端不要涂,以免沾污活塞槽上、下孔

(4) 活塞平行插入活塞槽后,向一个方向转动,直至凡士林均匀

图 5-19　酸式滴定管活塞涂抹凡士林的操作

塞横持滴定管并慢慢转动,使溶液与管内壁处处接触,最后将溶液从管口倒出弃去,但不要打开活塞,以防活塞上的油脂冲入管内。尽量倒空后再洗第二次,每次都要冲洗尖嘴部分。如此洗 2～3 次后,即可装入标准溶液至"0"刻线以上,然后转动活塞使溶液迅速冲下排出下端存留的气泡,再调节液面在 0.00mL 处。补加溶液至"0"刻度线以上约 5mm 处,等待约 30s,于 10s 内调节溶液最低弯月面的最低点与"0"刻度线上边缘相切为止,也可调至接近零的任意刻度。

　　碱式滴定管应按图 5-20 所示的方法,将胶管向上弯曲,用力捏挤玻璃珠使溶液从尖嘴喷出,以排除气泡。碱式滴定管的气泡一般是藏在玻璃珠附近,必须对光检查胶管内气泡是否完全赶尽,赶尽后再调节液面至 0.00mL 处,或记下初读数。

　　装标准溶液时应从盛标准溶液的容器内直接将标准溶液倒入滴定管中,不能用小烧杯或漏斗等其它容器帮忙,以免浓度改变。

5. 滴定

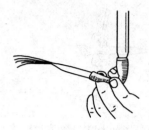

图 5-20　赶气泡

滴定最好在锥形瓶中进行，必要时也可在烧杯中进行。滴定操作是左手进行滴定，右手摇瓶，使用酸式滴定管的操作如图 5-21 所示，左手的拇指在管前，食指和中指在管后，手指略微弯曲，轻轻向内扣住活塞。手心空握，以免活塞松动或可能顶出活塞使溶液从活塞隙缝中渗出。滴定时转动活塞，控制溶液流出速度，要求做到能：①逐滴放出；②只放出 1 滴；③使溶液成悬而未滴的状态，即练习加半滴溶液的技术。

使用碱式滴定管的操作如图 5-22 所示，左手的拇指在前，食指在后，捏住胶管中玻璃珠所在部位稍上处，捏挤胶管使其与玻璃珠之间形成一条缝隙，溶液即可流出。但注意不能捏挤玻璃珠下方的胶管，否则空气进入而形成气泡。

图 5-21　酸式滴定管
操作方法

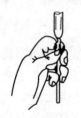

图 5-22　碱式滴定管
操作方法

滴定前，先记下滴定管液面的初读数，如果是 0.00mL，当然可以不记。用小烧杯内壁碰一下悬在滴定管尖端的液滴。

滴定时，应使滴定管尖嘴部分插入锥形瓶口（或烧杯口）下 1～2cm 处。滴定速度以每秒 6～8 滴为宜，切不可成液柱流下。边滴边摇（或用玻棒搅拌烧杯中溶液）。向同一方向作圆周旋转而不应前后振动，因那样会溅出溶液。临近终点时，应 1 滴或半滴地加入，并用洗瓶吹入少量水冲洗锥形瓶内壁，使附着的溶液全部流下，然后摇动锥形瓶，观察终点是否已达到（为便于观察，可在锥形瓶下放一块白瓷板），如终点未到，继续滴定，直至准确到达终点为止。

6. 读数

由于水溶液的附着力和内聚力的作用，滴定管液面呈弯月形。无色水溶液的弯月面比较清晰，有色溶液的弯月面清晰程度较差，因此，两种情况的读数方法稍有不同。为了正确读数，应遵守下列规则：

（1）注入溶液或放出溶液后，需等待 30s～1min 后才能读数（使附着在内壁上的溶液流下）。

（2）滴定管应用拇指和食指拿住滴定管的上端（无刻度处）使管身保持垂直后读数。

（3）对于无色溶液或浅色溶液，应读弯月面下缘实线的最低点。为此，读数时视线应与弯月面下缘实线的最低点相切，即视线与弯月面下缘实线的最低点在同一水平面上如图 5-23（1）所示。对于有色溶液，应使视线与液面两侧的最高点相切，如图 5-23（2）所示。初读和终读应用同一标准。

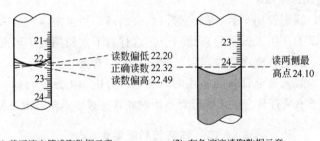

（1）普通滴定管读取数据示意　　　　（2）有色溶液读取数据示意

图 5-23　滴定管读数

（4）有一种蓝线衬背的滴定管，它的读数方法（对无色溶液）与上述不同，无色溶液有两个弯月面相交于滴定管蓝线的某一点如图 5-24 所示。读数时视线应与此点在同一水平面上，对有色溶液读数方法与上述普通滴定管相同。

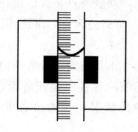

图 5-24　蓝线滴定管读数　　　　　　图 5-25　借黑纸卡读数

（5）滴定时，最好每次都从 0.00mL 开始，或从接近零的任一刻度开始，这样可固定在某一段体积范围内滴定，减少测量误差。读数必须准确到 0.01mL。

（6）为了协助读数，可采用读数卡，这种方法有利于初学者练习读数，读数卡可用黑纸或涂有黑长方形（约 3×1.5cm）的白纸制成，读数时，将读数卡放在滴定管背后，使黑色部分在弯月面下约 1mm 处，此时即可看到弯月面的反射层成为黑色，如图 5-25 所示，然后读此黑色弯月面下缘的最低点。

7. 注意事项

（1）滴定管用毕后，倒去管内剩余溶液，用水洗净，装入蒸馏水至刻度以上，用大试管套在管口上。这样，下次使用前可不必再用洗液清洗。滴定管洗净后也可以倒置夹在滴定管夹上。

（2）酸式滴定管长期不用时，活塞部分应垫上纸。否则，时间一久，塞子不易打开。碱式滴定管不用时胶管应拔下，蘸些滑石粉保存。

二、移液管和吸量管

（一）有关的技术要求

移液管又称单标线吸量管，其中间有一膨大部分（称为球状）的玻璃管，球的上部和下部均为较细窄的管颈，出口缩至很小，以防止过快流出溶液而引起误差。管颈上部刻有一环形标线，如图 5-26（1）所示，表示在一定温度（一般为 20℃）下移出的体积。

移液管必须符合 GB 12808—91 要求《实验室玻璃仪器、单标线吸量器》。

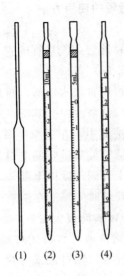

图 5-26　移液管和吸量管

移液管为量出式(Ex)计量玻璃仪器，按精度的高低分为 A 级和 B 级，A 级为较高级，B 级为较低级。标准中规定移液管的容量允差如表 5-9 所示。

分度吸量管是具有刻度的玻璃管，两端直径较小，中间管身直径相同，可以转移不同体积的溶液，如图 5-26(2)～(4)所示。吸量管转移溶液的准确度不如移液管。

吸量管必须符合 GB 12807—91《实验室玻璃仪器分度吸量管》要求。

表 5-9　移液管的容量允差

标称容量/mL		1	2	5	10	15	20	25	50	100
容量允差（±）/mL	A 级	0.007	0.010	0.015	0.020	0.025	0.030		0.050	0.08
	B 级	0.015	0.020	0.030	0.040	0.050	0.060		0.100	0.160

常用的吸量管有 1mL，2mL，5mL，10mL 等规格。有的吸量管上标有"吹"字或"blow out"，特别是 1mL 以下的吸量管尤其是如此。有的吸量管，它的分度刻到离管尖尚差 1～2cm，如图 5-26（4）所示，放出溶液时应特别注意。实验中，要尽量使用同一支吸量管以减少误差。

（二）移液管和吸量管的使用方法

1. 洗涤

洗涤前，应先检查移液管或吸量管的管口和尖嘴有无破损，若有破损则不能使用。

移液管和吸量管均可用自来水洗涤，再用蒸馏水洗净，较脏（内壁挂水珠）时，可用铬酸洗液洗净。其洗涤方法是：右手拿移液管或吸量管，管的下口插入洗液中，左手拿洗耳球，先把球内空气压出，然后把球的尖端接在移液管或吸量管的上口，慢慢松开左手手指，将洗液慢慢吸入管内直至上升到刻度以上部分，等待片刻后，将洗液放回原瓶中。如果需要比较长时间浸泡在洗液中时（一般吸量管需要这样做），应准备一个高型玻璃筒或大量筒，筒底铺些玻璃毛，将吸量管直立于筒中，筒内装满洗液，筒口用玻璃片盖上。浸泡一段时间后，取出吸量管，沥尽洗液，用自来水冲洗，再用蒸馏水淋洗干净。洗净的标志是内壁不挂水珠。干净的移液管和吸量管应放置在干净的移液管架上。

2. 吸取溶液

用右手的拇指和中指捏住移液管或吸量管的上端，将管的下口插入欲取的溶液中，插入不要太浅或太深，太浅会产生吸空，把溶液吸到洗耳球内弄脏溶液，太深又会在管外沾附溶液过多。左手拿洗耳球，接在管的上口把溶液慢慢吸入，如图 5-27 所示，先吸入移液管或吸量管容量的1/3左右，取出，横持，并转动管子使溶液接触到刻度以上部位，以置换内壁的水分，然后将溶液从管的下口放出并弃去，如此用欲取溶液淋洗 2～3 次后，即可吸取溶液至刻度以上，立即用右手的食指按住管口（右手的食指应稍带潮湿，便于调节液面）。

3. 调节液面

将移液管或吸量管向上提升离开液面，管的末端仍靠在盛溶液器皿的内壁上，管身保持直立，略为放松食指（有时可微微转动移液管或吸量管），使管内溶液慢慢从下口流出，直至溶液的弯月面底部与标线相切为止，立即用食指压紧管口。将尖端的液滴靠壁去掉，移出移液管或吸量管，插入承接溶液的器皿中。

4. 放出溶液

承接溶液的器皿如是锥形瓶，应使锥形瓶倾斜成约 30°，移液管或吸量管直立，管下端紧靠锥形瓶内壁，放开食指，让溶液沿瓶壁流下，如图 5-28 所示。流完后管尖端接触瓶内壁约 3s 后，再将移液管或吸量管移去。残留在管末端的少量溶液，不可用外力强使其流出，因校准移液管或吸量管时已考虑了末端保留溶液的体积。

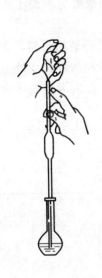

图 5-27　吸取溶液

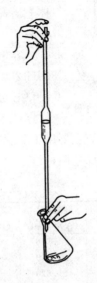

图 5-28　放出溶液

但有一种吹出式吸量管，管口上刻有"吹"字，使用时必须使管内的溶液全部流出，末端的溶液也需吹出，不允许保留。

另外有一种吸量管的分刻度只刻到距离管口尚差 1～2cm 处，刻度以下溶液不应放出。

5. 注意事项

（1）移液管与容量瓶常配合使用，因此使用前常作两者的相对体积的校准。

（2）为了减少测量误差，分度吸量管每次都应从最上面刻度为起始点，往下放出所需体积，而不是放出多少体积就吸取多少体积。

（3）移液管和分度吸量管一般不要在烘箱中烘干。

三、容 量 瓶

(一) 有关的技术要求

图 5-29　容量瓶

容量瓶是一种细颈梨形平底的玻璃瓶，带有玻璃磨口塞或塑料塞（如图 5-29 所示），颈上有一环形标线，表示在所指定的温度（一般为 20℃）下液体充满标线时，液体的体积恰好等于瓶上所标明的体积。

容量瓶是量入式(In) 计量玻璃仪器，必须符合 GB 12806—2011 要求。容量瓶按准确度等级分为 A 级和 B 级，A 级为较高级，B 级为较低级。容量瓶的容量允差见表 5-10。

容量瓶主要用于配制准确浓度的溶液或定量地稀释溶液。容量瓶有无色和棕色两种。

表 5-10　容量瓶的容量允差

标称容量/mL	容量允差 （A级）/mL	容量允差 （B级）/mL	标称容量/mL	容量允差 （A级）/mL	容量允差 （B级）/mL
1	±0.010	±0.020	100	±0.10	±0.20
2	±0.010	±0.080	200	±0.15	±0.30
5	±0.020	±0.040	250	±0.15	±0.30
10	±0.020	±0.040	500	±0.25	±0.50
20	±0.03	±0.06	1000	±0.40	±0.80
25	±0.03	±0.06	2000	±0.60	±1.20
50	±0.05	±0.10	5000	±1.20	±2.40

(二) 容量瓶的使用方法

1. 试漏

使用前，应先检查容量瓶瓶塞是否密合，为此，可在瓶内装入自来水到标线附近，盖上塞，用手按住塞，倒立容量瓶，观察瓶口是否有水渗出，如果不漏，把瓶直立后，转动瓶塞约 180°后再倒立试一次。为使塞子不丢失不搞乱，常用塑料线绳将其拴在瓶颈上。

2. 洗涤

先用自来水洗，后用蒸馏水淋洗 2～3 次。如果较脏时，可用铬酸洗液洗涤，洗涤时将瓶内水尽量倒空，然后倒入铬酸洗液 10～20mL，盖上塞，边转动边向瓶口倾斜，至洗液布满全部内壁。放置数分钟，倒出洗液，用自来水充分洗涤。再用蒸馏水淋洗后备用。

3. 转移

若要将固体物质配制一定体积的溶液，通常是将固体物质放在小烧杯中用水溶解后，再定量地转移到容量瓶中。在转移过程中，用一根玻璃棒插入容量瓶内，烧杯嘴紧靠玻璃棒，使溶液沿玻璃棒慢慢流入，玻璃棒下端要靠近瓶颈内壁，但不要太接近瓶口，以免有溶液溢出（如图 5-30 所示）。待溶液流完后，将烧杯沿玻璃棒稍向上提，同时直立，使附着在烧杯嘴上的一滴溶液流回烧杯中。残留在烧杯中的少许溶液，可用少量蒸馏水洗 3～4 次，洗涤液按上述方法转移合并到容量瓶中。

如果固体溶质是易溶的，而且溶解时又没有很大的热效应发生，也可将称取的固体溶质小心地通过干净漏斗放入容量瓶中，用水冲洗漏斗并使溶质直接在容量瓶中溶解。

如果是浓溶液稀释，则用移液管吸取一定体积的浓溶液，放入容量瓶中，再按下述方法稀释并定容。

4. 定容

溶液转入容量瓶后，加蒸馏水，稀释到约 3/4 体积时，将容量瓶平摇几次（切勿倒转摇动），作初步混匀。这样又可避免混合后体积的改变。然后继续加蒸馏水，近标线时应小心地逐滴加入，直至溶液的弯月面的最低点与标线相切为止。盖紧塞子。

5. 摇匀

左手食指按住塞子，右手指尖顶住瓶底边缘（如图 5-31），将容量瓶倒转并振荡，再倒转过来，仍使气泡上升到顶，如此反复 10～15 次，即可混匀。

6. 使用容量瓶注意事项

（1）不要用容量瓶长期存放配好的溶液。配好的溶液如果需要长期存放，应该转移到干净的磨口试剂瓶中。

（2）容量瓶长期不用时，应该洗净，把塞子用纸垫上，以防时间久后，塞子打不开。

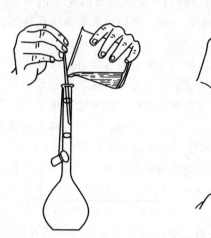

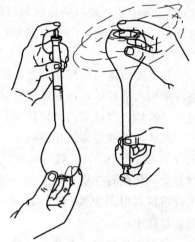

<table>
<tr><td>图 5-30 转移溶液</td><td>图 5-31 摇匀溶液</td></tr>
</table>

图 5-30　转移溶液　　　　　　　图 5-31　摇匀溶液

（3）容量瓶一般不要在烘箱中烘烤，如需使用干燥的容量瓶，可用电吹风机吹干。

四、吸　　管

（一）吸管的种类

吸管除了传统用的吸量管，吸管还有一种叫作滴管。滴管通常用来吸取少量液体，进行定性、定容、少量滴加等操作。滴管分为胶头滴管和一次性滴管，如图 5-32 所示。胶头滴管由胶帽和玻璃组成，有直形、直形有缓冲球及弯形有缓冲球等几种形式。胶头滴管的规格以管长表示，常用为 90mm、100mm 2 种。胶头滴管每滴为 0.05mL。一次性滴管分为 0.5mL、1mL、2mL、3mL、5mL 这 5 种。

图 5-32　胶头滴管

（二）使用方法

（1）胶头滴管的拿法　使用胶头滴管的时候，必须注意到胶头滴管的拿法，一般我们用无名指和中指夹住滴管的颈部，用拇指和食指捏住胶头。这样中指和无名指固定好了滴管，拇指和食指可以控制好滴加液体的量。

（2）液体的吸取　吸取液体时，应注意不要把瓶底的杂质吸入滴管内。操作时，应先把滴管拿出液面，再挤压胶头，排除胶头里面的空气，然后再深入到液面下，松开大拇指和食指，这样滴瓶内的液体在胶头的压力下吸入滴管内，从而避免瓶底的杂质被吸入。

（3）液体的滴加　把液体滴加到试管中去时，注意不要带入杂质，同时也不要把杂质带入到滴瓶中。滴加液体时，应把胶头滴管垂直移到试管口的上方，注意滴管下端既不可离试管口很远，也不能伸入到试管内，滴管尖端必须与试管口平面在同一平面上并且垂直。轻轻地用拇指和食指挤压胶头，使液体滴入试管内。

（4）胶头的放置　取用液体时，滴管不能倒转过来，以免试剂腐蚀胶头和沾污药品。滴管不能随意放在桌上，使用完毕后，要把滴管内的试剂排空，不要残留试剂在滴管中。然后插回滴瓶。每种试剂都应有专用的滴管，不得混用，用毕应该用清水洗净。

五、容量仪器的检定

容量仪器的容积并不经常与它所标出的大小完全符合，因此，在工作开始时，尤其对于准确度要求较高的分析工作，必须加以检定。

容量仪器的检定规程可参考 JJG 196—2006 以及 GB/T 12810—91 实验室玻璃仪器玻璃量器的容量校准和使用方法，但 GB/T 12810 的操作方法过于烦琐。因此常用的容量仪器检定方法是：称量一定容积的水，然后根据该温度时水的密度，将水的质量换算为容积。这种方法是基于在不同温度下水的密度都已经很准确地测定过。我们知道 $3.98℃$ 时，$1mL$ 水在真空中重 $1.000g$，如果检定工作也是在 $3.98℃$ 和真空中进行，则称出的水的克数就等于容积的毫升数。但通常我们并不在 $3.98℃$ 而是在室温下称量水，同时不在真空里，而是在空气中称量，因此，称量的结果必须对下列三点加以校准。

① 水的密度随着温度的改变而改变的校准。

② 对于玻璃仪器的容积由于温度改变而改变的校准。

③ 对于物体由于空气浮力而使质量改变的校准。

为了便于计算，将此三项校准值合并而得一总校准值（见表 5-11），表中的数字表示在不同温度下，用水充满 20℃ 时容积为 1L 的玻璃仪器在空气中用黄铜砝码称取的水质量。校准后的容积是指 20℃ 时该容器的真实容积。应用该表来校准容量仪器是十分方便的。

表 5-11   不同温度下用水充满 20℃ 时容积为 1L 的玻璃容器，

于空气中以黄铜砝码称取的水的质量

温度/℃	质量/g	温度/℃	质量/g	温度/℃	质量/g
0	998.24	14	998.04	28	995.44
1	998.32	15	997.93	29	995.18
2	998.39	16	997.80	30	994.91
3	998.44	17	997.65	31	994.64
4	998.48	18	997.51	32	994.34
5	998.50	19	997.34	33	994.06
6	998.51	20	997.18	34	993.75
7	998.50	21	997.00	35	993.45
8	998.48	22	996.80	36	993.12
9	998.44	23	996.60	37	992.80
10	998.39	24	996.38	38	992.46
11	998.32	25	996.17	39	992.12
12	998.23	26	995.93	40	991.77
13	998.14	27	995.69		

玻璃容器是以 20℃ 为标准而校准的，但使用时不一定也在 20℃，因此，器皿的容量以及溶液的体积都将发生变化。器皿容量的改变是由于玻璃的胀缩而引起的，但玻璃的膨胀系数极小，在温度相差不太大时可以忽略不计。溶液体积的改变是由于溶液密度的改变所致，稀溶液的密度一般可以用相应的水密度来代替。为了便于校准在其它温度下所测量的体积，表 5-12 列出了在不同温度下 1000mL 水（或稀溶液）换算到 20℃ 时，其体积应增减的毫升数。

例如，如果在 10℃ 时滴定用去 25.00mL 0.1000mol/L 标准溶液，在 20℃ 时应相当于 $25.00 + \dfrac{1.45 \times 25.00}{1000} = 25.04$，即 25.04mL。

（一）滴定管的检定

将待检定的滴定管充分洗净，并在活塞上涂以凡士林后，加水

表 5-12　不同温度下每 1000mL 水（或稀溶液）
换算到 20℃ 时的校准值

温度/℃	水,0.1mol/L HCl,0.01mol/L 溶液（ΔV/mL）	0.1mol/L 溶液（ΔV/mL）
5	+1.5	+1.7
10	+1.3	+1.45
15	+0.8	+0.9
20	0.0	0.0
25	-1.0	-1.1
30	-2.3	-2.5

调至滴定管"零"处（加入水的温度应当与室温相同）。记录水的温度，将滴定管尖外面水珠除去，然后以滴定速度放出 10mL 水（不必恰等于 10mL，但相差也不应大于 0.1mL），置于预先准确称过质量❶的 50mL 具有玻塞的锥形瓶中（锥形瓶外壁必须干燥，内壁不必干燥），将滴定管尖与锥形瓶内壁接触，收集管尖余滴。30s 后读数❷（准确到 0.01mL），并记录，将锥形瓶玻塞盖上，再称出它的质量，并记录，两次质量之差即为放出的水的质量。

由滴定管中再放出 10mL 水（即放至约 20mL 处）于原锥形瓶中，用上述同样方法称量，读数并记录。同样，每次再放出 10mL 水，即从 20mL 到 30mL，30mL 到 40mL，直至 50mL 为止。用实验温度时 1mL 水的质量（查表 5-11 数据）来除以每次得到的水的质量，即可得相当于滴定管各部分容积的实际毫升数❸（即 20℃ 时的真实容积）。

例　在 21℃ 时由滴定管中放出 10.03mL 水，其质量为 10.04g。查表知道在 21℃ 时每 1mL 水的质量为 0.99700g。由此，可算出 20℃ 时其实际容积为 $\dfrac{10.04}{0.99700}$mL＝10.07mL。

---

❶　由于滴定管读数只能准确到 0.01mL，约相当于 0.01g 水，故在称量时准确到 0.01g 即可。

❷　校准时停 30s 让壁上液滴流下来，将来使用时也应该遵守此规定。

❸　若已知滴定管的任何部分的 10mL 之间的误差大于 0.1mL，则最好再将该段分次称量少量体积（例如，每次 2mL）进行校准。

故此管容积之误差为$(10.07-10.03)\text{mL}=0.04\text{mL}$。

碱式滴定管的检定方法与酸式滴定管相同。

现将在温度为 25℃时检定滴定管的一组实验数据列于表 5-13 中。

最后一项总校准值，例如 0mL 与 10mL 之间为$+0.02$mL。而 10mL 与 20mL 之间的校准值为-0.02mL。则 0mL 到 20mL 之间总校准值为

$$+0.02+(-0.02)=0.00$$

由此即可校准滴定时所用去的溶液的实际量（毫升数）。

表 5-13　滴定管检定（水温 25℃，1mL 水的质量为 0.9962g）

滴定管读数	读数的容积/mL	瓶与水的质量/g	m_{H_2O}/g	实际容积/mL	校准值/mL	总校准值/mL
0.03		29.20				
		（空瓶）				
10.13	10.10	39.28	10.08	10.12	$+0.02$	$+0.02$
20.10	9.97	49.19	9.91	9.95	-0.02	0.00
30.17	10.07	59.27	10.08	10.12	$+0.05$	$+0.05$
40.20	10.03	69.24	9.97	10.01	-0.02	$+0.03$
49.99	9.79	79.07	9.83	9.86	$+0.07$	$+0.10$

（二）移液管和吸量管的检定

移液管和吸量管的检定方法与上述滴定管的检定方法相同。

（三）容量瓶的检定

1. 绝对检定法

绝对检定法是指滴定分析仪器某一段刻度内放出或容纳纯水的质量，根据该温度下纯水的密度，将水的质量换算为标准温度 20℃时的容量，其公式为：

$$V_t=\frac{m_t}{\rho_t}$$

式中　V_t——t℃时水的容量，mL；

$\quad\quad m_t$——在空气中 t℃时，以砝码称得水的质量，g；

$\quad\quad \rho_t$——在空气中 t℃时水的密度，g/mL。

玻璃量器和水的容积均受温度和称量时空气浮力的影响，故检定

时必须考虑下列因素：

① 水的密度随温度的变化而改变。

② 空气浮力对纯水质量有影响，这个减轻的质量应该加以检定。

③ 玻璃仪器热胀冷缩，检定时温度以标准温度为基础加以校准。

在一定温度下，以上三个因素的校正值是一定值，可将其合并为一个总校准值。

2. 相对检定法（亦称容量检定法）

相对校正法是比较两容器所盛液体容积的比例关系。在很多情况下，容量瓶和单标线吸量管是配合使用的，如经常将一定量的物质溶解定容后，用单标关系。

例如，25mL 单标线吸量管和 250mL 是否为 1：10，其方法如下：取洁净的 25mL 吸量管和 250mL 容量瓶，用 25mL 吸量管准确移取纯水 10 次于容量瓶中细观察弯液面下缘最低点是否与容量瓶上标线相切，若正好相切，说明吸量管与容量瓶容积比例为 1：10，并可使用原标线。若不相切表示有误差，必须在容量瓶上作一新标记。经检定后的吸量管与容量瓶应配套使用。

在实际工作中滴定管和单标线吸量管一般采用绝对检定法，对于配套使用的吸量管和容量瓶采用相对检定法。

3. 检定时注意事项

① 量器必须保证洁净。

② 严格按照容量量器使用方法读取容积读数。

③ 水和被检量器的温度尽可能接近室温，温度测量准确度为 $0.1℃$。

④ 检定滴定管时，加水至最高标线以上约 5mm 处，静置 30s，然后慢慢地将液面准确地调至零位，按规定的流出时间让水流出在 10s 内将液面调至被检分度线。

⑤ 检定单标线吸量管和完全流出式分度吸量管时，按单标线吸管移取溶液的规范化操作进行，待水自标线流至出口端不流时再等待 3s。

⑥ 检定不完全流出式分度吸量管时，水自最高标线流至最低标线上约 5mm 处，等待 3s，然后调至最低标线。

参 考 文 献

[1] 武汉大学．分析化学．第五版，上册．北京：高等教育出版社，2006.

[2] 李发美．分析化学．北京：人民出版社，2011.

[3] 冯务群，李箐．分析化学，郑州：河南科学技术出版社，2012.

[4] 许红霞．分析化学．北京：化学工业出版社，2013.

[5] 张金海．分析化学．上海：上海交通大学出版社，2014.

学 习 要 求

一、了解采样的一些基本原则"平均试样"和"四分法"的概念。

二、了解试样分解的大致方法。

三、了解分析所用仪器的性能、规格、选用原则和洗涤方法。

四、掌握沉淀、过滤、洗涤和灼烧的技术、包括天平、烘箱、马弗炉、干燥器、煤气灯等的使用方法。

五、掌握滴定管、移液管、吸量管和容量瓶的准备、洗涤、使用和检定方法。

复 习 题

1. 矿样粉碎至全部通过一定的筛目，不允许将粗粒弃去，为什么？

2. 什么叫"四分法"？

3. 通常作为溶剂的酸有哪几种？

4. 浓硫酸用水稀释时，可否将水加到浓硫酸中？应该怎样进行？

5. 用 Na_2CO_3 熔融硅酸盐样品时，应选择什么材料的坩埚？为什么？

6. 铂坩埚弄脏后能不能用王水洗涤？

7. 称量分析的基本操作包括哪些步骤？

8. 什么叫"无灰滤纸"？它的灰分的质量是否为零？

9. 什么叫"倾泻法过滤"？为什么要用倾泻法过滤？

10. 什么叫"恒重"？沉淀为什么要灼烧至恒重？

11. 变色硅胶为什么会变色？吸湿后如何处理？

12. 酸式滴定管涂油应该怎样进行？

13. 滴定管尖端有油脂堵塞时，怎样排除？

14. 碱式滴定管胶管中藏有气泡对滴定有什么影响？如何将气泡排出？

15. 滴定管为什么每次都应从最上面刻度为起点使用？

16. 如何洗涤滴定管? 洗净的标志是什么?

17. 滴定管在装标准溶液前为什么要用此溶液洗内壁 2～3 次? 用于滴定的锥形瓶是否需要干燥?

18. 用碱标准溶液滴定酸时,用酚酞做指示剂滴定至微红色终点后放置较长一段时间为什么红色会褪去? 是否需要再滴定?

19. 如果 25℃时滴定用去 20.00mL 0.1000 mol/L HCl 溶液,在 20℃时相当多少毫升?   答:19.98mL

20. 若 10℃时读得滴定管容积为 10.05mL 的水质量为 10.07g,则 20℃时其实际容积为多少毫升?   答:10.09mL

21. 在 15℃时,以黄铜砝码称量某 250mL 容量瓶所容纳的水的质量为 249.52g,则该容量瓶在 20℃时容积为多少?   答:250.04mL

22. 欲使容量瓶在 20℃时容积为 500mL,则在 16℃于空气中以黄铜砝码称量时应称水多少克?   答:498.9g

第六章　定量分析测定误差与数据处理

第一节　定量分析测定误差

一、误差、准确度与精密度

(一) 误差

误差定义为被测量的测量结果减被测量的真实值。

误差有两种表示方法——绝对误差和相对误差：

$$绝对误差(E)=测定值(x)-真实值(T)$$

$$相对误差(RE)=\frac{测定值(x)-真实值(T)}{真实值(T)}\times100\%$$

由于测定值可能大于真实值，也可能小于真实值，所以绝对误差和相对误差都有正、负之分。

对于多次测量的数值，其准确度可按下式计算：

$$绝对误差(E)=\bar{x}-T$$

$$相对误差(RE)=\frac{\bar{x}-T}{T}\times100\%$$

式中，$\bar{x}$ 为多次测量结果的平均值。

真实值是一个理想的概念，它是不可测得的，因此误差也是无法知道的。当用约定真实值代替真实值时，可以得到误差估计值。在实际工作中往往用"标准值"作为约定真实值代替真实值来检查分析结果的准确度。"标准值"是指采用多种可靠的分析方法、由具有丰富经验的分析人员经过多次测定得出的结果。也可将纯物质中元素的理论含量作为真实值。因误差是无法知道的，20 世纪 70 年代后逐渐使用不确定度来评定测量结果，不确定度愈小，分析测量结果愈接近真实值。但必须明确不确定度并不等于误差，两者是有本质区别的，关于不确定度及其评定将在本章第三节介绍。

(二) 准确度与精密度

准确度——分析结果与真实值的接近程度，分析结果与真实值之间差别越小，则分析结果的准确度越高。准确度用误差来衡量，但误差不可知，实际工作中准确度用不确定度来衡量。

精密度——n 次平行测定结果相互接近的程度，平行测定结果相互之间差别越小，则分析结果的精密度越高。精密度用极差、偏差、平均偏差和标准偏差来表示。

如何从准确度与精密度来衡量分析结果的好坏呢？其结论是：

① 精密度是保证准确度的先决条件。精密度差，所测结果不可靠，失去了衡量准确度的前提；

② 高的精密度不一定能保证高的准确度。

二、误差分类——系统误差与偶然误差

(一) 系统误差

系统误差——由于测定过程中某些固定的原因所造成的误差。其特点是：①系统误差具有单向性，在重复测量时测量值对真值来说具有单向性，要么都偏高或都偏低；②具有重现性，即在重复测量时该误差会重复出现；③具有恒定性，即在重复测量时系统误差的数值基本上恒定。系统误差不能通过增加平行测定次数和采取数理统计的方法消除。

产生系统误差的主要原因是：

(1) 仪器误差　这种误差是由于使用的仪器本身不够精密所造成的。如使用未经过校正的容量瓶、移液管和砝码等。

(2) 方法误差　这种误差是由于分析方法本身造成的。如在滴定过程中，由于反应进行的不完全，化学计量点和滴定终点不相符合，以及由于条件没有控制好和发生其他副反应等原因，都会引起系统的测定误差。

(3) 试剂误差　这种误差是由于所用蒸馏水含有杂质或所使用的试剂不纯所引起的。

(4) 操作误差　这种误差是由于分析工作者掌握分析操作的条件不熟练、个人观察器官不敏锐和固有的习惯所致。如对滴定终点颜色

的判断偏深或偏浅，对仪器刻度标线读数不准确等都会引起测定误差。

系统误差校正方法：

（1）对照试验 采用标准样品、标准方法、加标回收率三种对照试验方法中任何一种或多种，将所得结果进行统计检验以确定是否存在系统误差。

（2）空白试验 在不加试样下，按分析方法测量所得测量值为空白值，这类试验称空白试验。将试样的测量值减去空白值，可以校正试剂、器皿及去离子水等引起的系统误差。

（3）仪器校正 对化学分析中常用计量仪器如天平、滴定管、容量瓶和移液管等进行校正。

（二）偶然误差

1. 偶然误差的规律

偶然误差又称随机误差，是指测定值受各种因素的随机变动而引起的误差。例如，测量时的环境温度、湿度和气压的微小波动，仪器性能的微小变化等，都会使分析结果在一定范围内波动。偶然误差的形成取决于测定过程中一系列随机因素，其大小和方向都是不固定的。因此，无法测量，也不可能校正，所以偶然误差又称不可测误差，它是客观存在的，是不可避免的。

从表面上看，偶然误差似乎是没有规律的，但是在消除系统误差之后，在同样条件下，进行反复多次测定，发现偶然误差还是有规律的，它遵从正态分布规律，图 6-1 为 σ 不同的 2 条偶然误差的正态分布曲线，也是测量值的正态分布曲线。

从正态分布曲线上反映出偶然误差的规律有：

① 绝对值相等的正误差和负误差出现的概率相同，呈对称性。

② 绝对值小的误差出现的概率大，绝对值大的误差出现的概率小，绝对值很大的误差出现的概率非常小。亦即误差有一定的实际极限。

根据统计学理论，正态分布曲线的数学表达式为：

$$y = f(x) = \frac{1}{\sigma\sqrt{2\pi}} e^{\frac{-(x-\mu)^2}{2\sigma^2}}$$

式中 y——概率密度；

   μ——总体平均值（代表真实值）；

   σ——总体标准偏差，从总体平均值 μ 到正态分布曲线上 2 个拐点中任何一个拐点的距离；

   x——测定值；

   $x-\mu$——偶然误差；

   e——自然对数的底，e=2.718；

   π——圆周率。

此曲线的形状与 σ 大小有关。若将横坐标改用 u 为单位表示，$u=\dfrac{x-\mu}{\sigma}$，则将正态分布曲线标准化，此时 $y=\phi(u)=\dfrac{1}{\sqrt{2\pi}}e^{\frac{-u^2}{2}}$，其曲线的形状与 σ 的大小无关，便于积分计算各区间的概率，如图 6-2 所示。

μ 和 σ 是正态分布函数中的两个基本参数，μ 反映数据的集中趋势，大多数测定值集中在 μ 值附近。σ 反映数据的分散程度，由曲线波峰的宽度反映出来。图 6-1 表示平均值相同而精密度不同的两组数据的正态分布情况。显然，σ_2 的分散程度比 σ_1 的大。σ 越大，测定值越分散，精密度越低。

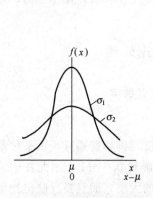

图 6-1　正态分布曲线

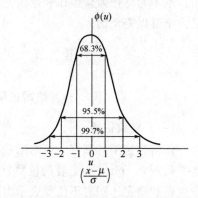

图 6-2　标准正态分布曲线

2. 偶然误差的区间概率

正态分布曲线和横坐标所围的面积表示全部数据出现概率的总和，

应当是 100%，即概率 $p=1$。概率计算公式：$p = \int_{u_1}^{u_2} \frac{1}{\sqrt{2\pi}} e^{\frac{-u^2}{2}} du$，当 $u_1 = -\infty$，$u_2 = +\infty$ 时，则 $p=1$。在某一区间出现的概率，可以取不同 u 值进行积分得到，一般不用我们运算，可查正态分布概率积分表（误差方面书上都有）。例如：$u=\pm 1$，即测定值 x 在 $\mu\pm\sigma$ 区间的概率为 68.3%；$u=\pm 2$，x 在 $\mu\pm 2\sigma$ 区间的概率为 95.5%；$u=\pm 3$，x 在 $\mu\pm 3\sigma$ 区间的概率为 99.7%。

$u=\pm 1.96$，概率为 95.0%；$u=\pm 2.58$，概率为 99.0%（见图 6-2）。测定值超过 $\mu\pm 3\sigma$ 的只有 0.3%，所以，特大的误差出现的概率接近零。在通常的分析工作中，一般只进行少数几次测定，出现大误差是不大可能的，如果一旦出现，有理由认为它不是由偶然误差引起的，应该将这个数据弃去。

根据上述规律，为了减少偶然误差，应该重复多做几次平行实验并取其平均值。这样可使正负偶然误差相互抵消，在消除了系统误差的条件下，平均值就可能接近真实值。

除以上两类误差外，还有一种误差称为差错，这种误差是由于操作不正确，粗心大意而造成的。例如加错试剂、读错砝码、溶液溅失等，皆可引起较大的误差。有较大误差的数值在找出原因后应弃去不用。绝不允许把差错当作偶然误差。只要工作认真，操作正确，差错是完全可以避免的。

第二节　实验数据处理

一、数据记录和有效数字

（一）数据记录

任何测量工具都有一定的测量准确度，例如普通分析天平称量只能准确到 0.1mg，滴定管的读数只能准确到 0.01mL，因此在记录称量数据和滴定体积时不仅要表示出数据的大小，而且要反映出测量的准确程度。所谓有效数字，就是实际能测到的数字。有效数字保留的位数，应根据分析方法与仪器的准确度来决定，一般使测得的数值中只有最后一位是可疑的。例如用万分之一分析天平称取了 0.1230g 试样，这不仅表明试样的质量是 0.1230，还表示称量误差在 ±0.0001，该数有 4 位有效数字。这数值中 0.123 是准确的，最后一位数 0 是可疑的，可能有上下一个单位的误差，即其实际质量是在 0.1230g ± 0.0001g 范围内的某一数值。若记为 0.123，它只有 3 位有效数字，虽然从数字角度看和 0.1230 没有区别，但是记录反映的测量准确度被缩小了 10 倍，反之若记为 0.12300，有 5 位有效数字，则无形中将测量准确度提高了 10 倍，因此，记录的数据必须是实际能测到的数字。

对于滴定管、移液管和吸量管，它们都能准确测量溶液体积到 0.01mL。所以当用 50mL 滴定管测量溶液体积时，如测量体积大于 10mL 小于 50mL，应记录为 4 位有效数字。例如写成 24.22mL；如测量体积小于 10mL，应记录为 3 位有效数字，例如写成 8.13mL。当用 25mL 移液管移取溶液时，应记录为 25.00mL；当用 5mL 吸量管吸取溶液时，应记录为 5.00mL。当用 250mL 容量瓶配制溶液时，则所配制溶液的体积应记录为 250.0mL。当用 50mL 容量瓶配制溶液时，则应记录为 50.00mL。

（二）有效数字中"0"的意义

数字"0"具有双重意义，作为普通数字使用，它就是有效数字，例如 10.1430 中两个"0"都是有效数字；作为定位用，则不是有效数字，例如 0.0123 中两个"0"都不是有效数字。改变单位并不改变有效数字位数，如 0.1230g 若以 μg 作为单位，则应写为 $1.230 \times 10^5 \mu g$。要用指数形式表示，它仍是 4 位有效数字，而不能写成 $123000\mu g$，否则就误解为 6 位有效数字。

（三）数字修约规则

为了适应生产和科技工作的需要，我国已经正式颁布了数值修约规则的标准（最新的标准是 GB/T 8170—2008），通常称为"四舍六入五考虑"法则。

四舍六入五考虑，即当尾数 ≤4 时舍去，尾数 ≥6 时进位。当尾数恰为 5 时，则应视保留的末位数是奇数还是偶数，5 前为偶数应将 5 舍去，5 前为奇数则进位。

这一法则的具体运用如下：

（1）若被舍弃的第一位数字大于5，则其前一位数字加1。如28.2645只取3位有效数字时，其被舍弃的第一位数字为6，大于5，则有效数字应为28.3。

（2）若被舍弃的第一位数字等于5，而其后数字全部为零，则视被保留的末位数字为奇数或偶数（零视为偶数），而定进或舍，末位是奇数时进1、末位为偶数不加1。如28.350，28.250，28.050只取3位有效数字时，分别应为28.4，28.2及28.0。

（3）若被舍弃的第一位数字为5，而其后面的数字并非全部为零，则进1。如28.2501，只取3位有效数字时，则进1，成为28.3。

（4）若被舍弃的数字包括几位数字时，不得对该数字进行连续修约，而应根据以上各条作一次处理。如2.154546，只取3位有效数字时，应为2.15，而不得按下法连续修约为2.16。

$$2.154546 \rightarrow 2.15455 \rightarrow 2.1546 \rightarrow 2.155 \rightarrow 2.16$$

（四）有效数字运算规则

1. 加减法

在进行加减法时是各个数值的绝对误差的传递，因此它们的和或差的有效数字的保留，应依小数点后位数最少的数据为根据，即结果的绝对误差与各数中绝对误差最大的那个数相适应。例如：28.1＋15.46＋1.04643＝?，相加的结果是44.60643，根据上面的规则，小数点后只能保留一位，故其值为44.6。也可以小数点后位数最少的数据28.1为准，将其它数修约为带一位小数的数，再相加求和，也得到同样结果为44.6。

2. 乘除法

在进行乘除法是各个数值的相对误差的传递，因此，所得结果的有效数字可按有效数字最少的那个数来保留，即结果的相对误差应与各数中相对误差最大的那个数相适应。例如：0.0234×17.854/128.6＝0.0032487…，在上述的3个数中0.0234是有效数字最少的，是3位有效数字，因此计算结果也相应取3位有效数字，为0.00325。

在运算中，各数值计算有效数字位数时，当第一位有效数字≥8时，有效数字位数可以多计1位。如8.34是3位有效数字，在运算中可以作4位有效数字看待。

有效数字的运算法，目前还没有统一的规定，可以先修约，然后运算，也可以直接用计算器计算，然后修约到应保留的位数，其计算结果可能稍有差别，不过也是最后可疑数字上稍有差别，影响不大。

3. 自然数

在分析化学运算中，有时会遇到一些倍数或分数的关系，如：

$$\frac{\text{H}_3\text{PO}_4\ 的分子量}{3}=\frac{98.00}{3}=32.67$$

$$水的分子量=2\times1.008+16.00=18.02$$

在这里分母"3"和"2×1.008"中的"2"，都不能看作是1位有效数字。因为它们是非测量所得到的数，是自然数，其有效数字位数，可视为无限的。

4. 分析结果报出的位数

在报出分析结果时，分析结果数据≥10%时，保留4位有效数字；数据1%～10%之间时，保留3位有效数字；数据≤1%时，保留2位有效数字。

二、基本统计量的计算

在化学分析中常用的基本统计量分为两类：一类表示数据的集中趋势，包括平均值和中位数；另一类表示数据的离散程度，包括偏差、算术平均偏差、标准偏差、极差和公差等。

(一) 平均值

1. 总体与样本

总体（或母体）是指随机变量 x_i 的全体。样本（或子样）是指从总体中随机抽出的一组数据。

2. 总体平均值与样本平均值

在日常分析工作中，总是对某试样平行测定数次，取其算术平均值作为分析结果，若以 x_1，x_2，…，x_n 代表各次的测定值，n 代表平行测定的次数，$\bar{x}$ 代表样本平均值，则

$$\bar{x}=\frac{x_1+x_2+\cdots+x_n}{n}=\frac{\sum\limits_{i=1}^{n}x_i}{n}$$

样本平均值不是真实值，只能说是真实值的最佳估计，只有在消除系统误差之后并且测定次数趋于无穷大时，所得总体平均值（μ）才能代表真实值。

$$\mu = \lim_{n \to \infty} \frac{\sum\limits_{i=1}^{n} x_i}{n}$$

在实际工作中，人们把"标准物质"作为参考标准，用来校准测量仪器、评价测量方法等，标准物质在市场上有售，它给出的标准值是最接近真实值的。

（二）中位数

一组测量数据按大小顺序排列，中间一个数据即为中位数 x_M。当测定次数为偶数时，中位数为中间相邻两个数据的平均值。它的优点是能简便地说明一组测量数据的结果，不受两端具有过大误差的数据的影响。缺点是不能充分利用数据。

（三）偏差

偏差有绝对偏差和相对偏差。

$$\text{绝对偏差}(d) = x - \bar{x}$$

绝对偏差是指单次测定值与平均值的偏差。

$$\text{相对偏差} = \frac{x - \bar{x}}{\bar{x}} \times 100\%$$

相对偏差是指绝对偏差在平均值中所占的百分率。

绝对偏差和相对偏差都有正、负之分，单次测定的偏差之和等于零。

对多次测定数据的精密度常用算术平均偏差（$\bar{d}$）表示。

（四）算术平均偏差

算术平均偏差是指单次测定值与平均值的偏差（取绝对值）之和，除以测定次数。即

$$\text{算术平均偏差}(\bar{d}) = \frac{\sum |x_i - \bar{x}|}{n} \qquad (i = 1, 2, \cdots, n)$$

$$\text{相对平均偏差} = \frac{\bar{d}}{\bar{x}} \times 100\%$$

算术平均偏差和相对平均偏差不计正负。

例 计算下面这一组测量值的平均值 $(\bar{x})$，算术平均偏差 $(\bar{d})$ 和相对平均偏差。

[解] 55.51，55.50，55.46，55.49，55.51

$$平均值 = \frac{\sum x_i}{n} = \frac{55.51 + 55.50 + 55.46 + 55.49 + 55.51}{5}$$

$$= 55.49$$

$$算术平均偏差 = \frac{\sum |x_i - \bar{x}|}{n}$$

$$= \frac{0.02 + 0.01 + 0.03 + 0.00 + 0.02}{5}$$

$$= 0.08/5 = 0.016$$

$$相对平均偏差 = \frac{\bar{d}}{\bar{x}} \times 100\% = \frac{0.016}{55.49} \times 100\% = 0.028\%$$

（五）标准偏差

在数理统计中常用标准偏差来衡量精密度。

1. 总体标准偏差

总体标准偏差是用来表达测定数据的分散程度，其数学表达式为：

$$总体标准偏差(\sigma) = \sqrt{\frac{\sum (x_i - \mu)^2}{n}}$$

2. 样本标准偏差

一般测定次数有限，μ 值不知道，只能用样本标准偏差来表示精密度，其数学表达式(贝塞尔公式)为：

$$样本标准偏差(S) = \sqrt{\frac{\sum (x_i - \bar{x})^2}{n-1}}$$

上式中 $(n-1)$ 在统计学中称为自由度，意思是在 n 次测定中，只有 $(n-1)$ 个独立可变的偏差，因为 n 个绝对偏差之和等于零，所以，只要知道 $(n-1)$ 个绝对偏差，就可以确定第 n 个的偏差值。

3. 相对标准偏差

标准偏差在平均值中所占的百分率称作相对标准偏差，也称变异系数或变动系数 (cv)。其计算式为：

$$cv = \frac{S}{\bar{x}} \times 100\%$$

用标准偏差表示精密度比用算术平均偏差表示要好。因为单次测定值的偏差经平方以后，较大的偏差就能显著地反映出来。所以生产和科研的分析报告中常用 S 或 cv 表示精密度。

例如，现有两组测量结果，各次测量的偏差分别为：

第一组 $+0.3$，$+0.2$，$+0.4$，-0.2，-0.4，$+0.0$，$+0.1$，-0.3，$+0.2$，-0.3

第二组 0.0，$+0.1$，-0.7，$+0.2$，$+0.1$，-0.2，$+0.6$，$+0.1$，-0.3，$+0.1$

两组的算术平均偏差 $\bar{d}$ 分别为：

第一组 $$\bar{d}_1 = \frac{\sum |d_i|}{n} = 0.24$$

第二组 $$\bar{d}_2 = \frac{\sum |d_i|}{n} = 0.24$$

从两组的算术平均偏差（$\bar{d}$）的数据看，都等于 0.24，说明两组的算术平均偏差相同。但很明显的可以看出第二组的数据较分散，其中有 2 个数据即 -0.7 和 $+0.6$ 偏差较大。用算术平均偏差（$\bar{d}$）表示显示不出这个差异，但用标准偏差（S）表示时，就明显地显出第二组数据偏差较大。各次的标准偏差（S）分别为：

第一组 $$S_1 = \sqrt{\frac{\sum (x_i - \bar{x})^2}{n-1}} = 0.28$$

第二组 $$S_2 = \sqrt{\frac{\sum (x_i - \bar{x})^2}{n-1}} = 0.34$$

由此说明第一组的精密度较好。

4. 样本标准偏差的简化计算

按上述公式计算，得先求出平均值 $\bar{x}$，再求出（$x_i - \bar{x}$）及 $\sum (x_i - \bar{x})^2$，然后计算出 S 值，比较麻烦。可以通过数学推导，简化为下列等效公式计算：

$$S = \sqrt{\frac{\sum x_i^2 - (\sum x_i)^2 / n}{n-1}}$$

利用这个公式，可直接从测定值来计算 S 值，而且很多计算器上有 $\sum x$ 及 $\sum x^2$ 功能，有的计算器上还有 S 及 σ 功能，所以计算 S 值还是十分方便的。

(六) 平均值的标准偏差

前面介绍了用标准偏差（S）来衡量测量的精密度。但是标准偏差（S）只是表示一组测定数据的单次测定值（x）的精密度。如果我们对某些组的一系列试样进行重复测定，则每组的平均值 $\bar{x}$ 还是不相等的，它们之间也还有分散性。当然比单次测定的分散程度要小得多。为说明平均值之间的精密度，我们引用平均值的标准偏差（$S_{\bar{x}}$）表示。数理统计方法已证明标准偏差（S）与平均值的标准偏差（$S_{\bar{x}}$）之间存在如下关系：

$$S_{\bar{x}} = \frac{S}{\sqrt{n}}$$

上式说明平均值的标准偏差（$S_{\bar{x}}$）与测定次数 n 的平方根成反比。增加测定次数可以提高测量的精密度，使所得的平均值更接近真值（不存在系统误差时）。但测定次数太多亦无益，由图 6-3 可知，当测量次数超过 5 次后，$S_{\bar{x}}$ 的减小已变慢，故实际分析实验中重复测定次数一般不超过 5 次。

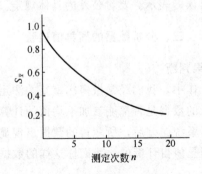

图 6-3　平均值的标准偏差与测定次数的关系

(七) 极差

一般分析中，平行测定次数不多，常采用极差（R）来说明偏差的范围，极差也称"全距"。

$$R = 测定最大值 - 测定最小值$$

$$相对极差 = \frac{R}{\bar{x}} \times 100\%$$

(八) 公差

公差也称允差，是指某分析方法所允许的平行测定间的极大值和极小值之差，公差的数值是将多次测得的分析数据经过数理统计方法处理而确定的，是生产实践中用以判断分析结果是否合格的依据。若2次平行测定的数值之差在规定允差绝对值的2倍以内，认为有效，如果测定结果超出允许的公差范围，称为"超差"，就应重做。

例如：重铬酸钾法测定铁矿中铁含量，2次平行测定结果为33.18%和32.78%，2次结果之差为：33.18% - 32.78% = 0.40%。

生产部门规定铁矿含铁量在30%～40%之间，允差为±0.30%。

因为0.40%小于允差±0.30%的绝对值的2倍（即0.60%），所以测定结果有效。可以用2次测定结果的平均值作为分析结果。即

$$w_{Fe} = \frac{33.18 + 32.78}{2}\% = 32.98\%$$

这里要指出的是，以上公差表示方法只是其中一种，在各种标准分析方法中公差的规定不尽相同，除上述表示方法外，还有用相对误差表示，或用绝对误差表示。要看公差的具体规定。

三、分析数据的离群值检验

(一) 分析结果判断

在定量分析工作中，我们经常做多次重复的测定，然后求出平均值。但是多次分析的数据是否都能参加平均值的计算，这是需要判断的。如果在消除了系统误差后，所测得的数据出现显著的特大值或特小值，这样的数据是值得怀疑的。我们称这样的数据为可疑值，对可疑值应做如下判断：

（1）在分析实验过程中，已然知道某测量值是操作中的过失所造成的，应立即将此数据弃去。

（2）如找不出可疑值出现的原因，不应随意弃去或保留，而应按照下面介绍的方法来取舍。

(二) 分析结果数据的取舍

1. $4\bar{d}$ 法

$4\bar{d}$ 法亦称"4 乘平均偏差法"。

例如我们测得一组的数据如下表所示：

测得值	30.18	30.56	30.23	30.35	30.32	$\bar{x}_{n-1}=30.27$
$\lvert d \rvert = \lvert x - \bar{x} \rvert$	0.09		0.04	0.08	0.05	$\bar{d}_{n-1}=0.065$

从上表可知 30.56 为可疑值。$4\bar{d}$ 法计算步骤如下：

① 求可疑值以外其余数据的平均值 $\bar{x}_{n-1}$

$$\bar{x}_{n-1} = \frac{30.18+30.23+30.35+30.32}{4} = 30.27$$

② 求可疑值以外其余数据的平均偏差 $\bar{d}_{n-1}$

$$\bar{d}_{n-1} = \frac{\lvert d_1 \rvert + \lvert d_2 \rvert + \lvert d_3 \rvert + \lvert d_4 \rvert}{n}$$

$$= \frac{0.09+0.04+0.08+0.05}{4}$$

$$= 0.065$$

③ 求可疑值和平均值之差的绝对值

$$30.56-30.27=0.29$$

④ 将此差值的绝对值与 $4\bar{d}_{n-1}$ 比较，若差值的绝对值 $\geqslant 4\bar{d}_{n-1}$ 则弃去，若小于 $4\bar{d}_{n-1}$ 则保留。

本例中：$4\bar{d}_{n-1} = 4 \times 0.065 = 0.26$

$$0.29 > 0.26$$

所以此值应弃去。

$4\bar{d}$ 法统计处理不够严格，但比较简单，不用查表，至今仍有人采用。

$4\bar{d}$ 法仅适用于测定 4 到 8 个数据的检验。

2. Q 检验法

(1) Q 检验法的步骤

① 将测定数据按大小顺序排列，即 x_1，x_2，…，x_n。

② 计算可疑值与最邻近数据之差，除以最大值与最小值之差，所得商称为 Q 值。由于测得值是按顺序排列，所以可疑值可能出现在首项或末项。

若可疑值出现在首项，则

$$Q_{计算} = \frac{x_2 - x_1}{x_n - x_1} \quad (检验 \ x_1)$$

若可疑值出现在末项，则

$$Q_{计算} = \frac{x_n - x_{n-1}}{x_n - x_1} \quad (检验 \ x_n)$$

③ 查表 6-1，若计算 n 次测量的 $Q_{计算}$ 值比表中查到的 Q 值大或相等则弃去，若小则保留。

$$Q_{计算} \geqslant Q \quad (弃去)$$

$$Q_{计算} < Q \quad (保留)$$

表 6-1　舍弃商 Q 值表（置信度 90%、96% 和 99%）

测定次数 n	3	4	5	6	7	8	9	10
$Q(90\%)$	0.94	0.76	0.64	0.56	0.51	0.47	0.44	0.41
$Q(96\%)$	0.98	0.85	0.73	0.64	0.59	0.54	0.51	0.48
$Q(99\%)$	0.99	0.93	0.82	0.74	0.68	0.63	0.60	0.57

④ Q 检验法适用于测定次数为 3~10 次的检验。

（2）举例说明

例　测定 NaOH 标准溶液时测得 4 个数据，0.1016、0.1019、0.1014、0.1012(mol/L)，试用 Q 检验法确定 0.1019 数据是否应舍去？（置信度 90%）

[解]　① 排列：0.1012，1014，0.1016，0.1019（mol/L）。

② 计算：$Q_{计算} = \dfrac{0.1019 - 0.1016}{0.1019 - 0.1012} = \dfrac{0.0003}{0.0007} = 0.43$

③ 查 Q 表，4 次测定的 Q 值 $= 0.76$

$$0.43 < 0.76$$

④ 故数据 0.1019 应保留。

3. 格鲁布斯（Grubbs）法

（1）格鲁布斯法的步骤

① 将测定数据按大小顺序排列，即 x_1，x_2，…，x_n。

② 计算该组数据的平均值（$\bar{x}$）（包括可疑值在内）及标准偏差（S）。

③ 若可疑值出现在首项，则 $T = \dfrac{\bar{x} - x_1}{S}$；若可疑值出现在末项，则 $T = \dfrac{x_n - \bar{x}}{S}$。计算出 T 值后，再根据其置信度查 $T_{p,n}$ 值表（表6-2），若 $T \geqslant T_{p,n}$，则应将可疑值弃去，否则应予保留。

表6-2　$T_{p,n}$ 值表

测定次数	置信度（p）		测定次数	置信度（p）	
（n）	95%	99%	（n）	95%	99%
3	1.15	1.15	12	2.29	2.55
4	1.46	1.49	13	2.33	2.61
5	1.67	1.75	14	2.37	2.66
6	1.82	1.94	15	2.41	2.71
7	1.94	2.10	16	2.44	2.75
8	2.03	2.22	17	2.47	2.79
9	2.11	2.32	18	2.50	2.82
10	2.18	2.41	19	2.53	2.85
11	2.23	2.48	20	2.56	2.88

④ 如果可疑值有2个以上，而且又均在平均值（$\bar{x}$）的同一侧，如 x_1、x_2 均属可疑值时，则应检验最内侧的一个数据，即先检验 x_2 是否应弃去，如果 x_2 属于舍弃的数据，则 x_1 自然也应该弃去。在检验 x_2 时，测定次数应按（$n-1$）次计算。如果可疑值有2个或2个以上，且又分布在平均值的两侧，如 x_1 和 x_n 均属可疑值，就应该分别先后检验 x_1 和 x_n 是否应该弃去，如果有一个数据决定弃去，再检验另一个数据时，测定次数应减少一次，同时应选择99%的置信度。

（2）举例说明　仍以上面 $4\bar{d}$ 法中的例子为例。

① 将测定数据从小到大排列，即：30.18，30.23，30.32，30.35，30.56。

② 计算 $\bar{x} = 30.33$；$S = 0.15$。

③ 可疑值出现在末端，30.56，$T = \dfrac{30.56 - 30.33}{0.15} = 1.53$。

④ 查 T 值表，$T_{0.95,5} = 1.67$。

⑤ $T < T_{0.95,5}$，所以 30.56 应保留。

由上面的判断结果可知，三种方法对同一组数据中的可疑值的取舍可能得出不同的结论。这是由于 $4\bar{d}$ 法在数理统计上是不够严格的，这种方法把可疑值首先排除在外，然后进行检验，容易把原来属于有效的数据也舍弃掉，所以此法有一定局限性。Q 检验法符合数理统计原理，但只适用于一组数据中有一个可疑值的判断，而 Grubbs 法将正态分布中两个重要参数 $\bar{x}$ 及 S 引进，方法准确度较好，因此，三种方法以 Grubbs 法最合理而普遍适用，虽然计算上稍麻烦些，但小型计算器上都有计算标准偏差的功能键，所以这种方法仍然是可行的。

四、检验分析数据准确度的方法

(一) 分析结果准确度的检验

常用的检验方法有三种。但这些方法只能指示误差的存在，而不能证明没有误差。

(1) 平行测定　两份结果若相差很大，差值超出了允许差范围，这就表明两个结果中至少有一个有误，应重新分析。两份结果若很接近，可取平均值，但不能说所得结果正确无误。

(2) 用标样对照　在一批分析中同时带一个标准样品，如操作无误而试样分析结果与标样的参考值一致，说明本批分析结果没有出现明显的误差。但分析试样的成分应与标样接近，否则不能说明问题。

(3) 用不同的分析方法对照　这是比较可靠的检验方法。如用丁二酮肟重量法测定钢样中镍的含量与络合滴定法测得的结果取得了一致，则一般证明此结果是可靠的。反之，说明两种方法中至少有一种方法的测定结果不准。

(二) 分析方法可靠性的检验

为了检验一个新的分析方法的可靠性，可用标样对照法或标准方法对照法。这两种方法都用 t 检验法，可检验测定值与保证值在一定置信度下是否存在显著性差异。

t 检验法的统计量为

$$t = \frac{\bar{x} - \mu}{s/\sqrt{n}}$$

式中，$\bar{x}$ 是被检验平均值，μ 是给定值或标准值，$s/\sqrt{n}$ 是平均值的标准偏差。

这个公式可以比较两组测定数据平均值的差异。将计算所得的 t 值与所确定置信度相对应的 t 值（表 6-3）进行比较，如果计算的 t 值大于表 6-3 中所列的 t 值，则应承认被检验的平均值有显著性差异，即被检验的方法有系统误差，反之，则不存在显著性差异，即方法可靠。

表 6-3 t 检验临界值表（双侧）

ν	$t_{0.10}$	$t_{0.05}$	$t_{0.01}$	ν	$t_{0.10}$	$t_{0.05}$	$t_{0.01}$
1	6.314	12.706	63.657	11	1.796	2.201	3.106
2	2.920	4.303	9.925	12	1.782	2.179	3.055
3	2.353	3.182	5.841	13	1.771	2.160	3.012
4	2.132	2.776	4.604	14	1.761	2.145	2.977
5	2.015	2.571	4.032	15	1.753	2.131	2.947
6	1.943	2.447	3.707	16	1.746	2.120	2.921
7	1.895	2.365	3.499	17	1.740	2.110	2.898
8	1.860	2.306	3.355	18	1.734	2.101	2.878
9	1.833	2.262	3.250	19	1.729	2.093	2.861
10	1.812	2.228	3.169	20	1.725	2.086	2.845

1. 标样对照法

此法是用需要检验的分析方法对标样做若干次重复测定，取其平均值，然后用 t 检验法比较此平均值和标样的定值，从而判断该分析方法是否有系统误差。

例 用某种新方法分析国家一级岩石标样中的铁，进行了 11 次测定，获得以下结果：$\bar{x} = 10.48\%$，$S = 0.11$，$n = 11$。标样中铁的定值为 10.60%，试问这两种结果是否有显著性差异（置信度 95%）？

解：

$$t = |\bar{x} - \mu| \times \frac{\sqrt{n}}{s} = \frac{|10.48 - 10.60|}{0.11} \times \sqrt{11} = 3.62$$

查 t 值表（见表 6-3），$t_{0.05,10} = 2.228$，$3.62 > 2.228$，说明所得

结果与标样结果有显著性差异，此新方法有系统误差。

2. 标准分析方法对照法

此法是用新方法与标准分析方法对同一试样各作若干次重复测定，将得到的两组数据进行比较。设两组测定数据的平均值、标准偏差和测定次数分别为 $\bar{x}_1$、s_1、n_1 和 $\bar{x}_2$、s_2、n_2。计算两个平均值之差的 t 值公式为

$$t = \frac{\bar{x}_1 - \bar{x}_2}{s} \times \sqrt{\frac{n_1 n_2}{n_1 + n_2}}$$

上式中 s 为合并标准偏差，其值如下：

$$s = \sqrt{\frac{(n_1 - 1)s_1^2 + (n_2 - 1)s_2^2}{n_1 + n_2 - 2}}$$

因总数据来自两组数据，所以计算合并标准偏差时，自由度 $f = n_1 + n_2 - 2$。

为了简化起见，有时不计算合并标准偏差。若 $s_1 = s_2$，则 $s = s_1 = s_2$；若 $s_1 \neq s_2$，则式中常采用较小的一个值。将计算所得的 t 值与表 6-3 中的 t 值（$f = n_1 + n_2 - 2$）比较后进行判断。

例 用新方法与锌精矿化学分析方法国家标准测定同一锌精矿样品中锌的含量，其报告如下：新方法 $\bar{x}_1 = 48.38\%$，$s_1 = 0.12\%$，$n_1 = 6$；标准方法 $\bar{x}_2 = 48.50\%$，$s_2 = 0.11\%$，$n_2 = 5$。问新方法与标准方法是否有显著性差异（置信度 95%）？

解：

$$t = \frac{|48.38 - 48.50|}{0.11} \times \sqrt{\frac{6 \times 5}{6 + 5}} = 1.80$$

当自由度 $f = n_1 + n_2 - 2 = 11 - 2 = 9$ 时，置信度 95%，查表 6-3 得 $t_{0.05,9} = 2.262$，$1.80 < 2.262$，说明新方法与标准方法之间没有显著性差异，该方法是可靠的。

五、回归分析法的应用

标准曲线法是最常用的定量方法，该法先配制一系列浓度（自变量，以 x 表示）不同的标准溶液，在与试样相同的测量条件下，分别测量其相应的物理量如吸光度值（以 y 表示）。以吸光度值为纵坐

标，标准溶液对应的浓度值为横坐标、绘制标准曲线。然后测定样品的吸光度，从标准曲线上查出试样溶液的浓度。

标准曲线通常绘制在坐标纸上，绘制时要注意两个问题：①纵坐标和横坐标的取值要准确反映所测吸光度值和标准溶液浓度的有效数字；②由于测定误差，测出的值不可能是绝对地分布在过原点的直线上。因此所画直线要使测定的值尽可能均匀地分布在直线的两侧。目前为避免在绘制标准曲线时的人为因素，通常采用最小二乘法拟合出反映吸光度与浓度关系的一元线性回归方程，在数学称为回归分析法，其回归方程为：

$$y = a + bx$$

其中截距 a，斜率 b 分别由以下公式计算：

$$a = \frac{\sum y_i}{n} - \frac{b \sum x_i}{n} = \bar{y} - b\bar{x}$$

$$b = \frac{\sum x_i y_i - \frac{1}{n}\left(\sum x_i\right)\left(\sum y_i\right)}{\sum x_i^2 - \frac{1}{n}\left(\sum x_i\right)^2}$$

现以硅钼蓝分光光度法测定某试液中硅的质量为例说明回归方程式的应用，数据如下：

$x/\mu g$	$y(A)$	x^2	xy
0	0.032	0	0
20	0.135	400	2.70
40	0.187	1600	7.48
60	0.268	3600	16.1
80	0.359	6400	28.7
100	0.435	10000	43.5
120	0.511	14400	61.3

计算标准曲线的斜率（回归系数）b：

$\bar{x} = 420/7 = 60$；$\bar{y} = 1.927/7 = 0.275$；$\sum x^2 = 36400$；$\sum xy = 159.78$

$$b = \frac{\sum x_i y_i - \frac{1}{n}\left(\sum x_i\right)\left(\sum y_i\right)}{\sum x_i^2 - \frac{1}{n}\left(\sum x_i\right)^2} = \frac{159.78 - \frac{1}{7} \times 420 \times 1.927}{36400 - \frac{1}{7} \times 420^2} = 0.00394$$

$$a = \bar{y} - b\bar{x} = 0.275 - 0.00394 \times 60 = 0.0386$$

标准曲线的回归方程为：

$$y = 0.0386 + 0.00394x$$

未知液的 y 值为 0.242，则 Si 的质量为：

$$x = (0.242 - 0.0386)/0.00394 = 51.6 \mu g$$

回归分析的方法总可以配出一条直线，但只有当自变量（x）与因变量（y）之间确有线性相关关系时回归方程才有实际意义。因此，得到的回归方程必须进行相关性检验。在分析测试中，一元回归分析习惯采用相关系数（r）来检验。相关系数检验的统计量为

$$r = \frac{\sum(x_i - \bar{x})(y_i - \bar{y})}{\sqrt{\sum(x_i - \bar{x})^2 \cdot \sum(y_i - \bar{y})^2}}$$

可以证明：上式中分子的绝对值永远不会大于分母的值，因此相关系数的取值为

$$0 \leqslant |r| \leqslant 1$$

相关系数的物理意义为以下几点：

① 当 $r = \pm 1$ 时，所有的实验点都落在回归线上，表示 y 与 x 之间存在着线性函数关系，实验误差等于零。r 为正值表示 x 与 y 之间为正相关，即斜率为正值。r 为负值时，表示 x 与 y 之间为负相关，即斜率为负值。

② 当 $r = 0 \sim 1$ 时，表示 x 与 y 之间有不同程度的相关，r 值愈接近 1，x 与 y 之间线性关系愈好。

③ 当 $r = 0$ 时，表示 x 与 y 之间完全不存在直线关系。

但是判断 x 与 y 之间存在线性关系也是相对的，$|r|$ 究竟接近于 1 到何种程度，才能认为 x 与 y 显著相关呢？

由不同数目实验点制作的校正曲线，对相关系数的要求是不同的，两个实验点制作的校正曲线，肯定是一条直线，实验点数目增多，要求所有实验点都落在校正曲线上就难以做到。因此，对相关系数 r 在不同的显著性水平 α 和自由度 f 下有不同的要求。凡相关系数大于表 6-4 中的数值，即可判断线性关系是有意义的。不同置信度下的相关系数见表 6-4。

表 6-4　不同置信度下的相关系数

自由度 $f = n - 2$	显著性水平 α		
	0.05	0.10	0.01
1	0.997	0.9998	0.999999
2	0.950	0.990	0.999
3	0.878	0.959	0.991
4	0.811	0.917	0.974
5	0.755	0.875	0.951
6	0.707	0.834	0.925
7	0.666	0.798	0.898
8	0.632	0.765	0.872

第三节　不确定度评定

从计量学的观点来看，一切测量结果必须附有测量不确定度，才算是完整的测量报告。没有不确定度的测量结果不能判定测量技术的水平和测量结果的质量，也失去或减弱了测量结果的可比性。由于化学测量的特殊性和复杂性，不确定度的评定具有一定困难。本节介绍不确定度评定的基础知识和不确定度评定的一般步骤。

我国发布了 JJF 1001—2011《通用计量术语及定义》和 JJF 1059.1—2012《测量不确定度评定与表示》，这两个文件是我国进行测量不确定度评定的基础。2002 年 7 月出版了由中国实验室国家认可委员会主编的《分析化学中不确定度的评估指南》，2007 年出版了由中国合格评定国家认可中心（CNAS）技术委员会测量不确定度专业委员会组织编写的《材料理化检验测量不确定度评估指南及实例（CNAS-GL10：2006）》，这两份文件已成为材料检测实验室进行测量不确定度评估的指导性文件。

一、不确定度的基本术语及定义

（一）测量不确定度（uncertainty of measurement）

"不确定度"一词是意指"可疑"，意味着对测量结果正确性或准确度的可疑程度。不确定度定义如下："用以表征合理地赋予被测量值的分散性，它是与测量结果相关联的一个参数"。不确定度是表达分散性的一个量，这种分散性是给定条件下（重复性条件或/和某种给定的复现条件）所得到的重复观测结果的分散性。该参数可以是标准偏差也可以是可信区间。该可信区间表示真值以指定概率落在该区间，且在该区间内结果是准确、精密的。

不确定度和误差两者既相关但又有差别，测量误差与测量不确定度的主要区别见表 6-5。

表 6-5 测量误差与测量不确定度的主要区别

序号	测量误差	测量不确定度
1	有正号或负号的量值，其值为测量结果减去被测量的真值	无符号的参数，用标准差或标准差的倍数或置信区间的半宽表示
2	表明测量结果偏离真值	表明被测量值的分散性
3	客观存在，不以人们的认识程度而改变	与人们对被测量、影响量及测量过程的认识有关
4	由于真值未知，往往不能准确得到，当用约定真值代替真值时，可以得到其估计值	可以由人们根据实验、资料、经验等信息进行评定，评定方法有 A，B 两类
5	按性质可分为随机误差和系统误差两类，按定义随机误差和系统误差都是无穷多次测量情况下的理想概念	不确定度分量评定时，一般不必区分其性质，若需要区分时应为："由随机效应引入的不确定度分量"和"由系统效应引入的不确定度分量"
6	已知系统误差的估计值时，可以对测量结果进行修正，得到已修正的结果	不能用不确定度对测量结果进行修正，在已修正测量结果的不确定度中应考虑修正不完善而引入的不确定度

不确定度可作如下的分类：

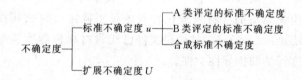

（二）标准不确定度（standard uncertainty）

以标准偏差表示的测量不确定度，标准不确定度符号恒为小写字母 u。包含了 A 类评定和 B 类评定的标准不确定度。

A 类不确定度评定：用对测量列进行统计分析的方法，来求标准不确定度。

B 类不确定度评定：用不同于对测量列进行统计分析的方法，来求标准不确定度。

1. A 类评定

标准不确定度的 A 类评定是指按直接测定数据用统计方法计算的标准不确定度。通过重复测量试验以测量列的标准偏差 s 表示其标准不确定度。一般情况下其标准偏差 s 按贝塞尔公式计算。

对于单次测定的标准不确定度就是所得到的标准偏差 $u(x_i)$。

$$u(x_i) = s = \sqrt{\frac{\sum_{i=1}^{n}(x_i - \bar{x})^2}{n-1}} \qquad (6-1)$$

对于经过平均的结果，平均值的标准不确定度采用平均值的标准差：

$$u(\bar{x}) = \frac{s(x_i)}{\sqrt{n}} \qquad (6-2)$$

2. B 类评定

标准不确定度的 B 类评定是指用不同于 A 类评定的其他方法计算的标准不确定度。

B 类评定的标准不确定度一般不需要在统计控制状态下或重复性再现性条件下，对被测的量进行重复观测，而是按照现有信息加以评定。

B 类不确定度评定的通用计算公式如下：

$$u_B(x_i) = a/k \qquad (6-3)$$

式中，a 为被测量可能值的区间半宽度（x_i 变化半范围）；k 为包含因子。

当输入量的最佳值 x_i 的标准不确定度分量在正态分布时，

$$u_B(x_i) = a/k_p \qquad (6-4)$$

B 类不确定度评定的通用计算公式中的 a 可利用以前的测定数据和经验；说明书中的技术指标；仪器设备的校准证书、检定证书、准确度等级、极限误差；测试报告及其他材料提供的数据；手册中的参考数据及根据经验和一般知识来确定。

包含因子 k 根据输入量在区间 $[-a, a]$ 内的概率分布来确定。若概率分布为正态分布，其置信度 p 与包含因子 k_p 间的关系见表 6-6。

表 6-6　正态分布其置信度 p 与包含因子 k_p 间的关系

$p/\%$	50	68.27	90	95	95.45	99	99.73
k_p	0.67	1	1.645	1.96	2	2.576	3

其它分布时，置信度为 100% 时的 k 值见表 6-7。

表 6-7　常用分布置信度为 100% 时的 k 值

分布类型	$p/\%$	k	$u(x_i)$
正态	99.73	3	$a/3$
均匀(矩形)	100	$\sqrt{3}$	$a/\sqrt{3}$
三角	100	$\sqrt{6}$	$a/\sqrt{6}$
梯形 $\beta=0.71$	100	2	$a/2$
反正弦	100	$\sqrt{2}$	$a/\sqrt{2}$

下面具体来说明如何根据某一不确定分量的输入量 x_i 的信息来获得式中的 α 和 $k(k_p)$，如：

① 已知某一量值源于以前的结果和数据，已经用标准偏差表示，带有扩展不确定度 U 和包含因子 k，则其标准不确定度按 $u_B(x_i)=U/k$ 来评定。

例　河流沉积物标准物质 As 的标准值是 $56\pm10(\mu g/g)$，置信度 95%，$n=148$，即包含因子 $k_p=2$，则其标准不确定度为 $u_B(x_{As})=5(\mu g/g)$。

② 如果不确定度估计值是在给出已知某一量值的扩展不确定度 U_p、置信度 p 和有效自由度 ν_{eff}，一般按正态分布处理，则其标准不确定度为 $u_B(x_i)=U_p/k_p$。

③ 按在分析测量中最通用的分布函数的标准不确定度估计值计算，可查看分布函数与标准不确定度计算表（表 6-7）。常见的类型有下列情况：

a. 如果只给出 $\pm\alpha$ 上下项而没有置信水平，并且假定每个量值都可以相同的可能性落在上下项之间的任何地方，即呈矩形分布或均匀分布，则其标准差为 $u_B(x_i)=\alpha/\sqrt{3}$；

b. 如果只给出 $\pm\alpha$ 上下项而没有置信水平，但如果已知测量的可能性出现在 $-\alpha$ 至 $+\alpha$ 中心附近的可能性大于接近区间边界时，一般可按其为三角分布，则其标准差为 $u_B(x_i)=\alpha/\sqrt{6}$；

c. 在一些方法文件中，按规定的测量条件，当明确指出同一实验室两次测量结果之差的重复性限 r 和两个实验室测量结果平均值之差的重复性限 R 时，则测量结果的标准不确定度为 $u_B(x_i) = r/2.83$ 或 $u_B(x_i) = R/2.83$；

d. 在容量器具检定时，一般都给出该量具的最大允许误差，即允许误差限（从含义上讲与示值的可能误差相同）。按照 JJG 2053—2006《质量计量器具》，所给出的置信度为 99.73%，取 $k_p = 3$ 得到其标准不确定度是：$u_B(x_i) = \Delta/k_p = \Delta/3$。

④ 已知仪器示值的最大允许误差为 α，若不知道具体分布时一般按均匀分布处理，则示值允许差引起的标准不确定度为 $u_B(x_i) = \alpha/\sqrt{3}$。知道实际分布，按实际分布计算。

例 使用 100mL B 级容量瓶稀释分析试液，证书给出 B 级容量瓶容量允差为 ± 0.2mL，则由此引起的标准不确定度分量为 $u_B(x_i) = 0.2/\sqrt{3} = 0.12$mL。

不确定度 B 类评定中涉及概率分布，在实际工作中，经常碰到的一个问题是如何确定其概率分布？可根据以下几点进行确定：

① 根据"中心极限定理"，尽管被测量的值 x_i 的概率分布是任意的，但只要测量次数足够多，其算术平均值的概率分布为近似正态分布；

② 如果被测量受多个相互独立的随机影响量的影响，这些影响量变化的概率分布各不相同，但每个变量影响均很小时，被测量的随机变化将服从正态分布；

③ 如果被测量既受随机影响，又受系统影响，对影响量又缺乏任何其它信息的情况下，一般将假设视为均匀分布（矩形分布）；

④ 如果已知被测量的可能值出现在 $-\alpha$ 至 $+\alpha$ 中心附近的概率，大于接近区间的边界时，则最好按三角分布计算。三角分布是均匀分布与正态分布之间的一种折中。

B 类不确定度评定的可靠性取决于可利用信息的质量，在可能的情况下，应尽量利用长期实际观察的值来估计其概率分布。

（三）合成标准不确定度（combined standard uncertainty）

合成标准不确定度是当测量结果由若干个其它量的值求得时，按其它各量的方差或（和）协方差算得的标准不确定度。其符号为 $u_c(x)$，用小写字母 c 作为下标，c 为 combined 之首字母，表示合成之意。由上述定义可知，如各量彼此独立，则协方差为零；在相关情况下，协方差不为零，必须加进去。当某个量的不确定度只以一个分量为主，其它分量可以忽略不计时，就不存在合成标准不确定度了。

当各输入量 x_i 彼此无关时合成标准不确定度计算公式如下：

$$u_c^2(x) = \sum_{i=1}^{m} \left(\frac{\partial f}{\partial x_i}\right)^2 u^2(x_i) = \sum_{i=1}^{m} \left[c_i u(x_i)\right]^2 \tag{6-5}$$

上式称无关时不确定度传播定律。公式右侧的 $u(x_i)$ 可由 A 类评定得到，也可由 B 类评定得到。偏导数 $c_i = \left(\dfrac{\partial f}{\partial x_i}\right)$ 是 x_i 变化单位量时引起 y 的变化值，称为灵敏度系数或不确定度传递系数。

计算合成标准不确定度时，若各输入量 x_i 无关，此时 $u_c(x)$ 与输入量的分组无关。即 $u_c(x)$ 与不确定度来源取 x_1，x_2，x_3 或（x_1，x_2），x_3 无关。不确定度能直接从影响它的分量导出，并与这些分量如何分组无关，也与这些分量如何进一步分解为下一步分量无关。

（四）扩展不确定度（expanded uncertainty）

扩展不确定度也称展伸不确定度或范围不确定度，其定义为：确定测量结果区间的量，合理赋予被测量之值分布的大部分可望含于此区间。根据所乘的包含因子 k 的不同，分成 U 或 U_p 两种，当包含因子 k 值取 2 或 3 时，扩展不确定度用符号 U 表示，此时 U 只是合成标准不确定度 u_c 的 k 倍，其包含的信息并未因乘以 k 后有所增多；若包含因子为 k_p，扩展不确定度用符号 U_p 表示，符号中的 p 为置信度，一般取 $p=95\%$、99% 或其他值。扩展不确定度由合成不确定度 u_c 乘以包含因子 k 或 k_p，即：

$$U = k u_c \quad \text{或} \quad U_p = k_p u_c \tag{6-6}$$

当对分布有足够了解，是接近正态分布时，$k_p = t_p(\nu_{eff})$。ν_{eff} 是有效自由度，当 ν_{eff} 足够大，可近似地取 $U_{95} = 2u_c$ 或 $U_{99} = 3u_c$。如果是均匀分布，概率 p 为 57.4%、95%、99% 和 100% 的 k_p 分别是 1.0、1.65、1.71。

二、测量不确定度的评定步骤

评定不确定度的基本程序可用下述框图（图 6-4）表示。

对某一测量结果进行不确定度评定时，其基本步骤如下。

1. 建模

建模就是建立测量结果的模型，即被测量 y 与各输入量 x_i 之间的函数关系：

$$y = f(x_i) \qquad i = 1, 2, 3, \cdots, N$$

式中，y 为被测量，即输出量；x_i 为第 i 个输入量，$i = 1$, 2, 3, $\cdots$, N。

测量结果 y 的不确定度来源为 x_1, x_2, $\cdots$, x_N, 即 y 的标准不确定度 $u(y)$ 决定于 x_i 的标准不确定度。

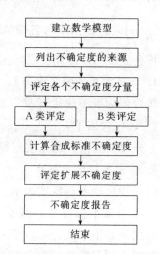

图 6-4 测量不确定度评定的基本程序

数学模型不能简单地认为就是测量结果的计算公式。数学模型中还应包括那些在计算公式中不出现，但对测量不确定度有影响的输入量。对于最简单的直接测量。若各种影响不确定度的因素均可忽略不计，则数学模型可以简单到例如：

$$y = x$$

根据数学模型列出各不确定度分量的来源（即输入量 x_i），尽可能做到不遗漏不重复，如测量结果是修正后的结果，应考虑由修正值所引入的不确定度分量。

2. 评定各输入量的标准不确定度 $u(x_i)$

根据输入量的性质确定其属 A 类评定或属 B 类评定。属 A 类评定，按公式(6-1)计算其标准不确定度；如属 B 类评定，可利用以前的测定数据；说明书中的技术指标；校准证书、检定证书、测试报告及其它材料提供的数据；手册中的参考数据及根据经验和一般知识来确定 x_i 的变化半范围 a_i，包含因子 k_i 根据 x_i 属何种分布来确定，然后按公式计算其标准不确定度。

3. 计算合成标准不确定度

引入标准不确定度分量，并通过由数学模型得到的灵敏系数 c_i $\left(c_i = \dfrac{\partial y}{\partial x_i}\right)$，进而给出与各输入量对应的标准不确定度分量 $u_i(y)$。然后按公式(6-5)计算合成标准不确定度。

4. 计算扩展不确定度用 U

将合成标准不确定度乘以包含因子 k 可得扩展不确定度［公式(6-6)］，包含因子 $k_p = t_p(\nu_{\text{eff}})$，$t_p(\nu_{\text{eff}})$ 为置信概率 p、自由度 ν_{eff} 时的 t 分布临界值。当无法获得自由度 ν_{eff} 时，取 $2\sim3$。

5. 给出不确定度报告

（1）用标准不确定度表示　在报告中，当采用合成标准不确定度 u_c（即作为单个标准差）或合成相对标准不确定度 $u_{c,\text{rel}}$ 表示结果时，可以用如下形式：

结果表示只需要分别给出测定结果 y 的值（单位）和合成标准不确定度 $u_c(y)$ 的值（单位）。例如：总氮量 3.52%（质量分数），标准不确定度 0.07%（质量分数）。

当只考虑 A 类不确定度时，还应给出参加统计的数据组数。

（2）用扩展不确定度表示　一般情况下，扩展不确定度 U 与测量结果连在一起表示其形式为：$y \pm U$（单位），还应同时给出 u_c、k、p 和 ν_{eff}。

参 考 文 献

[1] 臧慕文，柯瑞华．成分分析中的数理统计及不确定度评定概要．北京：中国质检出版社，2012.

[2] 邓勃．数理统计在分析测试中的应用．北京：化学工业出版社，1984.

[3] 臧慕文．分析测试不确定度的评定与表示．分析试验室，2005，24(11)：74.

[4] 中国实验室国家认可委员会．化学分析中不确定度的评估指南．北京：中国计量出版社，2002.

[5] 中国合格评定国家认可中心，宝山钢铁股份有限公司研究院．材料理化检验测量不确定度评估指南及实例．北京：中国计量出版社，2007.

学 习 要 求

一、掌握绝对误差、相对误差、平均偏差、相对平均偏差及标准偏差的概念和计算方法。

二、明确准确度、精密度的概念，及两者间的关系。

三、掌握提高分析结果准确度的方法。

四、掌握系统误差、偶然误差的概念，及减免方法。

五、掌握有效数字的概念及运算规则，并能在实践中灵活运用。

六、掌握 $4\bar{d}$ 法、Q 检验法及 Grubbs 法，并对此三种方法有一个评价。

七、掌握检验分析数据准确度的方法——t 检验法。

八、了解回归分析在标准曲线法上的应用。

九、了解相关关系和相关系数的含义。

十、了解不确定度评定的基本步骤。

复 习 题

1. 什么是系统误差？什么是偶然误差？它们是怎样产生的？如何避免？

2. 指出下列情况中哪些是系统误差？应如何避免？

(1) 砝码未校正；

(2) 蒸馏水中有微量杂质；

(3) 滴定时，不慎从锥形瓶中溅失少许试液；

(4) 样品称量时吸湿。

3. 测定某矿石中铁含量，分析结果为 0.3406，0.3408，0.3404，0.3402。计算分析结果的平均值、算术平均偏差、相对平均偏差和标准偏差。

4. 有一化学试剂送给甲、乙两处进行分析，分析方案相同，实验室条件相同。所得分析结果如下：

甲处　40.15%，40.14%，40.16%

乙处　40.02%，40.25%，40.18%

试分别计算两处分析结果的精密度。用标准偏差和相对标准偏差计算，问何处分析结果较好？说明原因。

5. 准确度和精密度有何不同？两者有何关系？在具体分析实验中如何应用？

6. 下列情况哪些是由系统误差引起，哪些是由偶然误差引起：

(1) 试剂中含有被测微量组分；

(2) 用部分已风化的 $H_2C_2O_4 \cdot 2H_2O$ 标定 $NaOH$ 溶液。

7. 用有效数字表示下列计算结果

(1) $231.89 + 4.4 + 0.8244$

(2) $\dfrac{31.0 \times 4.03 \times 10^{-4}}{2.512 \times 0.002034} + 5.8$

(3) $\dfrac{28.40 \times 0.0977 \times 36.46}{1000}$

答：237.1；8.3；0.1012

8. 用加热挥发法测定 $BaCl_2 \cdot 2H_2O$ 中结晶水的含量（%）时，称样 0.4202g，已知分析天平的称量误差为 $\pm 0.1mg$，问分析结果应以几位有效数字报出？

答：4 位

9. 今测一钢样含硫量，2 次平行结果为 0.056% 和 0.064%，生产部门规定硫的含量为 0.050%～0.100% 时公差为 $\pm 0.006\%$，问测定结果是否有效？

答：有效

10. 分析试样中钙含量，得到以下结果：20.48%，20.56%，20.53%，20.57%，20.70%。按 $4d$ 法、Q 检验法和 Grubbs 法检验 20.70 应否弃去？

11. 用邻菲罗啉分光光度法测定氯化铵肥料中铁的含量，配制一系列标准铁溶液，然后测定其吸光度，得下列数据。

x_i(Fe)/mg	0.00	0.02	0.04	0.06	0.08	0.10
y_i(吸光度,A)	0.00	0.156	0.312	0.435	0.602	0.788

(1) 试求该标准曲线的回归方程。并求出相关系数，检验此回归线线性是否良好（置信度 99.9%）。

(2) 若一含铁试样 1.026g，溶于水并定容为 250.0mL，吸取 2.00mL，按与标准曲线相同条件显色，测得吸光度为 0.350，求 Fe 含量（%）为多少？

答：(1) $Y = -0.0036 + 7.72x$，$r = 0.9985$；

(2) Fe 含量 $= 0.55\%$。

12. 某分析人员提出了测定氯的新方法，用此法分析某标准样品（标准值为 16.62%），四次测定的平均值为 16.72%，标准偏差为 0.08%。问此结果与标准值相比有无显著差异（置信度为 95%）。

13. 在不同温度下对某试样分析，所得结果（%）如下：

10℃：96.5，98.5，97.1，96.0

37℃：94.2，93.0，95.0，93.0，94.5

试比较两组结果是否有显著差异（置信度为 95%）。

14. 测量误差与测量不确定度存在哪些区别？

15. 简述不确定度评定的基本步骤。

第七章 化学分析法

第一节 化学分析法概述

分析化学是化学学科的一个重要分支，当今，分析化学被定义为：获得物质化学组成和结构信息的科学。分析化学学科的发展经历了三个阶段：在20世纪初，分析化学的基础理论溶液平衡理论的建立，使分析化学从一种技艺发展成为一门科学，建立了经典分析方法——化学分析法；20世纪40年代，物理学和电子学的发展促进了各种仪器分析方法的发展，建立了仪器分析法；从20世纪80年代开始，生命科学、环境科学和新材料科学等发展的要求和生物学、信息科学及计算机技术的引入，建立了现代分析化学。

分析化学按其任务分为两部分：定性分析和定量分析。定性分析的任务是检测物质中原子、离子、原子团或分子等成分的种类；定量分析的任务是测定物质中化学成分的含量。

本章介绍的内容是定量化学分析法。

一、化学分析的作用和特点

（一）化学分析的作用

化学分析是对物质的化学组成进行以化学反应为基础的定性或定量的分析方法。其作用如下。

（1）化学分析有着悠久的历史，拉瓦西的燃烧实验证明空气中所失之重等于金属氧化物与该金属的质量之差，这就是原始的定量化学分析。在化学学科本身的发展上，化学分析曾经起过不可磨灭的作用，历史上的一些化学基本定律，如质量守恒定律、定比定律、倍比定律的发现，原子论和分子论的创立，原子量的测定以及周期律的建立等都与化学分析的贡献密不可分。

（2）化学分析的应用领域涉及矿物学、地质学、海洋学、生物学、医药学、农业科学、天文学、考古学等学科。广义地说，凡涉及化学现象的任何一种学科，化学分析是不可或缺的研究手段，对推进这些学科的发展起了一定作用。

（3）化学分析在国民经济建设中，其实用意义是十分显著的。在工业部门，原料、中间产品和出厂成品的质量检查、生产过程的控制和管理；在农业部门，土壤普查、化肥和农药的质量控制、农产品的质量检查；在环境部门，大气和水质监测、三废处理和综合利用、生态平衡研究等都离不开化学分析，人们将其比作生产建设中的"眼睛"。

（4）化学分析是分析化学的基础，一个分析工作者必须首先掌握化学分析的基本理论和方法及化学分析的基本操作和实验技术。不管你从事何种仪器分析，都离不开化学处理和化学分析的基本操作。

（二）化学分析的特点

（1）化学分析属常量分析，通常根据试样量大小及被测组分含量多少将分析方法划分为常量分析、半微量分析、微量分析和超微量分析，各类方法的样品用量见表 7-1。

表 7-1　各类方法的样品用量

方法	试样质量/mg	试样体积/mL	方法	试样质量/mg	试样体积/mL
常量分析	100～1000	10～100	微量分析	0.1～10	0.01～1
半微量分析	10～100	1～10	超微量分析	0.001～0.1	0.0001～0.01

化学分析法通常用于高含量或中含量组分的测定，即待测组分的含量在 1% 以上的样品可以考虑用化学分析法测定。

（2）化学分析测量准确度高，方法的准确度能满足常量组分测定的要求，测量结果的不确定度可达 0.1%～0.5%，至今还有一些测定方法是以化学分析法作为标准方法。在科学研究和某些精确分析工作中，常以称量分析结果作为标准，用来确定基准物质或标准试样的组成，校对其它分析结果的准确度。

（3）化学分析所用仪器设备简单，操作技术相对易于掌握。滴定分析用的主要仪器是所谓的"老三件"——滴定管、移液管和容量瓶；称量分析的主要仪器如天平和马弗炉等，都是实验室最常规的设备。

（4）化学分析法是以物质的化学反应为基础的分析方法，称量分析用分析天平直接称量反应产物的质量来确定试样中待测组分的质量；滴定分析根据所需滴定剂的体积和浓度，以确定试样中待测组分含量，因此，定量化学分析通常不需要基准物质或标准试样，避免了许多仪器分析法在定量时必需标准样品的限制，扩大了分析对象。

（5）化学分析法应用范围广，既能用于无机物的测定又能用于有机物的测定，不受样品形态的影响和限制。

二、化学分析方法分类及其进展

（一）化学分析方法分类

化学分析法以其操作形式的不同将其分类和命名为称量分析法和滴定分析法两类。

1. 称量分析法（gravimetric analysis）

称量分析法是通过称量操作，测定试样中待测组分的质量，以确定其含量的一种分析方法。其主要操作是称量，故命名为称量分析法，此术语也曾称为重量分析法或质量分析法。例如磷矿石总水分的测定，试样在110℃干燥2h，取出在空气中冷至室温称量直至恒重，根据样品质量减少值计算其总水分质量。又如海盐中 SO_4^{2-} 量的测定，称取一定量试样溶于水中，加入 HCl 至甲基红刚变红色，加热近沸，搅拌下加入过量 $BaCl_2$ 溶液使之生成 $BaSO_4$ 沉淀，沉淀经陈化、过滤、洗涤、灼烧后称重，以测定试样中 SO_4^{2-} 量。称量分析法适用于含量在1％以上常量组分的测定，测定结果的不确定度可达0.1％～0.2％，准确度高，但操作烦琐、耗时长。

2. 滴定分析法（titrimetric analysis）

滴定分析法是通过滴定操作，根据所需滴定剂的体积和浓度，以确定试样中待测组分含量的一种分析方法，滴定分析法过去被称为容量分析法。用"滴定分析"代替"容量分析"是适宜的，因为容量分析一词没有反映出这种方法的实质与技术，现在滴定分析一词已被国家标准 GB/T 14666—2003 确定为分析化学术语。

从滴定分析的定义，标准溶液的计量可采用"容量"和"重量"两种方法，因此有人建议滴定分析法可分为"容量滴定分析法"和

"重量滴定分析法"，通常讲的滴定分析法就是指"容量滴定分析法"。例如铁矿石中铁的测定，试样用 HCl 溶解后，还原 Fe^{3+} 为 Fe^{2+}，除去过量还原剂，在酸性试液中以二苯胺磺酸钠为指示剂，用已知浓度的 $K_2Cr_2O_7$ 标准溶液滴定至由浅绿变为紫红色即为终点，根据所需 $K_2Cr_2O_7$ 的体积和浓度计算试样中铁的含量。滴定分析法适用于常量组分的测定，和称量分析法相比，方法快速、简便，故应用更为广泛。滴定分析法是本章的主要内容，将作详细介绍。

（二）化学分析进展

化学分析是一种古老的传统分析方法，其根据的化学反应大都已基本定型，主要方法和技术已趋成熟。但作为一种经典方法，化学分析法在近几十年仍取得了不少进展，主要有：

（1）20 世纪 70 年代一门新兴的化学学科分支——化学计量学的建立，对化学的其它分支学科产生了很大影响，化学分析也不例外，从 20 世纪 80 年代开始推动了计算滴定分析法的快速发展。计算滴定扩大了化学分析的范围，提高了分析效率，能充分提取滴定过程中的信息，为完成复杂多组分混合物分析提供了更有效的手段。

（2）化学分析方法在不断完善和更新，提出了许多新方法和新技术。根据滴定剂或待测组分各种物理性质如光学性质、电学性质的突变（甚至只是渐变、微变），用各种仪器包括分光光度计、荧光计、化学发光仪、磷光仪、电导仪、电位计、库仑仪、示波器、量热仪等，经作图或直接目视检测，由此建立了一系列滴定分析方法，包括：光学滴定、电位滴定、电流滴定（安培滴定、极谱滴定）、库仑滴定、示波滴定等。

（3）在滴定分析的理论研究上，由于计算机的广泛应用取得了很大进展，特别是水溶液中平衡体系的各组分浓度的计算、终点误差统一公式的研究、各种滴定方法的通用滴定曲线方程的建立、各种实验现象理论上的探讨等，例如建立了"酸碱平衡智能信息处理系统"及其它处理滴定分析的专家系统。

（4）新的指示剂、滴定剂、掩蔽剂和有机沉淀剂的研究仍方兴未艾，提出了许多新的酸碱指示剂，研究了它们的合成和应用；从不断出现的有机显色剂中筛选出了许多性能优良的金属指示剂；研究性能有别于 EDTA 的氨羧络合剂和其他络合剂仍在不断进行；寻找新的掩蔽剂，特别是选择性掩蔽剂和进一步挖掘现有掩蔽剂的潜力；在沉淀掩蔽中，提出应用有机溶剂和表面活性剂覆盖沉淀，避免分离操作和消除沉淀对指示剂变色的影响。

近几十年我国化学分析的进展可参阅相关的专题评述。化学分析法在我国仍然是最重要的例行测试手段之一，展望未来，它在分析化学领域还将占有一席之地，并遵循其自身规律不断发展。

第二节　滴定分析法概述

一、滴定分析过程和相关术语

（一）滴定分析过程

滴定分析过程可表述如下：将一定体积的被测样品置于锥形瓶中，然后将已知准确浓度的试剂溶液（即滴定剂）通过滴定管滴加到锥形瓶中与被测物质反应，直到滴定剂与被测物质按化学计量关系定量反应完全为止，由于反应往往没有易为人察觉的外部特征，通常加入指示剂，通过指示剂颜色突变来指示化学计量点的到达，从而停止滴定，然后根据滴定剂浓度和滴定操作所耗用的体积计算被测物质的含量。

从上述滴定分析过程可以看出，进行滴定分析，必须具备以下 3 个条件：

① 要有准确称量物质质量的分析天平和准确测量流出的滴定剂体积的量器滴定管；

② 要有能进行滴定的滴定剂；

③ 要有准确确定化学计量点的指示剂。

因而影响滴定分析测量准确度的主要来源也是 3 个：

① 滴定剂浓度的不确定度；

② 滴定剂和样品溶液体积测量的不确定度或样品的称量不确定度；

③ 由于指示剂引起的终点误差，滴定必须在化学计量点处停止，但滴定终止点和化学计量点两者不可能完全一致。这是影响滴定分析

测量准确度的最主要原因，因此，指示剂的选择始终是滴定分析的关键问题之一。

（二）滴定分析相关术语

根据国家标准 GB/T 14666—2003 分析化学术语对滴定分析相关术语定义如下。

（1）滴定剂（titrant） 用于滴定而配制的具有一定浓度的溶液，亦称为标准溶液。

（2）滴定（titration） 将滴定剂通过滴定管滴加到试样溶液中，与待测组分进行化学反应，达到化学计量点时，根据所需滴定剂的体积和浓度计算待测组分的含量的操作。

（3）指示剂（indicator） 在滴定分析中，为判断试样的化学反应程度时本身能改变颜色或其它性质的试剂。

（4）滴定终点（end point） 用指示剂或终点指示器判断滴定过程中化学反应终了时的点。

（5）化学计量点（stoichiometric point） 滴定过程中，当加入的滴定剂的量与被测物的量之间，正好符合化学反应式所表示的化学计量关系时的点。

（6）终点误差（titrimetric error） 滴定终点与化学计量点不完全吻合而引起的误差。终点误差也称滴定误差。

二、滴定分析法分类

按照所利用的化学反应不同，滴定分析法分为以下四类。

1. 酸碱滴定法（acid-base titration）

利用酸、碱之间质子传递反应的滴定称为酸碱滴定法，过去称为中和法。该方法主要用于酸、碱的测定，在一些特殊情况下也可用于一些非酸、碱的物质的测定。例如：强酸形成之锌盐在中性溶液中与硫化氢作用，生成硫化锌沉淀，释出的酸用碱滴定，可测定锌的含量；醇类化合物在吡啶溶液中与氯乙酰作用形成可滴定的酸，用于醇的测定等。

2. 络合滴定法（complexmetry）

利用络合物的形成及解离反应进行的滴定称为络合滴定法，因络合物改称为配合物，故又被称为配合滴定法，现国家标准仍称为络合滴定法。元素周期表中的绝大部分金属元素都可用络合滴定法测定，一价金属钠、锂和银的直接滴定已有报道，但一价金属的络合滴定法大多数仍是间接的。络合滴定法在无机物分析中得到广泛应用。

3. 氧化还原滴定法（redox titration）

利用氧化还原反应进行的滴定称为氧化还原滴定法。根据所用的标准滴定溶液又可分为：高锰酸钾滴定法、重铬酸钾滴定法、溴量法、碘量法等。氧化还原滴定法是四种滴定法中应用最广的一种，在有机物测定中的应用与其它滴定法相比其作用更为突出。但氧化还原反应机理复杂，特别是有机物的氧化还原反应副反应多，使反应物之间没有确定的化学计量关系，因此，滴定条件的控制尤为重要。

4. 沉淀滴定法（precipitation titration）

利用沉淀的产生或消失进行的滴定称为沉淀滴定法。因很多沉淀组成不恒定、溶解度大、达到平衡速度慢、共沉淀严重、无合适的指示剂等原因，能用于滴定的反应并不多，常用的滴定剂是 $AgNO_3$，所以，沉淀滴定法常被称为银量法。

三、滴定分析对化学反应的要求和滴定方式

(一) 滴定分析对化学反应的要求

适用于滴定分析的化学反应称为滴定反应，它必须具备以下四个条件：

(1) 反应必须定量完成；

(2) 反应能够迅速完成；

(3) 有合适的确定终点的方法；

(4) 主反应不受共存物质干扰，或可消除。

第一个条件是充要条件，是以热力学原理为基础的滴定分析对化应反应的第一要求，是定量分析的基础。它包含了两层含意：①反应有确定的化学计量关系；②反应有足够大的自由焓变化或反应平衡常数。

（二）滴定方式

1. 直接滴定法

用标准溶液直接滴定被测物质的方法称为直接滴定法，这是滴定分析中最常用也是最基本的滴定方式。只有完全满足滴定分析对化学反应要求的滴定反应才能用此滴定方式。

2. 返滴定法

在试样溶液中加过量的标准溶液与组分反应，再用另一种标准溶液滴定过量部分，从而求出组分含量的滴定称为返滴定法。

返滴定法主要用于下列情况：

（1）采用直接滴定法时，缺乏符合要求的指示剂，或者被测离子对指示剂有封闭作用；

（2）被测物质与滴定剂反应速率太慢；

（3）被测物质发生水解等效应。

例如 Al^{3+} 的络合滴定，因下列问题：Al^{3+} 对二甲酚橙（XO）等指示剂有封闭作用；Al^{3+} 与 EDTA 反应速率太慢；在酸度较低时，Al^{3+} 水解形成多核羟基络合物，故测定 Al^{3+} 只能采用返滴定法。可加入一定过量的 EDTA 标准溶液，并加热促使反应完全，冷却后，用 Zn^{2+} 标准溶液滴定过量的 EDTA。

3. 置换滴定法

选用一种试剂与被测物反应，使其被定量地置换成另一种物质，用标准溶液滴定被置换出的另一种物质，从而求出组分含量的滴定称为置换滴定法。例如 Ag^+ 与 EDTA 的络合物不稳定，不能直接滴定，此时在 Ag^+ 试液中加入过量 $Ni(CN)_4^{2-}$，反应定量地置换出 Ni^{2+}，用 EDTA 标准溶液滴定置换出的 Ni^{2+}，即可求得 Ag^+ 的含量。当反应进行不完全或反应不按一定的反应式进行时，常采用置换滴定法。

4. 间接滴定法

不能直接与滴定剂反应的被测组分，可以通过另一种化学反应，以间接的方式测定被测组分的方法称间接滴定法。例如 PO_4^{3-} 不和 EDTA 反应，可加入一定过量的 $Bi(NO_3)_3$ 使之生成 $BiPO_4$ 沉淀，再用 EDTA 滴定剩余的 Bi^{3+}，由此间接测定 PO_4^{3-}。

四、滴定曲线方程和滴定曲线

(一) 滴定曲线方程

从溶液平衡原理推导出的滴定曲线方程是滴定分析法理论研究的出发点，通过滴定曲线方程可以绘制出理论滴定曲线，由此可直观地了解滴定过程中溶液性质随滴定剂加入量的变化，确定化学计量点的位置和滴定突跃，为指示剂选择和终点误差计算提供依据。滴定曲线方程还可以解决滴定分析中出现的其他一些重要问题，起到统一概念、高屋建瓴的作用。

滴定曲线方程是滴定过程中溶液性质和滴定剂加入量之间函数关系的表达式。现以强碱 NaOH 滴定强酸 HCl 为例推导其滴定曲线方程。

滴定反应为：$OH^- + H^+ \longrightarrow H_2O$

浓度为 c_0、体积为 V_0 的 HCl 溶液，以浓度为 c 的 NaOH 标准溶液滴定，当加入的 NaOH 的体积为 V 时，其电荷平衡式(CBE) 为：

$$[H^+] + [Na^+] = [OH^-] + [Cl^-]$$

而　$[Cl^-] = c_0 V_0 / (V + V_0)$

$[Na^+] = cV / (V + V_0)$

代入上式：$(cV - c_0 V_0)/(V + V_0) = [OH^-] - [H^+]$

$cV / c_0 V_0$ 为滴定分数以 ϕ 表示，故

$$\phi - 1 = (V + V_0)([OH^-] - [H^+])/c_0 V_0 \tag{7-1}$$

因　　　　　　　$c_0 V_0 / (V + V_0) = c_{HCl}$

故　　　　$\phi - 1 = ([OH^-] - [H^+])/c_{HCl} \tag{7-2}$

因　　　　　　　$[OH^-] = K_w / [H^+]$

故　$\phi - 1 = (V + V_0)[(K_w / [H^+]) - [H^+]]/c_0 V_0 \tag{7-3}$

式(7-1)、式(7-2)、式(7-3) 都是强碱 NaOH 滴定强酸 HCl 的滴定曲线方程。

若略去水的质子自递的影响，在化学计量点前 ($\phi < 1$) 可略去 $[OH^-]$，式(7-1) 可简化为：

$$1 - \phi = (V + V_0)[H^+]/c_0 V_0 \tag{7-4}$$

在化学计量点后（$\phi > 1$）可略去 $[H^+]$，式(7-1) 可简化为：

$$\phi - 1 = [(V + V_0)/c_0 V_0] \times K_w / [H^+] \qquad (7-5)$$

从滴定曲线方程可以看出，当指定 ϕ 值后就可以计算出对应的 pH 值，将计算所得的 pH 值对 ϕ 作图，即可绘制出 S 形酸碱滴定曲线。

滴定曲线方程是反映滴定过程中溶液平衡关系的精确表达式，因此它可以作为研究滴定分析的基础方程。大多数的滴定曲线方程展开后是一个高次方程，过去求解比较困难，阻碍了其应用。计算机的普及解决了高次方程的求解问题，自 20 世纪 80 年代至今对滴定曲线方程的研究做了很多工作，在以后的各节中将按滴定方法类型分别讨论。

（二）滴定曲线

滴定曲线是滴定过程中溶液性质和滴定剂加入量之间的函数关系曲线，能直观地反映随滴定进行溶液性质从量变到质变的变化规律。滴定曲线可以通过实验测定，也可以通过溶液平衡理论由滴定曲线方程求得，后者为理论滴定曲线，这是讨论的重点。滴定曲线按滴定反应的类型可分为酸碱滴定曲线、络合滴定曲线、氧化还原滴定曲线和沉淀滴定曲线；也可按检测方法分类，如电位滴定曲线、光度滴定曲线、库仑滴定曲线等；还可以按滴定曲线形状分为 S 形滴定曲线和线性滴定曲线等。图 7-1 给出了强碱 NaOH 滴定强酸 HCl 的滴定曲线。

图 7-1 表明，在化学计量点前，随滴定进行，曲线平缓向下倾斜；在化学计量点附近，曲线陡峭，发生突跃；化学计量点后，曲线又趋平缓。形成了 S 形滴定曲线。化学分析中讨论的酸碱滴定曲线、络合滴定曲线、氧化还原滴定曲线和沉淀滴定曲线

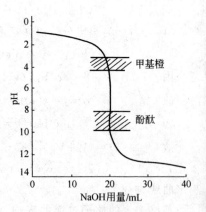

图 7-1　0.1000mol/L NaOH
滴定 20.00mL 0.1000mol/L
HCl 的滴定曲线

都是 S 形滴定曲线。在化学计量点附近，pH 值的突然改变称为滴定突跃，突跃所在的 pH 值范围称为滴定突跃范围。突跃范围有重要的实际意义，它是选择指示剂的依据，图示指示剂甲基橙和酚酞的变色范围在滴定突跃范围内，故可选其为指示剂。

五、标准滴定溶液的制备和计算

已知准确浓度的溶液称为标准溶液，标准溶液浓度的准确度直接影响分析结果的准确度。因此，配制标准溶液的方法，使用的仪器、量具和试剂等方面都有严格要求。我国制订了标准号为 GB/T 601—2002 的《化学试剂 标准滴定溶液的制备》的标准，该标准规定了化学试剂标准滴定溶液的配制和标定方法。适用于制备准确浓度的标准滴定溶液，以供滴定法测定化学试剂的纯度及杂质含量，也可供其它行业使用。

(一) 一般规定

(1) 所用试剂的纯度应在分析纯以上，实验用水应符合 GB/T 6682—2008 中三级水的规格。

(2) 制备的标准滴定溶液浓度，除高氯酸外，均指 20℃时的浓度。在标准滴定溶液标定、直接制备和使用时若温度有差异，应按附录表十三修正。标准滴定溶液标定、直接制备和使用时所用分析天平、砝码、滴定管、容量瓶、移液管均须定期校正。

(3) 在标定和使用标准滴定溶液时，滴定速度一般应保持在 6～8mL/min。

(4) 称量工作基准试剂质量的数值小于等于 0.5g 时，按精确至 0.01mg 称量；数值大于等于 0.5g 时，按精确至 0.1mg 称量。

(5) 制备标准滴定溶液的浓度值应在规定浓度值的±5% 以内。

(6) 标定标准滴定溶液的浓度时，须两人进行实验，分别各做四平行，每人四平行测定结果极差的相对值（极差的相对值是指测定结果的极差值与平均值比值，以"%"表示）不得大于重复性临界极差 $[C_rR_{95}(4)]$ 的相对值 0.15%（重复性临界极差 $[C_rR_{95}(4)]$ 的相对值的定义见 GB/T 11792—1989。重复性临界极差的相对值是指重复性临界极差与浓度平均值的比值，以"%"表示），两人共八平行测定结果极差的相对值不得大于重复性临界极差［$C_rR_{95}(8)$］的相对值0.18%。取两人八平行测定结果的平均值为测定结果。在运算过程中保留五位有效数字，浓度值报出结果取四位有效数字。

（7）标准滴定溶液的浓度平均值的扩展不确定度一般不应大于0.2%。

（8）当使用工作基准试剂标定标准滴定溶液的浓度。当对标准滴定溶液浓度值的准确度有更高要求时，可使用二级纯度标准物质或定值标准物质代替工作基准试剂进行标定或直接制备，并在计算标准滴定溶液浓度值时，将其质量分数代入计算式中。

（9）标准滴定溶液的浓度小于等于0.02mol/L时，应于临用前将浓度高的标准滴定溶液用煮沸并冷却的水稀释，必要时重新标定。

（10）标准滴定溶液在常温（15～25℃）下保存时间一般不超过两个月。当溶液出现浑浊、沉淀、颜色变化等现象时，应重新制备。

（11）贮存标准滴定溶液的容器，其材料不应与溶液起理化作用，壁厚最薄处不小于0.5mm。

（12）标准中所用溶液以（%）表示的均为质量分数，只有乙醇（95%）中的（%）为体积分数。

（二）标准滴定溶液的制备

配制标准溶液有两种方法：直接法和间接法。若有符合配制标准溶液要求条件的物质，可采用直接法配制，否则，就采用间接法。例如基准试剂重铬酸钾符合配制标准溶液要求的条件，重铬酸钾标准滴定溶液可采用直接法配制。而氢氧化钠标准滴定溶液必须用间接法配制，因试剂氢氧化钠不符合配制标准溶液要求的条件。

1. 直接法

在分析天平上准确称取一定量已干燥的"基准物"溶于水后，转入已校正的容量瓶中用水稀释至刻度，摇匀，即可算出其准确浓度。

基准物应具备下列条件：纯度高，含量在99.9%以上，杂质总含量小于0.1%；组成与化学式相符，包括结晶水；性质稳定，不吸水，不分解，不与氧、二氧化碳等作用；使用时易溶解；摩尔质量大，可减少称量误差。

国家标准GB/T 601—2002《化学试剂标准滴定溶液的配制》中

仅推荐了重铬酸钾标准滴定溶液、碘酸钾标准滴定溶液和氯化钠标准滴定溶液采用直接法。当采用直接法配制时，所用试剂必须是基准试剂级别。

例 重铬酸钾标准滴定溶液的直接配制方法。

称取 $4.90g \pm 0.02g$ 已在 $120\,^\circ\!C \pm 2\,^\circ\!C$ 的电烘箱中干燥至恒重的工作基准试剂重铬酸钾，溶于水，移入 1000mL 容量瓶中，稀释至刻度。

重铬酸钾标准滴定溶液的浓度 $c_{(1/6\ K_2Cr_2O_7)}$，单位为摩尔每升（mol/L），按式(7-6) 计算：

$$c_{(1/6\ K_2Cr_2O_7)} = m \times 1000/(VM) \tag{7-6}$$

式中　m——重铬酸钾的质量，g；

V——重铬酸钾溶液的体积，mL；

M——重铬酸钾的摩尔质量，g/mol，$M_{(1/6\ K_2Cr_2O_7)} = 294.18/6 = 49.031g/mol$。

利用式(7-6) 也可以计算出配制一定体积和一定浓度的标准滴定溶液时所需称取基准试剂的质量。

标准滴定溶液的浓度通常以物质的量浓度表示，在工业生产中为了计算上的方便，引入了另一种浓度的表示方法，称为滴定度。其定义为：每毫升标准溶液相当的待测组分的质量，单位为克每毫升（g/mL），用 $T_{待测物/滴定剂}$ 表示。例 $T_{Fe/KMnO_4} = 0.005613g/mL$ 表示 1mL $KMnO_4$ 溶液相当于 0.005613g 铁。

滴定度和物质的量浓度之间的换算关系为：

$$T_{待测物/滴定剂} = c_{滴定剂} M_{待测物} \times 10^{-3} \tag{7-7}$$

式中　$c_{滴定剂}$——以最小反应单元为基本单元的滴定剂的物质的量浓度，mol/L；

$M_{待测物}$——以最小反应单元为基本单元的待测物的摩尔质量，g/mol。

例 $KMnO_4$ 标准滴定溶液的浓度 $c_{(1/5\ KMnO_4)} = 0.1005mol/L$，求 $T_{Fe/KMnO_4}$。

$$5Fe^{2+} + MnO_4^- + 8H^+ \xrightarrow{\quad\quad} 5Fe^{3+} + Mn^{2+} + H_2O$$

从以上的反应得出：$5Fe^{2+} \approx KMnO_4$，故 Fe 的最小反应单元为

Fe＝55.85g/mol。

故 $T_{\text{Fe/KMnO}_4}=0.1005\times55.85\times10^{-3}=0.005613\text{g/mL}$。

2. 间接配制法

大多数配制标准滴定溶液的物质如盐酸、氢氧化钠和高锰酸钾等都不符合基准物条件，通常是先将这些物质配成近似所需浓度溶液，再用基准物测定其准确浓度，这一操作叫作"标定"，间接配制法通常称为标定法。标定法又可分为以下两种：直接标定和间接标定。

（1）直接标定　这是用基准物标定标准滴定溶液浓度的方法，现以高锰酸钾标准滴定溶液的配制和标定为例进行说明：

① 配制　称取 3.3g 高锰酸钾，溶于 1050mL 水中，缓缓煮沸15min，冷却，于暗处放置两周，用已处理过的 4 号玻璃滤埚过滤。贮存于棕色瓶中。

玻璃滤埚的处理是指玻璃滤埚在同样浓度的高锰酸钾溶液中缓缓煮沸 5min。

② 标定　称取 0.25g 于 105～110℃ 电烘箱中干燥至恒重的工作基准试剂草酸钠，溶于 100mL 硫酸溶液（8＋92）中，用配制好的高锰酸钾溶液滴定，近终点时加热至约 65℃，继续滴定至溶液呈粉红色，并保持 30s，同时做空白试验。

高锰酸钾标准滴定溶液的浓度 $[c_{(1/5\text{KMnO}_4)}]$，数值以摩尔每升（mol/L）表示，按式（7-8）计算：

$$c_{(1/5\text{KMnO}_4)}=m\times1000/[(V_1-V_2)M] \tag{7-8}$$

式中　m——草酸钠的质量，g；

　　　　V_1——高锰酸钾溶液的体积，mL；

　　　　V_2——空白试验高锰酸钾溶液的体积，mL；

　　　　M——草酸钠的摩尔质量，g/mol，$M_{(1/2\text{Na}_2\text{C}_2\text{O}_4)}=66.999\text{g/mol}$。

（2）间接标定　有一部分标准溶液，没有合适的用以标定的基准试剂，只能用另一已知浓度的标准溶液来标定。如乙酸溶液用NaOH标准溶液来标定，草酸溶液用 $KMnO_4$ 标准溶液来标定等，当然，间接标定的系统误差比直接标定要大些。

在实际生产中，除了上述两种标定方法之外，还有用"标准物质"来标定标准溶液的。这样做的目的，使标定与测定的条件基本相同，可以消除共存元素的影响，更符合实际情况。目前我国已有上千种标准物质出售。

（3）比较　用基准物直接标定标准溶液的浓度后，为了更准确地保证其浓度，采用比较法进行验证。例如，HCl 标准溶液用 Na_2CO_3 基准物标定后，再用 NaOH 标准溶液进行标定。国标规定两种标定结果之差不得大于 0.2%，"比较"既可检验 HCl 标准溶液的浓度是否准确，也可考查 NaOH 标准溶液的浓度是否可靠，最后以直接标定结果为准。

另外，在有条件的工厂，标准溶液由中心试验室或标准溶液室由专人负责配制、标定，然后分发各车间使用，更能确保标准溶液浓度的准确性。

根据国家标准 GB/T 601—2002《化学试剂 标准滴定溶液的制备》规定：标准滴定溶液在常温（15～25℃）下保存时间一般不超过两个月，当溶液出现浑浊、沉淀、颜色变化等现象时，应重新制备。标准滴定溶液的有效期取决于溶液性质、存放条件和使用情况，如各种酸标准滴定溶液、重铬酸钾溶液等有效期可长一些，而硫酸亚铁溶液必须在用前标定。表 7-2 所列有效期仅供参考，一定要根据实际情定期标定。

表 7-2　标准溶液的有效日期

溶液名称	浓度 c_B/(mol/L)	有效期/月	溶液名称	浓度 c_B/(mol/L)	有效期/月
各种酸溶液	各种浓度	3	硫酸亚铁溶液	1;0.64	20 天
氢氧化钠溶液	各种浓度	2	硫酸亚铁溶液	0.1	用前标定
氢氧化钾-乙醇溶液	0.1;0.5	1	亚硝酸钠溶液	0.1;0.25	2
硫代硫酸钠溶液	0.05;0.1	2	硝酸银溶液	0.1	3
高锰酸钾溶液	0.05;0.1	3	硫氰酸钾溶液	0.1	3
碘溶液	0.02;0.1	1	亚铁氰化钾溶液	各种浓度	1
重铬酸钾溶液	0.1	3	EDTA 溶液	各种浓度	3
溴酸钾-溴化钾溶液	0.1	3	锌盐溶液	0.025	3
氢氧化钡溶液	0.05	1	硝酸铅溶液	0.025	2

3. 标准溶液浓度的调整

化验工作中为了计算方便，常需使用某一指定浓度的标准溶液，

如 $c_{(HCl)}$ ＝0.1000mol/L HCl 溶液，配制时浓度可能略高或略低于此浓度，待标定结束后，可加水或加较浓 HCl 溶液进行调整。

（1）标定后浓度较指定浓度略高　此时可按下式加水稀释，并重新标定。

$$c_1V_1 = c_2(V_1 + V_{H_2O})$$

$$V_{H_2O} = \frac{V_1(c_1 - c_2)}{c_2}$$

式中　c_1——标定后的浓度，mol/L；

c_2——指定的浓度，mol/L；

V_1——标定后的体积，mL；

V_{H_2O}——稀释至指定浓度需加水的体积，mL。

（2）标定后浓度较指定浓度略低　此时可按下式补加较浓溶液进行调整，并重新标定。

$$c_1V_1 + c_浓V_浓 = c_2(V_1 + V_浓)$$

$$V_浓 = \frac{V_1(c_2 - c_1)}{c_浓 - c_2}$$

式中　c_1——标定后的浓度，mol/L；

c_2——指定的浓度，mol/L；

$c_浓$——需加浓溶液的浓度，mol/L；

V_1——标定后的体积，mL；

$V_浓$——需加浓溶液的体积，mL。

六、滴定分析中的有关计算

（一）分析结果表示方法

根据不同的要求，分析结果的表示方法也不同。

1. 按实际存在形式表示

分析结果通常以被测组分实际存在形式的含量表示，例如，电解食盐水中 NaCl 含量，常以 NaCl 的质量浓度 $\rho_{(NaCl)}$（g/L）表示，化工产品中的主体含量在标准中也多以其实际存在形式表示。

2. 按氧化物形式表示

如果被测组分的实际存在形式不是很清楚，有的比较复杂，则分析结果常用氧化物的形式计算，例如，矿石、土壤中各元素的含量，常用氧化物形式表示，铁矿中铁常用 Fe_2O_3，磷矿中磷常用 P_2O_5，土壤中钾常用 K_2O 表示等。在多数情况下，这种表示形式符合实际情况，因为很多矿石就是由这些碱性氧化物和酸性氧化物结合而成。

3. 按元素形式表示

在金属材料和有机元素分析中，分析结果常用元素形式表示，例如，合金钢中常用 Cr、Mn、Mo、W 等元素表示。有机元素分析中常用 C、H、O、N、S、P 等元素表示。

4. 按所存在的离子形式表示

在某些分析，例如水质分析中，常用实际存在的离子形式表示。例如测定水中钙、镁、氯、硫含量时常用 Ca^{2+}、Mg^{2+}、Cl^-、S^{2-} 的形式表示。

（二）滴定分析计算依据——等物质的量规则

自 1984 年我国法定计量单位颁布以后，沿用一百多年的当量和当量浓度被废止，传统的以当量定律为基础的滴定分析计算已不符合法定计量单位的要求，而代之以等物质的量规则作为滴定分析计算的基础。等物质的量规则可以表述为：在化学反应中，在反应的任何瞬间，反应的或生成的各基本单元的物质的量相等。

如在 $aA+bB \stackrel{}{=\!=\!=} cC+dD$ 的反应中，等物质的量规则的数学表达式为：

$$n(aA)=n(bB)=n(cC)=n(dD)$$

式中，a、b、c、d 为化学计量数；A、B、C、D 为物质、反应物和生成物对应的基本单元分别为 aA、bB、cC、dD。

在等物质的量规则的框架下，由于选用不同的基本单元，目前出现了多种不同形式的计算方法。常用的有：以最小反应单元为基本单元的计算法；以化学式为基本单元的计算法；以化学式及其化学计量数为基本单元的计算法等。本书介绍以最小反应单元为基本单元的计算法，其原因是这种计算方式的优点保留了传统的计算习惯，只需将原来的当量浓度改写为以最小反应单元为基本单元的物质的量浓度，克当量值改为最小反应单元的摩尔质量，其他参数均无变化。目前这种方法仍是滴定分析计算的主流方法，各种标准、工业生产分析规程、教科书等都广泛地采用了这种方法。如何来确定最小反应单元是这个方法的关键，滴定剂的基本单元可根据其在反应中的质子转移数、电子得失数或反应的计量关系来确定，如酸碱滴定中常以 NaOH、HCl、1/2 H_2SO_4 为基本单元；氧化还原滴定中，高锰酸钾法以 1/5 $KMnO_4$ 为基本单元，重铬酸钾法以 1/6 K_2CrO_7 为基本单元，碘量法以 $Na_2S_2O_3$ 为基本单元；络合滴定中以 EDTA 为基本单元；容量沉淀法中以 $AgNO_3$ 为基本单元，等等。这和 GB/T 601—2002 化学试剂标准滴定溶液的制备中滴定剂基本单元的选取是一致的。被测物质的最小反应单元要根据测定所涉及的反应以及滴定剂的最小反应单元来确定，现以下面的例子说明。

例1 酸碱滴定法测定磷灰石中的 P_2O_5 的质量分数，将 P_2O_5 转化为 H_3PO_4，并被沉淀为磷钼酸铵，将沉淀溶于过量的 NaOH 标准溶液中，剩余的 NaOH 用硝酸标准溶液滴定。确定 P_2O_5 的最小反应单元。

[解] 反应步骤为

$$P_2O_5 + 3H_2O == 2H_3PO_4$$

$$H_3PO_4 + 2NH_4^+ + 12MoO_4^{2-} + 22H^+ ==$$
$$(NH_4)_2HPO_4 \cdot 12MoO_3 \cdot H_2O + 11H_2O$$

$$(NH_4)_2HPO_4 \cdot 12MoO_3 \cdot H_2O + 24OH^- ==$$
$$HPO_4^{2-} + 12MoO_4^{2-} + 2NH_4^+ + 13H_2O$$

$$HNO_3 + NaOH == NaNO_3 + H_2O$$

从以上的反应得出：

$$P_2O_5 \approx 2H_3PO_4 \approx 2[(NH_4)_2HPO_4 \cdot 12MoO_3 \cdot H_2O]$$
$$\approx 48NaOH \approx 48HNO_3$$

因 NaOH 的基本单元为 NaOH，故 P_2O_5 的基本单元为 1/48 P_2O_5。

例2 用氧化还原滴定法测定涂料中红丹（Pb_3O_4）的质量分数，试样溶于盐酸，加入 K_2CrO_4 使 Pb^{2+} 沉淀为 $PbCrO_4$，将沉淀过滤、洗涤，然后将其溶于酸，加入过量 KI，析出 I_2，以淀粉为指示剂，用 $Na_2S_2O_3$ 标准溶液滴定，确定 Pb_3O_4 的最小反应单元。

[解] 反应步骤为

$$Pb^{2+} + CrO_4^{2-} == PbCrO_4 \downarrow$$

$$2PbCrO_4 + 2H^+ == 2Pb^{2+} + Cr_2O_7^{2-} + H_2O$$

$$Cr_2O_7^{2-}+6I^-+14H^+ = 2Cr^{3+}+3I_2+7H_2O$$
$$I_2+2S_2O_3^{2-} = 2I^-+S_4O_6^{2-}$$

从以上的反应得出：

$$Pb_3O_4 \approx 3PbCrO_4 \approx 3/2Cr_2O_7^{2-} \approx 9/2I_2 \approx 9S_2O_3^{2-}$$

因 $Na_2S_2O_3$ 的基本单元为 $Na_2S_2O_3$，故 Pb_3O_4 的基本单元为 $1/9Pb_3O_4$。

从上面两个例子可以看到，对于一些较为复杂的滴定方式如返滴定、间接滴定及有机物滴定，确定被测物的最小反应单元有一定难度，但是对于一些简单的滴定反应或常用的分析方法，确定最小反应单元并不会造成滴定分析计算上的障碍。

（三）滴定分析计算公式

一般在滴定分析中有下述几种量的计算关系：

（1）溶液与溶液之间的计算关系

$$c_{标}V_{标}=c_{测}V_{测}$$

（2）溶液与物质质量之间的计算关系

$$c_{标}V_{标}=\frac{m_{测}}{M_{测}}\times 1000$$

（3）物质含量的计算

$$m_x=c_{标}V_{标}\times \frac{M_x}{1000}$$

$$x=\frac{m_x}{G}\times 100\% = \frac{c_{标}V_{标}\times M_x/1000}{G}\times 100\%$$

式中　x——待测物质的含量，%；

G——称取试样的质量，g；

m_x——待测物质的质量，g；

$V_{标}$——标准溶液的体积，mL；

$c_{标}$——标准溶液的浓度，mol/L；

M_x——待测物质的摩尔质量，g/mol。

由于滴定分析时操作方法不同，物质含量计算公式亦不同，现介绍如下。

以下给出的滴定分析计算公式和传统的滴定分析计算公式在形式

上是保持一致的，式中的 c 是最小反应单元为基本单元的物质的量浓度，M 是最小反应单元的摩尔质量。

1. 直接滴定法计算公式

计算依据：待测物质的物质的量与标准溶液的物质的量相等。

$$n_测 = n_标$$

由于

$$n_测 = c_测 V_测 = \frac{m_测}{M_测} \times 1000$$

$$n_标 = c_标 V_标$$

所以

$$\frac{m_测}{M_测} \times 1000 = c_标 V_标$$

$$m_测 = c_标 V_标 \times \frac{M_测}{1000}$$

$$x = \frac{c_标 V_标 \times \dfrac{M_测}{1000}}{G} \times 100\% \tag{7-9}$$

上式即为直接滴定法计算公式。

例 称取铁矿试样 $0.3143g$，溶于酸并将 Fe^{3+} 还原为 Fe^{2+}。用 $0.1200mol/L\ K_2Cr_2O_7$（$1/6\ K_2Cr_2O_7$）溶液滴定，消耗了 $K_2Cr_2O_7$ 溶液 $21.30mL$，计算试样中 Fe_2O_3 的质量分数。

[**解**] 此滴定反应为：

$$6Fe^{2+} + Cr_2O_7^{2-} + 14H^+ \Longrightarrow 6Fe^{3+} + 2Cr^{3+} + 7H_2O$$

从以上的反应得出：

$$Fe_2O_3 \approx 2Fe^{2+} \approx 1/3Cr_2O_7^{2-}$$

∵ $K_2Cr_2O_7$ 的最小反应单元为 $1/6\ K_2Cr_2O_7$。

∴ Fe_2O_3 的最小反应单元为 $1/2\ Fe_2O_3$，$M_{(1/2Fe_2O_3)} = 159.7/2 = 79.85g/mol$。

代入公式(7-9) 得 Fe_2O_3 的含量 $= [(0.1200 \times 21.30 \times 79.85/1000)/0.3143] \times 100\% = 64.94\%$。

2. 间接滴定法计算公式

计算依据：待测物的物质的量等于中间产物的物质的量等于标准溶液的物质的量。

$$n_测 = n_{中间} = n_标$$

$$n_{测} = n_{标}$$

则
$$m_{测} = c_{标} V_{标} \times \frac{M_{测}}{1000}$$

$$x = \frac{m_{测}}{G} \times 100\% = \frac{c_{标} V_{标} \times \dfrac{M_{测}}{1000}}{G} \times 100\% \qquad (7\text{-}10)$$

例 硅酸盐中 SiO_2 含量的测定，称取硅酸盐试样 0.2242g，用 KOH 熔融后，转化为可溶性硅酸钾，而后在强酸介质中加入过量 KCl 和 KF，生成难溶的 K_2SiF_6 沉淀。将沉淀过滤，并用 KCl-乙醇溶液洗涤后加入沸水，使 K_2SiF_6 水解，释放出 HF，用 0.5000mol/L NaOH 标准溶液滴定 HF，消耗 16.08mL，求 SiO_2 含量。

[**解**] 此滴定反应为：
$$SiO_2 + 2KOH \Longrightarrow K_2SiO_3 + H_2O$$
$$K_2SiO_3 + 6HF \Longrightarrow K_2SiF_6 \downarrow + 3H_2O$$
$$K_2SiF_6 + 3H_2O \Longrightarrow 2KF + H_2SiO_3 + 4HF$$
$$NaOH + HF \Longrightarrow NaF + H_2O$$

从以上的反应得出：
$$SiO_2 \approx K_2SiO_3 \approx K_2SiF_6 \approx 4HF \approx 4NaOH$$

所以 SiO_2 的最小反应单元为 1/4 SiO_2，$M_{(1/4SiO_2)} = 15.02$g/mol。

$$SiO_2 \text{ 含量} = \frac{m_{(SiO_2)}}{G} \times 100\%$$

$$= \frac{0.5000 \times 16.08 \times \dfrac{15.02}{1000}}{0.2242} \times 100\%$$

$$= 53.86\%$$

3. 返滴定法计算公式

计算依据：待测物的物质的量等于准确的过量的标准溶液的物质的量减返滴定时所用另一种标准溶液的物质的量。

$$n_{测} = n_{过} - n_{标}$$

$$n_{测} = \frac{m_{测}}{\dfrac{M_{测}}{1000}}; \quad n_{过} = c_{过} V_{过}; \quad n_{标} = c_{标} V_{标}$$

则 $$m_{测} = (c_{过}V_{过} - c_{标}V_{标}) \times \frac{M_{测}}{1000}$$

$$x = \frac{m_{测}}{G} \times 100\%$$

$$= \frac{(c_{过}V_{过} - c_{标}V_{标}) \times \dfrac{M_{测}}{1000}}{G} \times 100\% \qquad (7\text{-}11)$$

例 测定铝盐中铝含量，称取样品 0.2500g，溶解后加入一定量并过量的 EDTA 标准溶液，$c_{(EDTA)} = 0.05000\text{mol/L}$，$V_{(EDTA)} = 25.00\text{mL}$。选择适当条件，用 $c_{(Zn^{2+})} = 0.02000\text{mol/L}$ 的锌标准溶液返滴定，用去 $V_{(Zn^{2+})} = 21.50\text{mL}$。求铝的含量。

[**解**] EDTA(H_2Y^{2-}) 与 Al^{3+} 和 Zn^{2+} 的反应

$$Al^{3+} + H_2Y^{2-} =\!=\!= AlY^- + 2H^+$$

$$Zn^{2+} + H_2Y^{2-} =\!=\!= ZnY^{2-} + 2H^+$$

从反应得知 $Al^{3+} \approx H_2Y^{2-} \approx Zn^{2+}$

所以 Al 的最小反应单元为 Al，$M_{(Al)} = 26.98\text{g/mol}$。

$$Al\ 含量 = \frac{m_{Al}}{G} \times 100\%$$

$$= \frac{[c_{(EDTA)} \cdot V_{(EDTA)} - c_{(Zn^{2+})} \cdot V_{(Zn^{2+})}] \times \dfrac{M_{(Al)}}{1000}}{G} \times 100\%$$

$$= \frac{[(0.05000 \times 25.00) - (0.02000 \times 21.50)] \times 26.98 \times \dfrac{1}{1000}}{0.2500} \times 100\%$$

$$= 8.85\%$$

七、滴定分析测定结果的不确定度评定

在第六章中已介绍了测量不确定度的评定步骤，与滴定分析相关的测量不确定度的评定包括：玻璃量器容量测量不确定度评定、标准滴定溶液浓度平均值不确定度评定和滴定分析测定结果的不确定度评定。本节仅以重铬酸钾滴定法测定铁矿石中全铁的不确定度评定过程

为例作简要的介绍。

（一）方法和测量参数简述

三氯化钛-重铬酸钾容量法测定全铁量，称取 0.2000g 试料置于烧杯中，加盐酸低温加热溶解，过滤、处理残渣，将残渣熔融回收后的溶液合并。加热控制体积，以二氯化锡、三氯化钛还原三价铁，以二苯胺磺酸钠为指示剂，用重铬酸钾标准溶液滴定至终点。按标准方法对一个铁矿石试样进行了 10 次平行测定，结果见表 7-3。

表 7-3　铁矿石试样 10 次重复性测量结果/%

测量次数	测量结果	测量次数	测量结果
1	64.30	6	64.30
2	64.23	7	64.30
3	64.09	8	64.23
4	64.37	9	64.23
5	64.16	10	64.16
平均值$\overline{x_i}$=64.24		标准偏差=0.0839	

使用 TG328A 分析天平，量程 0～200g，最小分度值 0.0001g。

重铬酸钾标准溶液是用预先在 150℃烘干 1h 的基准试剂配制的。重铬酸钾标准溶液浓度 0.008333mol/L（基本单元 $K_2Cr_2O_7$）：称取 2.4515g 预先在 150℃烘干 1h 的重铬酸钾（基准试剂）溶于水，移入 1000mL 容量瓶中，用水稀释至刻度、混匀，纯度不少于 99.8%。

环境条件：10～35℃，相对湿度 20%～80%。

（二）被测量与输入量的函数关系

$$w(T_{Fe}) = \frac{(V-V_0) \times 0.0027925}{m} \times 100\% \times k$$

式中　　V——试样消耗重铬酸钾标准溶液的体积，mL；

　　　　V_0——空白试验消耗重铬酸钾标准溶液的体积；

　　　　m——试样质量，g；

0.0027925——1mL 0.008333mol/L 重铬酸钾标准溶液相当于铁的质量，g；

k——系数，预干燥试样时 $k=1$。

（三）标准不确定度的来源和分量的评定

1. 标准不确定度的来源

根据被测量与输入量的函数关系，测量结果的不确定度的来源如下。

（1）试样测量重复性引起的标准不确定度 $u_{(x)}$。

（2）重铬酸钾标液配制过程引入的不确定度 $u_{(T)}$ 包括：基准试剂重铬酸钾纯度引起的不确定度 $u_{(p)}$，称量基准试剂引起的不确定度 $u_{(m1)}$，标液定容过程引入的不确定度 $u_{(1000)}$。

（3）称量试样引起的不确定度 $u_{(m2)}$。

（4）滴定管体积引起的标准不确定度 $u_{(V)}$。

2. 分量的不确定度评定

（1）试样测量重复性不确定度 $u_{(x)}$ 分量（A 类不确定度评定）

由表知其算术平均值为：$\bar{x}_1 = 64.24$

单次测量的标准不确定度 $s_{(x_1)} = 0.0839$

平均值的标准不确定度 $u_{(\bar{x}_1)} = 0.0839/\sqrt{10} = 0.027$

平均值的相对标准不确定度 $u_{\text{rel}, \bar{x}_1} = 0.027/64.24 = 0.00042$。

在称量基准试剂与试样时由称量的不准确性引起的不确定度也包含在 A 类不确定度之中。

（2）重铬酸钾标液配制过程引入的不确定度 $u_{(T)}$　重铬酸钾标液配制过程引入的不确定度为 B 类标准不确定度，主要包括以下几个方面。

① 基准试剂重铬酸钾纯度引起的不确定度　根据供应商目录中提供重铬酸钾的纯度为不小于 99.8%，因此半宽度为 $0.2\%/2 = 0.001$，以矩形分布，包含因子为 $\sqrt{3}$，$u_{\text{rel}, p} = 0.001/\sqrt{3} = 0.00058$。

② 称量基准试剂引起的不确定度　由天平准确性引起的不确定度，JJG 2053—2006《质量计量器具》给出的天平称量允许差 $\Delta = 0.5e \sim 3e$，e 为最小分度值，该实验室所用分析天平的最小分度值为 0.1mg，$u_{m1} = \Delta/\sqrt{3} = 3 \times 0.1/\sqrt{3} = 0.17$mg，相对标准不确定度 $u_{\text{rel}, m1} = 0.17\text{mg}/2.4515\text{g} = 0.000069$。

③ 标液定容过程引入的不确定度　由 1000mL 量瓶体积准确性引起的不确定度。

a. 已知 1000mL B 级容量瓶在 20℃时允许差为 0.8mL，按矩形分布，其标准不确定度为 $0.8/\sqrt{3}=0.46$mL。

b. 由稀释时的准确性引起的不确定度已包含在 A 类之中。

c. 由温度引起的不确定度可由温差和体积膨胀系数来计算，因液体体积膨胀系数明显大于容量瓶的体积膨胀系数，故只需考虑前者。假设温差为 10℃，水的体积膨胀系数为 2.1×10^{-4}℃$^{-1}$，则由温差引起的体积标准不确定度为 $(1000\times2.1\times10^{-4}\times10)/\sqrt{3}=$ 1.21mL。

由以上三项合成，标液定容过程引入的不确定度 $u_{1000}=$ $\sqrt{0.46^2+1.21^2}$ mL $=1.29$mL，相对标准不确定度为 $u_{\mathrm{rel},1000}=$ 1.29mL/1000mL$=0.0013$。

则重铬酸钾标液配制过程引入的相对标准不确定度为：

$$u_{\mathrm{rel,T}}=\sqrt{u_{\mathrm{rel,p}}^2+u_{\mathrm{rel},m1}^2+u_{\mathrm{rel},1000}^2}$$
$$=\sqrt{0.00058^2+0.000069^2+0.0013^2}=0.0014。$$

（3）重铬酸钾标液滴定被测试样过程引入的 B 类标准不确定度

① 由天平准确性引起的不确定度　JJG 2053—2006 给出的天平称量允许差 $\Delta=0.5e\sim3.0e$，e 为最小分度值。所用天平分度值为 0.1mg，$u_{m2}=\Delta/\sqrt{3}=3\times0.1/\sqrt{3}=0.17$mg，相对标准不确定度为 $u_{\mathrm{rel},m2}=0.17$mg/200mg$=0.00085$。

② 由滴定管体积引起的标准不确定度

a. 由滴定管体积准确性引起的不确定度　JJG 196—2006《常用玻璃量器检定规程》给出 50mL A 级滴定管在 20℃时允许差为 ±0.05mL，按矩形分布，其标准不确定度为 $0.05/\sqrt{3}=0.029$mL。

b. 由读数的准确性引起的不确定度已包含在 A 类之中。

c. 温度引起的不确定度：假设温差为 10℃，滴定体积为 17.37mL，按矩形分布，则温差引起的不确定度为 $(50\times2.1\times10^{-4}\times10)/\sqrt{3}=0.061$mL。

由滴定管体积引起的不确定度为：

$$u_{(V)} = \sqrt{0.029^2 + 0.061^2} \, \text{mL} = 0.068 \text{mL}$$

估计滴定数为 47.00mL，相对标准不确定度 $u_{rel,V} = 0.068\text{mL}/47.00\text{mL} = 0.0014$。

3. 合成标准不确定度的评定

各分量互不相关，按下式计算合成相对标准不确定度：

$$u_{rel,c} = \sqrt{u_{rel,T}^2 + u_{rel,m2}^2 + u_{rel,V}^2 + u_{rel,\bar{x}_1}^2}$$

$$= \sqrt{0.0014^2 + 0.00085^2 + 0.0014^2 + 0.00042^2} = 0.0022$$

$$u_c = u_{rel,c} \times \bar{x} = 0.0022 \times 64.24\% = 0.13\%$$

4. 扩展不确定度的评定

在 95% 的置信概率下，包含因子 $k = 2$，则扩展不确定度 $U(T_{Fe}) = 2 \times 0.13\% = 0.26\%$。

5. 测量结果及不确定度表达

所测铁矿石样品的铁含量为 $F_{Fe} = 64.24\% \pm 0.28\%$，$k = 2$。

第三节 酸碱滴定法

一、酸碱平衡理论基础

在讨论酸碱滴定法和其它滴定方法时都不可避免地涉及溶液 pH 值的计算、酸（碱）在溶液中各种型体的分布和缓冲溶液等问题。这对理解滴定方法的原理、指示剂选择和掌握与控制分析条件有重要的指导意义，为此，本节对酸碱平衡理论的一些基础问题作专门讨论。

（一）酸碱质子理论

1923 年布朗斯台德提出了酸碱质子理论：凡是能给出质子（H^+）的物质是酸，凡是能接受质子（H^+）的物质是碱，可表示为：酸 $\Longleftrightarrow$ 质子＋碱。因一个质子得失而互相转变的每一对酸碱称为共轭酸碱对，如：

$$HClO_4 \Longleftrightarrow H^+ + ClO_4^-$$

$$HSO_4^- \Longleftrightarrow H^+ + SO_4^{2-}$$

$$NH_4^+ \Longleftrightarrow H^+ + NH_3$$

$$H_2PO_4^- \rightleftharpoons H^+ + HPO_4^{2-}(碱)$$

$$HPO_4^{2-}(酸) \rightleftharpoons H^+ + PO_4^{3-}$$

从上面的例子可以看到：①酸、碱可以是阳离子、阴离子也可以是中性分子；②一个物质可以是酸，也可以是碱，取决它是失质子还是得质子；③共轭酸碱两者间只能相差一个质子。

以上反应称为酸碱半反应，在溶液中是不能单独进行的，酸给出质子必须有另一种能接受质子的碱存在，以醋酸 HAc 在水中的离解反应为例：

半反应 1　$HAc(酸_1) \rightleftharpoons Ac^-(碱_1) + H^+$

半反应 2　$H^+ + H_2O(碱_2) \rightleftharpoons H_3O^+(酸_2)$

总的反应　$HAc(酸_1) + H_2O(碱_2) \rightleftharpoons H_3O^+(酸_2) + Ac^-(碱_1)$

由此可知，酸碱反应实际上是两个共轭酸碱对共同作用的结果，其实质是质子的转移，质子从 HAc 转移到 H_2O，溶剂 H_2O 起碱的作用，形成水合离子，简写成 H_3O^+，通常写成 H^+。

为了书写方便，HAc 离解反应简写为 $HAc \rightleftharpoons Ac^- + H^+$，它代表了完整的酸碱质子的传递过程。

溶剂 H_2O 既能接受质子也能给出质子，如：$NH_3 + H_2O \rightleftharpoons NH_4^+ + OH^-$，所以水是两性物质，当质子的传递发生在 H_2O 之间：

$$H_2O(酸_1) + H_2O(碱_2) \rightleftharpoons OH^-(碱_1) + H_3O^+(酸_2)$$

这个反应称为水的质子自递反应。其自递常数或称水的活度积 K_w 为：

$$K_w = [H^+][OH^-] = 1.00 \times 10^{-14}(25℃)$$

两边各取负对数　$-\lg K_w = -(\lg[H^+] + \lg[OH^-]) = 14.00$

即 $pK_w = pH + pOH = 14.00(25℃)$

(二) 酸碱反应平衡常数

酸碱反应平衡常数是衡量酸碱反应进行程度的重要参数，是判断酸碱能否直接滴定、滴定突跃大小的依据，也是计算溶液 pH 值和进行计算滴定必需的常数。滴定分析使用的平衡常数有三种：活度常数、浓度常数和混合常数。

活度常数或称为热力学常数，如弱酸的活度常数 K_a 是用反应物与产物的活度表示：

$$HA \rightleftharpoons H^+ + A^-$$

$$K_a = \alpha_{H^+} \alpha_{A^-} / \alpha_{HA}$$

活度常数仅随温度变化。

若用浓度表示上述平衡关系，其平衡常数就是浓度常数 K_a^c：

$$K_a^c = [H^+][A^-]/[HA] = (\alpha_{H^+} \cdot \alpha_{A^-} / \alpha_{HA}) \times (\gamma_{HA}/\gamma_{H^+} \cdot \gamma_{A^-})$$
$$= K_a (\gamma_{HA}/\gamma_{H^+} \cdot \gamma_{A^-})$$

浓度常数不仅随温度变化，还随离子强度改变，式中，γ 为离子的活度系数。

若 H^+ 或 OH^- 用活度表示，其他组分用浓度表示，就得到混合常数 K_a^M：

$$K_a^M = K_a / \gamma_{A^-}$$

研究滴定分析时，选择和使用平衡常数时要注意以下问题。

（1）根据实际情况选择合适常数　酸碱滴定中，通常溶液的浓度小，可以用活度常数代替浓度常数作近似计算，本节中 pH 值的计算大都是这样处理。但是标准缓冲溶液的 pH 值精确计算，必须进行活度校正。进行络合滴定时，多采用酸碱缓冲溶液控制 pH 值，溶液离子强度大，应使用浓度常数或混合常数。

（2）要注意常数的出处及测定条件　不同文献报道的常数可能存在差别，选用时要注意其来源和测定条件，尽可能选择其测定条件和实际的分析条件相一致的常数。

（3）文献报道的常数不是恒定不变的　随着科学进步，常数测定方法的改进，其数值也会发生变化，尽可能选择最新出版的手册和文献。特别在计算滴定分析中，为了得到准确结果，可在实际滴定条件下，先测定常数，再计算结果。

利用酸碱离解常数可以判断酸碱的强度：

酸的强度取决于它将质子给予水分子的能力，可用酸的离解常数 K_a 表示，K_a 越大，酸越强。例如

酸	HAc	H_2S	NH_4^+
K_a	1.8×10^{-5}	1.3×10^{-7}	5.6×10^{-10}

3 种酸的强弱顺序为：$HAc > H_2S > NH_4^+$。

碱的强度取决于它夺取水分子中质子的能力，可用碱的离解常数 K_b 表示，K_b 越大，碱越强。例如，上述 3 种酸的共轭碱为：

碱	NH_3	HS^-	Ac^-
K_b	1.8×10^{-5}	7.7×10^{-8}	5.6×10^{-10}

在附录表一酸、碱离解常数表中通常只给出酸或碱的离解常数，而不给出他共轭碱或酸的离解常数，下面讨论共轭酸碱的 K_a 与 K_b 的关系：

（1）一元弱酸碱的 K_a 与 K_b 的关系

以 HAc 为例

$$HAc + H_2O \rightleftharpoons H_3O^+ + Ac^- \qquad K_a = \frac{[H^+][Ac^-]}{[HAc]}$$

其共轭碱 Ac^-

$$Ac^- + H_2O \rightleftharpoons HAc + OH^- \qquad K_b = \frac{[HAc][OH^-]}{[Ac^-]}$$

$$K_a \cdot K_b = \frac{[H^+][Ac^-]}{[HAc]} \times \frac{[HAc][OH^-]}{[Ac^-]} = [H^+][OH^-] = K_w$$

例如：HAc 的 $K_a = 1.8\times10^{-5}$

则 Ac^- 的 $K_b = \dfrac{K_w}{K_a} = \dfrac{10^{-14}}{1.8\times10^{-5}} = 5.6\times10^{-10}$

由上可见：①酸的 K_a 越大，酸性越强，其共轭碱的 K_b 必然越小，碱性越弱，反之亦然；②只要知道酸的 K_a 值，即可求得其共轭碱的 K_b 值；只要知道碱的 K_b 值，即可求得其共轭酸的 K_a 值。

（2）多元酸碱的 K_a 与 K_b 的关系

① 二元酸　以 H_2CO_3 为例，它分两步离解：

第一步　$H_2CO_3 + H_2O \rightleftharpoons H_3O^+ + HCO_3^- \qquad K_{a_1} = \dfrac{[H^+][HCO_3^-]}{[H_2CO_3]}$

第二步　$HCO_3^- + H_2O \rightleftharpoons H_3O^+ + CO_3^{2-} \qquad K_{a_2} = \dfrac{[H^+][CO_3^{2-}]}{[HCO_3^-]}$

其共轭碱也分两步离解：

第一步　$CO_3^{2-} + H_2O \rightleftharpoons HCO_3^- + OH^- \qquad K_{b_1} = \dfrac{[HCO_3^-][OH^-]}{[CO_3^{2-}]}$

第二步 $HCO_3^- + H_2O \Longrightarrow H_2CO_3 + OH^-$ $K_{b_2} = \dfrac{[H_2CO_3][OH^-]}{[HCO_3^-]}$

$$K_{a_1} \cdot K_{b_2} = \dfrac{[H^+][HCO_3^-]}{[H_2CO_3]} \times \dfrac{[H_2CO_3][OH^-]}{[HCO_3^-]} = [H^+][OH^-] = K_w$$

$$K_{a_2} \cdot K_{b_1} = \dfrac{[H^+][CO_3^{2-}]}{[HCO_3^-]} \times \dfrac{[HCO_3^-][OH^-]}{[CO_3^{2-}]} = [H^+][OH^-] = K_w$$

已知 H_2CO_3 的 $K_{a_1} = 4.2 \times 10^{-7}$；$K_{a_2} = 5.6 \times 10^{-11}$。

所以，CO_3^{2-} 的 $K_{b_1} = \dfrac{K_w}{K_{a_2}} = 1.79 \times 10^{-4}$；$K_{b_2} = \dfrac{K_w}{K_{a_1}} = 2.38 \times 10^{-8}$。

② 三元酸 以 H_3PO_4 为例，它分三步离解，简单示意如下：

$$H_3PO_4 \xrightarrow{K_{a_1}} H_2PO_4^- \xrightarrow{K_{a_2}} HPO_4^{2-} \xrightarrow{K_{a_3}} PO_4^{3-}$$

$K_{a_1} = 7.6 \times 10^{-3}$；$K_{a_2} = 6.3 \times 10^{-8}$；$K_{a_3} = 4.4 \times 10^{-13}$。

其共轭碱也分三步离解，简单示意如下：

$$PO_4^{3-} \xrightarrow{K_{b_1}} HPO_4^{2-} \xrightarrow{K_{b_2}} H_2PO_4^- \xrightarrow{K_{b_3}} H_3PO_4$$

所以 $K_{b_1} = \dfrac{K_w}{K_{a_3}} = 2.27 \times 10^{-2}$；$K_{b_2} = \dfrac{K_w}{K_{a_2}} = 1.59 \times 10^{-7}$；

$$K_{b_3} = \dfrac{K_w}{K_{a_1}} = 1.32 \times 10^{-12}$$

（三）物料平衡、电荷平衡和质子条件

在处理酸碱溶液平衡问题时，常要用到物料平衡式、电荷平衡式和质子条件式来构建一系列方程，如建立计算溶液 pH 值的方程等。在讨论这些问题之前先明确几个术语：

（1）分析浓度 是指溶液中溶质的各种型体的总浓度，用符号 c 表示，单位为 mol/L。例如：$c_{HAc} = 0.1000$ mol/L 的 HAc 溶液。

（2）平衡浓度 是指溶液达到平衡时，溶液中各种形态的物质的浓度，用符号 〔 〕 表示。例如：HAc 溶液，达到平衡时，溶液中存在 HAc 和 Ac^- 两种形态，〔HAc〕和〔Ac^-〕即为各自的平衡浓度，HAc 的分析浓度就等于这两种平衡浓度之和，数学表达式为

$$c_{HAc} = [HAc] + [Ac^-]$$

（3）酸碱度 溶液的酸（碱）度与溶液中酸（碱）的浓度是两个不同的概念。酸度是指溶液中 H^+ 的平衡浓度，常用 pH 表示。碱度

是指溶液中 OH^- 的平衡浓度，常用 pOH 表示。

例如，HAc 的分析浓度 $c_{HAc}=0.10mol/L$，测得 $[H^+]=1.3\times 10^{-3}mol/L$，故其酸度为 pH=2.89。

1. 物料平衡

物料平衡是指溶液处于平衡状态时，某组分的分析浓度等于该组分各种形态的平衡浓度之和。例如：浓度为 c 的 HAc 溶液，其物料平衡式为：

$$c_{HAc}=[HAc]+[Ac^-]$$

物料平衡式（mass balance equation）常用 MBE 表示。

2. 电荷平衡

电荷平衡是指溶液处于平衡状态时，溶液中带正电荷离子的总浓度必等于带负电荷离子的总浓度，整个溶液呈电中性。

HAc 水溶液，内含 HAc、Ac^-、H_2O、H^+ 和 OH^- 离子。电荷平衡式为：

$$[H^+]=[Ac^-]+[OH^-]$$

Na_2HPO_4 水溶液，内含 Na^+、HPO_4^{2-}、$H_2PO_4^-$、H_3PO_4、PO_4^{3-}、H_2O、H^+ 和 OH^- 离子。电荷平衡式为

$$[Na^+]+[H^+]=2[HPO_4^{2-}]+[H_2PO_4^-]+3[PO_4^{3-}]+[OH^-]$$

书写电荷平衡式时应注意：

① 带正电荷离子浓度写在等号一侧，带负电荷离子浓度写在等号的另一侧；

② 平衡浓度前面的系数是离子带的电荷数；

③ 不要忘记水提供的 H^+ 和 OH^-；

④ 中性分子不计在内。

电荷平衡式（charge balance equation）常用 CBE 表示。

3. 质子条件

由于溶剂参与了质子传递，质子条件对于酸碱体系有其特殊意义，利用质子条件很容易建立起计算溶液 pH 值的精确方程。

根据质子理论，酸碱反应的实质是质子的转移，所以其得失质子数必定相等，这种数量关系称为质子条件。零水准法是快速准确写出质子条件式（PBE）的方法之一。所谓零水准法，即在写出质子条件

式时，先选择一些物质作参考，以它为水准来考虑质子的得失，这个参考水准称为零水准。哪些物质可选为零水准，原则是该物质必须大量存在并参与质子转移的，在以水为溶剂的任何酸碱溶液中，只有水和大量存在的弱酸、弱碱本身可作为零水准，作为零水准的物质是不出现在质子条件式中的。当选好零水准后，只要将所有得到质子后的产物写在等式的一端（习惯上写在左端），所有失去质子后的产物写在等式的另一端（习惯上写在右端）。下面给出不同酸碱体系的质子条件式。

（1）弱酸（HA）溶液的质子条件 弱酸（HA）溶液中，大量存在并参与质子转移的物质是 HA 和 H_2O，选择它们为零水准，于是得到弱酸（HA）溶液的质子条件为：

$$[H^+]=[A^-]+[OH^-]$$

（2）多元弱酸（H_nA）溶液的质子条件 选择 H_nA 和 H_2O 为零水准，于是得到弱酸（H_nA）溶液的质子条件式为：

$$[H^+]=[H_{n-1}A^-]+2[H_{n-2}A^{2-}]+\cdots+n[A^{n-}]+[OH^-]$$

系数是表示产生该离子时失去质子的数目。

（3）混酸（$HA_1+HA_2+\cdots+HA_n$）溶液的质子条件 选择 HA_1、HA_2、$\cdots$、HA_n 和 H_2O 为零水准，于是得到混酸（$HA_1+HA_2+\cdots+HA_n$）溶液的质子条件式为：

$$[H^+]=[A_1^-]+[A_2^-]+\cdots+[A_n^-]+[OH^-]$$

（4）一元弱碱（A）、多元弱碱（Na_nA）及混合碱（$A_1+A_2+\cdots+A_n$）的溶液的质子条件式为：

$$[H^+]+[HA]=[OH^-]$$

$$[H^+]+[HA^{(n-1)-}]+2[H_2A^{(n-2)-}]+\cdots+n[H_nA]=[OH^-]$$

$$[H^+]+[HA_1]+[HA_2]+\cdots+[HA_n]=[OH^-]$$

（5）两性物质溶液的质子条件 如 NaHA，选 HA^- 和 H_2O 为零水准，其质子条件式为：

$$[H^+]+[H_2A]=[A^{2-}]+[OH^-]$$

又如（NH_4）$_2A$，选 A^{2-}、NH_4^+ 和 H_2O 为零水准，其质子条件式为：

$$[H^+]+[HA^-]+2[H_2A]=[NH_3]+[OH^-]$$

（6）强酸（例 HCl）溶液的质子条件

$$[H^+]=[OH^-]+c_{HCl}$$

溶液中总的 $[H^+]$ 来自 HCl 和 H_2O 的电离，c_{HCl} 为 HCl 的分析浓度。

（7）强碱（例 NaOH）溶液的质子条件

$$[H^+]=[OH^-]-c_{NaOH}$$

c_{NaOH} 为 NaOH 的分析浓度。

（8）弱酸和强酸（例 HCl＋HA）溶液的质子条件

$$[H^+]=[OH^-]+[A^-]+c_{HCl}$$

（9）弱碱和强碱（例 NaOH＋A）溶液的质子条件

$$[H^+]+[HA]=[OH^-]-c_{NaOH}$$

（10）弱酸及其共轭碱（例 HA＋A）溶液的质子条件　可选 HA 和 H_2O 为零水准，由于溶液中原有的 A 其分析浓度为 c_b，故必须从总的 $[A]$ 中减去 c_b，其质子条件式为：

$$[H^+]=[OH^-]+([A]-c_b)$$

再举一例，写出 $Na_2HPO_4＋Na_3PO_4$ 溶液的质子条件。选 Na_2HPO_4 和 H_2O 为零水准，质子条件式为：

$$[H^+]+[H_2PO_4^-]+2[H_3PO_4]=[OH^-]+([PO_4^{3-}]-c_{Na_3PO_4})$$

（四）分布系数和分布曲线

1. 分布系数

分布系数是酸碱体系中某种存在形式的平衡浓度占总浓度的分数，称为摩尔分数，用 δ 表示。例如一元弱酸 HA 在溶液中以 HA 和 A^- 两种型体存在，其平衡浓度分别表示为 $[HA]$ 和 $[A^-]$，其总浓度 c 称分析浓度，$c=[HA]+[A^-]$。由分布系数的定义可知，HA 的摩尔分数 δ_0 为：

$$\delta_0=\frac{[HAc]}{[HAc]+[Ac^-]}=\frac{[H^+]}{K_a+[H^+]}$$

$$\delta_1=\frac{[Ac^-]}{[HAc]+[Ac^-]}=\frac{K_a}{K_a+[H^+]}$$

式中，K_a 为 HA 的离解常数。

二元弱酸 H_2A 在溶液中以 H_2A、HA^- 和 A^{2-} 三种型体存在，

若分析浓度为 c，则有：

$$c = [H_2A] + [HA^-] + [A^{2-}]$$

$$= [H_2A] \cdot (1 + K_{a_1}/[H^+] + K_{a_1}K_{a_2}/[H^+])$$

H_2A 的摩尔分数 δ_0 为：

$$\delta_0 = [H_2A]/c$$

$$= \frac{[H^+]^2}{[H^+]^2 + [H^+]K_{a_1} + K_{a_1} \cdot K_{a_2}}$$

同样，可以导出 HA^- 和 A^{2-} 的摩尔分数 δ_1 和 δ_2：

$$\delta_1 = [HA^-]/c$$

$$= \frac{[H^+] \cdot K_{a_1}}{[H^+]^2 + [H^+] \cdot K_{a_1} + K_{a_1} \cdot K_{a_2}}$$

$$\delta_2 = [A^{2-}]/c$$

$$= \frac{K_{a_1} \cdot K_{a_2}}{[H^+]^2 + [H^+] \cdot K_{a_1} + K_{a_1} \cdot K_{a_2}}$$

从一元酸和二元酸的分布系数反映的规律，不难写出三元酸中各型体的摩尔分数：

$$\delta_0 = [H_3A]/c$$

$$= \frac{[H^+]^3}{[H^+]^3 + [H^+]^2 \cdot K_{a_1} + [H^+] \cdot K_{a_1} \cdot K_{a_2} + K_{a_1} \cdot K_{a_2} \cdot K_{a_3}}$$

$$\delta_1 = [H_2A^-]/c$$

$$= \frac{[H^+]^2 \cdot K_{a_1}}{[H^+]^3 + [H^+]^2 \cdot K_{a_1} + [H^+] \cdot K_{a_1} \cdot K_{a_2} + K_{a_1} \cdot K_{a_2} \cdot K_{a_3}}$$

$$\delta_2 = [HA^{2-}]/c$$

$$= \frac{[H^+]^2 \cdot K_{a_1} \cdot K_{a_2}}{[H^+]^3 + [H^+]^2 \cdot K_{a_1} + [H^+] \cdot K_{a_1} \cdot K_{a_2} + K_{a_1} \cdot K_{a_2} \cdot K_{a_3}}$$

$$\delta_3 = [A^{3-}]/c$$

$$= \frac{K_{a_1} \cdot K_{a_2} \cdot K_{a_3}}{[H^+]^3 + [H^+]^2 \cdot K_{a_1} + [H^+] \cdot K_{a_1} \cdot K_{a_2} + K_{a_1} \cdot K_{a_2} \cdot K_{a_3}}$$

n 元酸 H_nA 各型体的分布系数为：

$$\delta_0 = \frac{[H_nA]}{c} = \frac{[H]^n}{Q}$$

$$\delta_1 = \frac{[H_{n-1}A]}{c} = \frac{K_1[H]^{n-1}}{Q},$$

$$\delta_2 = \frac{[H_{n-2}A]}{c} = \frac{K_1K_2[H]^{n-2}}{Q} \cdots$$

$$\delta_n = \frac{[A]}{c} = \frac{K_1K_2\cdots K_n}{Q}$$

$$Q = [H]^n + K_1[H]^{n-1} + K_1K_2[H]^{n-2} + \cdots + K_1K_2\cdots K_n$$

令 $K_0 = 1$，则可写成通式

$$\delta_i = \frac{[H_{n-1}A]}{c}$$

$$= \frac{[H]^{n-i}\prod\limits_{j=0}^{i}K_j}{\sum\limits_{k=0}^{n}\left\{[H]^{n-k}\prod\limits_{j=0}^{k}K_j\right\}}$$

$$i = 0, 1, 2, \cdots, n \tag{7-12}$$

其中 c 为各型体总浓度，K_1，K_2，$\cdots$，K_n 为各级酸离解常数，式中略去了各型体和氢离子的电荷。

2. 分布曲线

摩尔分数与 pH 值间的关系曲线称分布曲线，通常以 pH 值为横坐标，以摩尔分数为纵坐标。图 7-2、图 7-3、图 7-4 分别为 HAc、酒石酸和 H_3PO_4 的型体分布曲线。

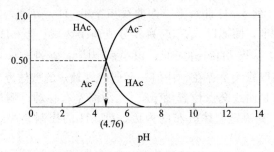

图 7-2 HAc 的型体分布曲线

分布曲线提供了如下十分重要的信息：可以看到存在的各种型体随 pH 增大时的变化情况；某种型体占优势时的 pH 区域及该区域的

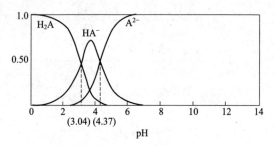

图 7-3　酒石酸的型体分布曲线

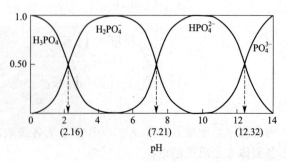

图 7-4　H_3PO_4 的型体分布曲线

宽窄和位置，和相应酸碱离解常数的关系；在分布曲线上作为共轭酸碱对的两种型体的曲线交点为该酸的 pK_a，等等。这些信息有助于加深对酸碱滴定过程、滴定误差及分步滴定可能性的理解和判断。

　　在 HAc 的 δ-pH 曲线上，两曲线相交于 $pH = pK_a$ 处，此时两种型体各占一半，图形以 pK_a 点为界分成两个区域。当 $pH < pK_a$ 时，以 HAc 为主；当 $pH > pK_a$ 时，以 Ac^- 为主；在过渡区 $pH \approx pK_a$，两种型体都以较大量存在。任何一元弱酸（碱）的型体分布曲线形状都相同，只是曲线交点位置随 pK_a 大小而左右移动。弱酸（碱）的 $pK_a(pK_b)$ 是决定型体分布的内因，而 pH 的控制是决定型体分布的外因。

　　在酒石酸 δ-pH 曲线上，以其两个 pK_a 值为界可分为 3 个区域，$pH < pK_{a_1}$ 时，以 H_2A 为主；当 $pH > pK_{a_2}$ 时，以 A^{2-} 为主；当 $pK_{a_1} < pH < pK_{a_2}$ 时，HA^- 为主要存在形式。当 pK_{a_1} 与 pK_{a_2} 相差

越小，HA$^-$占优的区域越窄，说明该酸（碱）不能分步滴定，酒石酸属这种情况。

在磷酸 δ-pH 曲线上，pH$<$pK_{a_1} 时，以 H_3PO_4 为主；当 p$K_{a_1}<$ pH$<$pK_{a_2} 时，$H_2PO_4^-$ 为主；当 p$K_{a_2}<$pH$<$pK_{a_3} 时，HPO_4^{2-} 为主；pH $>$ pK_{a_3} 时，PO_4^{3-} 为主。在 pH $=$ 4.7 时，$H_2PO_4^-$ 占 99.4%，其它两种形式 H_3PO_4 和 HPO_4^{2-} 各占 0.3%，用酸碱滴定法测定 H_3PO_4 时，可以分步滴定至 $H_2PO_4^-$。在 pH $=$ 9.8 时，HPO_4^{2-} 占 99.5%，其它型体所占极小，故也可以分步滴定至 HPO_4^{2-}。可以证明多元酸分步滴定时，要求 Δp$K_a \geqslant 5$。

（五）计算 pH 值精确表达式的建立

1. 强酸（碱）溶液 pH 值计算

强酸（例 HCl）溶液的质子条件：

$$[H^+]=[OH^-]+c_{HCl}$$

因 $[OH^-]=K_w/[H^+]$

故计算 pH 值精确表达式：

$$[H^+]=K_w/[H^+]+c_{HCl}$$

这是一个 2 次方程。当浓度 $c_{HCl} \geqslant 10^{-6}$ mol/L 时，可忽略水的离解，H^+（OH^-）浓度就等于酸（碱）浓度。

计算 0.10mol/L HCl 溶液的 pH 值。

$$[H^+]=c_{HCl}=0.10\text{mol/L}, \text{pH}=1.00$$

计算 0.10mol/L NaOH 溶液的 pH 值。

$$[OH^-]=c_{NaOH}=0.10\text{mol/L}, \text{pH}=13.00$$

2. 一元弱酸（碱）溶液 pH 值计算

一元弱酸的质子条件式为：

$$[H^+]=[A^-]+[OH^-]$$

由 $[A^-]$ 的分布系数知 $[A^-]=cK_a/([H^+]+K_a)$，又知 $[OH^-]=K_w/[H^+]$。

代入上式并展开得：

$$[H^+]^3+K_a[H^+]^2-(cK_a+K_w)[H^+]-K_aK_w=0$$

这是一个 3 次方程，用二分法由计算机求解。也可以作简化处理：

（1）若 $K_a c \geqslant 20K_w$，则可忽略 K_w；

（2）若 $\dfrac{c}{K_a} \geqslant 500$，则可用 c_{HA} 代替 [HA]。

则　$[H^+] = \sqrt{K_a c}$（最简式）

例如，计算 0.10mol/L HAc 溶液的 pH 值（已知 $K_a = 1.8 \times 10^{-5}$）。

判断　$K_a c = 1.8 \times 10^{-5} \times 0.10 > 20K_w$；

$$\frac{c}{K_a} = \frac{0.10}{1.8 \times 10^{-5}} > 500$$

可用最简式计算：$[H^+] = \sqrt{K_a c} = 1.3 \times 10^{-3} \, \text{mol/L}$，pH = 2.89。

同理，一元弱碱溶液 pH 值计算的最简式：

$$[OH^-] = \sqrt{K_b c}$$

$$\left(\text{应用条件是 } K_b c \geqslant 20K_w, \ \frac{c}{K_b} \geqslant 500 \right)$$

若 $\dfrac{c}{K_a} < 500$，说明 HA 的离解度较大，则

$$[HA] = c - [H^+], \quad [H^+] = \sqrt{K_a(c - [H^+])},$$

$$[H^+]^2 + K_a[H^+] - K_a c = 0, \quad [H^+] = \frac{-K_a + \sqrt{K_a^2 + 4K_a c}}{2}$$

这是计算一元弱酸溶液 $[H^+]$ 的较简式（或称近似式）。同理，$\dfrac{c}{K_b} < 500$，计算一元弱碱溶液 $[OH^-]$ 的较简式为

$$[OH^-] = \frac{-K_b + \sqrt{K_b^2 + 4K_b c}}{2}$$

3. 多元酸（碱）溶液 pH 值计算

现以二元酸 H_2A 为例，说明多元酸（碱）溶液 pH 值计算的一般原则。

二元酸 H_2A 的质子条件式为：$[H^+] = [OH^-] + [HA^-] + 2[A^{2-}]$，由分布系数知：

$$[HA^-] = c[H^+]K_{a_1} / ([H^+]^2 + [H^+]K_{a_1} + K_{a_1}K_{a_2})$$

$$[A^{2-}] = cK_{a_1}K_{a_2} / ([H^+]^2 + [H^+]K_{a_1} + K_{a_1}K_{a_2})$$

$$[OH^-] = K_w / [H^+]$$

代入质子条件式得计算 pH 值精确表达式：

$$[H^+]=K_w/[H^+]+c[H^+]K_{a_1}/([H^+]^2+[H^+]K_{a_1}+K_{a_1}K_{a_2})+cK_{a_1}K_{a_2}/([H^+]^2+[H^+]K_{a_1}+K_{a_1}K_{a_2})$$

这是一个 4 次方程，用二分法由计算机求解。

多元酸（碱）在水中是分步离解的，当 $K_{a_1}\gg K_{a_2}\gg K_{a_3}$ 时，溶液中 H^+（OH^-）浓度主要由第一步离解产生，可以采用简式计算：

（1）当 $K_{a_1}c\geqslant 20K_w$，$\dfrac{2K_{a_2}}{\sqrt{K_{a_1}c}}<0.05$，$\dfrac{c}{K_{a_1}}\geqslant 500$ 时，可按一元弱酸处理，$[H^+]=\sqrt{K_{a_1}c}$（最简式）。

（2）当 $K_{b_1}c\geqslant 20K_w$，$\dfrac{2K_{b_2}}{\sqrt{K_{b_1}c}}<0.05$，$\dfrac{c}{K_{b_1}}\geqslant 500$ 时，可按一元弱碱处理，$[OH^-]=\sqrt{K_{b_1}c}$（最简式）。

（3）若不符合上述条件，$\dfrac{c}{K_{a_1}}<500$ 或 $\dfrac{c}{K_{b_1}}<500$，就按一元弱酸（碱）的较简式计算，即

$$[H^+]=\dfrac{-K_{a_1}+\sqrt{K_{a_1}^2+4K_{a_1}c}}{2}\ 或[OH^-]=\dfrac{-K_{b_1}+\sqrt{K_{b_1}^2+4K_{b_1}c}}{2}$$

例如：室温下 H_2CO_3 饱和溶液的浓度为 0.040mol/L，计算该溶液的 pH 值。

已知　H_2CO_3 的 $K_{a_1}=4.2\times10^{-7}$，$K_{a_2}=5.6\times10^{-11}$

判断　$K_{a_1}c>20K_w$，$\dfrac{2K_{a_2}}{\sqrt{K_{a_1}c}}=\dfrac{2\times5.6\times10^{-11}}{\sqrt{4.2\times10^{-7}\times0.040}}<0.05$，

$\dfrac{c}{K_{a_1}}>500$。

可用最简式计算，$[H^+]=\sqrt{K_{a_1}c}=1.3\times10^{-4}\text{mol/L}$，pH=3.89。

4. 两性物质溶液 pH 值计算

以 NaHA 为例，NaHA 的质子条件式为：$[H^+]+[H_2A]=[A^{2-}]+[OH]$，由分布系数知：

$$[H_2A]=c[H^+]^2/([H^+]^2+[H^+]K_{a_1}+K_{a_1}K_{a_2})$$
$$[A^{2-}]=cK_{a_1}K_{a_2}/([H^+]^2+[H^+]K_{a_1}+K_{a_1}K_{a_2})$$

$$[OH^-] = K_w / [H^+]$$

代入质子条件式得 pH 值精确表达式：

$$[H^+] + c\,[H^+]^2 / ([H^+]^2 + [H^+]K_{a_1} + K_{a_1}K_{a_2}) =$$
$$cK_{a_1}K_{a_2} / ([H^+]^2 + [H^+]K_{a_1} + K_{a_1}K_{a_2}) + K_w / [H^+]$$

一般情况下，$[HA^-] \approx c$，若 $K_{a_2}c \geqslant 20K_w$，K_w 可忽略。则

$$[H^+] = \sqrt{\frac{K_{a_1}K_{a_2}c}{K_{a_1} + c}}$$

当 $c > 20K_{a_1}$ 时，$K_{a_1} + c \approx c$，则

$$[H^+] = \sqrt{K_{a_1}K_{a_2}} \quad \text{(最简式)}$$

$$pH = \frac{1}{2}(pK_{a_1} + pK_{a_2})$$

例如：计算 0.100mol/L NaHCO$_3$ 溶液的 pH 值（已知 H$_2$CO$_3$ 的 $K_{a_1} = 4.2 \times 10^{-7}$，$K_{a_2} = 5.6 \times 10^{-11}$）。

判断 $K_{a_2}c > K_w$，$c = 0.100 > 20 \times 4.2 \times 10^{-7}$，可用最简式：

$$[H^+] = \sqrt{K_{a_1}K_{a_2}} = 4.85 \times 10^{-9} \text{mol/L}$$

$$pH = 8.31$$

5. 一元酸碱缓冲溶液 pH 值计算

设一元弱酸（HA）的分析浓度为 c_a，共轭碱（NaA）的分析浓度为 c_b，则其质子条件式为：

$$[H^+] = [OH^-] + [A^-] - c_b \tag{7-13}$$

移项得：$[A^-] = c_b + [H^+] - [OH^-]$

由物料平衡式得：$[HA] + [A^-] = c_a + c_b$

由此可得：$[HA] = c_a - [H^+] + [OH^-]$ \hfill (7-14)

根据 HA 的离解平衡关系：

$$[H^+] = K_a[HA] / [A^-] \tag{7-15}$$

将式(7-13)和式(7-14)代入式(7-15)得：

$$[H^+] = K_a(c_a - [H^+] + [OH^-]) / (c_b + [H^+] - [OH^-])$$

$$\tag{7-16}$$

此式为计算一元酸碱缓冲溶液 pH 值的精确式。

当 $[H^+] > 10^{-6}$ mol/L 时，式（7-16）中的 $[OH^-]$ 可略去，则得

$$[H^+] = K_a(c_a - [H^+])/(c_b + [H^+])$$

反之，当 $[OH^-] > 10^{-6}$ mol/L 时，式（7-16）中的 $[H^+]$ 可略去，则得

$$[H^+] = K_a(c_a + [OH^-])/(c_b - [OH^-])$$

当 c_a 和 c_b 都较大时，即 $c_a \gg [H^+] - [OH^-]$ 和 $c_b \gg [H^+] - [OH^-]$ 则式（7-16）可化为：

$$[H^+] = K_a c_a/c_b \qquad pH = pK_a + \lg(c_b/c_a)$$

为查阅方便，将上述各种酸碱溶液中 $[H^+]$ 的简化计算式汇总于表 7-4 中。

表 7-4　各种酸碱溶液中 [H⁺] 的计算式

名称	计算式		适用条件
一元强酸	$[H^+] = c$	(A)	$c \geqslant 10^{-6}$ mol/L 或 $c^2 \geqslant 20K_w$
	$[H^+] = \dfrac{c + \sqrt{c^2 + 4K_w}}{2}$	(C)	$c < 10^{-6}$ mol/L 或 $c^2 < 20K_w$
一元弱酸	$[H^+] = \sqrt{K_a c}$	(A)	$K_a c \geqslant 20K_w, \dfrac{c}{K_a} \geqslant 500$
	$[H^+] = \dfrac{-K_a + \sqrt{K_a^2 + 4K_a c}}{2}$	(B)	$K_a c \geqslant 20K_w, \dfrac{c}{K_a} < 500$
	$[H^+] = \sqrt{K_a c + K_w}$	(B)	$K_a c < 20K_w, \dfrac{c}{K_a} \geqslant 500$
二元弱酸	$[H^+] = \sqrt{K_{a_1} c}$	(A)	$K_{a_1} c \geqslant 20K_w, \dfrac{2K_{a_2}}{\sqrt{K_{a_1} c}} < 0.05, \dfrac{c}{K_{a_1}} \geqslant 500$
	$[H^+] = \dfrac{-K_{a_1} + \sqrt{K_{a_1}^2 + 4K_{a_1} c}}{2}$	(B)	$K_{a_1} c \geqslant 20K_w, \dfrac{2K_{a_2}}{\sqrt{K_{a_1} c}} < 0.05, \dfrac{c}{K_{a_1}} < 500$
两性物质 NaHA NaH₂B	$[H^+] = \sqrt{K_{a_1} K_{a_2}}$	(A)	$K_{a_2} c \geqslant 20K_w, c > 20K_{a_1}$
	$[H^+] = \sqrt{\dfrac{K_{a_1} K_{a_2} c}{K_{a_1} + c}}$	(B)	$K_{a_2} c \geqslant 20K_w, c < 20K_{a_1}$
Na₂HB	$[H^+] = \sqrt{K_{a_2} K_{a_3}}$	(A)	$K_{a_3} c \geqslant 20K_w, c > 20K_{a_2}$
	$[H^+] = \sqrt{\dfrac{K_{a_2} K_{a_3} c}{K_{a_2} + c}}$	(B)	$K_{a_3} c \geqslant 20K_w, c < 20K_{a_2}$

名称	计 算 式	适 用 条 件
缓冲溶液 1. 酸性 2. 碱性	$pH = pK_a + \lg \dfrac{c_{A^-}}{c_{HA}}$ (A) $pH = pK_w - pK_b + \lg \dfrac{c_B}{c_{BH^+}}$ (A)	当 $pH \leqslant 6$，$c_{HA} \geqslant 20[H^+]$ 和 $c_{A^-} \geqslant 20[H^+]$ 当 $pH \geqslant 8$，$c_{BH^+} \geqslant 20[OH^-]$ 和 $c_B \geqslant 20[OH^-]$

注：1. 碱的计算式，是将上述酸的计算式中 $[H^+]$ 换成 $[OH^-]$，K_a、K_{a_1}、K_{a_2} 换成碱的 K_b、K_{b_1}、K_{b_2}，c 代表碱的分析浓度。

2. A—最简式；B—较简式或称近似式；C—精确式。

从上面讨论知道，$[H^+]$ 的精确表达式为高次方程，不使用计算机求解是很困难的。因而在历史上，对 $[H^+]$ 的精确表达式都作了许多近似的假设以简化求解方程，这样的处理在许多情况下是必要的，也是合理的。但是这些公式有局限性，使用时必须满足其使用条件，否则就会出现不合理的计算结果。例如在计算 NaOH 滴定磷酸至第一化学计量点前（99.9%）和第一化学计量点后（100.1）处的 pH，若用最简式计算得到的结果是前者为 pH=5.12，而后者为 pH=4.21，应该前者 pH 值小于后者，计算结果恰好相反。当前使用计算机求解高次方程已十分容易，为此，在这里给出任意酸碱平衡体系中溶液 pH 值计算的精确通用计算公式供参考，国内外陆续有人从不同需要出发推导了不同形式的公式，此处引用的公式由 Clare 在 1980 年提出的：

$$[H^+] - [OH^-] + c_b - c_a + \sum_{i=1}^{M} c_i Q_i - \sum_{j=1}^{N} c_j Q_j = 0 \quad (7\text{-}17)$$

式中，c_a 和 c_b 分别表示强酸和强碱的浓度，mol/L；c_j 和 c_i 分别表示第 j 种弱酸和第 i 种弱碱的浓度，mol/L，弱酸有 N 种，弱碱有 M 种。

Q_j 表示第 j 种弱酸的浓度分数之和：

$$Q_j = (K_{a_1}^j/[H^+] + 2K_{a_1}^j K_{a_2}^j/[H^+]^2 + 3K_{a_1}^j K_{a_2}^j K_{a_3}^j/[H^+]^3 + \cdots)/$$
$$(1 + K_{a_1}^j/[H^+] + K_{a_1}^j K_{a_2}^j/[H^+]^2 + K_{a_1}^j K_{a_2}^j K_{a_3}^j/[H^+]^3 + \cdots)$$

Q_i 表示第 i 种弱碱的浓度分数之和：

$$Q_i = (K_{b_1}^i[H^+]/K_w + 2K_{b_1}^i K_{b_2}^i[H^+]^2/K_w^2 + 3K_{b_1}^i K_{b_2}^i K_{b_3}^i[H^+]^3/K_w^3 + \cdots)/$$
$$(1 + K_{b_1}^i[H^+]/K_w + K_{b_1}^i K_{b_2}^i[H^+]^2/K_w^2 + K_{b_1}^i K_{b_2}^i K_{b_3}^i[H^+]^3/K_w^3 + \cdots)$$

该公式可用最常用的数值计算方法——二分法进行求解。

二、酸碱缓冲溶液

缓冲溶液（buffer solution）是指加入溶液中能控制 pH 值或氧化还原电位等仅发生可允许的变化的溶液。在这里主要讨论它对溶液酸度的维持。缓冲溶液对化学和生物化学有着特别重要的作用，在下一节络合滴定法中就要应用缓冲溶液控制溶液一定的 pH 值。酸碱缓冲溶液分为两类：一类是由弱酸及其共轭碱组成，它之所以能起缓冲作用，是因为它既有质子的接受者又有质子的供给者，当溶液中 H^+ 增加时质子接受者与之结合，当溶液中 H^+ 减少时质子的供给者可以提供质子加以补充，所以溶液酸度基本保持不变。例如 HAc-NaAc 缓冲溶液，溶液中存在

$$NaAc \longrightarrow Na^+ + Ac^-$$

$$HAc \rightleftharpoons H^+ + Ac^-$$

因 HAc 和 Ac^- 浓度都比较大，当加入少量 H^+ 时，H^+ 与 Ac^- 结合。当加入少量 OH^- 时，OH^- 与 HAc 结合。当溶液稍加稀释，会增大 HAc 的离解，H^+ 得到补充。所以 H^+ 浓度基本保持不变。

另一类是强酸或强碱溶液，由于其酸度或碱度较高，外加少量酸、碱或稀释时 pH 值的相对变化不大。实际应用中以前一类为主。

从用途考虑还有一类缓冲溶液称作标准缓冲溶液，用于校正酸度计 pH 值。我国国家标准物质研究中心制定了 7 种 pH 标准缓冲物质组成，这部分内容见第四章。

（一）缓冲溶液 pH 值计算和配制

一般用作控制溶液酸度的缓冲溶液，对计算 pH 值的准确度要求不高，常用最简式计算。

（1）酸性缓冲溶液

$$[H^+] = K_a \frac{c_{HA}}{c_{A^-}}, \quad pH = pK_a + \lg \frac{c_{A^-}}{c_{HA}}$$

例 1　量取冰 HAc（浓度为 17mol/L）80mL，加入 160g NaAc·$3H_2O$，用水稀释至 1L，求此溶液的 pH 值（$M_{(NaAc·3H_2O)}$ = 136.08g/mol；$K_{HAc} = 1.8 \times 10^{-5}$）。

［解］ $c_{Ac^-} = \dfrac{160}{136.08} = 1.18\text{mol/L}$；$c_{HAc} = \dfrac{17 \times 80}{1000} = 1.36\text{mol/L}$

$$pH = pK_a + \lg \dfrac{c_{Ac^-}}{c_{HAc}} = 4.74 + \lg \dfrac{1.18}{1.36} = 4.68$$

（2）碱性缓冲溶液

$$[OH^-] = K_b \dfrac{c_B}{c_{BH^+}}，\quad pH = pK_w - pK_b + \lg \dfrac{c_B}{c_{BH^+}}$$

例 2 称取 NH_4Cl 50g 溶于水，加入浓氨水（浓度为 15mol/L）300mL，用水稀释至 1L，求此溶液的 pH 值。（$M_{(NH_4Cl)} = 53.49\text{g/mol}$；$K_b = 1.8 \times 10^{-5}$）

［解］ $c_{NH_4^+} = \dfrac{50}{53.49} = 0.94\text{mol/L}$；$c_{NH_3} = \dfrac{15 \times 300}{1000} = 4.50\text{mol/L}$

$$pH = pK_w - pK_b + \lg \dfrac{c_{NH_3}}{c_{NH_4^+}} = 14.00 - 4.74 + \lg \dfrac{4.50}{0.94} = 9.94$$

（3）缓冲溶液配制

例 3 配制 $pH = 4$，$c_{HAc} + c_{NaAc} = 1.0\text{mol/L}$ 的缓冲溶液 1.0L，需多少克 HAc 和 NaAc。$pK_{HAc} = 4.74$。

［解］ $pH = pK_a - \lg(c_{HAc}/c_{NaAc})$

$4 = 4.74 - \lg[c_{HAc}/(1 - c_{HAc})]$ $\quad c_{HAc} = 0.85\text{mol/L}$

$c_{NaAc} = 1 - 0.85 = 0.15\text{mol/L}$

需 HAc：$0.85 \times 60 = 51\text{g}$

NaAc：$0.15 \times 82.034 = 12\text{g}$

若需要精确计算缓冲溶液的 pH 值时，必须考虑离子强度的影响，就应该进行活度校正。例如计算 0.025mol/L KH_2PO_4-0.025mol/L Na_2HPO_4 标准缓冲溶液的 pH 值，不考虑离子强度的影响的计算值为 7.20，考虑离子强度的影响的计算值为 6.87，实验结果为 6.86，具体计算方法可参见文献。常用缓冲溶液配制方法见表 7-5。

表 7-5 常用缓冲溶液配制

pH	配制方法
0	1mol/L HCl
1	0.1mol/L HCl

pH	配制方法
2	0.01mol/L HCl
3.6	NaAc·3H$_2$O 16g,溶于水,加 6mol/L HAc 268mL,稀释至 1L
4.0	NaAc·3H$_2$O 40g,溶于水,加 6mol/L HAc 268mL,稀释至 1L
4.5	NaAc·3H$_2$O 64g,溶于水,加 6mol/L HAc 136mL,稀释至 1L
5	NaAc·3H$_2$O 100g,溶于水,加 6mol/L HAc 68mL,稀释至 1L
5.7	NaAc·3H$_2$O 200g,溶于水,加 6mol/L HAc 26mL,稀释至 1L
7	NH$_4$Ac 154g,溶于水,稀释至 1L
7.5	NH$_4$Cl 120g,溶于水,加 15mol/L 氨水 2.8mL,稀释至 1L
8	NH$_4$Cl 100g,溶于水,加 15mol/L 氨水 7mL,稀释至 1L
8.5	NH$_4$Cl 80g,溶于水,加 15mol/L 氨水 17.6mL,稀释至 1L

（二）缓冲容量和缓冲范围

缓冲容量是衡量缓冲溶液缓冲能力大小的尺度，常用 β 表示，其定义是：使 1L 缓冲溶液 pH 值增加 1 个 pH 单位所需加入强碱的量，或者使 pH 值减少 1 个 pH 单位所需加入强酸的量。

缓冲容量的大小与下列两个因素有关：

① 缓冲物质的总浓度越大，β 越大；

② 缓冲物质总浓度相同时，组分浓度比 $\left(\dfrac{c_{A^-}}{c_{HA}} \text{ 或 } \dfrac{c_B}{c_{BH^+}}\right)$ 越接近 1，β 越大。当组分浓度 1∶1 时，β 最大。

一般规定，缓冲溶液中两组分浓度比在 10∶1 和 1∶10 之间为缓冲溶液有效的缓冲范围。

对 HA-A$^-$ 体系，pH=pK_a±1 （缓冲范围）

对 B-BH$^+$ 体系，pOH=pK_b±1 （缓冲范围）

（三）缓冲溶液选择

选择缓冲溶液时应考虑下列原则：

① 缓冲溶液对测定过程无干扰；

② 根据所需控制的 pH 值，选择相近 pK_a 或 pK_b 的缓冲溶液；

③ 应有足够的缓冲容量，即缓冲组分的浓度要大一些，一般在 0.01~0.1mol/L 之间。

三、酸碱滴定曲线方程和滴定曲线

（一）酸碱滴定曲线方程

上面已经给出了 pH 值计算的精确通用计算公式（7-17），通过该式很容易写出滴定任意酸碱系统的酸碱滴定曲线方程。例如我们要写出强碱滴定一元弱酸的滴定曲线方程：假定以浓度为 c 的 NaOH 标准溶液，滴定浓度为 c_0、体积为 V_0 的 HB。当加入体积为 V 的 NaOH，按式(7-17)可得：

$$[H^+]-[OH^-]+cV/(V+V_0)-[c_0V_0/(V+V_0)][K_a/([H^+]+K_a)]=0$$

以 $(V+V_0)/c_0V_0$ 乘等式两边得：

$$[(V+V_0)/c_0V_0]([H^+]-[OH^-])+$$

$$cV/c_0V_0-K_a/([H^+]+K_a)=0$$

$$\because \phi=cV/c_0V_0$$

$$\therefore \phi=[(V+V_0)/c_0V_0]([OH^-]-[H^+])+\delta_B^- \qquad (7-18)$$

式(7-18)即为强碱滴定一元弱酸的滴定曲线方程。

下面给出利用式(7-17)写出的滴定任意混酸或任意混碱系统的通用滴定曲线方程：

$$[H^+]-[OH^-]+cV/(V+V_0)-c_aV_0/(V+V_0)$$

$$-\sum_{j=1}^{N}[V_0/(V+V_0)]c_jQ_j=0 \qquad (7-19)$$

$$[H^+]-[OH^-]-cV/(V+V_0)+c_bV_0/(V+V_0)$$

$$+\sum_{i=1}^{M}[V_0/(V+V_0)]c_iQ_i=0 \qquad (7-20)$$

式(7-19)中，c 为强碱标准溶液浓度，V 为滴定剂体积，c_a 为试样中强酸的浓度，c_j 为试样中第 j 种弱酸的浓度，N 为存在弱酸的数目，V_0 为试样的原始体积，Q_j 与式(7-17)含义相同。

式(7-20)中，c 为强酸标准溶液浓度，V 为滴定剂体积，c_b 为试样中强碱的浓度，c_i 为试样中第 i 种弱碱的浓度，M 为存在弱碱的数目，V_0 为试样的原始体积，Q_i 与式(7-17)含义相同。

当指定滴定剂体积 V 值后，利用上两式就可以计算出对应的 pH 值，将计算所得的 pH 值对 V 或 ϕ 作图，即可绘制出 S 形酸碱滴定曲线。计算程序可参阅相关文献。

(二) 酸碱滴定曲线

利用通用滴定曲线方程可以绘制出不同滴定类型的滴定曲线，见图 7-5～图 7-12。

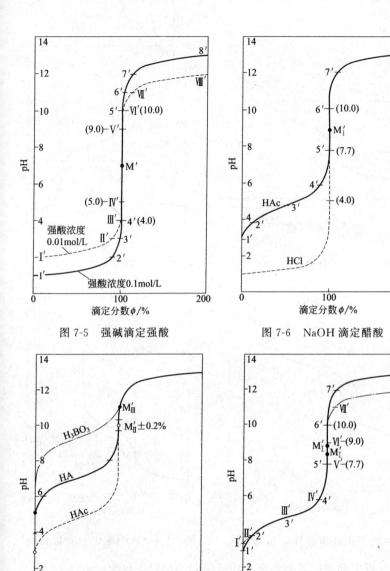

图 7-5　强碱滴定强酸

图 7-6　NaOH 滴定醋酸

图 7-7　NaOH 滴定几种弱酸

图 7-8　NaOH 滴定不同浓度 HAc

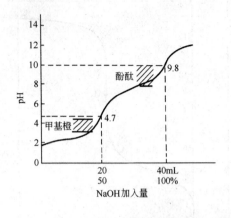

图 7-9　NaOH 滴定 H_3PO_4

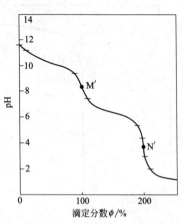

图 7-10　HCl 滴定 Na_2CO_3

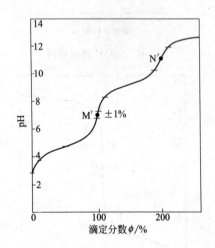

图 7-11　NaOH 滴定 HAc 和 H_3BO_3

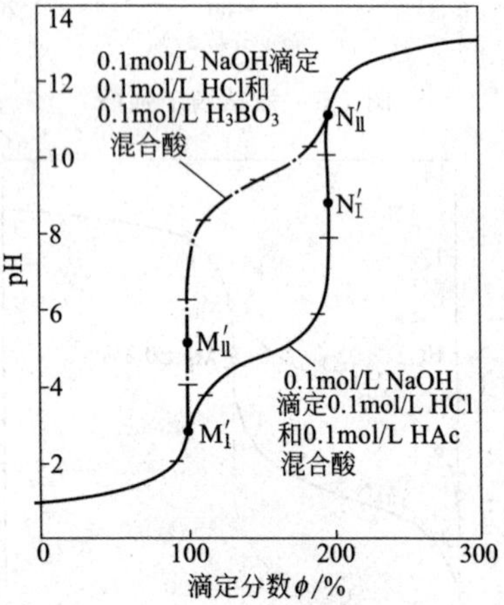

图 7-12　NaOH 滴定 HCl 和 HAc

从以上列举的各类滴定曲线可以归纳出以下规律：

（1）滴定曲线的形状在滴定开始时比较平坦，随着滴定的进行，逐渐向上倾斜，在化学计量点前后，曲线垂直上升，表明溶液 pH 值有突然的改变，以后曲线又比较平坦，这个特点在图 7-5 强碱滴定强酸的滴定曲线上反映最为突出。从图上 $1' \to 2'$，此时 HCl 被滴定了 90%，而 pH 值仅从 $1.00 \to 2.28$；从 $4' \to 5'$，此时 HCl 被滴定从

99.9%→100.1%，即相当于加了一滴（0.04mL）标准溶液，而 pH 从 4.39→9.70（图中标的值是未经体积校正的值，此处的 pH 值是经过体积校正的值），改变了 5.31 个 pH 值单位；过了化学计量点从 $7'→8'$，溶液 pH 值由过量 NaOH 决定，pH 值从 11.7→12.50。在化学计量点前后 0.1%，这种 pH 值的突然改变称为滴定突跃，突跃所在的 pH 范围称滴定突跃范围。

（2）滴定突跃范围与被滴溶液浓度有关，强碱滴定强酸时，酸碱浓度变化 10 倍，滴定突跃范围的 pH 值改变 2 个单位，见图 7-5 中的虚线从 $IV'→V'$。当滴定弱酸时，同样浓度的变化引起的滴定突跃范围的变化将变小，和酸的离解常数有关，见图 7-8。

（3）酸的强弱是影响滴定突跃范围最重要的因素，酸愈弱，滴定突跃范围愈小。图 7-6 中同时列出了滴定 HCl 和 HAc 的滴定曲线，HAc 的滴定突跃范围从 $5'→6'$，对应的 pH 值从 7.74→9.7（此处的 pH 值是经过体积较正的值），明显地小于滴定 HCl 的滴定突跃范围。图 7-7 给出了滴定具有不同离解常数的弱酸（$K_{HAc}=1.75\times10^{-5}$、$K_{HA}=10^{-7}$、$K_{H_3BO_3}=5.8\times10^{-10}$）的滴定曲线，从图中可以看出，当酸的浓度一定时，$K_a$ 值越大，滴定突跃范围越大；K_a 值越小，滴定突跃范围越小。当 $cK_a<10^{-8}$ 时，就看不出明显的突跃了，即应用一般酸碱指示剂无法确定滴定终点。若要求终点误差不大于 0.2%，$cK_a\geqslant10^{-8}$ 可作为弱酸能被准确滴定的判别式。类似地，$cK_b\geqslant10^{-8}$ 可作为对弱碱能被准确滴定的判别式。

（4）在图 7-9 H_3PO_4 滴定曲线上可以看到两个滴定突跃，H_3PO_4 的三步离解常数分别为：

$$K_{a_1}=7.6\times10^{-3}; \ K_{a_2}=6.3\times10^{-8}; \ K_{a_3}=4.4\times10^{-13}$$

当用 $c_{(NaOH)}=0.1000$ mol/L NaOH 溶液滴定 $c_{(H_3PO_4)}=0.1000$ mol/L 的 H_3PO_4 溶液时，从 H_3PO_4 第一步离解常数可以看出

$$cK_{a_1}>10^{-8}, \ \frac{K_{a_1}}{K_{a_2}}>10^5$$

因此用碱中和第一步离解的 H^+ 可以得到第一个滴定突跃。从 H_3PO_4 第二步离解常数可以看出

$$cK_{a_2} \approx 10^{-8}, \quad \frac{K_{a_2}}{K_{a_3}} > 10^5$$

因此用碱中和第二步离解的 H^+ 可以得到第二个滴定突跃。最后由于 H_3PO_4 的第三步离解，$cK_{a_3} < 10^{-8}$，因此得不到第三个滴定突跃，说明不能用碱继续直接滴定。

通过大量实践证明，对多元酸的滴定可作出如下的判断：

① 当 $c_{酸} K_{酸1} \geqslant 10^{-8}$ 时，这一级离解的 H^+ 可以被滴定。

② 当相邻的两个 $K_{酸}$ 值，相差 10^5 时，较强的那一级离解的 H^+ 先被滴定，出现第一个滴定突跃，较弱的那一级离解的 H^+ 后被滴定。但能否出现第二个滴定突跃，则取决于酸的第二级离解常数值是否满足

$$c_{酸} K_{酸2} \geqslant 10^{-8}$$

如果是大于或等于 10^{-8}，则有第二个突跃。

③ 如相邻的 $K_{酸}$ 值相差小于 10^5 时，滴定时两个滴定突跃将混在一起，这时只有一个滴定突跃。

多元碱的滴定与多元酸的滴定类似，有关多元酸分步滴定的结论也适用于强酸滴定多元碱，只要将上面判别式中的 $K_{酸}$ 换成 $K_{碱}$。图 7-10 是 HCl 滴定 Na_2CO_3 的滴定曲线，Na_2CO_3 是二元碱，其 $K_{b_1} = \frac{K_w}{K_{a_2}} = 1.8 \times 10^{-4}$；$K_{b_2} = \frac{K_w}{K_{a_1}} = 2.4 \times 10^{-8}$。

判断：① $cK_{b_1} = 1.8 \times 10^{-5} > 10^{-8}$；② $cK_{b_2} = 0.05 \times 2.4 \times 10^{-8} = 1.2 \times 10^{-9}$；③ $\frac{K_{b_1}}{K_{b_2}} \approx 10^4$，又有 HCO_3^- 的缓冲作用，第一突跃不够明显，第二个突跃也不理想。

事实上能满足以上条件的多元酸或多元碱是很少的，尤其是相邻两个 $K_{酸}$ 很少相差 10^5，对于这类多元酸或多元碱不能分步准确滴定。若多元酸或多元碱的最后一步离解常数能满足 $cK \geqslant 10^{-8}$，测定这类多元酸或多元碱时，通常是滴定到中和全部 H^+ 或 OH^-。

（5）图 7-11 是滴定混合酸的滴定曲线，这种情况和滴定多元酸相似。当两种酸满足下列条件：$c_{HA}K_{HA} \geqslant 10^{-8}$ 和 $c_{HA}K_{HA}/c_{HB}K_{HB} > 10^5$ 时，则可以在第二种酸 HB 存在时滴定第一种酸 HA。该例为以

0.1mol/L NaOH 滴定 0.1mol/L HAc 和 0.1mol/L H_3BO_3，两种酸满足上述条件，可以在 H_3BO_3 存在下滴定 HAc。但是突跃不大，约为 pH6.7～7.3，可选溴百里酚兰（$pT=7.3$）为指示剂。

显然，两弱酸的电离常数相差越大，在滴定至电离常数大的酸的化学计量点时，其反应越完全，突跃范围大，测定准确度高。图 7-11 中第二个突跃相应于单独滴定 H_3BO_3 的终点，由于 H_3BO_3 太弱，突跃太小，无法准确滴定。

（6）图 7-12 是滴定强酸弱酸混合溶液的滴定曲线，图中的实线是 0.1mol/L NaOH 滴定 0.1mol/L HCl 和 0.1mol/L HAc 液的滴定曲线。HAc 的 $K_a = 1.8 \times 10^{-5}$，滴定 HCl 的化学计量点附近突跃小，不能准确滴定 HCl 分量，第二化学计量点附近突跃大，可以准确滴定混合酸的总量。图中虚线表示弱酸（HA）的 $K_a = 10^{-9}$ 时的滴定曲线，此时第一化学计量点附近突跃比第二化学计量点附近突跃大，能准确滴定 HCl 分量但不能准确滴定混合酸的总量。只有当弱酸的 K_a 约为 10^{-7}，这时第一化学计量点附近突跃和第二化学计量点附近突跃大小相近，且有足够的突跃范围，既能滴定 HCl，又能滴定弱酸 HA。另外还和 HCl 和 HA 的相对浓度有关，若 HCl 浓度越大，HA 浓度越小，HCl 滴定的准确度越高，HCl 浓度影响比 HA 浓度影响大。

以上从不同类型滴定曲线归纳出的规律十分重要，这是指导制定酸碱滴定方法的依据。

四、酸碱指示剂

（一）变色原理

酸碱指示剂一般是结构复杂的有机弱酸或弱碱，它们的酸式和其共轭碱式具有不同的颜色。在滴定过程中，溶液 pH 改变时，指示剂或给出质子由酸式变为其共轭碱式，或接受质子由碱式变为其共轭酸式，引起结构的改变。这就是指示剂的变色原理。例如，甲基橙

$$(CH_3)_2\overset{+}{N} =\!\!\!=\!\!\!= N -\!\!\!\!\overset{H}{N}-\!\!\!\!\bigcirc\!\!-SO_3^- \underset{H^+}{\overset{OH^-}{\rightleftharpoons}} (CH_3)_2N-\!\!\!\bigcirc\!\!-N=\!\!N-\!\!\!\bigcirc\!\!-SO_3^-$$

红色（醌式）　　　　　　　　　　黄色（偶氮式）

以 HIn 代表指示剂的酸式，In⁻ 代表其共轭碱式，则存在：

$$HIn \rightleftharpoons H^+ + In^-, \quad K_{HIn} = \frac{[H^+][In^-]}{[HIn]}, \quad K_{HIn} \text{ 称为指示剂常数。}$$

$\dfrac{[In^-]}{[HIn]} = \dfrac{K_{HIn}}{[H^+]}$ 说明指示剂颜色变化取决于 $\dfrac{[In^-]}{[HIn]}$ 的比值，而此比值的改变取决于溶液中 $[H^+]$。

当 $\dfrac{[In^-]}{[HIn]} = 1$，即酸式色和碱式色各占一半时，$pH = pK_{HIn}$，称为理论变色点。

（二）变色范围

指示剂开始变色至变色终了时所对应的 pH 范围称为指示剂的变色范围。

一般地说，$\dfrac{[In^-]}{[HIn]} \leqslant \dfrac{1}{10}$ 时，看到的只是 HIn 的颜色，此时 $[H^+] \geqslant 10K_{HIn}$，$pH \leqslant pK_{HIn} - 1$。

当 $\dfrac{[In^-]}{[HIn]} \geqslant 10$ 时，看到的只是 In⁻ 的颜色，此时 $[H^+] \leqslant \dfrac{K_{HIn}}{10}$，$pH \geqslant pK_{HIn} + 1$。

所以指示剂的变色范围为 $pH = pK_{HIn} \pm 1$。但由于人眼对各种颜色的敏感程度不同，加以两种颜色有互相掩盖的作用，影响观察，实测到的酸碱指示剂的变色范围会有所差异，见表 7-6。在变色范围内指示剂颜色变化最明显的那一点的 pH 值，称为滴定指数，以 pT 表示，这点就是实际滴定终点，当人眼对指示剂的两种颜色同样敏感时，则 $pT = pK_{HIn}$。

表 7-6　常用的酸碱指示剂

指示剂	变色范围 pH	颜色		pK_{HIn}	pT	浓度
		酸色	碱色			
百里酚蓝（第一次变色）	1.2～2.8	红	黄	1.6	2.6	1g/L（20%乙醇溶液）
甲基黄	2.9～4.0	红	黄	3.3	3.9	1g/L（90%乙醇溶液）
甲基橙	3.1～4.4	红	黄	3.4	4	0.5g/L水溶液
溴酚蓝	3.1～4.6	黄	紫	4.1	4	1g/L（20%乙醇溶液），或指示剂钠盐的水溶液

指 示 剂	变色范围 pH	颜色		pK$_{HIn}$	pT	浓 度
		酸色	碱色			
溴甲酚绿	3.8～5.4	黄	蓝	4.9	4.4	0.1％水溶液,每 100mg 指示剂加 0.05mol/L NaOH 2.9mL
甲基红	4.4～6.2	红	黄	5.0	5.0	0.1％(60％乙醇溶液),或指示剂钠盐的水溶液
溴百里酚蓝	6.0～7.6	黄	蓝	7.3	7	0.1％(20％乙醇溶液),或指示剂钠盐的水溶液
中性红	6.8～8.0	红	黄橙	7.4		0.1％(60％乙醇溶液)
酚红	6.7～8.4	黄	红	8.0	7	0.1％(60％乙醇溶液),或指示剂钠盐的水溶液
酚酞	8.0～9.6	无	红	9.1		0.1％(90％乙醇溶液)
百里酚蓝 (第二次变色)	8.0～9.6	黄	蓝	8.9	9	0.1％(20％乙醇溶液)
百里酚酞	9.4～10.6	无	蓝	10.0	10	0.1％(90％乙醇溶液)

(三) 混合指示剂

在酸碱滴定中,有时需要将滴定终点限制在很窄的 pH 值范围内,这时可采用混合指示剂。混合指示剂配制方法有两种:一种方法是用两种指示剂按一定比例混合而成;另一种方法是用一种指示剂与另一种不随 H$^+$ 浓度变化而改变颜色的染料混合而成。这两种方法配成的混合指示剂,都是利用彼此颜色之间的互补作用,使颜色的变化更加敏锐。例如甲基红和溴甲酚绿所组成的混合指示剂:

溶液酸度(pH)	甲基红	溴甲酚绿	甲基红＋溴甲酚绿混合指示剂
≤4.0	红色	黄色	橙色
=5.0	橙红色	绿色	灰色
≥6.2	黄色	蓝色	绿色

当 pH=5.1 时,甲基红的橙红色与溴甲酚绿的绿色互补呈灰色,色调变化极为敏锐。

常用的混合酸碱指示剂见表 7-7。

表 7-7　常用的混合酸碱指示剂

指示剂溶液的组成	变色点 pH	颜色		备　注
		酸色	碱色	
一份 1g/L 甲基黄乙醇溶液 一份 1g/L 亚甲基蓝乙醇溶液	3.25	蓝紫色	绿色	pH3.4 绿色 pH3.2 蓝紫色
一份 1g/L 甲基橙水溶液 一份 2.5g/L 靛蓝二磺酸钠水溶液	4.1	紫色	黄绿色	
三份 1g/L 溴甲酚绿乙醇溶液 一份 2g/L 甲基红乙醇溶液	5.1	酒红色	绿色	
一份 1g/L 溴甲酚绿钠盐水溶液 一份 1g/L 氯酚红钠盐水溶液	6.1	黄绿色	蓝紫色	pH5.4 蓝紫色,pH5.8 蓝色, pH6.0 蓝带紫,pH6.2 蓝紫
一份 1g/L 中性红乙醇溶液 一份 1g/L 亚甲基蓝乙醇溶液	7.0	蓝紫色	绿色	pH7.0 紫蓝
一份 1g/L 甲酚红钠盐水溶液 三份 1g/L 百里酚蓝钠盐水溶液	8.3	黄色	紫色	pH8.2 玫瑰色,pH8.4 清晰的紫色
一份 1g/L 百里酚蓝 50%乙醇溶液 三份 1g/L 酚酞 50%乙醇溶液	9.0	黄色	紫色	从黄到绿再到紫
二份 1g/L 百里酚酞乙醇溶液 一份 1g/L 茜素黄乙醇溶液	10.2	黄色	紫色	

综上所述，可以得出如下 3 点结论：

① 酸碱指示剂由于它们的 K_{HIn} 不同，其变色范围、理论变色点和 pT 都不同。

② 各种指示剂的变色范围的幅度各不相同，但一般来说，不大于 2 个 pH 单位，也不小于 1 个 pH 单位，大多数指示剂的变色范围是 1.6～1.8 个 pH 单位。

③ 某些酸碱滴定中，化学计量点附近的 pH 值突跃范围较小，一般指示剂难以准确指示终点时，可采用混合指示剂。

五、单一酸、碱的滴定

(一) cK_a (或 cK_b) $\geqslant 10^{-8}$ 的单一酸、碱的滴定方法

符合判别式 cK_a (或 cK_b) $\geqslant 10^{-8}$ 条件的酸、碱都可以用直接滴定法测定，此时只要根据被测酸、碱的滴定突跃范围和指示剂的变色范围，按照变色范围全部或一部分在滴定突跃范围内的原则选择指示剂，其测定方法就确定了。

1. 强酸及强碱的滴定

强酸及强碱的滴定是酸碱滴定法典型的应用实例，在这类滴定中

滴定突跃范围宽，可选用的指示剂多，常用的有甲基红、甲基橙或酚酞。滴定突跃与滴定溶液浓度和温度有关，表 7-8 列出了不同浓度时强碱滴定强酸溶液 pH 值改变情况。对滴定浓度较稀的溶液，要根据表 7-8 选择合适的指示剂。

表 7-8 不同浓度时强碱滴定强酸溶液 pH 值改变情况

酸溶液浓度 /(mol/L) ＼ pH 值 ＼ 加入 NaOH 的滴定百分数 /%	0	90	99	99.9	100	100.1	101	110
1	0	1.3	2.3	3.3	7	10.7	11.7	12.7
0.1	1	2.3	3.3	4.3	7	9.7	10.7	11.7
0.01	2	3.3	4.3	5.3	7	8.7	9.7	10.7
0.001	3	4.3	5.3	6.3	7	7.7	8.7	9.7

2. 弱酸的滴定

根据强碱滴定弱酸的滴定曲线，这一类滴定应选择碱性范围内变色的指示剂，其变色范围应尽可能与化学计量点的 pH 值接近，常用的有酚酞和百里酚兰。强碱滴定弱酸的滴定突跃范围与弱酸 K_a 及浓度的关系见表 7-9。

表 7-9 强碱滴定弱酸的滴定突跃范围与弱酸 K_a 及浓度的关系

弱酸 K_a ＼ pH 值 ＼ 强碱浓度	1mol/L			0.1mol/L			0.01mol/L		
	−0.2%	化学计量点	+0.2%	−0.2%	化学计量点	+0.2%	−0.2%	化学计量点	+0.2%
10^{-3}	5.5	8.3	11.0	5.6	7.8	10.0	5.7	7.35	9.0
10^{-4}	6.5	8.8	11.0	6.6	8.3	10.0	6.7	7.85	9.0
10^{-5}	7.5	9.3	11.0	7.6	8.8	10.0	7.7	8.35	9.0
10^{-6}	8.5	9.8	11.0	8.6	9.3	10.0	8.57	8.85	9.14
10^{-7}	9.5	10.3	11.0	9.56	9.8	10.13	9.25	9.35	9.46
10^{-8}	10.44	10.8	11.1	10.21	10.3	10.42	9.83	9.85	9.87
10^{-9}	11.16	11.3	11.39	10.78	10.78	10.82	10.35	10.35	10.35
10^{-10}	11.76	11.8	11.85						

利用该表可判断能否用强碱直接滴定某一已知强度的弱酸，并可

预知滴定时应选用的指示剂。例如对于浓度为 $0.1mol/L$，电离常数大于 $5×10^{-7}$ 的弱酸溶液，以百里酚酞为指示剂，仍可用强碱直接滴定。

3. 弱碱的滴定

根据强酸滴定弱碱的滴定曲线，这一类滴定应选择酸性范围内变色的指示剂，其变色范围应尽可能与化学计量点的 pH 值接近，常用的有甲基红和溴甲酚绿。强酸滴定弱碱的滴定突跃范围与弱碱 K_b 及浓度关系见表 7-10。

表 7-10 强酸滴定弱碱的滴定突跃范围与弱碱 K_b 及浓度的关系

弱碱 K_b ＼ 强酸浓度／ pH 值	1mol/L			0.1mol/L			0.01mol/L		
	−0.2 %	化学计量点	+0.2 %	−0.2 %	化学计量点	+0.2 %	−0.2 %	化学计量点	+0.2 %
10^{-3}	8.5	5.7	3.0	8.4	6.2	4.0	8.3	6.65	5.0
10^{-4}	7.5	5.2	3.0	7.4	5.7	4.0	7.3	6.15	5.0
10^{-5}	6.5	4.7	3.0	6.4	5.2	4.0	6.3	5.65	5.0
10^{-6}	5.5	4.2	3.0	5.4	4.7	4.0	5.43	5.15	4.86
10^{-7}	4.7	3.7	3.0	4.44	4.2	3.87	4.75	4.65	4.54
10^{-8}	3.56	3.2	2.9	3.79	3.7	3.58	4.17	4.15	4.13
10^{-9}	2.84	2.7	2.55	3.22	3.2	3.18	3.65	3.65	3.65
10^{-10}	2.26	2.2	2.15						

利用该表可判断能否用强酸直接滴定某一已知强度的弱碱，并可预知滴定时应选用的指示剂。某些易挥发的弱碱，如氨水、伯胺类等，测定时应避免挥发，可于试样中加入过量酸，然后回滴剩余的酸。

（二）cK_a（或 cK_b）$<10^{-8}$ 的单一酸、碱的滴定方法

不符合判别式 cK_a（或 cK_b）$\geqslant 10^{-8}$ 条件的酸、碱不能用直接滴定法滴定，从根本上说这是反应完全度的问题。解决这类酸、碱的滴定有两类方法：一类是利用化学反应使被测极弱酸、碱转变成较强的酸、碱，或置换出强酸、强碱；另一类是利用计算滴定法。

1. 利用化学反应的方法

例 1 H_3BO_3 浓度测定。

硼酸 $K_a = 6.4 \times 10^{-9}$，不能用直接滴定法滴定，但硼酸与甘露醇、甘油等多元醇可组成较强的配合酸，其 $pK_a = 4.26$，可用直接滴定法滴定。反应如下：

测定步骤为：每 10mL 0.1mol/L 硼酸溶液中加入 $0.5 \sim 0.7g$ 甘露醇，以酚酞为指示剂用 0.1mol/L NaOH 标准溶液滴定至微红，再加入 1g 甘露醇搅拌，如褪色应再滴定，重复至滴定不褪色。

例 2 铵盐中氮含量测定。

铵盐 $pK_a = 9.26$，所以不能用直接滴定法滴定，可用甲醛法测定。甲醛与铵盐反应，生成质子化六亚甲基四胺和 H^+，此生成的酸（包括质子化六亚甲基四胺，$K_a = 7.1 \times 10^{-6}$）可以用标准碱溶液滴定。反应式如下：

$$4NH_4^+ + 6HCHO \Longrightarrow (CH_2)_6N_4H^+ + 3H^+ + 6H_2O$$

$$(CH_2)_6N_4H^+ + 3H^+ + 4OH^- \Longrightarrow (CH_2)_6N_4 + 4H_2O$$

六亚甲基四胺为弱碱（$K_b = 1.4 \times 10^{-9}$），故选用酚酞作指示剂，以确定终点。此法要注意两点：

① 市售 40% 甲醛溶液常含微量酸，必须预先用碱中和至酚酞指示剂呈现淡红色（pH $\approx$ 8.5），再用它与铵盐试样作用。

② 如果试样中含有游离酸，事先应以甲基红为指示剂，用碱中和至甲基红变黄（pH $\approx$ 6）。

例 3 利用离子交换法滴定 NH_4Cl、KNO_3 等。

NH_4Cl 的 NH_4^+ 与氢型强酸性阳离子交换树脂交换置换出 HCl，其反应如下：$NH_4Cl + R-SO_3H \Longrightarrow R-SO_3NH_4^+ + HCl$。在流出液中以标准碱液滴定所产生的 HCl 来测定 NH_4Cl。

KNO_3 的 NO_3^- 与 OH 型强碱性阴离子交换树脂交换置换出 KOH，其反应如下：$KNO_3 + R-NR_3'OH \Longrightarrow R-NR_3'NO_3 + KOH$。在流出液中以标准酸液滴定所产生的 KOH 来测定 KNO_3。

2. 利用计算滴定法

(1) 应用殷格曼函数公式的线性滴定法 殷格曼函数公式如下：

$$V_e - V = V\{H\}K_{HA}^H + (V_0 + V)([H] - [OH])(1 + \{H\}K_{HA}^H)/c_B$$

$$(7-21)$$

式中，V_e 为滴定至终点时耗去碱液的体积，mL；V_0 为被测一元酸原始体积；V 为加入强碱滴定液的体积；c_B 为强碱浓度；$\{H\}$ 为 H^+ 活度；K_{HA}^H 为被测一元酸的混合稳定常数，它是混合离解常数的倒数。

其滴定步骤为：取一定体积的样品溶液，然后采用等间隔分步加入法加入已知浓度的 NaOH 标准溶液，每加入一份溶液后测定 H^+ 活度 $\{H\}$（即溶液的 pH 值），直至加入的 NaOH 物质的量约为被测酸物质的量的一倍为止。现以 0.09961mol/L NaOH 溶液滴定 100mL H_3BO_3 溶液为例，所得测定结果如下表。表中，V_i 为加入的 NaOH 溶液体积，pH_i 为对应的溶液 pH 值。

V_i	pH_i	V_i	pH_i	V_i	pH_i	V_i	pH_i	V_i	pH_i
0.00	6.710	2.50	9.132	5.00	10.170	7.50	11.420	10.00	11.744
0.50	8.284	3.00	9.326	5.50	10.560	8.00	11.504		
1.00	8.590	3.50	9.490	6.00	10.910	8.50	11.580		
1.50	8.818	4.00	9.670	6.50	11.150	9.00	11.644		
2.00	9.000	4.50	9.890	7.00	11.300	9.50	11.700		

已知 H_3BO_3 的 $K_{HA}^H = 1.74 \times 10^9$，此时公式(7-21)右边各项都是已知的，故可以计算出 $V_e - V$ 值。在应用殷格曼函数公式计算时，要注意两点：① 必须控制滴定溶液的离子强度 $\mu = 0.1$；② 算式中 $[H]$ 和 $[OH]$ 宜用活度，当离子强度 $\mu = 0.1$，$[H] = \{H\}/10^{-0.08}$，$[OH] = \{OH\}/10^{-0.12}$。

用 $(V_e - V)$ 对 V 作图，见图 7-13。从图 7-13 求得硼酸滴定终点 V_e 为 5.39mL，由此可算出硼酸含量。

(2) 单点法

Ivaska 在 1974 年提出了单点法，由式(7-21)推得：

$$V_e = V[\{H\}K_{HA}^H + ([H] - [OH])(1 + \{H\}K_{HA}^H)/c_B + 1] +$$
$$V_0([H] - [OH])(1 + \{H\}K_{HA}^H)/c_B$$

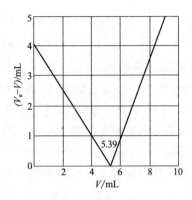

图 7-13　硼酸的滴定直线

上式可写为：
$$V_e = BV + A \qquad (7-22)$$

式中，$A = V_0([H] - [OH])(1 + \{H\} K_{HA}^H)/c_B$；$B = \{H\} K_{HA}^H + ([H] - [OH])(1 + \{H\} K_{HA}^H)/c_B + 1$。

在 K_{HA}^H 已知时，只要选择一个合适的 pH 测量点便可确定 V_e。具体的滴定方法是：先配制两个被测酸的标准液，用已知浓度的 NaOH 标准溶液滴定体积为 V_0 的标准酸至上述选择的 pH 值处测得的体积分别为 V^1 和 V^2，由此即可确定 A、B 值。同样地滴定未知液至该 pH 值时的 V 值代入式(7-22)即可解得 V_e，由此可算出被测酸含量。

（三）单一多元酸和多元碱的滴定方法

多元酸（碱）多数是弱酸（碱），在水溶液中分步离解，对这类物质的滴定，首先要关注的是它的最后一步离解常数，例如：草酸是二元酸，$K_{a_1} = 5.9 \times 10^{-2}$；$K_{a_2} = 6.4 \times 10^{-5}$。只要满足 $cK_{a_2} > 10^{-8}$ 的条件，不管其 K_{a_1} 和 K_{a_2} 相差多少，都可以准确地滴定至第二个化学计量点测定其总酸含量，指示剂可根据第二个化学计量点的 pH 值或相应的滴定突跃选择。若用 0.1mol/L NaOH 滴定 0.1mol/L $H_2C_2O_4$，经计算，第二个化学计量点为 pH=9，滴定突跃为 pH=8～10，故选酚酞作指示剂。从附录附表一所列弱酸（碱）的离解常数可知有相当数量的有机酸符合 $c \cdot K_{a_n} > 10^{-8}$ 的条件，如草酸、酒石酸、邻苯二甲酸、柠檬酸等。这些酸都可以用上述滴定草酸的方法滴定。

如若多元酸（碱）最后一步离解常数不满足 $cK_{a_n} > 10^{-8}$ 的条件，但是相邻二步离解常数如 $K_{a_1}/K_{a_2} \geqslant 10^5$，则可以通过分步滴定来测定其含量，如磷酸的测定。磷酸的 $cK_{a_3} < 10^{-8}$，而 $K_{a_1}/K_{a_2} \geqslant 10^5$ 和 $K_{a_2}/K_{a_3} \geqslant 10^5$，磷酸可分步准确滴定至 H_2A^- 和 HA^{2-} 两个型体，第一个化学计量点产物为 NaH_2PO_4，终点 pH=4.66，可选用溴甲酚绿或甲基红作指示剂。若选甲基红为指示剂，终点由红变黄，终定误差约为 -0.5%。第二个化学计量点产物为 Na_2HPO_4，终点 pH=9.78，可选用百里酚酞作指示剂，终点由无色变为浅蓝色，终定误差约为 $+0.3\%$。

多元碱的滴定类似于多元酸，只要符合 $cK_{b_n} > 10^{-8}$ 的条件，通常都是滴定至最后一个化学计量点测定其总碱含量。若不满足 $cK_{b_n} > 10^{-8}$ 的条件，只要相邻两步离解常数如 $K_{b_1}/K_{b_2} \geqslant 10^5$，就可以通过分步滴定来测定其含量。现以 $c_{(HCl)} = 0.1000 \text{mol/L}$ HCl 溶液滴定 $c_{(H_2CO_3)} = 0.1000 \text{mol/L}$ Na_2CO_3 为例进行说明。滴定分两步进行：第一步 $CO_3^{2-} + H^+ \Longrightarrow HCO_3^-$；第二步 $HCO_3^- + H^+ \Longrightarrow CO_2 \uparrow + H_2O$。

已知 H_2CO_3 的 $K_{a_1} = 4.2 \times 10^{-7}$；$K_{a_2} = 5.6 \times 10^{-11}$

则 Na_2CO_3 的 $K_{b_1} = \dfrac{K_w}{K_{a_2}} = 1.8 \times 10^{-4}$；$K_{b_2} = \dfrac{K_w}{K_{a_1}} = 2.4 \times 10^{-8}$

判断：①$cK_{b_1} = 1.8 \times 10^{-5} > 10^{-8}$；②$cK_{b_2} = 0.05 \times 2.4 \times 10^{-8} = 1.2 \times 10^{-9}$；③$\dfrac{K_{b_1}}{K_{b_2}} \approx 10^4$，又有 HCO_3^- 的缓冲作用，第一突跃不够明显，第二突跃也不很理想。HCl 滴定 Na_2CO_3 的滴定曲线如图 7-14 所示。

第一化学计量点时形成 $NaHCO_3$ 溶液，$[H^+] = \sqrt{K_{a_1} K_{a_2}}$；pH=8.31，可选酚酞作指示剂，终点误差约 1%，若选用甲酚红-百里酚蓝混合指示剂（pT=8.3），终点误差约 0.5%。第二化学计量点时，溶液被滴定形成的 CO_2 所饱和，H_2CO_3 的浓度约为 0.040mol/L，$[H^+] = \sqrt{K_{a_1} c}$；pH=3.89，可用甲基橙作指示剂。但由于 K_{b_2} 不够大，再加上 CO_2 饱和使溶液酸度增大，终点提前，

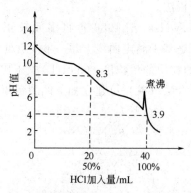

图 7-14　HCl 溶液滴定 Na_2CO_3 溶液的滴定曲线

为此，在滴定近终点时应剧烈摇动，促使 H_2CO_3 分解，最好将溶液煮沸 2min 除去 CO_2，使突跃变大，冷却后继续滴定至终点。若第二化学计量点时使用甲基红-溴甲酚绿混合指示剂，颜色由绿变暗红，终点较敏锐。

六、混合酸、碱的测定

混合酸（碱）可能是强酸（碱）与弱酸（碱）的混合，也可能是两种或多种弱酸（碱）的混合。

在本节的第三小节中已指出，对于强酸（碱）与弱酸（碱）的混合物，弱酸（碱）的 $K_a(K_b)$ 为 $10^{-6} \sim 10^{-7}$，才可能分别准确滴定强酸（碱）和弱酸（碱）；当 $K_a(K_b) < 10^{-7}$，只能准确滴定强酸（碱）；当 $K_a(K_b) > 10^{-6}$，只能测定总酸量。若是两种弱酸（碱）的混合，要满足 $c_{a(b)_1} K_{a(b)_1} > 10^{-8}$、$c_{a(b)_2} K_{a(b)_2}, > 10^{-8}$，且 $c_{a(b)_1} K_{a(b)_1} / c_{a(b)_2} K_{a(b)_2} > 10^5$ 条件，才能分别准确滴定，因此，对于离解常数接近的混合酸（碱）测定，用通常的滴定分析方法就无能为力。为解决这个问题，20 世纪 50 年代初瑞典化学家 Gran 提出了计算滴定分析。随着计算机和计算数学的发展和引入，当前计算滴定分析日趋成熟，它不受 $cK_{a(b)} > 10^{-8}$ 和 $\Delta pK_{a(b)} > 5$ 的限制，可用于极弱酸（碱）和混合酸（碱）的分析。最常用的计算滴定法包含三大类：线性滴定法、单点法和两点法、多元校正滴定分析法，其中应用最多的是多元校正滴定分析法。

Lindberg 和 Kowalski 于 1988 年将多元校正引入滴定分析中，这种多元分析方法是基于滴定曲线上每一 pH 点处滴定剂消耗的量 V（mL）与酸（碱）的物质的量浓度 c（mol/L）成正比，即 $V=kc$，k 为比例系数。对于混合酸（碱）可建立如下的测量模型：

$$V_1 = k_{i1}c_1 + k_{i2}c_2 + \cdots + k_{in}c_n + e$$
$$V_2 = k_{21}c_1 + k_{22}c_2 + \cdots + k_{2n}c_n + e \qquad (7\text{-}23)$$
$$\cdots\cdots$$
$$V_l = k_{l1}c_1 + k_{l2}c_2 + \cdots + k_{ln}c_n + e$$

式中，k_{ij} 为组分 j 在 pH 点 i 上的比例系数；V_i 为滴定混合样品至 pH 点 i 处消耗的滴定剂体积；c_j 为组分 j 的浓度，为未知待测量；n 为混合物中共存组分数，$j=1,2,\cdots n$；$i=1,2,\cdots,l,l$ 为测量 pH 点数；e 为测量误差。

在这里滴定曲线与光度波谱是一致的，故称滴定曲线为滴定波谱（pH 点及滴定体积分别对应于光度法中波长及吸光度）。滴定中一般采用等 pH 步长滴定法，即每隔 0.1 或 0.2 pH 记录滴定剂的加入量。

式(7-23)可采用矩阵表示：$v = Kc + e$ $\qquad (7\text{-}24)$

式中，K 是比例系数组成的矩阵，它可以通过滴定被测样品中各组分的已知浓度为 c 的标准溶液至相应的 pH 点时所用滴定剂体积 V，由公式 $V=kc$ 求得 k_{ij}。所谓相应的 pH 点是指滴定标准溶液至各点的 pH 值必须和测定样品时各点的 pH 值是相同的，所以这个方法有人称其为定 pH 滴定法。矢量 v 是滴定试样至各 pH 点时所用滴定剂体积 $V_i(i=1,2,\cdots,l)$。

当 $n=l$ 时，式(7-23)为常规方程组，可采用联立方程组解法。当 $l>n$ 时，上式为矛盾方程组，可采用多种算法求解。几乎所有的多元校正方法都适用于上式的求解，常用的有：多元线性回归、主成分回归、偏最小二乘法及因子分析法等。

下面仅介绍多元线性回归方法。

利用最小二乘法原理，由式(7-24)可得方程组

$$K^{t}Kc = K^{t}v \qquad (7\text{-}25)$$

式中，K^{t} 是 K 的转置矩阵，上式亦即

$$c = (K^t K)^{-1} K^t v \tag{7-26}$$

式中，$(K^t K)^{-1}$ 是 $K^t K$ 的逆矩阵，K 和 v 均为已知量，上式求得的矢量 c 即是试样中各组分浓度。

上述方法中，K 矩阵是通过滴定被测样品中各纯组分的已知浓度为 c 的标准溶液来求得的，这种方法被称为直接校正法。由于在混合体系中可能存在各组分间的相互作用，使各组分的性质与单纯存在的性质发生变化，因此由直接校正法所得的比例系数矩阵 K 会发生偏差，使浓度估计的可靠性有所下降，为此提出了间接校正法。这个方法是由滴定已知浓度的各组分组成的标准混合样至各 pH 点时所用的滴定剂体积来构成校正矩阵 V（训练集）。利用这校正矩阵来求出样品混合物中各组分纯物质的比例系数矩阵 K，由此来估计被测样品中各组分浓度。最常用的间接校正法是 K-矩阵法、P-矩阵法、主成分回归法和偏最小二乘法等。下面仅介绍 K-矩阵法。

K-矩阵法的思路是先通过混合物的校正矩阵借最小二乘法求得各组分的比例系数矩阵 K，然后再利用求得的比例系数矩阵 K 去求得未知待测物的各组分浓度。K-矩阵法的基本数学模型为：

$$V = KC \tag{7-27}$$

式中，矩阵 C 为 $(n \times p)$ 阶的浓度矩阵，它是由 p 个混合物的 n 个组分的浓度构成，它的每一列表示一个混合物对应的组分浓度矢量。每一列中各组分的取值是根据被测未知样品中可能存在的浓度范围及所采用的实验设计的方法来确定，浓度矩阵是已知的；矩阵 V 为 $(l \times p)$ 阶的校正矩阵，l 是 pH 测量点数，它是由在 l 个 pH 测量点处测量 p 个标准混合样的滴定剂体积值构成，也是已知的；矩阵 K 为 $(l \times n)$ 阶的比例系数矩阵。一般要求 $l > p$ 和 $l > n$，否则无法求解上述数学模型。

K-矩阵法的计算步骤为：

(1) 用最小二乘法求出 K，即

$$K = VC^t(CC^t)^{-1} \tag{7-28}$$

(2) 用求得的 K 借最小二乘法求出未知混合体系的浓度矢量 $c_{未知}$。

$$c_{\text{未知}} = (K^t K)^{-1} K^t v_{\text{未知}} \tag{7-29}$$

或
$$C_{\text{未知}} = (K^t K)^{-1} K^t V_{\text{未知}} \tag{7-30}$$

式中，矢量 $v_{\text{未知}}$ 是滴定一个试样至各 pH 点时所用滴定剂体积 V_i（$i = 1,\ 2,\ \cdots,\ l$）；矩阵 $V_{\text{未知}}$ 为滴定一组试样至各 pH 点时所用滴定剂体积矩阵。

从上述计算步骤可以看出 K-矩阵法需要两次求逆，使计算误差变大。

七、酸碱滴定终点误差

终点误差是指由于滴定终点与化学计量点不一致带来的误差，终点误差又称滴定误差，它不包括滴定操作本身所引起的误差。有关酸碱滴定终点误差公式，目前有不同的表达式，本书介绍的方法是从终点误差定义出发，利用酸碱滴定曲线方程计算出滴定至终点时所用滴定剂体积 V_{ep}，由此计算滴定误差。

根据终点误差定义，终点误差 E_t 可表述为：

$$E_t = \frac{n(\text{过量或不足的被测物的物质的量})}{n(\text{被测物的物质的量})} = (cV_{ep} - c_0 V_0)/c_0 V_0 \tag{7-31}$$

式中，c_0 为被测溶液浓度，V_0 为被测溶液体积，c 为标准溶液浓度，V_{ep} 为滴定至终点时所用滴定剂体积。在计算终点误差时，是假定 c_0、V_0、c 都是已知的，若指定滴定终点时的 pH 值，就可以利用酸碱滴定曲线方程计算出 V_{ep}，代入上式就可计算出 E_t。

例 1 用 0.1000mol/L NaOH 滴定 25.00mL 0.1000mol/L HCl。① 用甲基橙为指示剂，滴定至 pH＝4.00 为终点；② 用酚酞为指示剂，滴定至 pH＝9.00 为终点，分别计算滴定误差。

［解］ 滴定曲线方程为

用甲基橙为指示剂时：

$$(cV - c_0 V_0)/(V + V_0) = [OH^-] - [H^+]$$
$$(0.1000 \times V_{ep} - 0.1000 \times 25)/(V_{ep} + 25.00)$$
$$= 10^{-10} - 10^{-4} \quad V_{ep} = 24.95\text{mL}$$
$$E_t = (0.1000 \times 24.95 - 0.1000 \times$$

$25.00) \times 100\% /(0.1000 \times 25.00) = -0.20\%$

用酚酞为指示剂时：

$$(0.1000 \times V_{ep} - 0.1000 \times 25)/(V_{ep} + 25.00) =$$
$$10^{-5} - 10^{-9} \quad V_{ep} = 25.005 \text{mL}$$
$$E_t = (0.1000 \times 25.005 - 0.1000 \times 25.00) \times$$
$$100\% /(0.1000 \times 25.00) = 0.020\%$$

例 2 用 0.1000mol/L NaOH 滴定 25.00mL 0.1000mol/L HAc。用酚酞作指示剂，滴定至终点时比化学计量点 pH 高 0.50 单位，计算终点误差。

[**解**] 滴定一元弱酸的滴定曲线方程为：

$$[H^+] - [OH^-] + cV/(V+V_0) - [c_0V_0/(V+V_0)]$$
$$[K_a/([H^+] + K_a)] = 0$$

化学计量点时滴定产物为 Ac^-，其浓度为 $0.1000/2 = 0.05000 \text{mol/L}$，因 $c/K_b \gg 500$，故按最简式计算，求得：$[OH] = (K_b c)^{1/2} = (5.6 \times 10^{-10} \times 0.5000)^{1/2} = 3.5 \times 10^{-6} \text{mol/L}$，$pOH = 5.28$，$pH = 8.72$。

此时终点 pH 比化学计量点高 0.50 单位，所以终点时 $pH = 8.72 + 0.5 = 9.22$，故 $[H^+] = 6.0 \times 10^{-10} \text{mol/L}$，$[OH^-] = 1.7 \times 10^{-5} \text{mol/L}$。

$$6.0 \times 10^{-10} - 1.7 \times 10^{-5} + 0.1000V_{ep}/(V_{ep} + 25.00) - [0.1000 \times 25.00/(V_{ep} + 25.00)][1.8 \times 10^{-5}/(6.0 \times 10^{-10} + 1.8 \times 10^{-5})] = 0$$
$$V_{ep} = 25.0085 \text{mL}$$

$E_t = (0.1000 \times 25.0085 - 0.1000 \times 25.00) \times 100\% /(0.1000 \times 25.00) = 0.034\%$

例 3 以 0.1000mol/L NaOH 滴定 20.00mL 0.1000mol/L H_3PO_4（基本单元为 H_3PO_4），计算滴定至第一化学计量点 pH = 4.4 时的终点误差。

[**解**] 滴定三元弱酸的滴定曲线方程为：

$$[H^+] - [OH^-] + cV/(V+V_0) - [V_0c_0Q/(V+V_0)] = 0$$

式中，$Q = (K_{a_1}/[H^+] + 2K_{a_1} K_{a_2}/[H^+]^2 + 3K_{a_1}K_{a_2}K_{a_3}/$

$[H^+]^3)/(1+K_{a_1}/[H^+]+K_{a_1}K_{a_2}/[H^+]^2+K_{a_1}K_{a_2}K_{a_3}/[H^+]^3)$

滴定至 pH = 4.4 时，已知 H_3PO_4 的 $pK_{a_1} = 2.12$，$pK_{a_2} = 7.20$，$pK_{a_3} = 12.36$。代入上式计算得 $Q = 0.9964$。则

$3.98 \times 10^{-5} - 2.51 \times 10^{-10} + 0.1000 \times V_{ep}/(V_{ep} + 20.00) - [0.1000 \times 20.00 \times 0.9964/(V_{ep} + 20.00)] = 0$

$V_{ep} = 19.91 mL$

$E_t = (0.1000 \times 19.91 - 0.1000 \times 20.00) \times 100\%/(0.1000 \times 20.00)$

$= -0.44\%$

上面介绍的方法用手工运算是比较麻烦的，但可以利用本书提供的通用酸碱滴定曲线方程，编制计算酸碱滴定误差的通用程序，少去了手工运算的麻烦。

八、酸碱标准溶液配制和标定及酸碱滴定应用示例

(一) 酸碱标准溶液配制和标定

1. NaOH 标准溶液配制和标定

(1) 配制方法　NaOH 要吸收空气中的水和 CO_2，常含有 Na_2CO_3，必须除去。除去方法是先配成饱和溶液（约 500g/L），Na_2CO_3 不溶于浓碱中，待溶液澄清后，吸取上层清液配制，按 GB/T 601—2002 的《化学试剂标准滴定溶液的配制》的规定，配制方法如下：称取 110g NaOH，溶于 100mL 无 CO_2 的水中，摇匀，注入聚乙烯容器中，密闭放置至溶液清亮。按下表规定，用塑料管量取上层清液，用无 CO_2 的水稀释至 1000mL，摇匀。

NaOH 标准溶液浓度 $c_{(NaOH)}$/(mol/L)	NaOH 溶液体积 V/mL
1	54
0.5	27
0.1	5.4

(2) 标定　按下表的规定称取于 105～110℃ 电烘箱中干燥至恒重的工作基准试剂邻苯二甲酸氢钾，加无二氧化碳的水溶解，加 2 滴酚酞指示液（10g/L），用配制好的氢氧化钠溶液滴定至溶液呈粉红色，并保持 30s，同时做空白试验。

NaOH 标准溶液浓度 $c_{(NaOH)}$/(mol/L)	邻苯二甲酸氢钾的质量 m/g	无 CO_2 水的体积 V/mL
1	7.5	80
0.5	3.6	80
0.1	0.75	50

氢氧化钠标准滴定溶液的浓度 $[c_{(NaOH)}]$，单位为摩尔每升（mol/L），按下式计算：

$$c_{(NaOH)} = m \times 1000/[(V_1 - V_2)M] \qquad (7\text{-}32)$$

式中　m——邻苯二甲酸氢钾的质量，g；

　　　V_1——氢氧化钠溶液的体积，mL；

　　　V_2——空白试验氢氧化钠溶液的体积，mL；

　　　M——邻苯二甲酸氢钾的摩尔质量，$M_{(KHC_8H_4O_4)} = 204.22 \text{g/mol}$。

2. HCl 标准溶液配制和标定

（1）配制方法　按下表规定量取浓盐酸，注入 1000mL 水中，摇匀。

HCl 标准溶液浓度 $c_{(HCl)}$/(mol/L)	HCl 溶液体积 V/mL
1	90
0.5	45
0.1	9

（2）标定　按下表的规定称取于 270～300℃高温炉中灼烧至恒重的工作基准试剂无水碳酸钠，溶于 50mL 水中，加 10 滴溴甲酚绿-甲基红指示液，用配制好的盐酸溶液滴定至溶液由绿色变为暗红色，煮沸 2min，冷却后继续滴定至溶液再呈暗红色，同时做空白试验。

HCl 标准溶液浓度 $c_{(HCl)}$/(mol/L)	无水碳酸钠的质量 m/g
1	1.9
0.5	0.95
0.1	0.2

盐酸标准滴定溶液的浓度 $[c_{(HCl)}]$，单位为摩尔每升（mol/L），按式(7-33)计算：

$$c_{(\text{HCl})} = m \times 1000/[(V_1 - V_2)M] \qquad (7\text{-}33)$$

式中 m——无水碳酸钠的质量，g；

V_1——盐酸溶液的体积，mL；

V_2——空白试验盐酸溶液的体积，mL；

M——无水碳酸钠的摩尔质量，$M_{(1/2\text{Na}_2\text{CO}_3)} = 52.994\text{g/mol}$。

(二）酸碱滴定应用示例

1. 铵盐中氮含量的测定

常见的铵盐如 $(\text{NH}_4)_2\text{SO}_4$、$\text{NH}_4\text{Cl}$ 等，作为一种弱酸其 $\text{p}K_a = 14 - 4.74 = 9.26$，为极弱酸，不能用标准碱溶液直接滴定。常用的测定方法有两种：蒸馏法和甲醛法。

（1）蒸馏法   该法是将试样放于蒸馏瓶中，加入过量 NaOH 溶液，加热煮沸，蒸馏出 NH_3，反应式为：$\text{NH}_4^+ + \text{OH}^- \Longrightarrow \text{NH}_3\uparrow + \text{H}_2\text{O}$。蒸出的 NH_3，可用强酸如 H_2SO_4、HCl 吸收，亦可用硼酸吸收。若用强酸吸收，加入的强酸标准溶液是过量的，用碱标准溶液滴定反应后剩余的强酸标准溶液，根据滴定所用碱标准溶液的体积和浓度及吸收所用强酸标准溶液的体积和浓度即可计算出铵盐中氮含量。

例   称取试样 NH_4Cl 2.000g，加过量 KOH 溶液，加热蒸馏出的 NH_3 吸收在 50.00mL 0.5000mol/L HCl 标准溶液中，过量 HCl 用 0.5000mol/L NaOH 标准溶液滴定，用去 1.56mL，计算试样中 N 的含量。

[解]   N 含量 = $(50.00 \times 0.5000 - 1.56 \times 0.5000) \times 14.00/(2.000 \times 1000) \times 100\% = 16.95\%$

若用硼酸吸收，其反应为：$\text{NH}_3 + \text{H}_3\text{BO}_3 \Longrightarrow \text{NH}_4\text{BO}_2 + \text{H}_2\text{O}$。$\text{NH}_4\text{BO}_2$ 是弱碱，可以用酸标准溶液滴定测定铵盐中氮含量，指示剂为甲基红-溴甲酚绿混合指示剂。因滴定的是 NH_4BO_2，故硼酸吸收液只需过量即可。氮含量计算式为：

$$\text{N 含量} = \frac{(cV)_{\text{HCl}} \times \dfrac{14.00}{1000}}{G} \times 100\%$$

式中，G 为样品质量，g。

（2）甲醛法   详见前述 cK_a（或 cK_b）$< 10^{-8}$ 的单一酸、碱的

滴定方法中例 2。

2. 混合碱测定

混合碱通常是指 NaOH 和 Na_2CO_3 或 Na_2CO_3 和 $NaHCO_3$ 的混合物，在化工生产中，常遇到混合碱的测定，例如用 NaOH 溶液作去除乙炔气中 CO_2 吸收剂时，为保证其吸收率，需定时测定 NaOH 和 Na_2CO_3 含量；在用 $NaHCO_3$ 烧制 Na_2CO_3 时，要不断测定 Na_2CO_3 和 $NaHCO_3$ 含量，以了解其转化率。NaOH 和 Na_2CO_3 或 Na_2CO_3 和 $NaHCO_3$ 混合物的测定问题就是在本章第三节第六小节中讨论的混合碱测定问题，前者是强碱和弱碱的混合物而后者是两种弱碱的混合物。

测定 NaOH 和 Na_2CO_3 混合碱，用酚酞为指示剂，用 HCl 标准溶液滴定到终点时，相当于全部的 NaOH 和 1/2 的 Na_2CO_3 被中和（Na_2CO_3 被滴定至 $NaHCO_3$），此时消耗的 HCl 标准溶液的体积为 $V_{(HCl)1}$。继续加入甲基橙指示剂，滴定至第二个终点，此时相当于另一半 Na_2CO_3 被中和（$NaHCO_3$ 被滴定至 CO_2），消耗的 HCl 标准溶液的体积为 $V_{(HCl)2}$。由此可知消耗于 NaOH 的 HCl 标准溶液的物质的量为 $c_{HCl}(V_{(HCl)1}-V_{(HCl)2})$，NaOH 含量（g/L）的计算式为：

$$NaOH\ 含量 = \frac{c_{(HCl)} \times (V_{(HCl)1} - V_{(HCl)2}) \times \dfrac{M_{(NaOH)}}{1000}}{V} \times 1000$$

$M_{(NaOH)} = 40.00$

消耗于 Na_2CO_3 的 HCl 标准溶液的物质的量为 $c_{(HCl)} \times 2V_{(HCl)2}$，$Na_2CO_3$ 含量（g/L）的计算式为：

$$Na_2CO_3\ 含量 = \frac{c_{(HCl)} \times 2V_{(HCl)2} \times \dfrac{M_{(1/2Na_2CO_3)}}{1000}}{V} \times 1000$$

$M_{(1/2Na_2CO_3)} = 53.00$

测定 $NaHCO_3$ 和 Na_2CO_3 混合碱，用酚酞为指示剂，用 HCl 标准溶液滴定到终点时，相当于 1/2 的 Na_2CO_3 被中和，此时消耗的 HCl 标准溶液的体积为 $V_{(HCl)1}$。继续加入甲基橙指示剂，滴定至第二个终点，此时试样中原有的 $NaHCO_3$ 和相当于另一半的 Na_2CO_3 被中和，消耗的 HCl 标准溶液的体积为 $V_{(HCl)2}$。由此可知消耗于 Na_2CO_3 的 HCl 标准溶液的物质的量为 $c_{(HCl)} \times 2V_{(HCl)1}$，$Na_2CO_3$ 含量（g/L）的计算式为：

$$Na_2CO_3 \text{ 含量} = \frac{c_{(HCl)} \times 2V_{(HCl)1} \times \dfrac{M_{(1/2Na_2CO_3)}}{1000}}{V} \times 1000$$

消耗于 $NaHCO_3$ 的 HCl 标准溶液的物质的量为 $c_{(HCl)} \times (V_{(HCl)2} - V_{(HCl)1})$，$Na_2CO_3$ 含量（g/L）的计算式为：

$$NaHCO_3 \text{ 含量} = \frac{c_{(HCl)} \times (V_{(HCl)2} - V_{(HCl)1}) \times \dfrac{M_{(NaHCO_3)}}{1000}}{V} \times 1000$$

在混合碱测定中，若 $V_{(HCl)1} > V_{(HCl)2}$，则为 $NaOH$ 和 Na_2CO_3 的混合物，$V_{(HCl)2} > V_{(HCl)1}$，则为 Na_2CO_3 和 $NaHCO_3$ 的混合物。

3. 有机物测定示例

(1) 草酸纯度的测定　草酸（$H_2C_2O_4 \cdot 2H_2O$）是二元酸，只要浓度不是很低，可按一元酸用 $NaOH$ 标准溶液直接滴定，用酚酞作指示剂。草酸纯度（%）可按下式计算：

$$H_2C_2O_4 \cdot 2H_2O \text{ 含量} = \frac{c_{(NaOH)} \cdot V_{(NaOH)} \times \dfrac{126.07}{2000}}{G} \times 100\%$$

(2) 醛类的测定　醛类化合物既非酸又非碱，故不能用酸或碱直接滴定。但醛类化合物可以通过某些化学反应间接加以测定。例如，丙烯醛与盐酸羟氨在醇溶液中反应生成 HCl。

$$CH_2=CHCHO + NH_2OH \cdot HCl =$$
$$CH_2=(CH)_2=NOH + HCl + H_2O$$

可用甲基橙作指示剂，用 $NaOH$ 标准溶液滴定。丙烯醛含量（%）按下式计算：

$$CH_2CHCHO \text{ 含量} = \frac{c_{(NaOH)} \cdot V_{(NaOH)} \times \dfrac{56.06}{1000}}{G} \times 100\%$$

第四节 络合滴定法

一、络合滴定法概述

（一）方法简介

利用络合物的形成及解离反应进行的滴定称为络合滴定法，因络合物改称为配合物，故本书前几版该方法也改称为配合滴定法，本次再版时，按 GB/T 14666—2003 标准仍沿用原名络合滴定法，但络合物还称为配合物。能作为络合滴定的反应必须符合以下条件：

① 生成的配合物要有确定的组成，即中心离子与配位剂严格按一定比例化合；

② 生成的配合物要有足够的稳定性；

③ 配合反应速度要足够快；

④ 有适当的反映化学计量点到达的指示剂或其它方法。

虽然能够形成无机配合物的反应很多，而能用于滴定分析的并不多，原因是许多无机配合反应常常是分级进行，并且配合物的稳定性较差，因此计量关系不易确定。以 $AgNO_3$ 标准溶液滴定 CN^- 的例子是利用无机配位剂作滴定分析的少数成功的例子之一。反应式如下：

$$Ag^+ + 2CN^- \rightleftharpoons [Ag(CN)_2]^-$$

当滴定到化学计量点时，稍过量的 $AgNO_3$ 标准溶液与 $[Ag(CN)_2]^-$ 反应生成 $Ag[Ag(CN)_2]$ 白色沉淀，使溶液变混浊，指示滴定终点的到达。反应式如下：

$$Ag^+ + [Ag(CN)_2]^- \rightleftharpoons Ag[Ag(CN)_2] \downarrow （白色）$$

自 1945 年后，瑞士化学家 Schwarzenbach 采用氨羧配位剂作滴定剂，特别是使用了乙二胺四乙酸（EDTA）作配位剂后，开创了络合滴定法的新局面，成为了滴定分析法用于无机物测定的最重要方法之一，在二十世纪世纪五六十年代络合滴定法得到了飞速的发展。1963 年美国分析化学家 Ringbom 出版了专著《Complexation In Analytical Chemistry》，系统阐述了溶液复杂平衡体系的处理方法，进一步推动了络合滴定法的发展。计算机的普及应用，为络合滴定分析提供了强有力的计算手段，二十世纪八十年代在我国出现了计算机在络合滴定法中应用研究的热潮，发表了大量论文，如配位反应最佳pH值范围估计、单一离子能否准确滴定和混合离子能否连续滴定的判断程序、计算络合滴定过程中各化学物种浓度及建立配位平衡化学据库等。

（二）EDTA 及其分析应用方面的特性

1. EDTA 的性质

EDTA 是乙二胺四乙酸的简称，是取原文四个字首组成，即"ethylene-diamine tetraacetic acid"，其结构式为

它是一类含有氨基（ $-N\diagdown$ ）和羧基（ $-COOH$ ）的氨羧配位剂，是以

氨基二乙酸 $\left[-N\diagdown\begin{matrix} CH_2COOH \\ CH_2COOH \end{matrix} \right]$ 为主体的衍生物。

EDTA 用 H_4Y 表示。微溶于水（22℃时，每 100mL 水溶解 0.02g），难溶于酸和一般有机溶剂，但易溶于氨性溶液或苛性碱溶液中，生成相应的盐溶液。因此分析工作中常应用它的二钠盐即乙二胺四乙酸二钠盐，用 $Na_2H_2Y \cdot 2H_2O$ 表示。习惯上也称为 EDTA。

$Na_2H_2Y \cdot 2H_2O$ 是一种白色结晶状粉末，无臭无味，无毒，易精制，稳定。室温下其饱和溶液的浓度约为 0.3mol/L，水溶液 pH约 4.4。22℃时，每 100mL 水溶解 11.1g。H_4Y 溶于水时，两个羧基可再接受 H^+，成为 H_6Y^{2+}，这样，EDTA 相当于六元酸，有 6级离解常数：

$$H_6Y^{2+} \rightleftharpoons H^+ + H_5Y^+ \qquad K_{a_1} = 10^{-0.90}$$

$$H_5Y^+ \rightleftharpoons H^+ + H_4Y \qquad K_{a_2} = 10^{-1.60}$$

$$H_4Y \rightleftharpoons H^+ + H_3Y^- \qquad K_{a_3} = 10^{-2.00}$$

$$H_3Y^- \rightleftharpoons H^+ + H_2Y^{2-} \qquad K_{a_4} = 10^{-2.67}$$

$$H_2Y^{2-} \rightleftharpoons H^+ + HY^{3-} \qquad K_{a_5} = 10^{-6.16}$$

$$HY^{3-} \rightleftharpoons H^+ + Y^{4-} \qquad K_{a_6} = 10^{-10.26}$$

在任一水溶液中，EDTA 总是以 H_6Y^{2+}、H_5Y^+、H_4Y、H_3Y^-、H_2Y^{2-}、HY^{3-} 及 Y^{4-} 7 种形态存在。各种形态的分布系数（δ）（即存

在形态的浓度与 EDTA 总浓度之比）与溶液 pH 值有关。

图 7-15 是 EDTA 各种形态的分布图。

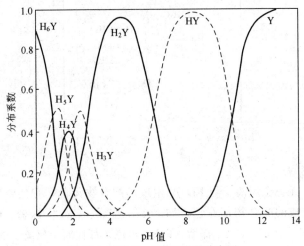

图 7-15　EDTA 各种形态的分布图

从图中看到，在 pH<1 的强酸性溶液中，EDTA 主要以 H_6Y^{2+} 形态存在，在 pH=2.67～6.16 溶液中，主要以 H_2Y^{2-} 形态存在，仅在 pH>10.26 碱性溶液中，才主要以 Y^{4-} 形态存在。

2. EDTA 与金属离子配合的特点

（1）EDTA 之所以适用于作配位滴定剂是由它本身所具有的特殊结构决定的。从它的结构式可以看出，它同时具有氨氮和羧氧两种配位能力很强的配位基，综合了氮和氧的配位能力，因此 EDTA 几乎能与周期表中大部分金属离子配合，形成具有五元环结构的稳定的配合物。

在一个 EDTA 分子中，由 2 个氨氮和 4 个羧氧提供了 6 个配位原子，它完全能满足一个金属离子所需要的配位数。例如 EDTA 与 Co^{3+} 形成一种八面体的配合物，其结构如图 7-16 所示。

它具有四个 $\overset{\lceil-Co-\rceil}{O-C-C-N}$ 螯合环及一个 $\overset{\lceil-Co-\rceil}{N-C-C-N}$ 螯合环，这些螯合环均为五元环，具有这种环形结构的配合物称为螯合物。根据有机结构理论和配合物理论的研究，能形成五元环或六元环的螯合物，都

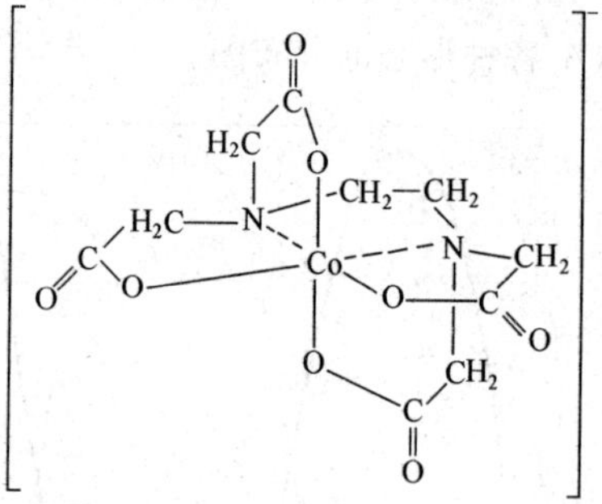

图 7-16 Co^{3+} 与 EDTA 配合物的立体结构

是较稳定的。

(2) 无色金属离子与 EDTA 生成的配合物无色，有色金属离子与 EDTA 生成的配合物都有色，如 NiY^{2-} 蓝绿、CuY^{2-} 深蓝、CoY^{2-} 紫红、MnY^{2-} 紫红、CrY^- 深紫、FeY^- 黄色，都比原金属离子的颜色深，滴定这些离子时，浓度要稀一些，否则影响终点的观察。

(3) EDTA 与金属离子生成的配合物，易溶于水，大多反应迅速，所以，配位滴定可以在水溶液中进行。

(4) EDTA 与金属离子的配合能力与溶液酸度密切相关。

(5) EDTA 与金属离子配合的特点是不论金属离子是几价的，它们多是以 1：1 的关系配合，同时释放出 2 个 H^+，反应式如下：

$$M^{2+} + H_2Y^{2-} \rightleftharpoons MY^{2-} + 2H^+$$

$$M^{3+} + H_2Y^{2-} \rightleftharpoons MY^- + 2H^+$$

$$M^{4+} + H_2Y^{2-} \rightleftharpoons MY + 2H^+$$

少数高价金属离子例外，例如，五价钼与 EDTA 形成 Mo：Y = 2：1 的螯合物 $(MoO_2)_2Y^{2-}$。

二、配位化合物反应及其平衡处理

(一) 配合物的稳定常数

金属离子与 EDTA 形成配合物的稳定性，可用该配合物的稳定常数 $K_稳$ 来表示。为简便起见可略去电荷而写成

$$M + Y \rightleftharpoons MY$$

按质量作用定律得其平衡常数为

$$K_{MY} = \frac{[MY]}{[M][Y]}$$

K_{MY} 称为绝对稳定常数，通常称为稳定常数。这个数值越大，配合物就越稳定。表 7-11 列出了一些常见金属离子和 EDTA 形成的配合物的稳定常数 $\lg K_{MY}$ 的值。

表 7-11　常见金属离子和 EDTA 形成的配合物的稳定常数 $\lg K_{MY}$ 的值

（25℃ $c_{(KNO_3)}$ ＝0.1mol/L 溶液中）

金属离子	$\lg K_{MY}$	金属离子	$\lg K_{MY}$	金属离子	$\lg K_{MY}$
Ag^+	7.32	Co^{2+}	16.31	Mn^{2+}	13.80
Al^{3+}	16.30	Co^{3+}	36.00	Na^+	1.66(a)
Ba^{2+}	7.86(a)	Cr^{3+}	23.40	Pb^{2+}	18.40
Be^{2+}	9.20	Cu^{2+}	18.80	Pt^{3+}	16.40
Bi^{3+}	27.94	Fe^{2+}	14.32(a)	Sn^{2+}	22.11
Ca^{2+}	10.69	Fe^{3+}	25.10	Sn^{4+}	34.50
Cd^{2+}	16.46	Li^+	2.79(a)	Sr^{2+}	8.70
Ce^{3+}	16.00	Mg^{2+}	8.70(a)	Zn^{2+}	16.50

注：(a) 表示在 $c_{(KCl)}$ ＝0.1mol/L 溶液中，其它条件相同。

若金属离子与配合剂 L 形成 ML_n 型配位化合物，则其逐级稳定常数 $K_稳$ 表示为：

$$M + L \rightleftharpoons ML \qquad K_{稳_1} = \frac{[ML]}{[M][L]}$$

$$ML + L \rightleftharpoons ML_2 \qquad K_{稳_2} = \frac{[ML_2]}{[ML][L]}$$

$$ML_{n-1} + L \rightleftharpoons ML_n \qquad K_{稳_n} = \frac{[ML_n]}{[ML_{n-1}][L]}$$

其不稳定常数表示为：

$$ML_n \rightleftharpoons ML_{n-1} + L \qquad K_{不稳_1} = \frac{[ML_{n-1}][L]}{[ML_n]}$$

$$ML_{n-1} \rightleftharpoons ML_{n-2} + L \quad K_{不稳_2} = \frac{[ML_{n-2}][L]}{[ML_{n-1}]}$$

$$ML \rightleftharpoons M + L \qquad K_{不稳_n} = \frac{[M][L]}{[ML]}$$

逐级稳定常数 $K_{稳}$ 和不稳定常数的关系为：

$$K_1 = 1/(K_{不稳})_n; K_2 = 1/(K_{不稳})_{n-1}; \cdots; K_n = 1/(K_{不稳})_1$$

即第一级稳定常数是第 n 级不稳定常数的倒数；第 n 级稳定常数是第一级不稳定常数的倒数。

将逐级稳定常数渐次相乘得逐级累积稳定常数，用 β_n 表示：

第一级累积稳定常数 $\beta_1 = K_{稳_1}$

第二级累积稳定常数 $\beta_2 = K_{稳_1} K_{稳_2}$

第 n 级累积稳定常数 $\beta_n = K_{稳_1} K_{稳_2} \cdots K_{稳_n}$

引入 β 后，可由下面各式计算各级配合物平衡浓度。

$$M + L \Longrightarrow ML \qquad [ML] = \beta_1[M][L]$$

$$ML + L \Longrightarrow ML_2 \qquad [ML_2] = \beta_2[M][L]^2$$

$$ML_{n-1} + L \Longrightarrow ML_n \qquad [ML_n] = \beta_n[M][L]^n$$

（二）配位反应中的主反应和副反应

金属离子（M）与 EDTA 离子（Y）之间的反应称为主反应，其它的反应都称为副反应。

M 可与 OH^- 或其它配位剂（L）反应，Y 可与 H^+ 或其它金属离子（N）反应，MY 可与 H^+、OH^- 反应，这些反应统称为副反应。M 或 Y 发生的副反应，都不利于主反应向右进行，而 MY 发生副反应，则有利于主反应向右进行。这些副反应中以 Y 与 H 的副反应和 M 与 L 的副反应是影响主反应的两个主要因素，尤其是酸度的影响更为重要。

由此可知络合滴定涉及的化学平衡比较复杂，在二十世纪五六十年代处理溶液多平衡问题往往受到计算上的限制，因而妨碍了对络合滴定的理论研究。当时迫切需要寻找一种简便的、无需复杂计算就能处理络合滴定中复杂平衡体系的方法，从而能在理论上解决选择最佳的滴定酸度、确定指示剂、判断滴定的可行性、寻找掩蔽剂和掩蔽条件、估计终点误差等问题。副反应系数和配合物条件稳定常数概念的提出，找到了解决问题的核心。这个方法还有一个好处是：大量的副反应系数包括滴定剂及其他配位剂的酸效应系数、金属离子的副反应系数、配位化合物的副反应系数及配合物条件稳定常数等可以预先计算出来供广大分析工作者使用，使用者仅通过一些简单的计算就能对需要解决的分析问题作出判断。

（三）酸效应和酸效应系数

由于 H^+ 的存在，使 M 与 Y 主反应的配合能力下降的现象称为酸效应。酸效应的大小用酸效应系数 $\alpha_{Y(H)}$ 来描述

$$\alpha_{Y(H)} = \frac{[Y']}{[Y]}$$

式中，$[Y']$ 代表未与 M 配位的 EDTA 的总浓度，$[Y]$ 为游离的 Y^{4-} 的浓度。

$\alpha_{Y(H)}$ 值可以从 EDTA 的各级离解常数和溶液 $[H^+]$ 计算得到。

$$\alpha_{Y(H)} = \frac{[Y']}{[Y]}$$

$$= \frac{[Y]+[HY]+[H_2Y]+[H_3Y]+[H_4Y]+[H_5Y]+[H_6Y]}{[Y]}$$

$$= 1 + \frac{[H^+]}{K_{a_6}} + \frac{[H^+]^2}{K_{a_6}K_{a_5}} + \frac{[H^+]^3}{K_{a_6}K_{a_5}K_{a_4}} + \frac{[H^+]^4}{K_{a_6}K_{a_5}K_{a_4}K_{a_3}}$$

$$+ \frac{[H^+]^5}{K_{a_6}K_{a_5}K_{a_4}K_{a_3}K_{a_2}} + \frac{[H^+]^6}{K_{a_6}K_{a_5}K_{a_4}K_{a_3}K_{a_2}K_{a_1}}$$

$$= 1 + 10^{10.26}[H^+] + 10^{16.42}[H^+]^2 + 10^{19.09}[H^+]^3 +$$

$$10^{21.09}[H^+]^4 + 10^{22.69}[H^+]^5 + 10^{23.59}[H^+]^6$$

$\lg\alpha_{Y(H)}$ 值随溶液 pH 值增大而变小，表 7-12 列出了不同 pH 值时的 $\lg\alpha_{Y(H)}$ 值。

表中的数据表明酸度对 $\lg\alpha_{Y(H)}$ 值的影响很大，只有当 pH≥11 时，酸效应才可忽略。这也是用 EDTA 作滴定剂时，必须严格控制溶液 pH 值的原因之一。

表 7-12　EDTA 的酸效应系数 $[\alpha_{Y(H)}]$

pH 值	$\lg\alpha_{Y(H)}$	pH 值	$\lg\alpha_{Y(H)}$	pH 值	$\lg\alpha_{Y(H)}$
0.0	21.18	3.4	9.71	6.8	3.55
0.4	19.59	3.8	8.86	7.0	3.32
0.8	18.01	4.0	8.04	7.5	2.78
1.0	17.20	4.4	7.64	8.0	2.26
1.4	15.68	4.8	6.84	8.5	1.77
1.8	14.21	5.0	6.45	9.0	1.29
2.0	13.52	5.4	5.69	9.5	0.83
2.4	12.24	5.8	4.98	10.0	0.45
2.8	11.13	6.0	4.65	11.0	0.07
3.0	10.63	6.4	4.06	12.0	0.00

在络合滴定中一些常用作缓冲剂、掩蔽剂和沉淀剂的配合剂的酸效应系数见附录表三。

一些常用的氨羧配合剂的酸效应系数见附录表四。

（四）金属离子的副反应和副反应系数

由于其它配位剂的存在，使金属离子（M）参与主反应能力下降的现象称为配位效应。配位效应的大小用配位效应系数 α_M 描述，金属离子和配位剂 L 的配位效应系数 $\alpha_{M(L)}$ 为：

$$\alpha_{M(L)} = \frac{[M]'}{[M]} = \frac{[M] + [ML] + [ML_2] + \cdots + [ML_n]}{[M]}$$

式中，$[M']$ 代表未与 Y 配合的 M 的总浓度，$[M]$ 代表游离的 M 的浓度。

$$K_1 = \frac{[ML]}{[M][L]}, K_2 = \frac{[ML_2]}{[ML][L]}, \cdots, K_n = \frac{[ML_n]}{[ML_{n-1}][L]}$$

式中，K_1，K_2，$\cdots$，K_n 代表配合物的各级稳定常数；$\beta_1 = K_1$，$\beta_2 = K_1 K_2$，$\cdots$，$\beta_n = K_1 K_2 \cdots K_n$；$\beta_1$、$\beta_2$，$\cdots$，$\beta_n$ 代表配合物的累积稳定常数。

$$\alpha_{M(L)} = 1 + K_1[L] + K_1 K_2[L]^2 + \cdots + K_1 K_2 \cdots K_n[L]^n$$
$$= 1 + \beta_1[L] + \beta_2[L]^2 + \cdots + \beta_n[L]^n$$

若有 P 个副反应发生，总的副反应系数 α_M 为：

$$\alpha_M = \alpha_{M(L_1)} + \alpha_{M(L_2)} + \cdots + \alpha_{M(L_p)} + (1 - P)$$

一些金属离子的配位效应系数 $\alpha_{M(L)}$ 见附录表五。

(五) 配合物的副反应和副反应系数

配合物 MY 在酸度较高时，可以发生：

$$MY + H \Longrightarrow MHY$$

$$\alpha_{MY(H)} = ([MY] + [MHY])/[MY] = 1 + [H]K_{MHY}^{H}$$

多数酸式配合物不稳定，$K_{MHY}^{H} < 10^3$，在 pH = 3 时 $\alpha_{MY(H)} \approx 1$。当 pH > 3，此副反应可不考虑。

配合物 MY 在碱度较高时，可以发生：

$$MY + OH \Longrightarrow M(OH)Y$$

$$\alpha_{MY(OH)} = ([MY] + [M(OH)Y])/[MY] = 1 + [OH]K_{M(OH)Y}^{OH}$$

多数碱式配合物不稳定，一般计算中可忽略。

(六) 配合物的条件稳定常数

条件稳定常数又称表观稳定常数，它是将副反应的影响考虑进去后的实际稳定常数，前面讲的稳定常数 K_{MY} 是未考虑副反应时的绝对稳定常数，实际上只适合 pH ≥ 12 时的情况。

在考虑副反应存在时，将反应式写成：

$$M' + Y' \Longrightarrow MY'$$

$$\frac{[MY']}{[M'][Y']} = K'_{MY'}$$

K'_{MY} 称为条件稳定常数，

$$[MY'] = \alpha_{MY}[MY]$$

$$[M'] = \alpha_M[M]$$

$$[Y'] = \alpha_Y[Y]$$

$$K'_{MY} = \frac{\alpha_{MY}[MY]}{\alpha_M[M]\alpha_Y[Y]} = \frac{\alpha_{MY}}{\alpha_M\alpha_Y}K_{MY}$$

条件稳定常数根据考虑的副反应，其表示方法不同。若只考虑 EDTA 发生副反应，其条件稳定常数用 $K_{MY'}$ 表示；EDTA 和 M 均发生副反应，表示为 $K_{M'Y'}$；如果 MY 的副反应也考虑进去，则用 K'_{MY} 表示。

条件稳定常数可用下式计算：

$$\lg K'_{MY} = \lg K_{MY} - \lg\alpha_M - \lg\alpha_Y + \lg\alpha_{MY}$$

若不考虑 α_{MY}，上式简化为：

$$K_{M'Y'} = \lg K_{MY} - \lg\alpha_M - \lg\alpha_Y$$

表 7-13 给出了不同 pH 值时常见 M-EDTA 配合物的 $\lg K'_{MY}$。

表 7-13　不同 pH 值时常见 M-EDTA 配合物的 $\lg K'_{MY}$

金属离子＼pH	0	1	2	3	4	5	6	7	8	9	10	11	12	13	14
Al^{3+}		0.5	3.2	5.6	7.7	9.7	10.5	8.6	6.6	4.6	2.5				
Ba^{2+}						1.4	3.1	4.4	5.5	6.4	7.3	7.7	7.8	7.7	7.3
Bi^{3+}	1.6	5.5	8.8	10.7	11.9	12.9	13.7	14.0	14.1	14.0	13.9	13.3	12.4	11.4	10.4
Ca^{2+}				2.3	4.2	6.0	7.3	8.4	9.3	10.2	10.6	10.7	10.4	9.7	
Cd^{2+}		1.2	4.0	6.1	8.0	10.0	11.8	13.1	14.2	15.0	15.5	14.4	12.0	8.4	4.5
Co^{2+}		1.2	3.9	6.0	7.9	9.8	11.6	12.9	13.9	14.5	14.7	14.0	12.1		
Cu^{2+}			3.6	6.3	8.4	10.3	12.3	14.1	15.4	16.3	16.6	16.6	16.1	15.7	15.6
Fe^{2+}			1.7	3.8	5.8	7.8	9.6	10.9	12.0	12.8	13.2	12.7	11.8	10.8	9.8
Fe^{3+}	5.3	8.4	11.7	14.0	14.8	14.9	14.7	14.1	13.7	13.6	14.0	14.3			
Hg^{2+}	3.8	6.7	9.4	11.2	11.4	11.4	11.2	10.5	9.6	8.8	8.4	7.7	6.8	5.8	4.8
Mg^{2+}						2.2	4.0	5.3	6.4	7.3	8.2	8.5	8.2		
Mn^{2+}			1.6	3.7	5.6	7.5	9.3	10.6	11.7	12.6	13.4	13.4	12.6	11.6	10.6
Ni^{2+}		3.6	6.3	8.3	10.2	12.1	13.9	15.2	16.3	17.1	17.4	16.9	15.3		
Pb^{2+}		2.6	5.4	7.4	9.5	11.5	13.3	14.5	15.2	15.2	14.8	13.9	10.6	7.6	4.6
Sr^{2+}						2.1	3.9	5.2	6.3	7.2	8.1	8.5	8.6	8.5	
Th^{3+}	2.0	6.0	9.7	12.5	14.6	15.9	16.8	17.4	18.2	19.1	20.0	20.4	20.5	20.5	20.5
Zn^{2+}		1.3	4.0	6.1	8.0	10.0	11.8	13.1	14.2	14.9	13.6	11.0	8.0	4.7	1.0

利用表 7-13 的数据，以 pH 值为横坐标，$\lg K'_{MY}$ 为纵坐标作图可以得到不同金属 EDTA 配合物的条件稳定常数与 pH 的关系图（见图 7-17），该图能直观地反映出金属离子滴定的 pH 范围和最佳 pH 值，其用途将在下一节介绍。

三、络合滴定曲线方程和滴定曲线

（一）络合滴定曲线方程

EDTA 与金属离子（M）形成 1∶1 的配合物，当以浓度为 c 的 EDTA 滴定初始浓度为 c_0、初始体积为 V_0 的某金属离子溶液，在加入 EDTA 的体积为 V 时，存在以下的物料平衡式：

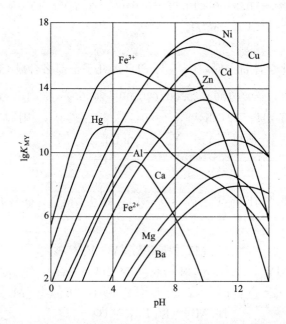

图 7-17　金属 EDTA 配合物的条件稳定常数与 pH 的关系图

$$[M'] + [MY'] = c_0 V_0 / (V + V_0)$$

$$[Y'] + [MY'] = cV / (V + V_0)$$

两式相减，消去 $[MY']$，而滴定分数 $\Phi = cV/c_0V_0$，所以，

$$\Phi - 1 = [(V + V_0)/c_0V_0] \times ([Y'] - [M'])　　　(7\text{-}34)$$

式(7-34)就是络合滴定曲线方程。

(二) 滴定曲线

现以 0.0100mol/L EDTA 标准溶液在 pH＝12 的条件下，滴定 20.00mL 0.0100mol/L Ca^{2+} 溶液为例，利用上述滴定曲线方程绘制滴定曲线。

先将式(7-34)作分段近似：

(1) 化学计量点之前 ($\Phi < 1$)，$[Y']$ 可忽略，则

$$\Phi - 1 = -[(V + V_0)/c_0V_0] \times [M']$$

即 $[M'] = -(cV - c_0V_0)/(V + V_0)$

若加入 EDTA 溶液 19.98mL，则

$$[Ca^{2+}] = -(0.0100 \times 19.98 - 0.0100 \times 20.00)/(19.98 + 20.00)$$
$$= 5 \times 10^{-5} \, mol/L$$

pCa=5.30

（2）化学计量点时，Ca^{2+} 与 EDTA 几乎全部络合成 CaY^{2-}，则

$$[CaY^{2-}] = 0.0100 \times 20.00/(20.00 + 20.00) = 5 \times 10^{-3} \, mol/L$$

因溶液 pH=12，$lg\alpha_{Y(H)} \approx 0$，$lg\alpha_{Ca(OH)} \approx 0$。则 $[Y] = [Y']$，$[Ca] = [Ca']$，所以 $[Ca] = [Y] = x \, mol/L$

因此 $5 \times 10^{-3}/x^2 = 10^{10.69}$，$x = [Ca^{2+}] = 3.2 \times 10^{-7} \, mol/L$，pCa=6.49。

（3）化学计量点之后（$\Phi > 1$），略去 $[M']$，$\Phi - 1 = [(V + V_0)/c_0 V_0] \times [Y']$

而
$$[MY'] \approx c_0 V_0/(V + V_0)$$
$$[Y'] = [MY']/(K'_{MY} \times [M']) \approx [c_0 V_0/(V + V_0)]/(K'_{MY} \times [M'])$$
故 $\Phi - 1 = [(V + V_0)/c_0 V_0] \times [Y'] \approx 1/(K'_{MY} \times [M'])$
即 $[M'] = 1/[K'_{MY} \times (\Phi - 1)]$

若加入 EDTA 溶液 20.02mL，则

$$[Ca^{2+}] = 1/10^{10.69} \times \{[20.02 \times 0.0100/(20.00 \times 0.0100)] - 1\}$$
$$= 10^{-7.69}$$

pCa=7.69

计算所得数据列于表 7-14，根据表的数据绘制滴定曲线，见图 7-18。

表 7-14　滴定过程中 pCa 值的变化

加入 EDTA 溶液的体积/mL	滴定百分数/%	pCa	加入 EDTA 溶液的体积/mL	滴定百分数/%	pCa
0.00	0.0	2.00	19.98	99.9	5.30
18.00	90.0	3.30	20.00	100	6.49
19.80	99.0	4.30	20.02	100.1	7.69

图 7-18 中列出了在不同 pH 值时的 6 条滴定曲线，绘制所需数据，是根据在不同 pH 值时 K'_{CaY} 值按上述同样的计算方法计算所得。

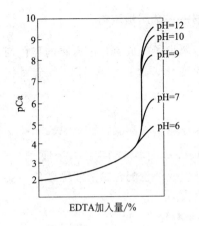

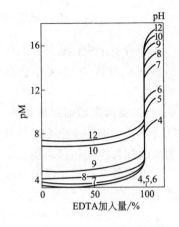

图 7-18　不同 pH 值下 Ca 滴定曲线　　图 7-19　不同 pH 值下 Ni 滴定曲线
$$[NH_3] + [NH_4^+] = 0.1 mol/L$$

由图可知，滴定曲线突跃部分长短与 pH 值有关，pH 值越大，突跃越长，这是配合物的条件稳定常数大小随 pH 值而改变的缘故。当 pH=7 时，$K'_{CaY} = 7.4$，此时突跃已很不明显，说明了 pH 值的选择在络合滴定中是非常重要的。

另外从 Ca 的滴定曲线中看到，在化学计量点前一段曲线是合并在一起的，这说明 pCa 不受 pH 值影响，其原因是钙不受水解影响，曲线位置只取决于钙的初始浓度。

若被滴离子易于和其它配合剂配合或易于水解，则化学计量点前金属离子浓度将随其它配合剂浓度和 pH 值的改变而改变，因而化学计量点前一段曲线的位置也将发生改变。这现象从 EDTA 滴定 Ni 的滴定曲线（图 7-19）中可看到。滴定 Ni 通常在一定浓度的氨缓冲液中进行，NH_3 的浓度决定 pH 值，pH 值越大，NH_3 的浓度也越大，故易于和 NH_3 配合的镍浓度越小，化学计量点前一段曲线的位置升高。这类离子的滴定曲线受两个效应的影响，化学计量点前一段曲线的位置主要因 pH 值对辅助配合剂配合效应的影响而改变，化学计量点后一段曲线的位置主要因 pH 值对 EDTA 酸效应的影响而改变，因此在选择溶液的 pH 值时，必须综合考虑这两个效应。

四、络合滴定指示剂——金属指示剂

在络合滴定中，通常利用能与金属离子生成有色配合物的显色剂来指示滴定过程中金属离子浓度的变化，这种显色剂称为金属指示剂。

（一）金属指示剂变色原理

金属指示剂的变色原理是基于金属指示剂的颜色不同于与金属离子生成的配合物的颜色，例如用 EDTA 标准溶液滴定镁，溶液 pH＝10，加入指示剂铬黑 T，因与镁离子生成红色配合物溶液呈红色。反应如下：

$$\underset{\text{蓝色}}{Mg^{2+} + HIn^{2-}} \Longrightarrow \underset{\text{红色}}{MgIn^- + H^+}$$

当以 EDTA 滴定，EDTA 夺取 $MgIn^-$ 中的镁生成更稳定的 MgY^{2-}，反应如下：

$$\underset{\text{红色}}{MgIn^- + H_2Y^{2-}} \Longrightarrow MgY^{2-} + H^+ + \underset{\text{蓝色}}{HIn^{2-}}$$

直到 $MgIn^-$ 完全转变成 MgY^{2-}，同时游离出蓝色 HIn^{2-}，此时溶液由红色变为蓝色，指示终点到达。

（二）金属指示剂应具备的条件

（1）金属指示剂本身的颜色应与金属离子和金属指示剂形成配合物的颜色有明显的区别。只有这样才能使终点颜色变化明显。

（2）指示剂与金属离子形成配合物的稳定性适当的小于 EDTA 与金属离子形成的配合物的稳定性。金属离子与指示剂所形成配合物的稳定性要符合：

$$lgK_{MIn'} > 4$$

同时还要求：$$lgK_{MY'} - lgK_{MIn'} \geqslant 2$$

（3）指示剂不与被测金属离子产生封闭现象。有时金属指示剂与某些金属离子形成极稳定的配合物，其稳定性超过 $lgK_{MY'}$ 以致在滴定过程中虽然滴入了过量的 EDTA，也不能从金属指示剂配合物中夺取金属离子（M），因而无法确定滴定终点。这种现象称为指示剂的封闭现象。

（4）金属指示剂应比较稳定，以便于储存和使用。但有些金属指示剂本身放置空气中易被氧化破坏，或发生分子聚合作用而失效。为避免金属指示剂失效，对稳定性差的金属指示剂可用中性盐混合配成固体混合物储存备用。也可以在金属指示剂溶液中加入防止其变质的试剂，如在铬黑 T 溶液中加三乙醇胺。

（三）常用金属指示剂

（1）铬黑 T（EBT）　结构式如下：

铬黑 T 为黑褐色粉末，略带金属光泽，溶于水后，结合在磺酸根上的 Na^+ 全部电离，以阴离子形式存在于溶液中。铬黑 T 是一个三元弱酸，以 H_2In^- 表示，在不同 pH 值时，其颜色变化为

$$H_2In^- \Longrightarrow HIn^{2-} \Longrightarrow In^{3-}$$

pH<6.3　　　pH=8~11　　　pH>11.5

红紫色　　　蓝色　　　橙黄色

铬黑 T 与很多金属离子生成显红色的配合物，为使终点敏锐最好控制 pH=8~10，这时终点由红色变为蓝色比较敏锐。而在 pH<8 或 pH>11 时配合物的颜色和指示剂的颜色相似不宜使用。在 pH=10 缓冲溶液中，宜于滴定 Mg^{2+}、Zn^{2+}、Cd^{2+}、Pb^{2+}、Hg^{2+} 等。

Cu^{2+}、Ni^{2+}、Co^{2+}、Al^{3+}、Fe^{3+}、Ti^{4+} 等金属离子对指示剂产生"封闭"作用。Cu^{2+}、Co^{2+}、Ni^{2+} 等金属离子可用 KCN 掩蔽，Al^{3+}、Ti^{4+} 和少量 Fe^{3+} 可用三乙醇胺掩蔽。若含少量 Cu^{2+}、Pb^{2+}，可加 Na_2S 消除干扰。

铬黑 T 在水溶液中不稳定，很易聚合。因此，常将铬黑 T 与干燥 NaCl 配成 1+100 固体混合物或取 0.50g 铬黑 T 和 2g 盐酸羟胺溶于 100mL 乙醇中或 0.50g 铬黑 T 溶于 75mL 无水乙醇＋25mL 三乙醇胺溶液中。

（2）钙指示剂（NN）　结构式如下：

此试剂为深棕色粉末，溶于水为紫色，在水溶液中不稳定，通常与 NaCl 固体粉末配成（1+100）混合物使用。此指示剂的性质和铬黑 T 很相近，在不同的 pH 值其颜色变化为

$$H_2In^- \underset{pH<7.4}{\overset{pK_1=7.4}{\rightleftharpoons}} HIn^{2-} \underset{pH=8\sim13}{\overset{pK_2=13.5}{\rightleftharpoons}} In^{3-}$$

pH<7.4   pH=8～13   pH>13.5
粉红色   蓝色   粉红色

钙指示剂能与 Ca^{2+} 形成红色配合物，在 pH=13 时，可用于钙镁混合物中钙的测定，终点由红色变为蓝色。颜色变化敏锐。在此条件下 Mg^{2+} 生成 $Mg(OH)_2$ 沉淀，不被滴定。

钙指示剂和铬黑 T 一样，也受 Cu^{2+}、Ni^{2+}、Co^{2+}、Al^{3+}、Fe^{3+}、Ti^{4+} "封闭"，消除方法也相同。

（3）二甲酚橙（XO）　结构式如下：

二甲酚橙

一般用的是二甲酚橙的四钠盐，为紫色结晶，易溶于水，pH>6.3 时呈红色，pH<6.3 时呈黄色。它与金属离子配合呈红紫色。因此它只能在 pH<6.3 的酸性溶液中使用。通常配成 5g/L 水溶液，可保存 2～3 周。许多金属离子可用二甲酚橙作指示剂直接滴定，如 Bi^{3+}（在 pH=1～2）、Pb^{2+}、Zn^{2+}、Cd^{2+}、Hg^{2+} 等和稀土元素的离子（在 pH=5～6）都可直接滴定。终点由红色变黄色，敏锐。

Al^{3+}、Fe^{3+}、Ni^{2+}、Ti^{4+} 和 pH=5～6 时的 Th^{4+} 对二甲酚橙有封闭作用，Al^{3+}、Ti^{4+} 可用 NH_4F 掩蔽，Fe^{3+} 可用抗坏血酸还原，Ni^{2+} 可用邻二氮菲掩蔽，Th^{4+}、Al^{3+} 可用乙酰丙酮掩蔽。

（4）PAN　PAN 属偶氮类显色剂，结构式如下：

PAN 在溶液中存在二级酸式离解

$$H_2In^+ \xrightleftharpoons[\quad]{pK_1=1.9} HIn \xrightarrow{pK_2=12.2} In^-$$

pH<1.9	pH=1.9～12.2	pH>12.2
黄绿色	黄色	红色

PAN 为橘红色针状结晶，可溶于碱、氨水、甲醇或乙醇等溶剂中，通常配成 1g/L 乙醇溶液使用。

PAN 在 pH＝1.9～12.2 范围内呈黄色，可与 Cu^{2+}、Bi^{3+}、Cd^{2+}、Hg^{2+}、Pb^{2+}、Zn^{2+}、Fe^{2+}、Ni^{2+}、Mn^{2+}、Th^{4+} 及稀土等离子形成红色配合物，这些配合物的溶解度都很小，致使终点变色缓慢，这种现象称为指示剂的"僵化"，解决的办法是加乙醇或适当加热。

（5）酸性铬蓝 K-萘酚绿 B 混合指示剂（简称 K-B 指示剂）　酸性铬蓝 K，结构式如下：

在 pH＝8～13 呈蓝色，与 Ca^{2+}、Mg^{2+}、Mn^{2+}、Zn^{2+} 等离子形成红色配合物，它对 Ca^{2+} 的灵敏度比铬黑 T 高，萘酚绿 B 在滴定过程中没有颜色变化，只起衬托终点颜色的作用，终点为蓝绿色。

（6）磺基水杨酸(SS)　结构式如下：

为白色结晶粉末，易溶于水，水溶液无色，和 Fe^{3+} 配合生成紫红色配合物，可以在 pH＝1.5～2.5 时作 EDTA 滴定 Fe^{3+} 的指示剂。

现将常用金属指示剂及其应用、配制方法汇总于表 7-15。

表 7-15 常用金属指示剂

指示剂	使用 pH 值范围	颜色变化 In	颜色变化 MIn	直接滴定离子	配制方法
铬黑 T（EBT）	8～10	蓝色	红色	pH＝10：Mg^{2+}、Zn^{2+}、Cd^{2+}、Pb^{2+}、Hg^{2+}、Mn^{2+}、稀土	1g 铬黑 T 与 100g NaCl 混合研细，或 5g/L 乙醇溶液加 20g 盐酸羟胺
钙指示剂（NN）	12～13	蓝色	红色	pH＝12～13：Ca^{2+}	1g 钙指示剂与 100g NaCl 混合研细或 4g/L 甲醇溶液
二甲酚橙（XO）	＜6	黄色	红紫色	pH＜1：ZrO^{2+} pH＝1～3：Bi^{3+}、Th^{4+} pH＝5～6：Zn^{2+}、Pb^{2+}、Cd^{2+}、Hg^{2+}、稀土	5g/L 水溶液
PAN	2～12	黄色	红色	pH＝2～3：Bi^{3+}、Th^{4+} pH＝4～5：Cu^{2+}、Ni^{2+}	1g/L 或 2g/L 乙醇溶液
K-B 指示剂	8～13	蓝绿色	红色	pH＝10：Mg^{2+}、Zn^{2+} pH＝13：Ca^{2+}	1g 酸性铬蓝 K 与 2.5g 萘酚绿 B 和 50g KNO_3 混合研细
磺基水杨酸（SS）	1.5～2.5	无	紫红色	pH＝1.5～2.5：Fe^{3+}（加热）	50g/L 水溶液

（四）金属指示剂的变色范围和变色点

络合滴定金属指示剂选择原则仍然是金属指示剂的变色范围要落在滴定突跃范围以内，或至少要占据滴定突跃范围的一部分。

金属离子 M 和指示剂阴离子 In 生成配合物存在如下平衡：

$$M + In \rightleftharpoons MIn$$

$$K_{MIn} = [MIn]/([M][In])$$

改写为

$$[MIn]/[In] = K_{MIn}[M]$$

指示剂在溶液中呈何种颜色是由 $[MIn]/[In]$ 比值决定：当 $[In] > 10[MIn]$，呈指示剂颜色；当 $[In] < 1/10[MIn]$，呈金属-指示剂配合物颜色。故 $pM = \lg K_{MIn} \pm 1$ 即为指示剂变色范围。但是 M 和 In 的主反应同样要受到各种副反应的影响，金属指示剂变色范围将随外界条件的改变而改变，直接根据金属-指示剂配合物稳定常数计算金属指示剂变色范围没有实用意义，必须用 K'_{MIn} 代替

K_{MIn}，但在各种副反应中除酸效应外，其他副反应对金属-指示剂配合物和金属-滴定剂配合物的影响是相同的，故通常用 K_{MIn}' 代替 K_{MIn} 即可。

当溶液中 $[MIn]=[In]$ 时，溶液呈混合色，此点称为金属指示剂的变色点。金属指示剂的变色点对应的 pM 值以 pM_t 表示：$pM_t = lgK_{MIn}' = lgK_{MIn} - lg\alpha_{In(H)}$。表 7-16 给出了金属指示剂铬黑 T 的 $lg\alpha_{In(H)}$ 值和变色点的 pM_t 值。

表 7-16　金属指示剂铬黑 T 的 $lg\alpha_{In(H)}$ 值和变色点的 pM_t 值

pH	6.0	7.0	8.0	9.0	10.0	11.0	12.0	13.0	稳定常数（对数值）
$lg\alpha_{In(H)}$	6.0	4.6	3.6	2.6	1.6	0.7	0.1		lgK_{HIn} 1.6，$lgK_{H_2In}^H$ 6.3
pBa_t（至红）					1.4	2.3	2.9	3.0	lgK_{BaIn} 3.0
pCa_t（至红）			1.8	2.8	3.8	4.7	5.3	5.4	lgK_{CaIn} 5.4
pMg_t（至红）	1.0	2.4	3.4	4.4	5.4	6.3	6.9		lgK_{MgIn} 7.0
pMn_t（至红）	3.6	5.0	6.2	7.8	9.7	11.5			$lg\beta_{MnIn}$ 9.6，$lg\beta_{MnIn_2}$ 17.6
pZn_t（至红）	6.9	8.3	9.3	10.5	12.2	13.9			$lg\beta_{ZnIn}$ 12.9，$lg\beta_{ZnIn_2}$ 20.0

其它金属指示剂的 $lg\alpha_{In(H)}$ 值和变色点的 pM_t 值见附录表六。

利用表 7-16 可以计算出在某一 pH 值时，金属指示剂铬黑 T 对不同金属离子的变色点和变色范围。

例　计算出 pH＝10 时铬黑 T 对镁的变色点和变色范围。

［解］　已知 $lgK_{MgIn}=7.0$，pH＝10 时铬黑 T 的 $lg\alpha_{In(H)}=1.6$，故 $lgK_{MgIn}'=7.0-1.6=5.4$，由此得：变色点 $pMg_t=lgK_{MgIn}'=5.4$，变色范围 $pMg=5.4\pm1$。

五、单一离子的络合滴定

在开始学习络合滴定方法时，首先要掌握单一离子的测定方法，这是入门的第一步。制订某种金属离子的络合滴定法并不难，只要解决两个问题：一是滴定中酸度的控制，二是选择合适的指示剂。这两个问题解决了，测定方案也就自然形成了。掌握了这个原则就能统领全局，做到对周期表中的每一个元素的测定方法都胸有成竹。

（一）单一离子滴定的最小 pH 值和最大 pH 值

允许的最小 pH 值取决于允许的测定误差和检测终点的准确度，

若终点和化学计量点 pM 的差值 ΔpM 为 ±0.2，测定相对误差为 $\pm0.1\%$，根据终点误差公式（7-38）可得：$lgcK'_{MY}\geqslant6$。

这是络合滴定法测定单一离子的条件。若金属离子浓度 $c=0.01mol/L$，则 $lgK'_{MY}\geqslant8$，若只考虑 EDTA 的酸效应系数，此时，$lgK_{MY'}\geqslant8$，因 $lgK_{MY'}=lgK_{MY}-lg\alpha_{Y(H)}$，由此可得：

$$lg\alpha_{Y(H)}\leqslant lgK_{MY}-8 \qquad (7-35)$$

上式就是确定单一离子滴定的最小 pH 值的基本公式。式中，lgK_{MY} 是 MY 的稳定常数（部分数据可于表 7-11 中查到），将 lgK_{MY} 值代入上式计算出 $lg\alpha_{Y(H)}$，然后从表 7-12 EDTA 的酸效应系数表中查出对应的 pH 值，即为最小 pH 值。

例如要滴定 $2\times10^{-2}mol/L$ 的 Zn^{2+} 溶液，确定其滴定的最小 pH 值。由表 7-11 查得 $lgK_{MZn}=16.50$，代入上式得 $lg\alpha_{Y(H)}\leqslant16.50-8=8.5$，由表 7-12 可查得 $pH\approx4$，即滴定 Zn^{2+} 允许的最小 pH 值约为 4。

Ringbom 首先将 lgK_{MY} 值与最小 pH 值（或对应的 $lg\alpha_{Y(H)}$ 与最小 pH 值）绘成曲线，称为 EDTA 的酸效应曲线或 Ringbom 曲线，见图 7-20。

从该图就能方便地找到单一离子滴定的最小 pH 值，例如滴定 Fe^{3+}，查得 $pH\geqslant1$，滴定 Ca^{2+}，查得 $pH\geqslant7.7$。

单一离子滴定的最大 pH 值可由 $M(OH)_n$ 的溶度积求得，当酸度过低时，金属离子将发生水解甚至形成 $M(OH)_n$ 沉淀，为防止滴定开始时形成 $M(OH)_n$ 沉淀，必须使：$[OH^-]\leqslant(K_{sp[M(OH)n]}/[M^{n+}])^{1/n}$，即最高酸度为 $pH=14-pOH$。上例中滴定 Zn^{2+} 时，为防止滴定开始时形成 $Zn(OH)_2$ 沉淀，必须使 $[OH^-]\leqslant(K_{sp[Zn(OH)_2]}/[M^{2+}])^{1/2}=(10^{-15.3}/2\times10^{-2})^{1/2}=10^{-6.8}mol/L$，即最高酸度为 $pH=14-6.8=7.2$。

（二）金属指示剂的选择

解决了滴定中酸度的控制问题后，剩下的就是选择合适的指示剂，选择合适的指示剂除了需要知道指示剂对某种金属离子的变色范围外，更重要的要了解滴定过程中金属离子的浓度变化即滴定曲线，特别是突跃范围。但滴定曲线的理论计算较复杂，一般只计算化学计

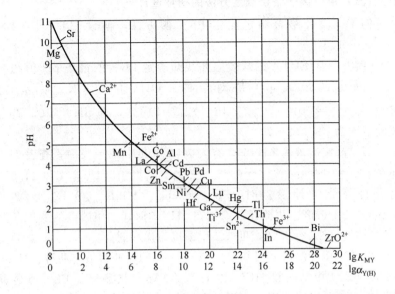

图 7-20　EDTA 的酸效应曲线

量点（以下标 sp 表示）时的 pM' 值，根据 pM' 值选择变色范围接近或等于此值的指示剂。

已经给出条件常数式为

$$\frac{[MY']}{[M'][Y']} = K'_{MY}$$

化学计量点时，$[M'] = [Y']$，若配合物比较稳定 $[MY'] \approx c_M$，代入上式得$[M']_{sp} = (c_{sp(M)} / K'_{MY})^{1/2}$，取对数形式：

$$pM'_{sp} = (\lg K'_{MY} + p c_{sp(M)}) / 2 \qquad (7\text{-}36)$$

该式就是化学计量点时 pM'_{sp} 值的计算公式。

例　在 $pH = 10$ 时，用 EDTA 标准溶液滴定 $2 \times 10^{-2} \, mol/L$ Mg^{2+}，选何种指示剂。

［解］　计算化学计量点时 pMg'_{sp}，查表 7-13 知 $\lg K'_{MgY} = 8.2$，$pMg'_{sp} = (8.2 + 2) / 2 = 5.1$。前面的例子中已计算出 $pH = 10$，铬黑 T 对镁的变色点 $pMg_t = 5.4$ 和变色范围 $pMg = 5.4 \pm 1$，和 pMg'_{sp} 很接近，可选铬黑 T 为指示剂。

(三) 单一离子络合滴定方法的初步设计

例1 设计络合滴定测定 Pb^{2+} 的方法，假设 $[Pb^{2+}] = 2 \times 10^{-2} mol/L$。

[解] 从 EDTA 的酸效应曲线知滴定 Pb^{2+} 的最小 pH 值约为 3.2，滴定的最大 pH 值对应的 $[OH^-] = (K_{sp[Pb(OH)_2]} / [Pb^{2+}])^{1/2} = (10^{-15.7}/2 \times 10^{-2})^{1/2} = 10^{-7.0}$，即 pH = 7.0。滴定酸度范围为 pH 3.2～7。

假定滴定溶液为 pH = 5，查表 7-11 知 $\lg K_{PbY} = 18.4$，查表 7-12 知在 pH = 5 时 $\lg \alpha_{Y(H)} = 6.45$，故 $\lg K_{PbY}' = 18.4 - 6.45 = 11.95$。由此计算化学计量点时 $pPb'_{sp} = (pc_{Pb} + \lg K_{PbY}')/2 = (2 + 11.95)/2 = 6.98$。由附录表六知在 pH = 5 时，二甲酚橙的变色点为 7.0，接近 $pPb'_{sp} = 6.98$，可选二甲酚橙为指示剂。

由常用缓冲溶液表可知要配制 pH = 5 的缓冲溶液有两种：HAc-NaAc 或六次甲基四胺-HCl，因 HAc-NaAc 对被测离子 Pb^{2+} 有显著的副反应，所以应选用六次甲基四胺-HCl 作缓冲溶液。经由以上分析，Pb^{2+} 测定的设计方案为：以六次甲基四胺-HCl 作缓冲溶液控制溶液 pH = 5，二甲酚橙为指示剂，用 EDTA 标准溶液滴定至紫红色刚好变为亮黄色即为终点。

例2 设计络合滴定测定 Ni^{2+} 的方法，假设 $[Ni^{2+}] = 2 \times 10^{-2} mol/L$。

[解] 从 EDTA 的酸效应曲线知 Ni^{2+} 滴定的最小 pH 值约为 3.0，由表 7-13 知 $\lg K_{NiY'}$ 值从 pH = 3～12 均大于 8，其最大值 17.4 对应的 pH 值为 10，故选择 pH = 10 为滴定的 pH 值，此时 $\lg K_{NiY'} = 18.0 - 0.45 = 17.55$。由此计算化学计量点时 $pNi'_{sp} = 1/2 (pc_{Ni} + \lg K_{NiY'}) = 1/2 (2 + 17.55) = 9.8$。由附录表六知在 pH = 10 时，紫脲酸胺的变色点为 9.3，接近 $pNi'_{sp} = 9.8$ 可选紫脲酸胺为指示剂。其分析方案为以 NH_3-NH_4Cl 作缓冲溶液控制溶液 pH = 10，紫脲酸胺为指示剂，用 EDTA 标准溶液滴定至黄色刚好变为蓝色即为终点。

六、络合滴定混合离子的选择性测定

实际样品往往共存多种金属离子，而滴定剂 EDTA 是广谱型

配合剂，滴定时常会发生相互干扰。因此，解决混合离子的选择性测定，成为了络合滴定中的主要矛盾。提高测定选择性的方法主要有：控制酸度进行分步滴定、使用掩蔽和解蔽技术、使用不同的滴定剂、采用不同的滴定方式和使用计算滴定法等，本小节介绍前四种方法。

若溶液中存在金属离子 M 和 N，在假定 M 不发生副反应的情况下，存在如下平衡关系：

$$M + Y = MY$$

$$H \diagdown \diagup N$$

$$HY \qquad NY$$

此时配合剂的副反应系数 $\alpha_Y = \alpha_{Y(N)} + \alpha_{Y(H)} - 1$，若 $\alpha_{Y(H)} > \alpha_{Y(N)}$，此时 $\alpha_Y \approx \alpha_{Y(H)}$，即 N 的影响可以忽略，与单独滴定 M 情况相同。若 $\alpha_{Y(H)} < \alpha_{Y(N)}$，此时 $\alpha_Y \approx \alpha_{Y(N)}$，因此主反应的条件稳定常数 $K_{MY'}$ 为：

$$K_{MY'} = K_{MY}/\alpha_{Y(N)}$$

$$\alpha_{Y(N)} = ([NY] + [Y])/[Y] = 1 + [NY]/[Y] = 1 + K_{NY}[N] \approx c_N K_{NY}$$

故 $\qquad K_{MY'} = K_{MY}/(c_N K_{NY})$

该式两端同时乘以 c_M，得：$K_{MY'} c_M = c_M K_{MY}/c_N K_{NY}$。

由滴定误差式(7-38)可得：$c_M K_{MY}/c_N K_{NY} = [(10^{\Delta pM} - 10^{-\Delta pM})/E_t]^2$。若 $\Delta pM = \pm 0.2$，$E_t = \pm 0.1\%$，则 $c_M K_{MY}/c_N K_{NY} \approx 10^6$。当 $c_M = c_N$ 时，$K_{MY}/K_{NY} \approx 10^6$，即 $\Delta \lg K \geqslant 6$，由此可得到如下的判别式：在混合离子的滴定中，要在干扰离子 N 存在下准确滴定 M 离子，必须同时满足

$$\lg c_M K_{MY'} \geqslant 6, \quad \Delta \lg K \geqslant 6 \qquad (7\text{-}37)$$

(一) 控制酸度进行分步滴定

根据上述的判别式，可以利用 Ringbom 曲线对能否通过控制酸度来达到共存离子分步滴定作出初步判断。例如想知道 Ca^{2+} 和 Zn^{2+} 能否通过控制酸度进行分步滴定，则可由 Ringbom 曲线知 Ca^{2+} 的 $\lg K = 10.7$，Zn^{2+} 的 $\lg K = 16.5$，其 $\Delta \lg K$ 约为 6，滴定 Zn^{2+} 的允许的最小 pH 值约为 4，而滴定 Ca^{2+} 的允许的最小 pH 值约为 7.7。由

此可以判断，若溶液 pH 值控制在 5～6，就有可能在 Ca^{2+} 存在下分步滴定 Zn^{2+}。图 7-20 显示 Mg 和 Sr 在曲线上处在 Ca 的高处，显然在上述滴定条件下，Mg 和 Sr 也不会干扰 Zn 的测定。又如要判断在 Al 存在下能否分步滴定 Fe，则可由图 7-20 知 Fe 的 $lgK = 25.1$，Al 的 $lgK = 16.1$，两者 $\Delta lgK = 9 > 6$，滴定 Fe 允许的最小 pH 值约为 1，滴定 Al 允许的最小 pH 值约为 4，因此 pH 值控制在 1.5～2.5，就有可能在 Al 存在下分步滴定 Fe。硅质耐火材料的铁、铝连续测定方法就是根据此原理制订的。

在大多数情况下，分步滴定在 $lgK_{MY'}$ 达最大时最为有利，此时最低 pH 值可认为是在 $\alpha_{Y(H)} = \alpha_{Y(N)}$ 时的 pH，因此只要在 EDTA 酸效应系数表 7-12 中查出与 $\alpha_{Y(N)}$ 相同的 $\alpha_{Y(H)}$ 所相应的 pH 值即为最低 pH 值。

例 某含 Pb^{2+}、Ca^{2+} 的溶液浓度均为 2×10^{-2} mol/L，今欲以同浓度 EDTA 分步滴定 Pb^{2+}，问有无可能分步滴定并求滴定酸度范围。

[解] $\alpha_{Y(Ca)} = c_{Ca}K_{CaY} = 2 \times 10^{-2} \times 10^{10.7} = 2 \times 10^{8.7}$

$$K_{PbY'} = K_{PbY}/\alpha_{Y(Ca)} = 10^{18}/(2 \times 10^{8.7}) = 5 \times 10^{8.3}$$

$lgc_{Pb}K_{PbY'} = lg(2 \times 10^{-2} \times 5 \times 10^{8.3}) = lg10^{7.3} = 7.3 > 6$，$\Delta lgK = 18 - 10.7 = 7.3 > 6$

由此可知，在 Ca^{2+} 存在下能分步滴定 Pb^{2+}。

可能滴定酸度范围：pH 值低限　$\alpha_{Y(H)} = \alpha_{Y(Ca)} = 2 \times 10^{8.7}$，查 $lg\alpha_{Y(H)}$ -pH 曲线，$\alpha_{Y(H)} = 2 \times 10^{8.7}$ 时所对应的 pH 约为 4，此即为低限。pH 值高限 $[OH^-] = (K_{SP[Pb(OH)_2]}/[Pb^{2+}])^{1/2} = (10^{-15.7}/2 \times 10^{-2})^{1/2} = 10^{-7.0}$。

即 pH＝7.0。滴定酸度范围为 pH4～7。

（二）使用掩蔽和解蔽技术

共存离子与 EDTA 配合物的 $\Delta lgK \geqslant 6$ 时，才有可能利用控制酸度进行分步滴定。若共存离子不符合上述条件，就要使用掩蔽和解蔽技术。所谓掩蔽，即加入某种化合物它能阻止某一反应过程的发生。例如 Zn^{2+} 的氨溶液中加入氰化物，由于形成了十分稳定的 $[Zn(CN)_4]^{2-}$ 离子，从而阻止了 Zn^{2+} 和 EDTA 的反应，这时就说

Zn^{2+} 被氰化物掩蔽了，氰化物称为掩蔽剂。解蔽是指被掩蔽物质从其掩蔽形式中释放出来，恢复其参与某种反应的过程。例如上例中被掩蔽的 Zn^{2+}，在加入甲醛后可被释放出来，恢复了 Zn^{2+} 与 EDTA 的反应，这时就说 Zn^{2+} 被甲醛解蔽了，甲醛称为解蔽剂。

(1) 掩蔽剂　络合滴定中，优良的掩蔽剂应具备如下条件：掩蔽效率高、掩蔽剂溶液有较高的稳定性、与被掩蔽物质形成无色或颜色很淡的新物质和无毒。完全满足以上条件的掩蔽剂不是很多，如氰化物对周期表中ⅠB、ⅡB和ⅧB族元素有高效能的掩蔽作用且形成的配合物无色，但有剧毒，目前已很少使用。双硫腙、二巯基丙醇、巯基乙酸等掩蔽效率都很高，大多无毒，但和 Cu、Co、Mn 等形成有色配合物。因此要根据分析对象来选择合适的掩蔽剂。

(2) 掩蔽方式　络合滴定中，常用的掩蔽方式如下。

① 沉淀掩蔽　加入掩蔽剂使干扰物质生成沉淀，例如在 pH12 以上，Mg^{2+} 以 $Mg(OH)_2$ 沉淀后，便可用 EDTA 滴定 Ca^{2+}。表 7-17 列出一些常用的沉淀掩蔽剂。

表 7-17　常用的沉淀掩蔽剂

掩蔽剂	被掩蔽离子	被滴定离子	pH	指示剂
氢氧化物	Mg^{2+}	Ca^{2+}	12	钙指示剂
KI	Cu^{2+}	Zn^{2+}	5~6	PAN
氟化物	Ba^{2+}、Sr^{2+}、Ca^{2+}、Mg^{2+}	Zn^{2+}、Cd^{2+}、Mn^{2+}	10	铬黑 T
硫酸盐	Ba^{2+}、Sr^{2+}	Ca^{2+}、Mg^{2+}	10	铬黑 T
硫化物、铜试剂	Bi^{3+}、Cu^{2+}、Cd^{2+}	Ca^{2+}、Mg^{2+}	10	铬黑 T

② 氧化还原掩蔽　加入氧化还原剂，使干扰离子发生氧化还原反应以消除干扰。例如锆铁中锆的测定，Fe^{3+} 会干扰锆测定，加入抗坏血酸或盐酸羟氨将 Fe^{3+} 还原为 Fe^{2+}，Fe^{2+} 不干扰锆测定。

③ 动力学掩蔽　基于降低干扰物质与滴定剂的反应速度而被掩蔽的方法称动力学掩蔽。例如在室温下，Cr^{3+} 与 EDTA 反应速度很慢，因此可以在 Cr^{3+} 存在下直接用 EDTA 滴定 Fe^{3+} 或 Sn^{4+}。

④ 配合掩蔽　这是在络合滴定中最常用、最重要的一种掩蔽方式，掩蔽剂与干扰物质形成比 EDTA 和干扰物质更稳定的配合物，

当加入的掩蔽剂能使 $\alpha_{Y(H)} > \alpha_{Y(N)}$，即 N 的影响可以忽略，与单独滴定 M 情况相同。若加入掩蔽剂后 $\alpha_{Y(N)} > \alpha_{Y(H)}$，则 $\alpha_Y \approx \alpha_{Y(N)}$。

而 $\alpha_{Y(N)} = 1 + [N] \cdot K_{NY} \approx c_N K_{NY} / \alpha_{N(A)}$

故 $\lg K_{MY'} = \lg K_{MY} - \lg \alpha_{Y(N)} = \Delta \lg K + p c_N + \lg \alpha_{N(A)}$，式中 $\alpha_{N(A)}$ 是掩蔽剂 A 对 N 的副反应系数。由此可见，当 $\alpha_{Y(N)} > \alpha_{Y(H)}$，掩蔽剂的作用是使 $\lg K_{MY'}$ 增大了 $\lg \alpha_{N(A)}$ 单位，$\lg \alpha_{N(A)}$ 值越大，掩蔽效率越高。

表 7-18 给出了一些常用的配合掩蔽剂。

表 7-18 常用配合掩蔽剂

名　称	pH 值范围	被掩蔽离子	备　注
KCN	pH>8	Co^{2+}、Ni^{2+}、Zn^{2+}、Cu^{2+}、Hg^{2+}、Cd^{2+}、Ag^+、Tl^+ 及铂族元素	
NH$_4$F	pH=4~6	Al^{3+}、Ti^{4+}、Zr^{4+}、W^{6+}、Sn^{4+}、Be^{2+} 等	加入后溶液 pH 值变化不大
	pH=10	Al^{3+}、Mg^{2+}、Ca^{2+}、Sr^{2+}、Ba^{2+} 及稀土元素	
三乙醇胺	pH=10	Al^{3+}、Sn^{4+}、Ti^{4+}、Fe^{3+}	与 KCN 并用可提高掩蔽效果
	pH=11~12	Fe^{3+},Al^{3+} 及少量 Mn^{2+}	
三巯基丙醇 (BAL)	pH=10	Hg^{2+}、Cd^{2+}、Zn^{2+}、Bi^{3+}、Pb^{2+}、Ag^+、As^{3+}、Sb^{3+}、Sn^{4+} 及少量 Cu^{2+},Co^{2+},Ni^{2+},Fe^{3+}	
硫脲	pH=5~6	Cu^{2+},Hg^{2+}	
乙酰丙酮	pH=5~6	Al^{3+}、Fe^{3+}、Be^{2+}、Uo^{2+},部分掩蔽 Cu^{2+}、Hg^{2+}、Cr^{3+}、Ti^{4+}	
酒石酸	pH=1.2	Sb^{3+}、Sn^{4+}、Fe^{3+} 及 5mg 以下 Cu^{2+}	在抗坏血酸存在下
	pH=2	Fe^{3+},Sn^{2+},Mo^{6+}	
	pH=5.5	Fe^{3+},Al^{3+},Sn^{4+},Ca^{2+},Sb^{3+}	
	pH=6~7.5	Mg^{2+}、Ca^{2+}、Fe^{3+}、Al^{3+}、Mo^{4+}、Sb^{3+}、W^{6+}	
	pH=10	Al^{3+},Sn^{4+}	

从上表可知，在 pH=10 时，三乙醇胺可掩蔽 Fe^{3+}、Al^{3+}，测定水中 Ca、Mg 时，若有 Fe^{3+}、Al^{3+} 存在，可加入三乙醇胺，然后在氨性缓冲溶液中用铬黑 T 作指示液，用 EDTA 滴定 Ca、Mg。

(三) 使用不同的滴定剂

不同的氨羧配合剂与不同的金属离子形成的配合物其稳定常数各有特点，如 EGTA（乙二醇二乙醚二胺四乙酸）与镁的配合物的 $\lg K = 5.2$，而与钙的配合物的 $\lg K = 11.0$；EDTP（乙二胺四丙酸）与 Cu 的配合物的 $\lg K = 15.4$，而与锌、镉、锰、镁的配合物的 $\lg K$ 分别为 7.8、6.0、4.7、1.8。另外有些氨羧配合剂如 TTHA（三乙四胺六乙酸）和不同金属离子形成不同配比的配合物，如和镓形成 2:1（$Ga_2 L$）的配合物，而与铟形成 1:1（InL）的配合物。因此可以利用以上存在的差异，使用不同的滴定剂来达到混合离子的选择性测定。例如在大量镁存在下测定钙，可以选用 EGTA 作为选择性滴定剂；用 DCTA（环己烷二胺四乙酸）和 EGTA 为滴定剂可实现铁、铝、钛、钙、镁的连续电位滴定；用 HEDTA（羟乙基二胺三乙酸）可选择性滴定银焊料中的锌和锡等。

(四) 采用不同的滴定方式

在本章第二节第三小节中已介绍了滴定分析中常用的滴定方式，在络合滴定中，根据被测离子性质和共存离子的情况可选择相应的滴定方式，其中析出法（也称为置换法或解蔽法）可提高其选择性。氟化物析出法是测定铝的常用方法，在复杂铝试样中测定 Al^{3+}，受到共存 Pb^{2+}、Zn^{2+}、Cd^{2+} 等干扰，采用返滴定法测定的是离子总量，若采用掩蔽法，必须知道所有的干扰离子并需用多种掩蔽剂，实际上不易办到，若在返滴定至终点后加入 NaF，加热后可发生如下反应：$AlY^- + 6F^- + 2H^+ \Longrightarrow AlF_6^{3-} + H_2Y^{2-}$。析出与铝等物质的量的 EDTA，溶液冷却后用 Zn^{2+} 标准溶液滴定析出的 EDTA，即得 Al^{3+} 含量。其它常用的析出法还有硫脲析出法测 Pd^{2+}、硫氰酸盐析出法测 Hg^{2+}、酒石酸析出法测 Sn^{2+} 和 Sn^{4+} 等。

七、络合滴定终点误差

林旁（Ringbom）推导出的络合滴定终点误差计算公式为：

$$E_t = (10^{\Delta pM} - 10^{-\Delta pM})/(K_{MY'} \cdot c_M)^{1/2} \tag{7-38}$$

式中，E_t 为终点误差；$\Delta pM = pM_{ep} - pM_{sp}$；$K_{MY'}$ 为配合物的条件稳定常数；c_M 为被测金属离子 M 的分析浓度。

由式(7-38)可知，$K_{MY'}$ 和 c_M 越大，终点误差越小；ΔpM 越大，终点误差也越大。若假设 $\Delta pM = \pm 0.2$，$K_{MY'} \cdot c_M = 10^6$，用等浓度的 EDTA 滴定初始浓度为 c_M 的金属离子，此时的终点误差为：$E_t = (10^{0.2} - 10^{-0.2})/(0.5 \times 10^6)^{1/2} = 0.13\% \approx 0.1\%$。因此通常将 $K_{MY'} \cdot c_M \geqslant 10^6$ 作为判断能否准确滴定的条件。

为简化计算，表 7-19 给出了不同 ΔpM 值对应的 f 值，$f = |10^{\Delta pM} - 10^{-\Delta pM}|$。

表 7-19　ΔpM 与 $(10^{\Delta pM} - 10^{-\Delta pM})$ 换算表

ΔpM \ f \ ΔpM	0.000	0.01	0.02	0.03	0.04	0.05	0.06	0.07	0.08	0.09
0.00	0.000	0.046	0.092	0.138	0.184	0.231	0.277	0.324	0.371	0.417
0.10	0.465	0.512	0.560	0.608	0.656	0.705	0.754	0.803	0.853	0.903
0.20	0.954	1.01	1.06	1.11	1.16	1.22	1.28	1.33	1.38	1.44
0.30	1.49	1.55	1.61	1.67	1.73	1.79	1.85	1.92	1.98	2.05
0.40	2.11	2.18	2.25	2.32	2.39	2.46	2.54	2.61	2.69	2.77
0.50	2.85	2.93	3.01	3.09	3.18	3.27	3.36	3.45	3.54	3.63
0.60	3.73	3.83	3.93	4.03	4.14	4.24	4.35	4.46	4.58	4.69
0.70	4.81	4.93	5.06	5.18	5.31	5.45	5.58	5.72	5.86	6.00
0.80	6.15	6.30	6.46	6.61	6.77	6.94	7.11	7.28	7.45	7.63
0.90	7.82	8.01	8.20	8.39	8.60	8.80	9.01	9.23	9.45	9.67
1.00	9.90	10.1	10.4	10.6	10.9	11.1	11.4	11.7	11.9	12.2
1.10	12.5	12.8	13.1	13.4	13.7	14.1	14.4	14.7	15.1	15.4
1.20	15.8	16.2	16.5	16.9	17.3	17.7	18.1	18.6	19.0	19.5
1.30	19.9	20.4	20.9	21.3	21.8	22.3	22.9	23.4	24.0	24.5
1.40	25.1	25.7	26.3	26.9	27.5	28.2	28.8	29.5	30.2	30.9
1.50	31.6	32.3	33.1	33.9	34.6	35.5	36.3	37.1	38.0	38.9

例　在 pH=10 的氨性溶液中用 0.02000mol/L EDTA 滴定同浓度的 Mg^{2+}，若以铬黑 T 为指示剂滴定到变色点 pM_t，计算滴定误差 E_t。

[解]　在本节第五小节的例中已计算了滴定至终点时的 $pMg'_{SP} = (8.2+2)/2 = 5.1$。在本节第四小节的例中计算了指示剂铬黑 T 的变色点 $pM_t = 5.4$。故 $\Delta pM = 5.4 - 5.1 = +0.3$，查表 7-19 得 $f = 1.49$。已知 $\lg K'_{MgY} = 8.2$，$c_M = 0.01000mol/L$，则 $E_t = 1.49/(10^{8.2} \times 10^{-2})^{1/2} = +0.12\%$。

八、EDTA 标准溶液配制和标定

1. 配制

按下表的规定量称取乙二胺四乙酸二钠，加 1000mL 水，加热溶解，冷却，摇匀。

乙二胺四乙酸二钠标准溶液浓度 $c_{(EDTA)}/(mol/L)$	乙二胺四乙酸二钠的质量 m/g
0.1	40
0.05	20
0.02	8

2. 标定

标定用的基准物很多，我国 GB/T 601—2002 标准采用 ZnO 为基准物，有看法认为，采用与被测元素相同的物质，如测钙可用 $CaCO_3$、测镁可用 MgO 等作基准物，可减少系统误差。以下仅给出以 ZnO 标定 $c_{(EDTA)}$ ＝0.02mol/L 溶液的测定方法：

称取 0.4g 于 800 ℃灼烧至质量恒定的基准 ZnO，称准至 0.0002 g。用少量水湿润，加 HCl 溶液（1＋1）至样品溶解，移入 250mL 容量瓶中，稀释至刻度，摇匀。取 30.00～35.00mL，加 70mL 水，用氨水溶液（10％）中和至 pH＝7～8，加 10mL 氨-氯化铵缓冲溶液（pH＝10）及 5 滴铬黑 T 指示液（5g/L），用待标定的 EDTA 溶液滴定至溶液由紫红色变为纯蓝色为终点。同时作空白试验。

$$c_{(EDTA)} = \frac{m}{(V-V_0) \times \dfrac{M_{(ZnO)}}{1000}}$$

式中 　m——ZnO 的质量，g；

　　　V——EDTA 溶液的用量，mL；

　　　V_0——空白试验 EDTA 溶液的用量，mL；

　$M_{(ZnO)}$——ZnO 的摩尔质量（81.38g/mol）。

九、络合滴定应用示例

1. 水总硬度的测定

(1) 测定的意义　水硬度主要指水中含有可溶性钙盐和镁盐的多少。天然水中，雨水属于软水，普通地面水硬度不高，但地下水的硬度较高。水硬度的测定是水的质量控制的重要指标之一。在天然水中，钙盐和镁盐以碳酸盐、重碳酸盐、硫酸盐、氯化物和硝酸盐的形式存在。水硬度分类如下：

$$
水硬度
\begin{cases}
暂时硬度（碳酸盐硬度）
\begin{cases}
Ca(HCO_3)_2 \\
Mg(HCO_3)_2
\end{cases} \\
永久硬度（非碳酸盐硬度）
\begin{cases}
CaSO_4, CaCl_2, Ca(NO_3)_2 \\
MgSO_4, MgCl_2, Mg(NO_3)_2
\end{cases}
\end{cases}
$$

碳酸盐硬度在煮沸时分解：

$$Ca(HCO_3)_2 \longrightarrow CaCO_3 \downarrow + CO_2 \uparrow + H_2O$$

$$Mg(HCO_3)_2 \longrightarrow MgCO_3 \downarrow + CO_2 \uparrow + H_2O$$

硬度大的水不宜于工业上使用，因为它使锅炉及换热器中结垢，影响热效率。在生活用水方面饮用硬度过高的水，会影响肠胃消化功能。使用硬度大的水洗衣服等，会浪费大量的肥皂。

(2) 水总硬度测定原理　EDTA 和金属指示剂铬黑 T(H_3In)分别与 Ca^{2+}、Mg^{2+} 形成配合物，这 4 种配合物的稳定顺序为

$$\underset{无色}{CaY^{2-}} > \underset{无色}{MgY^{2-}} > \underset{红色}{MgIn^-} > \underset{红色}{CaIn^-}$$

在水样中加入少量铬黑 T 指示剂时，它依次与 Mg^{2+}、Ca^{2+} 生成红色配合物 $MgIn^-$ 和 $CaIn^-$。反应式如下：

$$\underset{（蓝色）}{Mg^{2+} + HIn^{2-}} \Longrightarrow \underset{（红色）}{MgIn^- + H^+}$$

$$\underset{（蓝色）}{Ca^{2+} + HIn^{2-}} \Longrightarrow \underset{（红色）}{CaIn^- + H^+}$$

当用 EDTA 标准溶液滴定时，EDTA 首先依次与游离的 Ca^{2+}、Mg^{2+} 配合，然后再依次与 $CaIn^-$、$MgIn^-$ 反应

$$CaIn^- + H_2Y^{2-} \Longrightarrow \underset{（蓝色）}{CaY^{2-} + HIn^{2-}} + H^+$$

$$MgIn^- + H_2Y^{2-} \rightleftharpoons MgY^{2-} + HIn^{2-} + H^+$$
$$\text{(蓝色)}$$

释放出来的 HIn^{2-} 使溶液显指示剂的蓝色，表示到达滴定终点。上述反应测定的是 Ca^{2+}、Mg^{2+} 的总含量，也就是测定水的总硬度。

（3）水硬度的表示方法　世界各国表示水硬度的方法不尽相同，例如，德国硬度——1 德国硬度相当于 CaO 含量为 10mg/L。我国采用 mmol/L 或 mg/L（$CaCO_3$）为单位表示水的硬度。

（4）总硬度的测定步骤　量取 100mL 水样置锥形瓶中，加 1～2滴（1+1）HCl 酸化，煮沸数分钟以除去 CO_2，冷却后，加入 3mL三乙醇胺溶液（200g/L），5mL 氨性缓冲溶液，1mL Na_2S 溶液（20g/L），再加入 3 滴铬黑 T 指示剂（5g/L），立即用 0.01mol/LEDTA 标准溶液滴定至溶液由红色变为纯蓝色为终点。记录所耗EDTA 的体积。

$$\text{水的总硬度}/(\text{mmol/L}) = \frac{(c \times V)_{EDTA}}{V_水} \times 1000$$

或　　总硬度($CaCO_3$)/(mg/L) $= \dfrac{(c \times V)_{EDTA} \cdot M_{(CaCO_3)}}{V_水} \times 1000$

注：① 水样中含有 $Ca(HCO_3)_2$，当溶液调至碱性时应防止形成 $CaCO_3$ 沉淀而使结果偏低，故需先酸化，煮沸使 $Ca(HCO_3)_2$ 完全分解。

② 加三乙醇胺掩蔽 Fe^{3+}、Al^{3+}，加 Na_2S 使 Cu^{2+} 生成 CuS 沉淀，掩蔽重金属离子。

③ 如果水样中 Mg^{2+} 含量很低，铬黑 T 变色不敏锐，可加 5mL Mg^{2+}-EDTA 溶液。

2. 铝盐的测定

（1）化学试剂硫酸铝钾中 $KAl(SO_4)_2 \cdot 12H_2O$ 的含量，分析纯级要求不少于 99.5%，化学纯级要求不少于 99.0%，一般用 EDTA滴定 Al^{3+} 的方法测定。

（2）Al^{3+} 与 EDTA 的配位反应速率太慢，通常采取在铝盐溶液中加一定量且过量的标准 EDTA 溶液，加热煮沸，冷却后以二甲酚橙作指示剂，调节 pH=5～6，用 $Pb(NO_3)_2$ 标准溶液返滴过量的EDTA。

（3）测定步骤　称取 0.8 g 铝盐试样，称准至 0.0002 g，溶于

50mL 水中，加 50.00mL 0.05mol/L EDTA 标准溶液，煮沸、冷却，用 30％六亚甲基四胺溶液调节至 pH＝5～6，并过量 2mL，加 3 滴 0.2％二甲酚橙指示剂，用 0.05mol/L Pb(NO₃)₂ 标准溶液滴定至溶液由黄色变为红色为终点。KAl(SO₄)₂ · 12H₂O 含量（x）按下式计算：

$$x = \frac{(50.00\text{mL} \times c_1 - V_2 c_2) \times 0.4744\text{g/mmol}}{G} \times 100\%$$

式中　c_1——EDTA 标准溶液的浓度，mol/L；

c_2——Pb(NO₃)₂ 标准溶液的浓度，mol/L；

V_2——Pb(NO₃)₂ 标准溶液的体积，mL；

G——样品的质量，g；

0.4744——1mmol KAl(SO₄)₂ · 12H₂O 的质量，g/mmol。

第五节　氧化还原滴定法

利用氧化还原反应进行的滴定称为氧化还原滴定法。根据其所用标准溶液，氧化还原法又可分为许多类，本节仅介绍其中的三类：高锰酸钾法、重铬酸钾法和碘量法。各种方法都有其特点和应用范围，这是本节关注的重点。氧化还原反应历程复杂，还不能像对酸碱滴定和络合滴定那样对其作较深入的理论研究，方法的建立更多地要通过实验。

一、氧化还原反应及其平衡处理

（一）氧化还原反应的条件电位

氧化还原反应是物质之间发生电子转移的反应，例如：Br₂＋2I⁻ ══ 2Br⁻ ＋I₂ 反应中 Br₂ 是获得电子的物质，称为氧化剂，Br₂＋2e⁻ ══ 2Br⁻；I⁻ 是失去电子的物质称还原剂，2I⁻ － 2e⁻ ══ I₂。Br₂ 和 Br⁻ 组成一对电对，I₂ 和 I⁻ 组成另一电对，Br₂ 和 I₂ 是电对的氧化态，Br⁻ 和 I⁻ 是电对的还原态。所以氧化还原反应的实质是电子在两个电对之间的转移过程，转移方向取决于两对电对的电极电位的大小。

氧化还原电对可分为可逆和不可逆两大类。可逆的氧化还原电对在氧化还原的任一瞬间都能建立起氧化还原平衡，其所显示的实际电位与按用能斯特方程式计算的理论电位相符。不可逆电对则相反，不能真正建立起氧化还原反应所示的平衡，其实际电位与理论电位相差甚大（约 $100\sim200mV$ 以上）。常见的可逆的氧化还原电对有 Fe^{3+}/Fe^{2+}、I_2/I^-、$Cr_2O_7^{2-}/Cr^{3+}$ 等。

在处理氧化还原平衡时，还应注意电对有对称的和不对称的区别，在对称电对中，氧化态和还原态系数相同，如：$Fe^{3+}+e^-\Longrightarrow Fe^{2+}$，$MnO_4^-+8H^++5e^-\Longrightarrow Mn^{2+}+4H_2O$；在不对称电对中，氧化态和还原态系数不相同，如：$2I^--2e^-=I_2$ 等。

可逆的氧化还原电对的电极电位计算的能斯特方程式为：

$$\varphi_{ox/red}=\varphi^{\ominus}_{ox/red}+\frac{0.059}{n}\lg\frac{a_{ox}}{a_{red}} \quad (25℃)$$

式中　$\varphi_{ox/red}$——电对 ox/red 的电极电位，V；

　　　$\varphi^{\ominus}_{ox/red}$——电对的标准电极电位，V；

　　　n——反应中转移的电子数；

　　a_{ox} 和 a_{red}——氧化态和还原态的活度，mol/L。

标准电极电位是指 25℃，离子活度为 $1mol/L$，以氢电极电位为零测得的相对电位，标准电极电位见附录表七。根据标准电极电位的高低可以初步判断氧化还原反应进行的方向和反应次序。实际上，我们知道的是氧化态和还原态的浓度而不是活度，氧化态和还原态还会受到各种副反应的影响，为了能反映离子强度和各种副反应影响的总结果，为此引入条件电位，其表达式为：

$$\varphi^{\ominus'}=\varphi^{\ominus}+\frac{0.059}{n}\lg\frac{\gamma_{ox}\alpha_{red}}{\gamma_{red}\alpha_{ox}} \quad (7-39)$$

式中　$\varphi^{\ominus'}$——条件电位，它表示在一定介质条件下，氧化态和还原态分析浓度为 $1mol/L$ 时的实际电位；

　γ_{ox} 和 γ_{red}——氧化态和还原态的活度系数；

　α_{ox} 和 α_{red}——氧化态和还原态的副反应系数。

条件电位校正了离子强度和各种副反应的影响，比标准电极电位更符合实际情况。以 Fe^{3+}/Fe^{2+} 电对为例，它在不同介质中的条件电位($\varphi^{\ominus}_{Fe^{3+}/Fe^{2+}}=0.77V$) 如下：

介　质	$HClO_4$	HCl	H_2SO_4	H_3PO_4	HF
浓度/(mol/L)	1	0.5	1	2	1
$\varphi^{o'}_{Fe^{3+}/Fe^{2+}}$/V	0.77	0.71	0.68	0.46	0.32

PO_4^{3-} 与 F^- 都和 Fe^{3+} 形成络合物，所以对电位影响较大，而在 $HClO_4$ 中 Fe^{3+} 不形成络合物，所以 $\varphi^{o'}_{Fe^{3+}/Fe^{2+}}$ 与 $\varphi^{o}_{Fe^{3+}/Fe^{2+}}$ 相同。引入条件电位后，能斯特方程式表示为：

$$\varphi_{ox/red} = \varphi^{o'}_{ox/red} + \frac{0.059}{n} \lg \frac{c_{ox}}{c_{red}} \tag{7-40}$$

应用式(7-40)计算电对的电位更符合实际。

（二）氧化还原反应的进行程度

氧化还原反应进行程度可用反应的平衡常数衡量，若氧化还原反应为：

$$n_2 ox_1 + n_1 red_2 \longrightarrow n_2 red_1 + n_1 ox_2$$

其条件平衡常数 K' 可由下式求得：

$$\lg K' = \lg \left[(c_{red_1}/c_{ox_1})^{n_2} \times (c_{ox_2}/c_{red_2})^{n_1} \right] = (\varphi^{o'}_1 - \varphi^{o'}_2) \times n_1 n_2 / 0.059 \tag{7-41}$$

由式(7-41)可知，两电位的条件电位相差越大，氧化还原反应的平衡常数就越大，反应进行也越完全。一般来说若两电对的条件电位差大于 0.4V，反应就能定量进行，在氧化还原滴定中一般都能满足此条件。但满足此条件的氧化还原反应不一定能用于氧化还原滴定，还需考虑反应是否按一定的化学计量关系进行和反应的速度问题。

（三）氧化还原反应的速度

从上述的讨论中指出，利用条件电位可以判断氧化还原反应进行的方向和程度，但这个反应能否真正用于氧化还原滴定，还取决于氧化还原反应的速度。从理论上要估计一个反应速率的快慢并不容易，Shaffer 仍给出过一条不十分严格的规律：如果两个半反应含有的电子数目不同时，这个氧化还原反应的速度往往是慢的。

比较一下，下面两个反应哪个快，哪个慢？

$$Fe^{2+} + Ce^{4+} \longrightarrow Fe^{3+} + Ce^{3+} \qquad 2Ce^{4+} + As(Ⅲ) \longrightarrow 2Ce^{3+} + As(Ⅴ)$$

前一个反应的半反应分别为：$Fe^{3+} + e^- \longrightarrow Fe^{2+}$ 和 $Ce^{4+} + e^- \longrightarrow Ce^{3+}$。而后一个反应的半反应分别为：$Ce^{4+} + e^- \longrightarrow Ce^{3+}$ 和

$H_3AsO_4 + 2H^+ + 2e^- \rightleftharpoons HAsO_2 + 2H_2O$。由此可知后一个反应的两个半反应含有的电子数目不同，故它必定是慢的。

氧化还原反应速率的快慢取决于它的反应历程，大多反应经历了一系列的中间步骤，即反应是分步进行的，Ce^{4+} 和 As（Ⅲ）的反应分为两步：Ce（Ⅳ）＋As（Ⅲ）$\rightleftharpoons$ Ce（Ⅲ）＋ As（Ⅳ）；Ce（Ⅳ）＋As（Ⅳ）$\rightleftharpoons$ Ce（Ⅲ）＋ As（Ⅴ）。前者反应速度慢，后者快，整个反应的速率取决于慢的。除了反应历程影响反应速率外，电子转移速度还受到溶液中溶剂分子和各种配体分子的阻碍、物质之间的静电作用力以及原子和离子电子层结构变化的影响。

在氧化还原滴定中如何提高反应速率成为了氧化还原滴定的重要条件之一，常用的提高反应速度的方法有以下几种。

1. 提高反应物浓度

根据质量作用定律，反应速率与反应物浓度的乘积成正比。但氧化还原反应是分步进行的，所以不能笼统地按总的氧化还原反应方程式中各反应物的系数来判断其浓度对速率的影响程度，一般来说增加反应物浓度都能加快反应速率。如果反应有 H^+ 离子参加，提高酸度也能加快反应速率。例如反应 $Cr_2O_7^{2-} + 6I^- + 14H^+ \rightleftharpoons 2Cr^{3+} + 3I_2 + 7H_2O$ 在 0.4mol/L 酸度下，KI 过量 5 倍，放置 5min 即可完成。

2. 提高反应温度

对大多数反应来说，升高温度可提高反应速率。通常溶液温度每增高 10℃，反应速率约增大 2～3 倍。例如，在酸性溶液中，反应 $2MnO_4^- + 5C_2O_4^{2-} + 16H^+ \rightleftharpoons 2Mn^{2+} + 10CO_2 + 8H_2O$ 在室温下的反应速度是很慢的，若溶液温度加热至 75～85℃，反应速率大为加快。

3. 利用催化剂

催化剂的使用是提高反应速率的有效方法，上述已指出 Ce^{4+} 氧化 As（Ⅲ）分两步进行，由于第一步反应的影响，总的反应速率很慢，若加入少量 I^-，发生下述反应：

$$Ce^{4+} + I^- \rightleftharpoons I + Ce^{3+}$$

$$2I \rightleftharpoons I_2$$

$$I_2 + H_2O \rightleftharpoons HOI + H^+ + I^-$$

$$H_3AsO_3 + HOI \Longrightarrow H_3AsO_4 + H^+ + I^-$$

以上涉及碘的反应都是快速的，少量 I^- 作催化剂加速了 Ce^{4+} 氧化 As（Ⅲ）。

二、氧化还原滴定曲线及其滴定终点的确定

（一）氧化还原滴定曲线

在氧化还原滴定过程中，终点之前，氧化还原体系的电位受被滴定的电对的电位控制；终点之后，受过量滴定剂及其共轭物所组成的电对的电位控制。对于一般可逆对称的氧化还原反应的化学计量点电位（φ_{sp}）可由式(7-42)求得：

$$\varphi_{sp} = (n_1\varphi_1^{o'} + n_2\varphi_2^{o'})/(n_1 + n_2) \tag{7-42}$$

即化学计量点电位（φ_{sp}）与电对的电子转移数（n_1 和 n_2）及条件电位（$\varphi_1^{o'}$ 和 $\varphi_2^{o'}$）有关，若滴定反应同时又是 $n_1 = n_2$，上式为：

$$\varphi_{sp} = (\varphi_1^{o'} + \varphi_2^{o'})/2 \tag{7-43}$$

现以 $0.1000\text{mol/L Ce(SO}_4)_2$ 滴定 $20.00\text{mL } 0.1000\text{mol/L FeSO}_4$ 为例进行说明。

1. 化学计量点前

按 $\varphi = \varphi_{Fe^{3+}/Fe^{2+}}^{o'} + 0.059 \lg \dfrac{c_{Fe^{3+}}}{c_{Fe^{2+}}}$ 计算电位。

2. 化学计量点时

$\varphi_{sp} = (\varphi_{Ce^{4+}/Ce^{3+}}^{o'} + \varphi_{Fe^{3+}/Fe^{2+}}^{o'})/2 = (1.44 + 0.68)/2 = 1.06\text{V}$

3. 化学计量点后

可按 $\varphi = \varphi_{Ce^{4+}/Ce^{3+}}^{o'} + 0.059 \lg \dfrac{c_{Ce^{4+}}}{c_{Ce^{3+}}}$ 计算电位。

现将不同点的电位值列于表 7-20，其滴定曲线见图 7-21。

表 7-20　$0.1000\text{mol/L Ce(SO}_4)_2$ 滴定

$20.00\text{mL } 0.1000\text{mol/L FeSO}_4$ 的电位变化

加入 Ce^{4+} 溶液		剩余 Fe^{2+}		过量的 Ce^{4+}		电位/V
mL	%	mL	%	mL	%	
0.00	0.0	20.00	100.0			

加入 Ce^{4+} 溶液		剩余 Fe^{2+}		过量的 Ce^{4+}		电位/V
mL	%	mL	%	mL	%	
1.00	5.0	19.00	95.0			0.60
4.00	20.0	16.00	80.0			0.64
8.00	40.0	12.00	60.0			0.67
10.00	50.0	10.00	50.0			0.68
18.00	90.0	2.00	10.0			0.74
19.80	99.0	0.20	1.0			0.80
19.98	99.9	0.02	0.1			0.86 ⎫ 滴定
20.00	100.0					1.06 ⎬
20.02	100.1			0.02	0.1	1.26 ⎭ 突跃
22.00	110.0			2.00	10.0	1.38
40.00	200.0			20.00	100.0	1.44

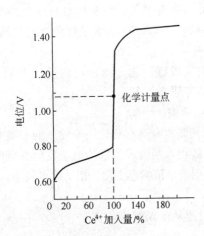

图 7-21　0.1000mol/L Ce(SO$_4$)$_2$ 溶液滴定 0.1000mol/L FeSO$_4$ 的滴定曲线

(在 1mol/L H$_2$SO$_4$ 中)

对可逆对称的氧化还原反应 S 形滴定曲线的进一步研究指出：

(1) 当 $n_2/n_1 \leqslant 1$ 时，突跃点（tp）和化学计量点（sp）不会重合，突跃点总是在化学计量点之前。

(2) 当 $n_2/n_1 > 1$ 时，突跃点可能与化学计量点重合，通过计算可以得到突跃点与化学计量点重合所要求的两个电对的条件电位

差 $\Delta\varphi_G^{o'}$。

$$\Delta\varphi_G^{o'} = \frac{RT}{F}\left(\frac{1}{n_1}+\frac{1}{n_2}\right)\ln\left(\frac{n_2+n_1}{n_2-n_1}\right)$$

$$\Delta\varphi^{o'} = \varphi_1^{o'} - \varphi_2^{o'}$$

若 $\Delta\varphi^{o'} < \Delta\varphi_G^{o'}$，突跃点出现在学化学计量点之前；若 $\Delta\varphi^{o'} > \Delta\varphi_G^{o'}$，突跃点出现在化学计量点之后。由此可见，并不是对于任何氧化还原滴定，其滴定曲线的突跃点和化学计量点都是重合的。在选择氧化还原指示剂时，要注意突跃点与化学计量点之间的关系，以避免终点误差。

（二）氧化还原滴定的指示剂

氧化还原滴定中应用的指示剂可分为以下三类：

1. 自身指示剂

有些标准溶液自身有颜色，可利用自身颜色的变化指示终点，不必另加指示剂。例如，$KMnO_4$ 溶液呈红色，自身可作指示剂。

2. 专属指示剂

碘与淀粉反应生成蓝色化合物，在碘量法中就用淀粉作指示剂。淀粉称为碘量法的专属指示剂。

3. 氧化还原指示剂

氧化还原指示剂是本身具有氧化还原性质的一类有机物，其氧化态和还原态具有不同颜色，当滴定体系的电位发生突变时，指示剂电对的浓度也发生改变，引起溶液颜色变化，指示终点到达，指示剂的电对为：

$$In_{(ox)} + ne^- \rlongequal In_{(red)}$$

指示剂的电位遵从能斯特方程式

$$\varphi_{In} = \varphi_{In}^{o'} + \frac{0.059}{n}\lg\frac{[In_{(ox)}]}{[In_{(red)}]}$$

式中，$\varphi_{In}^{o'}$ 为指示剂的条件电位。

当 $\dfrac{[In_{(ox)}]}{[In_{(red)}]} \geqslant 10$ 时，溶液呈现指示剂氧化态的颜色，当 $\dfrac{[In_{(ox)}]}{[In_{(red)}]} \leqslant \dfrac{1}{10}$ 时，溶液呈现指示剂还原态的颜色，所以指示剂的变色范围为：$\varphi^{o'} \pm \dfrac{0.059}{n}$ V。

选择指示剂的原则是：选 $\varphi^{o'}_{In}$ 在滴定突跃范围内尽量靠近化学计量点电位的指示剂。例如：上述 Ce^{4+} 滴定 Fe^{2+} 例中，突跃为 $0.86\sim1.26V$，可选邻苯氨基苯甲酸（$\varphi^{o'}=0.89V$）或邻二氮菲亚铁（$\varphi^{o'}=1.06V$）作指示剂。

常用氧化还原指示剂见表 7-21。

表 7-21　常用氧化还原指示剂

指示剂	$\varphi^{o'}_{In}$/V $[H^+]=1mol/L$	颜色变化 氧化态	还原态	配　制　方　法
亚甲基蓝	0.53	蓝色	无	0.05%水溶液
二苯胺	0.76	紫色	无	0.1%浓 H_2SO_4 溶液
二苯胺磺酸钠	0.84	紫红色	无	0.5%水溶液
邻苯氨基苯甲酸	0.89	紫红色	无	0.1g 指示剂溶于 20mL 5% Na_2CO_3，用水稀释至 100mL
邻二氮菲-亚铁	1.06	浅蓝色	红色	1.485g 邻二氮菲，0.695g $FeSO_4 \cdot 7H_2O$，用水稀释至 100mL
硝基邻二氮菲-亚铁	1.25	浅蓝色	紫红色	1.608g 硝基邻二氮菲，0.695g $FeSO_4 \cdot 7H_2O$，用水稀释至 100mL

三、常用氧化还原滴定方法及应用示例

（一）高锰酸钾法

1. 方法简介

高锰酸钾是一种强氧化剂，它的氧化能力和还原产物与溶液酸度有关。在强酸性溶液中 MnO_4^- 还原成 Mn^{2+}：$MnO_4^- + 8H^+ + 5e^- \Longrightarrow Mn^{2+} + 4H_2O$，$\varphi^o = 1.51V$。在此条件下 MnO_4^- 氧化能力强，与多数还原剂反应速率快，是应用最广的一类反应。反应中高锰酸钾获得 $5e^-$，若以最小反应单元为基本单元，高锰酸钾的基本单元为 $1/5\ KMnO_4$。在弱酸性或碱性溶液中，MnO_4^- 还原成 MnO_2：$MnO_4^- + 2H_2O + 3e^- \Longrightarrow MnO_2 \downarrow + 4OH^-$，$\varphi^o = 0.588V$。因反应生成物 MnO_2 为棕色沉淀，影响终点观察，实际应用较少。在酸性溶液中反应常用 H_2SO_4 酸化而不用 HNO_3 和 HCl，因 HNO_3 是氧化性

酸，可能与被测物反应；而 HCl 中 Cl⁻ 有还原性，可与 $KMnO_4$ 反应。高锰酸钾法的优点是可以直接或间接地测定各种无机物和有机物，应用面广；高锰酸钾自身可作指示剂，无需外加。其缺点是：标准溶液不太稳定；反应历程复杂，易发生副反应；滴定的选择性较差。

高锰酸钾标定见本章第二节第五小节标准滴定溶液的制备和计算，用 $H_2C_2O_4 \cdot 2H_2O$ 标定高锰酸钾时，应注意以下滴定条件：在室温下反应速度慢，需加热至 $70 \sim 80 ℃$ 滴定，但不能超过 $90 ℃$，否则造成 $H_2C_2O_4$ 部分分解，$H_2C_2O_4 = CO_2 + CO + H_2O$；滴定开始最宜酸度为 1mol/L，酸度过低，会部分还原为 MnO_2，酸度过高，会引起 $H_2C_2O_4$ 分解；为防止诱导氧化 Cl⁻，不宜在 HCl 介质中滴定；滴定开始阶段，因 MnO_4^- 与 $C_2O_4^{2-}$ 反应慢，滴定不宜快，待滴入的第一滴高锰酸钾褪色后再加入第二滴，否则，滴入的高锰酸钾来不及与 $C_2O_4^{2-}$ 反应，而引起分解。

2. 应用示例——水样中化学耗氧量（COD）的测定

（1）方法原理　化学耗氧量（COD）是量度水体受还原性物质（主要是有机物）污染程度的综合性指标。$KMnO_4$ 法测定 COD，是在酸性条件下，用 $KMnO_4$ 将水体中还原性物质氧化，剩余的 $KMnO_4$，用过量 $Na_2C_2O_4$ 还原，再用 $KMnO_4$ 回滴过量的 $Na_2C_2O_4$，计算水样消耗的 $KMnO_4$ 量，以氧含量（mg/L）表示。本法仅适用于地表水、地下水、饮用水和生活污水中 COD 的测定，含 Cl⁻ 较高的工业废水则应采用 $K_2Cr_2O_7$ 法测定。

（2）测定步骤

① 取水样 100mL（污染较重的水样，可少取，用水稀释至 100mL），置锥形瓶中，加 5mL（1 + 3）H_2SO_4，再加入 $c\left(\dfrac{1}{5}KMnO_4\right) = 0.01000mol/L$ $KMnO_4$ 标准溶液 10.00mL，加热煮沸 10min，趁热加入 $c\left(\dfrac{1}{2}Na_2C_2O_4\right) = 0.01000mol/L$ $Na_2C_2O_4$ 标准溶液 15.00mL，立即用 0.01000mol/L $KMnO_4$ 标准溶液滴定到浅粉色 30s 不退为终点。记录所耗 $KMnO_4$ 溶液的体积 V_1(mL)。

② $KMnO_4$ 标准溶液校正系数（K）的测定：在上面滴定完的溶液

中，加入 15.00mL 0.01000mol/L $Na_2C_2O_4$ 标准溶液，用 0.01000mol/L $KMnO_4$ 标准溶液滴定到浅粉色 30s 不退为终点，记录所耗 $KMnO_4$ 溶液的体积 V_2(mL)。

$$K = \frac{15.00mL}{V_2}$$

（3）结果计算

$$COD(\text{以 } O_2 \text{ 计}) = \frac{[(10.00mL+V_1)K-15.00mL] \cdot c\left(\frac{1}{2}Na_2C_2O_4\right) \times 8g/mol \times 1000mg/g}{100mL}$$

式中，COD 是以 O_2 计的化学耗氧量，单位为 mg/L。

（二）重铬酸钾法

1. 方法简介

$K_2Cr_2O_7$ 是一种强氧化剂，在酸性溶液中 $Cr_2O_7^{2-}$ 还原成 Cr^{3+}：$Cr_2O_7^{2-}+14H^++6e^- \rightleftharpoons 2Cr^{3+}+7H_2O$，$K_2Cr_2O_7$ 获得 $6e^-$，其基本单元为 $1/6\ K_2Cr_2O_7$，摩尔质量 $M\left(\frac{1}{6}K_2Cr_2O_7\right)=49.03g/mol$，标准电极电位 $\varphi^o=1.36V$。$K_2Cr_2O_7$ 与 $KMnO_4$ 相比有以下优点：$K_2Cr_2O_7$ 纯度高（质量分数可达 99.99%），可直接配制标准溶液；$K_2Cr_2O_7$ 溶液非常稳定，密封后长期保存，浓度不变；$K_2Cr_2O_7$ 氧化能力比 $KMnO_4$ 弱，在 HCl 浓度低于 3mol/L 时，$Cr_2O_7^{2-}$ 不氧化 Cl^-，因此，用重铬酸钾法测铁可在 HCl 介质中进行；其酸性溶液煮沸亦不分解。重铬酸钾法需要用氧化还原指示剂，由于 $Cr_2O_7^{2-}/Cr^{3+}$ 电对的条件电位在不同的酸和不同浓度的酸中比标准电位小，如在 1mol/L $HClO_4$ 中 $\varphi^{o'}=1.025V$；1mol/L H_2SO_4 中 $\varphi^{o'}=1.03V$；1mol/L HCl 中 $\varphi^{o'}=1.00V$；2mol/L HCl 中 $\varphi^{o'}=1.05V$。因此，在选择氧化还原指示剂时，要考虑这个因素。

重铬酸钾标准溶液配制见本章第二节第五小节标准滴定溶液的制备和计算。

2. 应用示例——铁矿中全铁含量的测定

（1）方法原理　重铬酸钾法最重要的应用是测定铁的含量，将铁矿试样用浓 HCl 加热溶解，趁热用 $SnCl_2$ 将 Fe^{3+} 还原为 Fe^{2+}，冷却后，过量的 $SnCl_2$ 用 $HgCl_2$ 氧化。此时溶液中出现白色丝状 Hg_2Cl_2

沉淀，用水稀释后加入 H_2SO_4-H_3PO_4 混合酸，以二苯胺磺酸钠作指示剂，用 $K_2Cr_2O_7$ 标准溶液滴定至溶液由浅绿色（Cr^{3+} 色）变为紫红色。

加入 H_3PO_4 的目的，是使 Fe^{3+} 生成稳定的 $Fe(HPO_4)_2^-$，降低 Fe^{3+}/Fe^{2+} 电对的电位，使二苯胺磺酸钠变色点的电位落在滴定的电位突跃范围内，减小终点误差。同时，由于 $Fe(HPO_4)_2^-$ 是无色的，消除了 Fe^{3+} 的黄色，有利于终点的观察。

此法快速、准确，沿用年代已久。但因 $HgCl_2$ 毒性较大，引起环境污染，所以，近年来出现了一些"无汞测铁法"。例如，过量 $SnCl_2$，不用 $HgCl_2$ 氧化，而改用甲基橙，$SnCl_2$ 将甲基橙还原为氢化甲基橙而褪色，使过量 $SnCl_2$ 得以消除，而且还原反应是不可逆的，所以甲基橙的还原产物不会消耗 $K_2Cr_2O_7$。

HCl 溶液浓度应控制在 4mol/L，若大于 6mol/L，$SnCl_2$ 会先将甲基橙还原为无色，无法指示 Fe^{3+} 的还原反应，若低于 2mol/L，则甲基橙褪色缓慢。

（2）测定步骤　准确称取铁矿试样 1.0～1.5g 于 250mL 烧杯中，加少量水润湿，加 20mL 浓 HCl，盖上表面皿，在通风橱内低温加热分解试样，可滴加 20～30 滴 $SnCl_2$（100g/L）溶液助溶，试样完全分解时残渣（SiO_2）应接近白色，用水吹洗表面皿及烧杯壁，冷却后转移至 250mL 容量瓶中，用水稀释至刻度，摇匀。准确吸取此试液 25.00mL 于锥形瓶中，加 8mL 浓 HCl，加热近沸，加入 6 滴甲基橙（1g/L），趁热边摇边滴加 $SnCl_2$（100g/L）溶液还原 Fe^{3+}，至溶液由橙变红，再慢慢滴加 $SnCl_2$（50g/L）溶液至淡粉色，再摇几下直至粉色褪去。立即用流水冷却，加 50mL 水，20mL 硫磷混酸，2 滴二苯胺磺酸钠指标液（5g/L），立即用 $K_2Cr_2O_7$ 标准溶液滴定到稳定的紫红色为终点。

（3）部分试剂的配制方法

① 100g/L $SnCl_2$ 溶液　10g $SnCl_2 \cdot 2H_2O$ 溶于 40mL 浓热 HCl 中，加水稀释至 100mL。

② 硫磷混酸　将 15mL 浓 H_2SO_4 缓慢加到 70mL 水中，冷却后加入 15mL 浓 H_3PO_4，混匀。

(4) 结果计算 滴定反应式为

$$Cr_2O_7^{2-}+6Fe^{2+}+14H^+ =\!=\!= 2Cr^{3+}+6Fe^{3+}+7H_2O$$

铁矿中 Fe 含量计算式为

$$Fe\ 含量 = \frac{c_{K_2Cr_2O_7} \times V_{K_2Cr_2O_7} \times \dfrac{55.85}{1000}}{G \times \dfrac{25}{250}} \times 100\%$$

式中，G 为试样的质量，g。

(三) 碘量法

1. 方法简介

I_2 是较弱的氧化剂，I^- 是中等强度的还原剂，其半电池反应为：$I_2 + 2e^- =\!=\!= 2I^-$，标准电极电位 $\varphi^{\ominus}_{I_2/2I^-} = 0.45V$，反应中 I_2 获得 $2e^-$，若以最小反应单元为基本单元，I_2 的基本单元为 $1/2\ I_2$，$M_{(1/2I_2)} = 126.90g/mol$。因此，可以利用碘的氧化性亦可以利用碘离子的还原性进行物质含量测定，碘量法分为直接碘量法和间接碘量法。

(1) 直接碘量法 又称为碘滴定法，是以碘作标准溶液直接滴定一些还原性物质。例如可以测定 SO_3^{2-}、AsO_3^{3-}、SnO_2^{2-} 等。其基本反应为：$I_2 + 2e^- =\!=\!= 2I^-$。因 I_2 是较弱的氧化剂，能被 I_2 氧化的物质有限，反应又必须在微酸性和中性溶液中进行，故其应用范围不太广泛。

(2) 间接碘量法 又称为滴定碘法，它是利用 I^- 的还原作用与氧化性物质反应生成游离的碘，再用 $Na_2S_2O_3$（还原剂）标准溶液滴定 I_2 从而间接测出氧化性物质含量。间接碘量法的基本反应为：$2I^- - 2e^- =\!=\!= I_2$ 和 $I_2 + 2Na_2S_2O_3 =\!=\!= 2NaI + Na_2S_4O_6$，$I_2$ 和 $Na_2S_2O_3$ 的反应是间接碘量法的基础。

在上述反应中 $I_2 \approx 2Na_2S_2O_3$，I_2 的基本单元为 $1/2\ I_2$，故 $Na_2S_2O_3$ 的基本单元为 $Na_2S_2O_3 \cdot 5H_2O$，$M_{(Na_2S_2O_3 \cdot 5H_2O)} = 248.17g/mol$。间接碘量法应用范围广，凡能与 KI 作用能定量析出 I_2 的氧化性物质及能与过量 I_2 在碱性介质中作用的有机物质都可用间接碘量法测定。

I_2 和 $Na_2S_2O_3$ 的反应需在中性或弱酸性溶液中进行，在碱性溶液中同时会发生如下反应：

$$Na_2S_2O_3+4I_2+10NaOH \rightleftharpoons 2Na_2SO_4+8NaI+5H_2O$$

当碱性较强时，还会发生 I_2 的歧化反应：

$$3I_2+6OH^- \rightleftharpoons IO_3^-+5I^-+3H_2O$$

会给测定带来误差。间接碘量法另两个误差来源一是碘的挥发，二是在酸性溶液中被空气中的氧氧化析出 I_2。为避免上述误差，滴定要在碘量瓶中进行，滴定时不过度摇动以减少与空气接触并避免阳光直射。

滴定终点以淀粉指示剂指示，直接碘量法终点从无色变蓝色，间接碘量法终点从蓝色变无色。淀粉溶液在滴定临近终点时加入，以免淀粉吸附较多的 I_2 造成误差。

2. 标准溶液的配制和标定

（1）碘标准滴定溶液的配制和标定

① 配制　称取 13g 碘及 35g 碘化钾，溶于 100mL 水中，稀释至 1000mL，贮存于棕色瓶中。

② 标定　称取 0.18g 预先在硫酸干燥器中干燥至恒重的工作基准试剂三氧化二砷，置于碘量瓶中，加 6mL 氢氧化钠标准滴定溶液 $[c_{(NaOH)}=1mol/L]$ 溶解，加 50mL 水，加 2 滴酚酞指示液（10g/L），用硫酸标准滴定溶液 $[c_{(1/2\ H_2SO_4)}=1mol/L]$ 滴定至溶液无色，加 3g 碳酸氢钠及 2mL 淀粉指示液（10g/L），用配制好的碘溶液滴定至溶液呈浅蓝色，同时做空白试验。

碘标准滴定溶液的浓度 $c_{(1/2I_2)}$，单位为 mol/L，按下式计算：

$$c_{(1/2I_2)}=m\times1000/[(V_1-V_2)M]$$

式中　m——三氧化二砷的质量，g；

$\quad\quad V_1$——碘溶液的体积，mL；

$\quad\quad V_2$——空白试验碘溶液的体积，mL；

$\quad\quad M$——三氧化二砷的摩尔质量，$M_{(1/4As_2O_3)}=49.460g/mol$。

在配制和标定碘标准滴定溶液时应注意以下问题。

由于 I_2 难溶于水，但易溶于 KI 溶液生成 I_3^- 配位离子

$$I_2+I^- \rightleftharpoons I_3^-$$

反应是可逆的。配制时应先将 I_2 溶于 40% 的 KI 溶液中，再加水稀释到一定体积。稀释后溶液中 KI 的浓度应保持在 4% 左右。I_2 易挥

发，在日光照射下易发生以下反应

$$I_2 + H_2O \xrightleftharpoons[\text{日光}]{} HI + HIO$$

因此 I_2 溶液应保存在带严密塞子的棕色瓶中，并放置在暗处。由于 I_2 溶液腐蚀金属和橡胶，所以滴定时应装在棕色酸式滴定管中。

标定 I_2 标准溶液的基准物是 As_2O_3（剧毒）。应将称准的 As_2O_3 固体溶于 NaOH 溶液中

$$As_2O_3 + 6NaOH \rightleftharpoons 2Na_3AsO_3 + 3H_2O$$

然后再以酚酞为指示剂，用 H_2SO_4 中和过量的 NaOH 至中性或微酸性。然后用此基准物溶液标定 I_2 溶液

$$AsO_3^{3-} + I_2 + H_2O \rightleftharpoons AsO_4^{3-} + 2I^- + 2H^+$$

$$\varphi^\circ_{I_2/2I^-} = +0.54\ V < \varphi^\circ_{AsO_4^{3-}/AsO_3^{3-}} = +0.57\ V$$

从标准电极电位可以看出 AsO_4^{3-} 是更强的氧化剂，但在中性或微碱性溶液中，反应可定量地向右进行。为此可在溶液中加入固体 NaHCO_3 以中和反应中生成的 H^+

$$HCO_3^- + H^+ \rightleftharpoons H_2O + CO_2 \uparrow$$

以保持溶液 pH 值约为 8。总反应式为

$$AsO_3^{3-} + I_2 + 2HCO_3^- \rightleftharpoons AsO_4^{3-} + 2I^- + 2CO_2 \uparrow + H_2O$$

反应式中量的关系为：$As_2O_3 \backsim 2AsO_3^{3-} \backsim 2I_2 \backsim 4e^-$

（2）硫代硫酸钠标准滴定溶液的配制和标定

① 配制　称取 26g 硫代硫酸钠（$Na_2S_2O_3 \cdot 5H_2O$）（或 16g 无水硫代硫酸钠），加入 0.2g 无水碳酸钠，溶于 1000mL 水中，缓缓煮沸 10min，冷却。放置两周后过滤。

② 标定　称取 0.18g 于 120℃±2℃ 干燥至恒重的工作基准试剂重铬酸钾，置于碘量瓶中，溶于 25mL 水，加 2g 碘化钾及 25mL 硫酸溶液（20%），摇匀，于暗处放置 10min，加 150mL 水（15～20℃），用配制好的硫代硫酸钠溶液滴定，近终点时加 2mL 淀粉指示液（10g/L），继续滴定至溶液由蓝色变为亮绿色。同时做空白试验。

硫代硫酸钠标准滴定溶液的浓度 $c_{(Na_2S_2O_3)}$，单位为摩尔每升（mol/L），按下式计算：

$$c_{(Na_2S_2O_3)} = m \times 1000 / [(V_1 - V_2)M]$$

式中　m——重铬酸钾的质量，g；

　　　V_1——硫代硫酸钠溶液的体积，mL；

　　　V_2——空白试验硫代硫酸钠溶液的体积，mL；

　　　M——重铬酸钾的摩尔质量，$M_{(1/6\ K_2Cr_2O_7)}=49.031g/mol$。

在配制和标定硫代硫酸钠标准滴定溶液时应注意以下问题。

$Na_2S_2O_3 \cdot 5H_2O$ 不稳定的原因有 3 个：

第一是与溶解在水中的 CO_2 反应

$$Na_2S_2O_3 + CO_2 + H_2O \Longrightarrow NaHCO_3 + NaHSO_3 + S\downarrow$$

第二是与空气中的 O_2 反应

$$2Na_2S_2O_3 + O_2 \Longrightarrow 2Na_2SO_4 + 2S\downarrow$$

第三是与水中微生物反应

$$Na_2S_2O_3 \xrightarrow{\text{微生物}} Na_2SO_3 + S\downarrow$$

根据上述原因，$Na_2S_2O_3$ 溶液的配制应采取下列措施：第一，用煮沸冷却后的蒸馏水配制，以除去微生物；第二，配制时加入少量 Na_2CO_3，使溶液呈弱碱性（在此条件下微生物活动力低）；第三，将配制好的溶液置于棕色瓶中，放置两周，再用基准物标定。若发现溶液浑浊，需重新配制。

用 $K_2Cr_2O_7$ 基准物标定 $Na_2S_2O_3$ 标准滴定溶液时分两步反应进行，第一步反应：

$$Cr_2O_7^{2-} + 6I^- + 14H^+ \Longrightarrow 2Cr^{3+} + 3I_2 + 7H_2O$$

反应后产生定量的 I_2，加水稀释后，用 $Na_2S_2O_3$ 溶液滴定，即第二步反应：

$$2Na_2S_2O_3 + I_2 \Longrightarrow Na_2S_4O_6 + 2NaI$$

以淀粉为指示剂，当溶液变为亮绿色即为滴定终点。

现对两步反应所需要的条件说明如下：

第一，为什么反应进行要加入过量的 KI 和 H_2SO_4，反应后又要放置在暗处 10min？

实验证明这一反应速度较慢，需要放置 10min 后反应才能定量完成。加入过量的 KI 和 H_2SO_4 不仅为了加快反应速率，也为防止 I_2 的挥发。此时生成 I_3^- 配位离子。由于 I^- 在酸性溶液中易被空气中的氧氧化，I_2 易被日光照射分解，故需要置于暗处避免见光。

第二，为什么第一步反应后，用 $Na_2S_2O_3$ 溶液滴定前要加入大量水稀释？

由于第一步反应要求在强酸性溶液中进行，而 $Na_2S_2O_3$ 与 I_2 的反应必须在弱酸性或中性溶液中进行，因此需要加水稀释以降低酸度，防止 $Na_2S_2O_3$ 分解。此外由于 $Cr_2O_7^{2-}$ 的还原产物是 Cr^{3+} 显墨绿色，妨碍终点的观察，稀释后使溶液中 Cr^{3+} 浓度降低，墨绿色变浅，使终点易于观察。但如果到终点后溶液又迅速变蓝表示 $Cr_2O_7^{2-}$ 与 I^- 的反应不完全，也可能是由于放置时间不够，或溶液稀释过早，遇此情况应另取一份重新标定。

3. 应用示例

(1) 维生素 C（V_c）含量的测定（直接碘量法）

① 方法原理　维生素 C 的分子式为 $C_6H_8O_6$，分子中的烯二醇基具有还原性，能被 I_2 氧化成二酮基，氧化反应式为：

1mol V_c 与 1mol I_2 定量反应，V_c 的摩尔质量为 176.13g/mol。V_c 还原性很强，尤其在碱性介质中，易被空气氧化，所以在测定时加 HAc 使呈弱酸性。本法可以测定药片、注射液和果蔬中的 V_c 含量。

② 测定步骤　准确称取 V_c 样品 0.2g，加新煮沸并冷却的蒸馏水 100mL 及 2mol/L HAc 溶液 10mL，加 3mL 淀粉指示液（5g/L），用 $c_{(1/2I_2)}=0.1$mol/L I_2 标准溶液滴定至呈现稳定的蓝色为终点。

③ 结果计算　V_c 含量 $= \dfrac{c_{(1/2I_2)} \times V \times \dfrac{176.13}{2000}}{G_{样}} \times 100\%$

(2) 铜合金中铜含量的测定（间接碘量法）

① 方法原理　铜合金样加 HCl 和 H_2O_2，溶解反应为 $Cu+2HCl+H_2O_2 \!=\!\!=\!\! CuCl_2+2H_2O$，然后在弱酸性溶液中，$Cu^{2+}$ 与 I^- 反应析出定量的 I_2，$2Cu^{2+}+4I^- \!=\!\!=\!\! 2CuI\downarrow+I_2$，析出的 I_2 用 $Na_2S_2O_3$ 标准溶液滴定，以淀粉为指示剂，滴定到蓝色恰好消失即为终点。

② 测定条件

a. 加酸的目的：防止铜溶解时水解，应控制 pH＝3.0～4.0 之间，酸度过高，I^- 会被空气氧化为 I_2（Cu^{2+} 催化此反应），使结果偏高。

b. 加过量 KI 的作用有 3 个：作为沉淀剂生成 $CuI\downarrow$；作为还原剂将 $Cu^{2+}\rightarrow Cu^+$；作为络合剂使析出的定量的 I_2 形成较 I_2 稳定的 I_3^-。$I_2+I^-\Longleftrightarrow I_3^-$，反应是可逆的，当用 $Na_2S_2O_3$ 标准溶液滴定时，平衡向左方移动直到定量的 I_2 完全反应。

c. 加 KSCN 的目的：由于 CuI 沉淀表面吸附少量的 I_2 使测定结果偏低。因此常在近终点时，加入 KSCN 溶液，使 CuI 转化为溶度积更小的，很少吸附 I_2 的 CuSCN 沉淀。

$$CuI+SCN^-\Longleftrightarrow CuSCN\downarrow +I^-$$

使 CuI 沉淀吸附的 I_2 被释放出来，可继续用 $Na_2S_2O_3$ 标准溶液滴定到终点。

注意 1) KSCN 应在接近终点时加入，否则 SCN^- 会还原大量存在的 I_2，使测定结果偏低。

2) Fe^{3+} 能氧化 I^-，对测定有干扰，可加入 NH_4HF_2 掩蔽，形成 $[FeF_6]^{3-}$，同时 NH_4HF_2（即 $NH_4F\cdot HF$）是一种酸碱缓冲剂，能控制溶液的 pH 值在 3.0～4.0 之间，防止铜盐的水解。

③ 测定步骤 准确称取铜合金试样 0.15～0.20 g，置于锥形瓶中，加入 10mL（1+1）HCl，滴加约 2mL 30% H_2O_2，盖上小表面皿，加热使溶，溶完后小火煮沸溶液至无细小气泡发生，表示 H_2O_2 分解完全，再煮沸 1 min，冷却后用水吹洗表面皿并加 60mL 水，滴加（1+1）氨水至有浑浊产生，加入 8mL（1+1）HAc 及 5mL NH_4HF_2（200g/L）溶液，再加入 10mL KI（200g/L），用 0.1mol/L $Na_2S_2O_3$ 标准溶液滴定至浅黄色，加入 3mL 淀粉指示剂（5g/L），滴定至浅蓝色，最后加入 10mL KSCN（100g/L），继续滴定至蓝色消失，记录所耗 $Na_2S_2O_3$ 溶液的体积 V（mL）。

④ 结果计算

$$Cu\ 含量=\frac{(cV)_{Na_2S_2O_3}\times\dfrac{63.55}{1000}}{G_{样}}\times 100\%$$

四、氧化还原滴定结果的计算

有关滴定分析计算在本章第二节第六小节中已作讨论，按等物质的量规则，采用以最小反应单元为基本单元的计算法。因氧化还原滴定中涉及的化学反应比较复杂，必须弄清楚滴定剂和待测物之间的计量关系，才能正确确定基本单元。为此，举一些氧化还原滴定测定实例对这个问题再作一次讨论，其目的就是要切实掌握滴定分析计算方法。

例1 今有 PbO 和 PbO_2 混合物，用高锰酸钾法测定混合物中 PbO 和 PbO_2 含量，称取试样 0.7340g，加入 20.00mL 0.5000mol/L（$1/2H_2C_2O_4$）草酸溶液，将 PbO_2 还原成 Pb^{2+}，然后用氨水中和使全部 Pb^{2+} 形成 PbC_2O_4 沉淀，过滤后，将滤液酸化，用标准高锰酸钾溶液滴定用去 0.2000mol/L（$1/5$ $KMnO_4$）高锰酸钾溶液 10.20mL，沉淀溶解于酸中再用同一标准高锰酸钾溶液滴定，用去 30.25mL，计算试样中 PbO 和 PbO_2 含量。

[解] 滤液酸化后，高锰酸钾滴定的是多余的 $H_2C_2O_4$ 的物质的量（n_1）；滴定 PbC_2O_4 沉淀消耗的标准高锰酸钾的物质的量等于全部 Pb^{2+} 的物质的量（n_2）；将 PbO_2 还原和使全部 Pb^{2+} 形成 PbC_2O_4 沉淀共消耗 $H_2C_2O_4$ 的物质的量（n_3）为加入的 $H_2C_2O_4$ 的物质的量总量减去多余的 $H_2C_2O_4$ 的物质的量。因此，用于 PbO_2 还原的 $H_2C_2O_4$ 的物质的量（n_4）为 $n_4 = n_3 - n_2$，而用于 PbO 沉淀的 $H_2C_2O_4$ 的物质的量为 $n_2 - n_4$。

测定所涉及的反应如下：

$$PbO_2 + 4H^+ + C_2O_4^{2-} =\!=\!= Pb^{2+} + 2H_2O + 2CO_2$$

$$PbO + 2H^+ =\!=\!= Pb^{2+}$$

$$Pb^{2+} + C_2O_4^{2-} =\!=\!= PbC_2O_4 \downarrow$$

$$2MnO_4^- + 5C_2O_4^{2-} + 16H^+ =\!=\!= 2Mn^{2+} + 10CO_2 + 8H_2O$$

由反应式知 $PbO_2 \approx Pb^{2+} \approx PbC_2O_4 \approx 2/5\ MnO_4^-$，因高锰酸钾基本单元为 $1/5$ $KMnO_4$，故 PbO_2 基本单元为 $1/2$ PbO_2。同理 PbO 基本单元为 $1/2$ PbO。

$$\text{PbO}_2\text{ 含量} = \frac{(20.00 \times 0.5000 - 0.2000 \times 10.20 - 0.2000 \times 30.25) \times \frac{239.2}{2}}{0.7340 \times 1000} \times 100\%$$

$$= 31.12\%$$

$$\text{PbO 含量} = \frac{[0.2000 \times 30.25 - (20.00 \times 0.5000 - 0.2000 \times 10.20 - 0.2000 \times 30.25)] \times \frac{223.2}{2}}{0.7340 \times 1000} \times 100\%$$

$$= 62.95\%$$

例 2 用高碘酸钾法测定甘露醇 $[CH_2OH\ (CHOH)_4CH_2OH]$，其反应如下：

$$CH_2OH\ (CHOH)_4CH_2OH + 5HIO_4 \longrightarrow$$
$$2HCHO + 4HCOOH + 5HIO_3 + H_2O$$

加入的高碘酸钾是过量的，反应完全后，再加入过量碘化钾。剩余的高碘酸钾及反应生成的碘酸钾都能氧化碘化钾并游离出碘。生成的碘用 $0.1000mol/L\ Na_2S_2O_3$ 标准溶液滴定，样品测定和空白测定分别用量为 5.04mL 和 25.04mL。样品称量为 37.00mg，求试样中甘露醇含量。

高碘酸钾和碘酸钾的反应分别为：

$$IO_4^- + 7I^- + 8H^+ \longrightarrow 4I_2 + 4H_2O$$
$$IO_3^- + 5I^- + 6H^+ \longrightarrow 3I_2 + 3H_2O$$

滴定反应为：$I_2 + 2S_2O_3^{2-} \rightleftharpoons 2I^- + S_4O_6^{2-}$

[解] 从上述反应可知每 1 分子的高碘酸钾还原成 1 分子的碘酸钾，其游离出的碘应减少 1 分子，1 分子的甘露醇和 5 分子的高碘酸钾反应生成 5 分子的碘酸钾，相当于减少了 5 分子碘，而 1 分子碘和 2 分子 $S_2O_3^{2-}$ 反应，因此 1 甘露醇 $\approx 5I_2 \approx 10S_2O_3^{2-}$。

$Na_2S_2O_3$ 的基本单元为其分子式，故甘露醇的基本单元为：

$$1/10\ CH_2OH(CHOH)_4CH_2OH$$

甘露醇 $= (25.04 - 5.04) \times 0.1000 \times (182/10) \times 100\%/37.00$
$$= 98.38\%$$

例 3 称取甲酸 HCOOH 试样 0.2040g 溶解于碱性溶液中，加入 $0.1005mol/L\ KMnO_4$ 溶液（$1/5\ KMnO_4$）25.00mL，待反应完成后酸化，加入过量的 KI 还原 MnO_4^- 以及 MnO_4^{2-} 歧化生成的 MnO_4^- 和 MnO_2。最后用 $0.1002mol/L\ Na_2S_2O_3$ 标准溶液滴定析出的 I_2，用去 21.02mL，计算试样中甲酸含量。

测定所涉及的反应如下：

$$HCOO^- + 2MnO_4^- + 3OH^- \Longrightarrow CO_3^{2-} + 2MnO_4^{2-} + 2H_2O$$

$$3MnO_4^{2-} + 4H^+ \Longrightarrow 2MnO_4^- + MnO_2 \downarrow + 2H_2O$$

$$10I^- + 2MnO_4^- + 16H^+ \Longrightarrow 5I_2 + 2Mn^{2+} + 8H_2O$$

$$2I^- + MnO_2 + 4H^+ \Longrightarrow I_2 + Mn^{2+} + 2H_2O$$

$$I_2 + 2S_2O_3^{2-} \Longrightarrow 2I^- + S_4O_6^{2-}$$

[**解**]　从上述反应可知 $1MnO_4^- \approx 5/2 I_2$。

$$1MnO_4^{2-} \approx 2/3\ MnO_4^- + 1/3\ MnO_2 \approx 10/6\ I_2 + 1/3\ I_2 = 12/6\ I_2 = 2I_2$$

由此可知 MnO_4^- 相当的 I_2 和 MnO_4^{2-} 相当的 I_2 两者相差 $0.5I_2$。而 $1HCOOH$ 和 $2MnO_4^{2-}$ 反应生成 $2MnO_4^{2-}$，故 $HCOOH \approx I_2$。1 个碘和 2 个 $S_2O_3^{2-}$ 反应，因此 1 甲酸 $\approx I_2 \approx 2S_2O_3^{2-}$。$Na_2S_2O_3$ 的基本单元为其分子式，故甲酸的基本单元为 $1/2\ HCOOH$。

甲酸含量 $= [(0.1005 \times 25.00 - 0.1002 \times 21.02) \times (46.04/2) \times 100\%]/(0.2040 \times 1000) = 4.58\%$

第六节　沉淀滴定法

以沉淀反应为基础的滴定方法称为沉淀滴定法，能满足滴定分析对反应要求的沉淀反应不多，具有实际应用的是生成难溶银盐的反应，如：

$$Ag^+ + Cl^- \longrightarrow AgCl \downarrow$$

$$Ag^+ + Br^- \longrightarrow AgBr \downarrow$$

$$Ag^+ + SCN^- \longrightarrow AgSCN \downarrow$$

利用生成难溶银盐反应的沉淀滴定法称为银量法，目前含量在 1% 以上的卤化物和硫氰化物仍大多用银量法测定。银量法根据所用指示剂的不同，分为莫尔（Mohr）法、佛尔哈德（Volhard）法和法扬司（Fajans）法三种，以创立者名字命名；按滴定方式银量法可分为直接法和间接法两种。本章仅介绍银量法。

一、沉淀溶解平衡

(一) 溶度积

在一定温度下，当溶解的速度和沉淀的速度相等时，未溶解的固体和溶液中离子之间达到了动态平衡，溶液中离子浓度不再改变，形成饱和溶液，此时溶液中离子浓度的乘积是一个常数。例如在 AgCl 的饱和溶液中 $[Ag^+][Cl^-]=K_{sp(AgCl)}$，$K_{sp}$ 称为溶度积常数，简称溶度积。$K_{sp(AgCl)}=1.8\times10^{-10}$（25℃），温度改变时，$K_{sp}$ 值也随之改变。

溶度积的通式：$M_mA_n \rightleftharpoons mM+nA$

$$[M]^m[A]^n=K_{sp(M_mA_n)}$$

本书附录表九列出了各种难溶化合物的溶度积。

溶度积和溶解度都表示物质的溶解能力，溶解度是指饱和溶液中溶质的量，以 S 表示，S 和 K_{sp} 可以相互换算。

1. MA 型沉淀

$$MA \rightleftharpoons M+A$$

$$S=[M]=[A]=\sqrt{K_{sp(MA)}}$$

例如：AgCl $K_{sp(AgCl)}=1.8\times10^{-10}$。

$$S=[Ag^+]=\sqrt{1.8\times10^{-10}}\ mol/L=1.34\times10^{-5}\ mol/L$$

2. 用通式表示

$$M_mA_n=mM+nA$$
$$(ms)\quad(ns)$$

$$[M]^m[A]^n=(ms)^m(ns)^n=K_{sp(M_mA_n)},\quad S=\sqrt[m+n]{\frac{K_{sp(M_mA_n)}}{m^mn^n}}$$

例如：Ag_2CrO_4 $K_{sp(Ag_2CrO_4)}=2\times10^{-12}$，$m=2$，$n=1$。

$$S=\sqrt[3]{\frac{K_{sp(Ag_2CrO_4)}}{4}}=\sqrt[3]{\frac{2\times10^{-12}}{4}}\ mol/L=7.94\times10^{-5}\ mol/L$$

$$[Ag^+]=2S=2\times7.94\times10^{-5}\ mol/L=1.59\times10^{-4}\ mol/L$$

和配位化合物反应相同，在进行沉淀反应时，也存在酸效应、配合物效应等副反应，在有副反应存在时，可以用条件溶度积 K'_{sp} 代替 K_{sp} 处理沉淀平衡更可符合实际情况。条件溶度积 K'_{sp} 用下式表示：

$$K'_{sp}=[M'][A']=K_{sp}\alpha_M\alpha_A$$

式中，α_M、α_A 分别为发生沉淀的阳离子和阴离子的副反应系数。

（二）分级沉淀

将一种共同沉淀剂滴加到含有两种或多种离子的溶液中，发生沉淀先后的现象称作分级沉淀或分步沉淀。在分级沉淀中，所需沉淀剂离子浓度小的物质先沉淀，大的后沉淀。在沉淀滴定中可以利用分级沉淀现象来选择合适的指示剂指示终点的到达。

（三）沉淀转化

一种难溶化合物转变成另一种难溶化合物的现象叫沉淀转化，在沉淀滴定中有时需要避免这种现象的发生，用佛尔哈德法测卤素离子时，由于 AgCl 的溶解度比 AgSCN 大，终点后会发生 AgCl 沉淀转化为 AgSCN 沉淀的现象，造成误差，所以必须避免。

二、沉淀滴定方法

（一）莫尔（Mohr）法

1. 方法原理

莫尔法是以 K_2CrO_4 为指示剂的银量法。用 $AgNO_3$ 作标准溶液，在中性或弱碱性溶液中，可以直接测定 Cl^- 或 Br^-，滴定反应为

终点前：$Ag^+ + Cl^- \Longrightarrow AgCl \downarrow$（白色），$K_{sp(AgCl)} = 1.8 \times 10^{-10}$

终点时：$2Ag^+ + CrO_4^{2-} \Longrightarrow Ag_2CrO_4 \downarrow$（砖红色），$K_{sp(Ag_2CrO_4)}$
$= 2.0 \times 10^{-12}$

这是利用分级沉淀原理，设 $[Cl^-] = [CrO_4^{2-}] = 0.1 mol/L$，$Cl^-$ 开始生成 AgCl 沉淀时需 $[Ag^+]$ 为：

$$[Ag^+] = \frac{K_{sp(AgCl)}}{[Cl^-]} = \frac{1.8 \times 10^{-10}}{0.1} mol/L = 1.8 \times 10^{-9} mol/L$$

CrO_4^{2-} 开始生成 Ag_2CrO_4 沉淀时需 $[Ag^+]$ 为

$$[Ag^+] = \sqrt{\frac{K_{sp(Ag_2CrO_4)}}{[CrO_4^{2-}]}} = \sqrt{\frac{2.0 \times 10^{-12}}{0.1}} mol/L = 4.5 \times 10^{-6} mol/L$$

显然，Cl^- 沉淀比 CrO_4^{2-} 沉淀所需 Ag^+ 浓度要小得多，当滴入 $AgNO_3$ 时，AgCl 先沉淀，随着不断滴入 $AgNO_3$，溶液中 $[Cl^-]$ 越来越小，而 $[Ag^+]$ 不断增大，到达 $[Ag^+]^2 [CrO_4^{2-}] \geqslant K_{sp(Ag_2CrO_4)}$ 时，Ag_2CrO_4 开始析出，以示终点到达。

2. 测定条件

（1）指示剂用量　K_2CrO_4 用量直接影响终点误差，$[CrO_4^{2-}]$ 过高，终点提前，浓度过低，终点推迟。当滴定 Cl^- 到达化学计量点

时，AgCl 饱和溶液中 $[Ag^+]=[Cl^-]$，$[Ag^+]=\sqrt{K_{sp(AgCl)}}=$
1.34×10^{-5} mol/L，此时，Ag_2CrO_4 开始析出所需 $[CrO_4^{2-}]$ 为

$$[CrO_4^{2-}]=\frac{K_{sp(Ag_2CrO_4)}}{[Ag^+]^2}=\frac{2\times10^{-12}}{(1.34\times10^{-5})^2}mol/L\approx0.01mol/L$$

由于 K_2CrO_4 溶液呈黄色，这样的浓度颜色太深影响终点观察。所以 K_2CrO_4 的实际用量为 0.005mol/L，即终点体积为 100mL 时，加入 50g/L K_2CrO_4 溶液 2mL，实践证明终点误差小于 0.1%。对较稀溶液的测定，如用 0.01mol/L $AgNO_3$ 滴定 0.01mol/L Cl^- 时误差可达 0.8%，应做指示剂空白试验进行校正。

（2）溶液的酸度　莫尔法溶液酸度应控制在 pH6.5～10.5，酸度过高因生成 $HCrO_4^-$，使 $[CrO_4^-]$ 减小，碱性更高会产生黑色 AgO 沉淀，都会影响测定。当酸度过高时，可用 $NaHCO_3$、$CaCO_3$ 或硼砂中和；碱性太强，可用稀 HNO_3 中和至甲基橙变橙色，再滴加稀 NaOH 至橙色变黄色。该法不宜在氨性溶液中进行，因可生成 $Ag[NH_3]_2^+$，若有 NH_3 存在，可用 HNO_3 中和，此时酸度应控制在 pH6.5～7.2。

（3）剧烈摇动　AgCl 沉淀易吸附 Cl^- 使终点提前，剧烈摇动可释放被吸附的 Cl^-。

3. 测定对象和干扰离子

莫尔法主要用于 Cl^- 和 Br^- 的测定，由于 AgI 和 AgSCN 沉淀强烈吸附相应的 I^- 或 SCN^-，故不宜用于测定 I^- 和 SCN^-。莫尔法用于 Ag^+ 测定时采用返滴定法，即加入一定量过量的 NaCl 标准溶液，然后用 $AgNO_3$ 标准溶液返滴过量 Cl^-。

莫尔法的干扰离子较多，凡与 CrO_4^{2-} 产生沉淀的离子（如 Ba^{2+}、Pb^{2+} 等）、凡与 Ag^+ 产生沉淀的离子（如 PO_4^{3-}、AsO_4^{3-}、S^{2-}、$C_2O_4^{2-}$ 等）、有色离子（如 Cu^{2+}、Ni^{2+}、Co^{2+} 等）、在中性或弱碱性溶液中易水解产生沉淀的离子（如 Fe^{3+}、Al^{3+}、Bi^{3+}、Sn^{4+} 等）均会产生干扰。

（二）佛尔哈德（Volhard）法

佛尔哈德法是以铁铵矾 $[NH_4Fe(SO_4)_2\cdot12H_2O]$ 作指示剂

的银量法，该法又可分为直接滴定法和返滴定法两种。

1. 直接滴定法

直接滴定法用于 Ag^+ 测定，在硝酸性溶液中，以铁铵矾为指示剂，用 NH_4SCN 标准溶液滴定，达化学计量点时，微过量 SCN^- 与指示剂 Fe^{3+} 生成 $FeSCN^{2+}$ 红色配离子，指示终点到达。反应如下：

$$Ag^+ + SCN^- =\!=\!= AgSCN \downarrow (白色)$$
$$Fe^{3+} + SCN^- =\!=\!= FeSCN^{2+} (红色)$$

Fe^{3+} 浓度必须控制在 $0.015mol/L$，滴定时要剧烈摇动，以减少吸附，避免终点提前。

2. 返滴定法

返滴定法用于卤素离子测定，在含有卤素离子的硝酸性溶液中，加入一定过量的 $AgNO_3$ 标准溶液，以铁铵矾为指示剂，用 NH_4SCN 标准溶液返滴定过量的 $AgNO_3$。其滴定条件为：酸度控制在 $0.1\sim1mol/L$，若酸度过低，Fe^{3+} 水解，影响终点确定。指示剂用量：终点体积 $50\sim60mL$ 时加铁铵矾（$400g/L$）$1mL$。

在测定 I^- 时，为避免 Fe^{3+} 被 I^- 还原，指示剂必须在加入过量的 $AgNO_3$ 标准溶液后加入。

在测定 Cl^- 时，因 AgCl 的溶解度比 AgSCN 大，会发生沉淀转化：$AgCl + SCN^- =\!=\!= AgSCN + Cl^-$，这种转化只有当 Cl^- 浓度为 SCN^- 浓度的 180 倍时才会停止，为避免因沉淀转化造成的误差，可采用以下三种措施：

（1）在试液中加入过量 $AgNO_3$ 标准溶液后，过滤，分离出 AgCl 沉淀并用稀硝酸仔细洗涤沉淀。合并滤液和洗涤液，用 NH_4SCN 标准溶液滴定其中的 Ag^+。

（2）在加入 $AgNO_3$ 溶液后，用 NH_4SCN 标准溶液滴定之前，加入硝基苯或邻苯二甲酸二丁酯，用力摇动，使有机试剂覆盖在 AgCl 表面与外部溶液隔离，阻止沉淀转化。该方法简便，但要注意有机试剂的毒性。

（3）增大指示剂浓度至在终点时为 $[Fe^{3+}]=0.2mol/L$，因此时出现红色 $FeSCN^{2+}$ 时，$[SCN^-]$ 已降低，可以避免发生转化。

3. 测定对象和干扰物质

佛尔哈德法是在硝酸性溶液中进行的，许多弱酸根离子如 PO_4^{3-}、AsO_4^{3-}、CrO_4^{2-} 等都不能与 Ag^+ 生成沉淀，方法选择性较高，可用于测定 Cl^-、Br^-、I^-、SCN^- 和 Ag^+ 等。干扰测定的只有强氧化剂、能与 SCN^- 作用的铜盐和汞盐。大量 Cu^{2+}、Ni^{2+}、Co^{2+} 等有色离子的存在影响终点观察。

(三) 法扬司 (Fajans) 法

1. 方法原理

法扬司法是以吸附指示剂指示终点的银量法，现以 $AgNO_3$ 标准溶液滴定 Cl^- 为例说明其原理。吸附指示剂通常是一种有机弱酸，用 HFL 表示，在水溶液中可离解为阴离子，$HFL \rightleftharpoons FL^- + H^+$，例如荧光黄阴离子呈黄绿色荧光。当滴定至化学计量点前，生成的 AgCl 沉淀吸附尚未反应完的 Cl^-，形成的 $AgCl \cdot Cl^-$ 呈负电性，它不吸附荧光黄阴离子，溶液仍呈黄绿色荧光。达化学计量点后，AgCl 沉淀吸附微过量的 Ag^+，形成的 $AgCl \cdot Ag^+$ 呈正电性，这时它吸附荧光黄阴离子，吸附后的指示剂结构发生变化，呈粉红色，反应为 $AgCl \cdot Ag^+ + FL^- \rightleftharpoons AgCl \cdot Ag \cdot FL$。溶液由黄绿色变为粉红色指示终点到达。若用 NaCl 标准溶液滴定 Ag^+，则颜色变化相反。

不同指示剂被沉淀吸附的能力不同，因此，滴定时应选用沉淀对指示剂的吸附力略小于对被测离子吸附力的指示剂，否则终点会提前。但沉淀对指示剂的吸附力也不能太小，否则终点推迟且变色不敏锐。卤化银沉淀对卤离子和几种吸附指示剂的吸附力顺序为：

I^-＞二甲基二碘荧光黄＞SCN^-＞Br^-＞曙红＞Cl^-＞荧光黄

因此，测定 Cl^- 时应选用荧光黄，不能选用曙红。测定 Br^- 可选用曙红。表 7-22 列出几种常用的吸附指示剂。

表 7-22　常用的吸附指示剂

被测离子	指 示 剂	滴定条件 (pH 值)	终点颜色变化
Cl	荧光黄	7～10	黄绿色→粉红色
Cl	二氯荧光黄	4～10	黄绿色→粉红色
Br^-、I^-、SCN	曙红	2～10	橙黄色→红紫色
I	二甲基二碘荧光黄	中性	黄红色→红紫色
SCN^-	溴甲酚绿	4～5	黄色→蓝色

2. 测定条件

（1）溶液酸度　吸附指示剂是弱酸，酸度过高会阻止其电离，因此其酸度根据选用的指示剂而定。不同指示剂其对应的 pH 值见表 7-22。

（2）保持沉淀胶体状态　沉淀保持胶体状态能使终点变色明显，可加入糊精或淀粉溶液等胶体保护剂以阻止 AgCl 凝聚。

（3）避免强光照射　卤化银沉淀在强光照射下，易分解出金属银使沉淀呈灰黑色，影响终点观察。

三、沉淀滴定标准溶液的配制和标定

（一）AgNO₃ 标准溶液的配制和标定

1. 配制

用 $AgNO_3$ 优级纯试剂可以用直接法配制标准溶液。如果 $AgNO_3$ 纯度不够，就应先配成近似浓度，然后再进行标定。

称取 17.5g $AgNO_3$，溶于 1000mL 水中，摇匀。溶液保存于棕色瓶中。其浓度为 $c_{(AgNO_3)}=0.1mol/L$。

2. 标定

标定 $AgNO_3$ 溶液最常用的基准物是基准试剂 NaCl，使用前在 500～600℃灼烧至质量恒定。一般说，标定步骤与测定试样最好相同。下面以法扬司法标定为例：

称取 0.2g 于 500～600℃灼烧至质量恒定的基准 NaCl，称准至 0.0002g。溶于 70mL 水中，加 10mL 淀粉溶液（10g/L），在摇动下用配好的 $AgNO_3$ 溶液[$c_{(AgNO_3)}=0.1mol/L$]避光滴定，近终点时，加 3 滴荧光黄指示液（5g/L），继续滴定至乳液呈粉红色。

$$c_{(AgNO_3)}=\frac{m}{V\times\dfrac{M_{(NaCl)}}{1000}}$$

式中　m——NaCl 的质量，g；

V——消耗 $AgNO_3$ 溶液的体积，mL；

$M_{(NaCl)}$——NaCl 的摩尔质量，58.44g/mol。

(二) NH₄SCN 标准溶液的配制和标定

1. 配制

市售 NH_4SCN 常含有硫酸盐、硫化物等杂质，因此只能用间接法配制。

称取 7.6g NH_4SCN，溶于 1000mL 水中，摇匀。其浓度为 $c_{(NH_4SCN)}$ =0.1mol/L。

2. 标定

准确吸取 30.00～35.00mL 已标定过的 $AgNO_3$ 标准溶液 $[c_{(AgNO_3)}$=0.1mol/L]，加 20mL 水，1mL 铁铵矾指示液（400g/L）及 10mL HNO_3 溶液（25%），在摇动下用配好的 NH_4SCN 溶液 $[c_{(NH_4SCN)}$=0.1mol/L] 滴定，终点前摇动溶液至完全清亮后，继续滴定至溶液所呈浅棕红色保持30s。

NH_4SCN 溶液浓度按下式计算。

$$c_{(NH_4SCN)} = \frac{c_{(AgNO_3)} \cdot V_{(AgNO_3)}}{V_{(NH_4SCN)}}$$

四、沉淀滴定法应用示例

1. 电解食盐车间入槽盐水中 NaCl 含量的测定

电解食盐车间入槽盐水要求 NaCl 含量（ρ）在 315～320g/L 之间。预热至约 70℃，然后送到电解槽中进行电解。此项分析属于中间控制分析项目，一般皆用莫尔法测定。

准确吸取盐水 15.00mL，置于 250mL 容量瓶中，加水稀释至刻度，摇匀。从中吸取 10.00mL 试液，加 40mL 水及 1mL K_2CrO_4 溶液（50g/L），在不断摇动下，用 $AgNO_3$ 标准溶液滴定至溶液呈砖红色，即为终点。

$$\rho_{(NaCl)} = \frac{c_{(AgNO_3)} \cdot V_{(AgNO_3)} \times 58.44\text{g/mol}}{15.00 \times \dfrac{10.00}{250.00}\text{mL}}$$

式中　$c_{(AgNO_3)}$——$AgNO_3$ 标准溶液浓度，mol/L；

　　　$V_{(AgNO_3)}$——滴定所耗 $AgNO_3$ 标准溶液体积，mL。

2. 镀镍溶液中氯化物的测定

用移液管吸取镀镍溶液 5.00mL，置于锥形瓶中，加水 25mL 和 5mL（1+1）HNO_3，然后准确加入 25.00mL 0.1mol/L $AgNO_3$ 标准溶液，加入 1,2-二氯乙烷 5mL，剧烈摇动 30s，加入铁铵矾（400g/L）1mL，用 0.1mol/L NH_4SCN 标准溶液滴定直至溶液由绿色变为棕色为终点。结果按下式计算：

$$\rho_{(NaCl)} = \frac{\left[c_{(AgNO_3)} \times 25.00mL - c_{(NH_4SCN)} \times V_{(NH_4SCN)} \right] \times 58.44 g/mol}{5.00 mL}$$

3. 碘化钾试剂中 KI 含量的测定

准确称取 0.5g 样品，溶于 100mL 水中，加 10mL（1+5）HAc 及 3 滴曙红钠盐指示剂（5g/L），用 0.1mol/L $AgNO_3$ 标准溶液避光滴定至乳液呈红色。

$$KI \text{ 含量} = \frac{(c \cdot V)_{(AgNO_3)} \times 0.1660}{G} \times 100\%$$

式中，G 为样品质量，g；0.1660 为 1mmol KI 的质量（g）。

第七节　称量分析法

称量分析法也称重量分析法，是通过称量操作，测定试样中待测组分的质量，以确定其含量的一种分析方法。

根据被测组分的分离方法，称量分析法分为三类：挥发分析法、沉淀称量分析法和电解分析法，其中以沉淀称量分析法最为重要，本节主要介绍沉淀称量分析法。

称量分析法直接通过称量得到分析结果，不用基准物质或标准试样进行比较，其准确度较高，测量结果的不确定度可达 0.1%～0.2%，但操作烦琐、耗时长，目前硅、硫、磷及一些稀有元素的精确测定还常用称量分析法。

一、挥发分析法原理及应用

挥发法是利用物质的挥发性进行称量分析的一种方法，其原理是将一定质量的样品通过加热或与某种试剂反应，使样品中的被测组分挥发，然后根据试样减少的质量或吸收剂增加的质量来计算试样中被测组分的含量。例如测定氯化钡晶体（$BaCl_2 \cdot 2H_2O$）中结晶水的含量，可将一定质量的氯化钡试样加热，使水分逸出，根据试样氯化钡减少的质量计算试样中结晶水的含量；也可用吸湿剂高氯酸镁吸收逸出的水分，根据高氯酸镁增加的质量来计算试样中结晶水的含量。

目前挥发分析法的应用主要在以下几个方面。

1. 水分测定

物质中的水分可分为吸湿水和结晶水，吸湿水是物质吸收了空气中的水蒸气，其含量与空气湿度和物质的形态有关，没有化学计量关系；结晶水是结晶体内部水分，其含量有一定化学计量关系。通常物质受热时先失去吸湿水，继续加热到某一定温度才失去结晶水，控制恒温箱温度，可分别测定吸湿水和结晶水。

例 钙镁磷肥生产原料磷矿石中水分含量的测定。

[**解**] 在已称量的扁形称量瓶中准确称取未烘干矿样 10g，在 $105 \sim 110℃$ 温度下烘干至恒重。按失重计算水分含量。

$$水分含量 = (G_1 - G_2) \times 100\% / G_1$$

式中，G_1 为矿样在烘干前的质量，g；G_2 为矿样经烘干后的质量，g。

2. 灼烧减量的测定

试样在 $1000 \sim 1100℃$ 灼烧至恒重，其损失的质量即为灼烧减量，这是由于化合水、有机物和部分无机物等物质的挥发和分解使质量减轻。

例 耐火材料灼烧减量的测定。

[**解**] 在已恒重的瓷坩埚或铂坩埚内，称取 $0.5000 \sim 1.0000g$ 试样，放入高温炉内，从室温开始逐渐升温至 $1000 \sim 1100℃$ 灼烧 $30 \sim 60min$，然后取出置于干燥器中，冷却至室温，称量。如此反复操作（每次灼烧 15min）直至恒重。

$$灼烧减量 = (G_1 - G_2) \times 100\% / G_1$$

式中，G_1 为灼烧前的质量，g；G_2 为经灼烧后的质量，g。

3. 残渣和灰分的测定

残渣和灰分是指灼烧后的残留物，通常是无机物，测定方法一般在 $550 \sim 600℃$ 的高温炉中灰化至白色灰烬，冷却后称重，如此重复直至恒重。方法广泛应用于食品分析。

二、沉淀称量分析法原理及应用

（一）沉淀称量分析法的分析过程和对沉淀的要求

1. 沉淀称量分析法的分析过程

沉淀称量分析是将被测组分沉淀为具有一定组成的难溶性化合物，经以下分析过程完成测定。

$$试样 \xrightarrow{溶解} 试液 \xrightarrow{沉淀} 沉淀式 \xrightarrow{过滤、洗涤、烘干或灼烧}$$

$$称量式 \xrightarrow{质量恒定} 计算含量$$

沉淀析出的形式称为沉淀式，烘干或灼烧后称量时的形式称为称量式。沉淀式和称量式可以相同也可以不同，如：

$$Fe^{3+} \longrightarrow \underset{沉淀式}{Fe(OH)_3} \longrightarrow \underset{称量式}{Fe_2O_3}$$

$$Ba^{2+} \longrightarrow \underset{沉淀式}{BaSO_4} \longrightarrow \underset{称量式}{BaSO_4}$$

2. 沉淀称量分析法对沉淀的要求

（1）对沉淀式的要求

① 沉淀溶解度要小，才能保证被测组分沉淀完全，通常要求沉淀溶解损失不超过 0.0002g。

② 沉淀必须纯净，不应混进沉淀剂和其它杂质。

③ 沉淀要易于过滤和洗涤。因此，在进行沉淀操作时，要控制沉淀条件，得到颗粒大的晶形沉淀。对无定形沉淀，尽可能获得结构紧密的沉淀。

④ 沉淀要便于转化为合适的称量式。

（2）对称量式的要求

① 称量式的组成必须与化学式相符合。

② 称量式必须很稳定。

③ 称量式的分子量要尽可能大，而被测组分在称量式中的含量应尽可能小。这样可以增大称量式的质量，减少称量的相对误差。

（3）称取试样量的估算　称取试样量的多少，主要决定于沉淀类型。对生成体积小、易于过滤和洗涤的晶形沉淀，其称量式的质量控制在 0.3～0.5g。对生成体积大、不易过滤和洗涤的无定形沉淀，其称量式的质量控制在 0.1～0.2g。据此依照组分含量即可估算出应称取的试样量。

例 测定 $BaCl_2 \cdot 2H_2O$ 中 Ba 的含量，应称取试样多少克？

[**解**] 此时的沉淀式 $BaSO_4$ 属晶形沉淀，其沉淀式和称量式相同，假设称量式质量为 0.4g，此时称取的试样量为：

$$x = \frac{0.4 \times 244.27}{233.39} \approx 0.42g$$

式中，244.27 为 $BaCl_2 \cdot 2H_2O$ 的摩尔质量，233.39 为 $BaSO_4$ 的摩尔质量。

(4) 沉淀剂用量的估算 沉淀剂用量由试液中被测组分的量决定，通常加入过量的沉淀剂，一般为比理论量过量 50%～100%。

例 测定 $BaCl_2 \cdot 2H_2O$ 中 Ba 的含量时，称样量为 0.5032g，试计算所需浓度为 $c_{(1/2\ H_2SO_4)} = 2mol/L$ 的硫酸溶液多少毫升？

[**解**] 0.5032g $BaCl_2 \cdot 2H_2O$ 中 Ba 的质量为：

$$0.5032 \times 137.33/244.27 = 0.2829g$$

式中 137.33 为 Ba 的原子量。所以所需 H_2SO_4 理论量为：

$$98.07 \times 0.2829/137.33 = 0.2020 \approx 0.20g$$

0.20g 的 H_2SO_4 相当于 $c_{(1/2\ H_2SO_4)} = 2mol/L$ 硫酸溶液的体积为

$$V_{H_2SO_4} = 0.20/(2 \times 0.049) \approx 2mL$$

按理论量过量 50%～100%，即加入 H_2SO_4 溶液 3～4mL。

(二) 沉淀称量分析常用沉淀剂

在沉淀称量分析中所选用的沉淀剂必须满足对沉淀式和称量式的要求，早期主要使用无机沉淀剂，如氨水、硫化氢、多硫化铵、硫酸、磷酸氢二铵、硝酸银等。无机沉淀剂应用较多的是形成氢氧化物和硫化物沉淀，这些沉淀都是无定形的，存在共沉淀现象严重、不易过滤等缺点。为改善沉淀性质，提出了使用有机沉淀剂，一般有机沉淀剂都具有以下特点：

① 选择性高；

② 沉淀溶解度小，吸附杂质少，易于过滤和洗涤；

③ 沉淀的摩尔质量大，被测组分在称量式中占的百分比小；

④ 沉淀一般经烘干即可称量。

故有机沉淀剂得到广泛应用。

按其作用原理，有机沉淀剂大致可分为两类：一类是生成盐或离子缔合物的有机沉淀剂，如苦杏仁酸与锆生成难溶盐、四苯硼酸钠与 K^+ 生成难溶盐、氯化四苯砷在水溶液中以 $(C_6H_5)_4As^+$ 能与含氧酸根（如 MnO_4^-）或金属络阴离子（如 $HgCl_4^{2-}$）形成离子型缔合物沉淀；另一类是生成螯合物沉淀剂，如丁二酮肟与 Ni^{2+}、8-羟基喹啉与 Al^{3+} 生成螯合物沉淀等。下面列举几个应用示例：

(1) 丁二酮肟沉淀 Ni^{2+}　在氨性溶液中，丁二酮肟与 Ni^{2+} 生成红色的螯合物沉淀，120℃烘干称重。Fe^{3+}、Al^{3+}、Cr^{3+} 在氨性溶液产生沉淀干扰测定，可加柠檬酸或酒石酸进行掩蔽。

(2) 四苯硼钠沉淀 K^+　四苯硼钠能与 K^+、NH_4^+、Rb^+、Tl^+、Ag^+ 等离子生成难溶盐沉淀，在一般试样中，Rb^+、Tl^+、Ag^+ 等离子不会存在。所以它是 K^+ 的良好沉淀剂。

(3) 喹钼柠酮沉淀 PO_4^{3-}　在酸性介质中，PO_4^{3-} 与"喹钼柠酮"试剂反应生成黄色磷钼酸喹啉沉淀，反应式如下：

$$H_3PO_4 + 3C_9H_7N + 12Na_2MoO_4 + 24HNO_3 =\!=\!=$$
$$(C_9H_7N)_3H_3[PO_4 \cdot 12MoO_3] \cdot H_2O\downarrow + 11H_2O + 24NaNO_3$$

沉淀经 180 ℃烘干即称重。这是测磷的重要方法。

"喹钼柠酮"是由喹啉、钼酸钠、柠檬酸和丙酮配制而成。其中柠檬酸的作用是与钼酸钠生成配合物，降低钼酸根离子浓度，防止形成硅钼酸喹啉沉淀干扰测定。丙酮的作用是增加喹啉溶解度，并使沉淀颗粒增大而疏松便于洗涤。

(三) 影响沉淀溶解度的因素

称量分析中，通常要求被测组分在溶液中的溶解量不超过称量误差（即 0.2mg），此时即可认为沉淀已完全。但是很多沉淀不能满足此要求。因此必须了解影响沉淀溶解度的因素，以便控制沉淀反应的条件，使沉淀达到称量分析的要求。影响沉淀溶解度的因素有：

1. 同离子效应

组成沉淀的离子称为构晶离子，在难溶电解质的饱和溶液中，如果加入含有某一构晶离子的溶液，则沉淀的溶解度减小，这一效应称为同离子效应。

例如，在 $BaCl_2$ 溶液中，加入过量沉淀剂 H_2SO_4，则可使 $BaSO_4$ 沉淀的溶解度大为减小，达到实际上完全。

但不能片面理解沉淀剂加得越多越好，因为沉淀剂过量太多，可以引起盐效应、配位效应等，使沉淀的溶解度增大。一般情况下，沉淀剂过量 50%～100%，对沉淀灼烧时不易挥发的沉淀剂，则以过量 20%～30% 为宜。

2. 盐效应

在难溶电解质的饱和溶液中，加入其它易溶的强电解质，使难溶电解质的溶解度比同温度时在纯水中的溶解度增大，这种现象称为盐效应。

例如，$BaSO_4$ 沉淀在 $0.01mol/L$ KNO_3 溶液中的溶解度比在纯水中增大约 50%。

盐效应对溶解度很小的沉淀的影响不大。

3. 酸效应

溶液的酸度对沉淀溶解度的影响称为酸效应。若沉淀是强酸盐（如 $BaSO_4$、$AgCl$ 等）影响不大，但对弱酸盐（如 CaC_2O_4、ZnS 等）影响就较大。例如 CaC_2O_4 沉淀，在酸性较强溶液中，由于生成了 $HC_2O_4^-$ 或 $H_2C_2O_4$ 而溶解。

4. 配位效应

当溶液中存在能与沉淀的构晶离子形成配合物的配位剂时，则沉淀的溶解度增大，称为配位效应。例如，用 HCl 沉淀 Ag^+ 时，生成 $AgCl$ 沉淀，若 HCl 过量太多，则会形成 $AgCl_2^-$、$AgCl_3^{2-}$ 等配合物，使 $AgCl$ 溶解度增加。所以，沉淀剂不能过量太多，既要考虑同离子效应，也要考虑盐效应和配位效应。

5. 其它因素

(1) 温度　一般温度升高，沉淀溶解度增大。

(2) 溶剂　无机物沉淀，一般在有机溶剂中的溶解度比在水中小，所以对溶解度较大的沉淀，常在水溶液中加入乙醇、丙酮等有机溶剂，以降低其溶解度。

(3) 沉淀颗粒　同一种沉淀物质，晶体颗粒大的，溶解度小。反之，颗粒小的则溶解度大。

(四) 影响沉淀纯度的因素

1. 共沉淀现象

当沉淀从溶液中析出时，溶液中其它可溶性组分被沉淀带下来而混入沉淀之中的现象称为共沉淀现象。例如，用 H_2SO_4 沉淀 Ba^{2+} 时，若溶液中含有杂质 $FeCl_3$，则生成 $BaSO_4$ 沉淀时常夹杂有 $Fe_2(SO_4)_3$，沉淀灼烧后因含 Fe_2O_3 而显棕黄色。共沉淀是沉淀称量法中最重要的误差来源之一，引起共沉淀的原因主要有下列三种：

(1) 表面吸附　沉淀表面吸附杂质，其吸附量与下列因素有关：

① 杂质浓度　杂质浓度越大，则吸附杂质的量越多。

② 沉淀的总表面积　同质量的沉淀，颗粒越大，则总表面积越小，与溶液接触面就小，因而吸附杂质的量就少。

③ 溶液温度　吸附作用是一个放热过程，溶液温度升高，吸附杂质的量减少。

(2) 生成混晶　如果杂质离子半径与构晶离子半径相近，电荷又相同，它们极易生成混晶。例如，$BaSO_4$ 与 $PbSO_4$ 的晶体结构相同，Pb^{2+} 就可能混入 $BaSO_4$ 晶格中，与 $BaSO_4$ 生成混晶而被共沉淀。

(3) 吸留　吸留是指在沉淀过程中，特别是沉淀剂加入过快时，沉淀迅速长大，使得吸附在沉淀表面的杂质离子来不及离开，而被包夹在沉淀内部的现象。

2. 后沉淀现象

所谓后沉淀是指沉淀析出后，在沉淀与母液一起放置过程中，溶液中本来难于析出的某些杂质离子可能沉淀到原沉淀表面上的现象。这是由于沉淀表面吸附了构晶离子，它再吸附溶液中带相反电荷的杂质离子，在表面附近形成了过饱和溶液，因而使杂质离子沉淀到原沉淀表面上。

例如，在含有少量 Mg^{2+} 的 $CaCl_2$ 溶液中，加入 $H_2C_2O_4$ 沉淀剂时，由于 CaC_2O_4 溶解度比 MgC_2O_4 的溶解度小，CaC_2O_4 析出沉淀，而 MgC_2O_4 当时并未析出，但沉淀与母液一起放置一段时间后，CaC_2O_4 沉淀表面上就有 MgC_2O_4 沉淀析出。

（五）沉淀的条件

1. 沉淀的形状

沉淀按形状不同，大致分为晶形沉淀和无定形沉淀两大类，具体生成哪一类型的沉淀，主要取决于沉淀本身的性质和沉淀的条件，例如 $BaSO_4$、CaC_2O_4 是典型的晶形沉淀，而 $Fe(OH)_3$、$Al(OH)_3$ 是典型的无定形沉淀。但也跟沉淀条件有关，在浓溶液中快速沉淀 $BaSO_4$，也会得到无定形凝胶状沉淀。说明沉淀的形状还跟生成沉淀时的速率有关。

在沉淀形成过程中，溶液中的离子以较大的速率互相结合成小晶核，这种作用速率称聚集速率。与此同时又以静电引力使离子按一定顺序排列于晶格内，这种作用速度称定向速率。当聚集速率大于定向速率时，离子很快聚集起来形成晶核，但却又来不及按一定的顺序排列于晶格内，因此得到的是无定形沉淀。反之当聚集速率小于定向速率时，离子聚集成晶核的速率慢，因此晶核的数量就少，相应的溶液中的离子的数量就多，此时就有足够的离子按一定的顺序排列于晶格内，使晶体长大，这时得到的是晶形沉淀。由此可见，沉淀条件的不同，所获得的沉淀的形状也不同。

2. 形成晶形沉淀的条件

许多晶形沉淀如 $BaSO_4$、CaC_2O_4 等，容易形成能穿过滤纸的微小结晶，因此必须创造生成较大晶形的条件。这就必须使生成结晶核的速率慢，而晶体成长的速率快，为此必须创造以下条件，即"稀、热、慢、搅、陈"。

① 沉淀要在适当稀的溶液中进行，这样结晶核生成的速率就慢，容易形成较大的晶体颗粒。

② 要在热溶液中进行沉淀。因为在热溶液中沉淀的溶解度一般都增大，这样可使溶液的过饱和度相对降低，从而使晶核生成得较少。同时在较高的温度下晶体吸附的杂质量也较少。

③ 在不断搅拌的情况下慢慢加入沉淀剂，尤其在开始时，要避免溶液局部形成过饱和溶液，生成过多的结晶核。

④ 过滤前进行"陈化"处理。在生成晶形沉淀时，有时并非立刻沉淀完全，而是需要一定时间，此时小晶体逐渐溶解大晶体继续成

长，这个过程称"陈化"作用。陈化作用的发生是由于小晶体的溶解度比大晶体的溶解度大，在同一溶液中，对小晶体是饱和溶液，而对大晶体即为过饱和溶液，这时就会有沉淀在大晶体表面上析出。同时溶液对小晶体又变为不饱和的了，于是小晶体继续溶解。由于小晶体的不断溶解，大晶体不断地成长。如此反复进行，使沉淀转化为便于过滤和洗涤的大颗粒晶体。

陈化作用不仅可使沉淀晶体颗粒长大，而且也使沉淀更为纯净，因为晶体颗粒长大总表面积变小，吸附杂质的量就少了。加热和搅拌可加速陈化作用，缩短陈化时间。

3. 形成无定形沉淀的条件

首先要注意避免形成胶体溶液，其次要使沉淀形成较为紧密的形状以减少吸附，因此要求沉淀的条件为："浓、热、快、搅、盐。"

① 在浓溶液中沉淀，可使生成的沉淀含水量少，较紧密。沉淀完毕后，加大量热水稀释并搅拌，使吸附的杂质离开沉淀表面转入溶液中。

② 在热溶液中进行沉淀，既可防止形成胶体溶液，又可减少杂质的吸附量。

③ 快速加入沉淀剂，并不断搅拌，使微粒凝聚，便于过滤和洗涤。

④ 加入电解质（如挥发性的铵盐等）作凝结剂，破坏胶体溶液。

⑤ 不必陈化，沉淀完毕后趁热过滤，因为这类沉淀放置后将失去水分而紧密聚集，使吸附的杂质难以洗去。

（六）沉淀称量分析结果计算

此法是根据所得沉淀的质量，换算成被测组分的含量。分析结果常以质量分数表示被测组分的含量，并且表示为百分数的形式。一般计算公式为

$$被测组分含量 = \frac{被测组分质量}{试样质量} \times 100\%$$

计算中的主要问题是如何将沉淀质量换算为被测组分的质量。下面以实例来说明。

例 测定黄铁矿中硫的含量（用 $BaSO_4$ 重量法）。称取试样

0.1819 g，最后得 $BaSO_4$ 沉淀 0.4821 g，计算试样中硫的百分含量。

[解]

$$BaSO_4 \longrightarrow S$$

233.4	32.07
0.4821	x

$$x = 0.4821 \times \frac{32.07}{233.4} = 0.0662g$$

已知 $BaSO_4$ 沉淀中硫的质量，所以试样中硫的含量为

$$S\ 含量 = \frac{0.0662}{0.1819} \times 100\% = 36.39\%$$

上例说明被测物硫的质量是由沉淀称量式的质量乘以被测组分的式量与称量式的式量之比：

$$\frac{S\ 相对原子质量}{BaSO_4\ 相对分子质量} = \frac{32.07}{233.4} = 0.1374$$

这个比值称为换算因数或化学因数。上式的比值是 $BaSO_4$ 对 S 的换算因数。

因此根据 $BaSO_4$ 沉淀的质量及 $BaSO_4$ 对 S 的换算因数，就可以计算出试样中硫的含量（%）。

$$S\ 含量 = \frac{BaSO_4\ 质量 \times \dfrac{S\ 相对原子质量}{BaSO_4\ 相对分子质量}}{试样质量} \times 100\%$$

换算因数一般都可以在分析化学手册中查到。现将常见的换算因数列于表 7-23。

表 7-23　换算因数

被测组分	沉　淀　式	称　量　式	换　算　因　数
Ba	$BaSO_4$	$BaSO_4$	$\dfrac{Ba}{BaSO_4} = 0.5884$
Fe	$Fe_2O_3 \cdot nH_2O$	Fe_2O_3	$\dfrac{2Fe}{Fe_2O_3} = 0.6994$
Fe_3O_4	$Fe_2O_3 \cdot nH_2O$	Fe_2O_3	$\dfrac{2Fe_3O_4}{3Fe_2O_3} = 0.9666$

被测组分	沉 淀 式	称 量 式	换 算 因 数
K	$KB(C_6H_5)_4$	$KB(C_6H_5)_4$	$\dfrac{K}{KB(C_6H_5)_4}=0.1091$
MgO	$MgNH_4PO_4 \cdot 6H_2O$	$Mg_2P_2O_7$	$\dfrac{2MgO}{Mg_2P_2O_7}=0.3622$
Ni	$Ni(C_4H_7N_2O_2)_2$	$Ni(C_4H_7N_2O_2)_2$ （丁二酮肟镍）	$\dfrac{Ni}{Ni(C_4H_7N_2O_2)_2}=0.2031$
P_2O_5	$(C_9H_7N)_3H_3[PO_4 \cdot 12MoO_3] \cdot H_2O$	$(C_9H_7N)_3H_3[PO_4 \cdot 12MoO_3]$ （磷钼酸喹啉）	$\dfrac{P_2O_5}{2(C_9H_7N)_3H_3[PO_4 \cdot 12MoO_3]}=0.03207$
S	$BaSO_4$	$BaSO_4$	$\dfrac{S}{BaSO_4}=0.1374$
SO_4^{2-}	$BaSO_4$	$BaSO_4$	$\dfrac{SO_4^{2-}}{BaSO_4}=0.4116$

以上讨论了沉淀称量分析的六个方面，有关沉淀称量分析中沉淀的过滤和洗涤及沉淀的烘干或灼烧等基本操作请参见本书第五章第三节。

（七）沉淀称量分析应用示例

1. 钾肥中钾含量的测定

（1）方法原理 K^+ 与四苯硼钠 $[NaB(C_6H_5)_4]$ 生成溶解度很小的白色沉淀，经烘干称重。

$$K^+ + B(C_6H_5)_4^- \Longrightarrow KB(C_6H_5)_4 \downarrow$$

（2）测定步骤 称取钾肥 0.5g，用水溶解后移入 250mL 容量瓶中，加水至刻度摇匀，准确吸取 10mL 试液（含 K^+ 约 10mg）于烧杯中，加 15mL 水，2mol/L HAc 溶液 3mL，在不断搅拌下，逐滴加入四苯硼钠溶液（20g/L）至沉淀完全并过量（约 8～10mL 沉淀剂），放置 15min，用已在 120℃ 干燥恒重的 P16（即 4 号）玻璃坩埚抽滤，用 15mL 0.02% 四苯硼钠洗涤液洗沉淀 4～5 次（每次用 2～3mL），抽干后置于烘箱中 120℃ 烘 1h，冷却称量，直至恒重。

（3）结果计算

$$K^+ 含量 = \frac{(m_B - m_A) \times 0.1091}{G \times \dfrac{10}{250}} \times 100\%$$

式中　　m_B——玻璃坩埚与四苯硼钾的质量，g；

　　　　m_A——玻璃坩埚的质量，g；

　0.1091——四苯硼钾换算成 K^+ 的换算因数；

　　　　G——试样质量，g。

2. 海盐中 SO_4^{2-} 含量的测定

准确称取海盐20g于烧杯中，加150mL水，加热溶解，冷却后移入250mL容量瓶中，加水至刻度摇匀。用干滤纸干漏斗过滤，弃去约10mL最初滤液，然后准确吸取50mL滤液于烧杯中，加水150mL，加2滴甲基红指示剂（2g/L），滴加（1+5）HCl至溶液刚变红色。加热近沸，在不断搅拌下，加入40mL $BaCl_2$ 热溶液（5g/L），剧烈搅拌，在沸水浴上陈化30min，冷却，再用 $BaCl_2$ 溶液检查沉淀是否完全。用倾泻法过滤，用水洗涤至无 Cl^-。将沉淀连同滤纸置于已恒重的瓷坩埚中，加热烘干、炭化、灰化，置800～850℃高温炉中灼烧至恒重。

$$SO_4^{2-} \text{含量} = \frac{(m_B - m_A) \times 0.4116}{G \times \dfrac{50}{250}} \times 100\%$$

式中　　m_B——$BaSO_4$ 沉淀与瓷坩埚的质量，g；

　　　　m_A——瓷坩埚的质量，g；

　0.4116——硫酸钡换算成硫酸根的换算因数；

　　　　G——试样的质量，g。

参 考 文 献

[1]　武汉大学．分析化学（第四版）．北京：高等教育出版社，2002.

[2]　彭崇慧，冯建章，张锡渝．定量化学分析简明教程．北京：北京大学出版社，1985.

[3]　张树成．滴定分析．分析试验室，1991，10（4）：85.

[4]　高华寿．化学平衡与滴定分析．北京：高等教育出版社，1996.

[5]　元以栋，乔学明．滴定分析计算模式探讨．计测技术，2006，26（2）：16.

[6]　张彦荣，黄建光等．重铬酸钾滴定法测定铁矿石中全铁含量的不确定度评定．河北冶金，2009，（1）：52

[7]　彭崇慧．酸碱平衡的处理-代数法与对数浓度图解法．北京：北京大学出版社，1982.

[8] Clare B. Chemistry in Britain，1980，16：251.

[9] 汪葆浚，樊行雪等．线性滴定法．北京：高等教育出版社，1985.

[10] 倪永年，金玲．计算滴定分析应用及进展．分析化学，1996，24（10）：1219.

[11] 张云著．计算滴定分析法的理论及应用．北京：科学出版社，2010.

[12] 彭崇慧，张锡渝．络合滴定原理．北京：北京大学出版社，1981.

[13] Ringbom A. Complexation in Analyical Chemistry. new york Interscience Publishers，1963.

[14] 张锡瑜等．化学分析原理（分析化学丛书）．北京：科学出版社，2000.

[15] 王鸿飞，孟洁等．氧化还原滴定突跃点和化学计量点关系的研究．高等函授学报（自然科学版），2012，25（3）：95.

学 习 要 求

一、概述

1. 了解化学分析的作用和特点。

2. 了解化学分析的分类及其当前的进展。

二、滴定分析法概述

1. 了解滴定分析法常用术语。

2. 了解滴定分析法分类、对化学反应的要求和滴定方式。

3. 了解滴定曲线方程和滴定曲线在滴定分析法中的作用。

4. 掌握标准滴定溶液配制和计算。

5. 掌握滴定分析测定结果的计算方法。

6. 了解滴定分析测定结果的不确定度评定。

三、酸碱滴定法

1. 熟悉酸碱质子理论。

2. 学会列出酸碱溶液的质子条件式。

3. 学会计算各种酸碱溶液的 pH 值。

4. 掌握酸碱缓冲溶液的基本知识。

5. 了解酸碱指示剂，会选用指示剂。

6. 了解酸碱滴定中影响滴定突跃的因素。

7. 掌握多元酸碱分步滴定的条件。

8. 掌握铵盐和混合碱测定原理和结果计算。

9. 掌握计算酸碱溶液 pH 值精确式的建立方法。

10. 了解计算滴定法在极弱酸碱和混合酸碱滴定中的应用。

四、络合滴定法

1. 了解 EDTA 在分析应用方面的特性。

2. 了解配位滴定中的主反应和副反应。

3. 熟悉配合物的稳定常数和条件稳定常数间的关系。

4. 掌握准确配位滴定的判别式。

5. 了解金属指示剂。

6. 掌握配位滴定中影响滴定突跃的主要因素。

7. 了解提高配位滴定选择性的方法。

8. 掌握单一金属离子络合滴定法的建立。

五、氧化还原滴定法

1. 了解氧化还原反应的实质，会配平氧化还原反应式。

2. 了解电极电位、能斯特方程式、标准电极电位和条件电位。

3. 掌握标定 $KMnO_4$ 溶液和 $Na_2S_2O_3$ 溶液的原理、方法和计算。

4. 了解 $KMnO_4$ 法和 $K_2Cr_2O_7$ 法的优缺点。

5. 了解碘量法的误差来源。

六、沉淀滴定法

1. 掌握溶度积原理，溶度积和溶解度的相互换算方法。

2. 掌握三种银量法的方法原理。

3. 理解分级沉淀和沉淀转化的概念，并理解其在银量法中的应用。

4. 掌握测定 Cl^- 的条件。

七、称量分析法

1. 掌握影响沉淀溶解度的因素。

2. 掌握沉淀的条件和影响沉淀纯度的因素。

3. 了解有机沉淀剂的特点。

4. 熟悉换算因数的计算。

复 习 题

一、滴定分析法概述

1. 什么叫标定？标定方法有哪几种？

2. 标准溶液的浓度表示方法有几种？

3. 计算下列溶液的滴定度，以 g/mL 表示：

(1) $0.2015mol/L$ HCl 溶液，用来测定 $Ca(OH)_2$，$NaOH$；

(2) $0.1732mol/L$ NaOH 溶液，用来测定 $HClO_4$，CH_3COOH。

答：(1) 0.007465，0.008062；(2) 0.01741，0.01040

4. 计算 $0.01135mol/L$ HCl 溶液对 CaO 的滴定度。

5. $T_{HCl/NaOH}=0.004420g/mL$ HCl 溶液，相当于物质的量浓度 $c_{(HCl)}$ 为多少？

6. 欲配制 $c_{(1/5\ KMnO_4)}=0.5mol/L$ $KMnO_4$ 溶液 3000mL，如何配制？

答：取 $KMnO_4$ 47.41g

7. 用基准物 NaCl 配制 0.1000mg/mL Cl^- 的标准溶液 1000mL，如何配制？

答：取 NaCl 0.1648g

8. 用基准物 Na_2CO_3 标定 0.1mol/L HCl 溶液，若消耗 HCl 溶液 30mL，应称取 Na_2CO_3 多少克？　　　　　　　　答：0.16g

9. 称取草酸（$H_2C_2O_4 \cdot 2H_2O$）0.3808g，溶于水后用 NaOH 溶液滴定，终点时消耗 NaOH 溶液 24.56mL，计算 NaOH 溶液的物质的量浓度是多少？

答：0.2459mol/L

10. 求算下列反应中划线物质的基本单元及摩尔质量

(1) $NaOH + \underline{H_2SO_4} = NaHSO_4 + H_2O$

　　$2NaOH + \underline{H_2SO_4} = Na_2SO_4 + H_2O$

(2) $\underline{Na_2CO_3} + HCl = NaHCO_3 + NaCl + H_2O$

　　$\underline{Na_2CO_3} + 2HCl = 2NaCl + CO_2 + H_2O$

(3) $\underline{KHC_2O_4 \cdot H_2C_2O_4} + 3NaOH = KNaC_2O_4 \cdot Na_2C_2O_4 + 3H_2O$

(4) $\underline{5KHC_2O_4 \cdot H_2C_2O_4} + 4MnO_4^- + 17H^+ = 5K^+ + 4Mn^{2+} + 20CO_2 + 16H_2O$

(5) $2MnO_4^- + \underline{5H_2O_2} + 6H^+ = 2Mn^{2+} + 5O_2 + 8H_2O$

(6) $Cr_2O_7^{2-} + \underline{6Fe^{2+}} + 14H^+ = 2Cr^{3+} + 3Fe^{2+} + 7H_2O$

　　以 Fe_2O_3、Fe_3O_4 表示分析结果时的基本单元及摩尔质量

(7) $2Na_2S_2O_3 + \underline{I_2} = 2NaI + Na_2S_4O_6$

(8) $\underline{KIO_3} + 5KI + 3H_2SO_4 = 3I_2 + 3K_2SO_4 + 3H_2O$

　　$I_2 + 2Na_2S_2O_3 = 2NaI + Na_2S_4O_6$

(9) $\underline{KBrO_3} + 5KBr + 6H^+ = 3Br_2 + 3H_2O$

　　$Br_2 + 2KI = I_2 + KBr$

　　$I_2 + 2Na_2S_2O_3 = 2NaI + Na_2S_4O_6$

(10) $\underline{Pb^{2+}} + CrO_4^{2-} = PbCrO_4 \downarrow$

　　$2PbCrO_4 + 2H^+ = 2Pb^{2+} + Cr_2O_7^{3-} + H_2O$

　　$Cr_2O_7^{2-} + 6I^- + 14H^+ = 2Cr^3 + 3I_2 + 7H_2O$

　　$I_2 + 2S_2O_3^{2-} = 2I^- + S_4O_6^{2-}$

二、酸碱滴定法

1. 指出下列物质哪些是酸、哪些是碱、哪些是两性物质？

(1) NH_4Cl；(2) H_2S；(3) $NaHCO_3$；(4) Na_2SO_3；(5) Na_2S

2. 写出下列物质的共轭酸或共轭碱：

(1) $HCOOH$；(2) Na_2CO_3；(3) HF；(4) NaH_2PO_4；(5) $Na_2C_2O_4$

3. 将下列水溶液中 $[H^+]$ 换算成 pH 值：

(1) $0.20mol/L$；(2) $5.0 \times 10^{-7} mol/L$；(3) $1.8 \times 10^{-12} mol/L$

答：(1) 0.70；(2) 6.30；(3) 11.70

4. 将下列水溶液中 $[OH^-]$ 换算成 pH 值：

(1) $2.0 \times 10^{-3} mol/L$；(2) $0.20mol/L$；(3) $1.2 \times 10^{-12} mol/L$；

答：(1) 11.30；(2) 13.30；(3) 2.08

5. 计算下列溶液的 pH 值：

(1) $c_{HAc} = 2.0 \times 10^{-3} mol/L$ HAc 溶液；

(2) $c_{H_3BO_3} = 0.10mol/L$ H_3BO_3 溶液；

(3) $c_{NH_4NO_3} = 0.10mol/L$ NH_4NO_3 溶液。

答：(1) 3.74；(2) 5.12；(3) 5.12

6. 计算下列缓冲溶液的 pH 值：

(1) 1L 溶液中 $c_{HAc} = 1.0mol/L$，$c_{NaAc} = 0.50mol/L$

(2) 1L 溶液中 $c_{NH_3} = 0.10mol/L$，$c_{NH_4Cl} = 0.050mol/L$

答：(1) 4.44；(2) 8.96

7. 什么是反应的化学计量点和滴定终点？

8. 酸碱指示剂为什么能变色？指示剂的变色范围如何确定？

9. 某溶液滴入酚酞无色，滴入甲基红为黄色指出该溶液的 pH 值范围。

10. 判断在下列 pH 值溶液中，指示剂显何色：

(1) pH=3.5 溶液，滴入甲基红；

(2) pH=7 溶液，滴入溴甲酚绿；

(3) pH=4.0 溶液，滴入甲基橙；

(4) pH=10.0 溶液，滴入甲基橙；

(5) pH=6.0 溶液，滴入甲基红和溴甲酚绿的混合指示剂。

11. 滴定曲线说明什么问题？在各种不同类型的滴定中为什么突跃范围不同？

12. 为什么某些外表上同属一种类型的滴定，在选择指示剂时，却不同。例如：

(1) 用 $0.1mol/L$ HCl 溶液滴定 $0.1mol/L$ NaOH 溶液，为什么应选用甲基橙？

(2) 用 $0.1mol/L$ NaOH 溶液滴定 $0.1mol/L$ HCl 溶液，为什么应选用

酚酞？

（3）用 0.1mol/L H_2SO_4 溶液滴定 0.1mol/L NaOH 溶液〔内含 $(NH_4)_2SO_4$〕，应选用何种指示剂？

13. 用 0.1mol/L NaOH 溶液滴定下列各种酸能出现几个滴定突跃？各选何种指示剂？

（1）CH_3COOH；（2）$H_2C_2O_4 \cdot 2H_2O$；（3）H_3PO_4

14. 为什么 NaOH 可以滴定 HAc 而不能直接滴定 H_3BO_3？

15. 为什么能直接用 HCl 滴定 $Na_2B_4O_7 \cdot 10H_2O$ 和 Na_2CO_3 而不能直接滴定 NaAc？

16. 工业硼砂 1.000g，用 $c_{(HCl)}$ = 0.2000mol/L 标准溶液滴定，用去 $V_{(HCl)}$ = 25.00mL 到达终点。计算试样中 $Na_2B_4O_7 \cdot 10H_2O$ 的含量（%）及 B 的含量（%）。

答：$Na_2B_4O_7 \cdot 10H_2O$ 含量=95.34%；B 含量=10.81%

17. 称取混合碱试样 0.8719g，加酚酞指示剂，用 $c_{(HCl)}$ = 0.3000mol/L 标准溶液滴定至终点，用去 $V_{(HCl)}$ = 28.60mL，再加甲基橙指示剂，继续滴定至终点用去 $V_{(HCl)}$ = 24.10mL，求试样中各组分的含量（%）。

答：Na_2CO_3 含量=87.90%；NaOH 含量=6.19%

18. 称取混合碱试样 0.6839g，以酚酞为指示剂，用 $c_{(HCl)}$ = 0.2000mol/L 标准溶液滴定至终点。用去 $V_{(HCl)}$ = 23.10mL，再加甲基橙指示剂，继续滴定至终点，用去 $V_{(HCl)}$ = 26.81mL，求试样中各组分的含量（%）。

答：Na_2CO_3 含量=71.60%；$NaHCO_3$ 含量=9.11%

19. 写出下列物质水溶液的质子条件。

NH_3　NH_4Cl　Na_2CO_3　KH_2PO_4　$NaAc+H_3BO_3$

20. 建立以下酸、碱溶液 pH 值计算的精确表达式。

HF　H_2CO_3　H_3PO_4　NaAc　$Na_2C_2O_4$　$Na_2HPO_4+NaH_2PO_4$

21. 下列物质能否用酸碱滴定法直接滴定？使用什么标准溶液和指示剂。如不能，可用什么办法使之适用于酸碱滴定法进行测定？

乙胺　NH_4Cl　HF　NaAc　H_3BO_3　硼砂　$NaHCO_3$

22. 设计下列混合物的分析方案：（1）$HCl+NH_4Cl$ 混合液；（2）硼酸+硼砂混合液；（3）$HCl+H_3PO_4$。

三、络合滴定法

1. 为什么络合滴定中都要控制一定的 pH 值？如何控制溶液的 pH 值？

2. 根据酸效应曲线，用 0.01mol/L EDTA 滴定同浓度的下列各离子时，最低 pH 值各为多少？

(1) Ca^{2+}；(2) Zn^{2+}；(3) Fe^{3+}；(4) Pb^{2+}；(5) Bi^{3+}

3. 计算 pH＝2.0 和 pH＝5.0 时 ZnY 的条件稳定常数。如用 0.020mol/L EDTA 滴定 0.020mol/L Zn^{2+} 时，pH 值应控制在 2 还是 5？

答：pH＝5.0

4. 用 0.020mol/L EDTA 滴定 0.020mol/L Pb^{2+}，pH＝5.0 时，计算化学计量点时 pPb_{sp} 值，若用二甲酚橙作指示剂是否合适？

答：pPb_{sp}＝6.98；二甲酚橙变色点 pPb_{sp}＝7.0，合适。

5. 混合等体积的 0.20mol/L EDTA 和 0.20mol/L Mg^{2+} 溶液，溶液 pH＝8.0，计算未配合的 Mg^{2+} 浓度为多少？

答：1.9×10^{-4} mol/L

6. 称纯 $CaCO_3$ 0.4206g，用 HCl 溶解并冲稀到 500.00mL，用移液管移取 50.00mL，用 V_{EDTA}＝38.84mL 滴定到终点。求 EDTA 的物质的量浓度。若配制 2L 此溶液，需称取 $Na_2H_2Y \cdot 2H_2O$ 多少克？

答：0.01082mol/L，8.0544g

7. 取水样 100mL，用 c_{EDTA}＝0.01000mol/L 标准溶液测定水的总硬度，用去 2.41mL，计算水的总硬度。

答：0.241mmol/L

8. 如何利用掩蔽和解蔽作用来测定 Ni^{2+}、Zn^{2+}、Mg^{2+} 混合液中各组分含量？

9. 设计以下单一离子络合滴定的测定方案：

Bi^{3+} Pb^{2+} Al^{3+} Cu^{2+} Mg^{2+}

10. 今欲不经分离用络合滴定法测定下列混合溶液中各组分的含量，试设计简要方案：

(1) Zn^{2+}、Mg^{2+} 混合液中两者含量的测定；

(2) 含有 Fe^{3+} 的试液中测定 Bi^{3+}；

(3) Fe^{3+}、Cu^{2+}、Ni^{2+} 混合液中各含量的测定；

(4) 水泥中 Fe^{3+}、Al^{3+}、Ca^{2+}、Mg^{2+} 的测定。

四、氧化还原滴定法

1. 已知 $\varphi^0_{Fe^{3+}/Fe^{2+}}$＝0.77V，当 $[Fe^{3+}]$＝1.0mol/L 和 $[Fe^{2+}]$＝0.01mol/L 时，$\varphi_{Fe^{3+}/Fe^{2+}}$ 为多少？

答：0.89V

2. 已知 $[Ce^{4+}]$＝0.020mol/L，$[Ce^{3+}]$＝0.0040mol/L，计算在 1mol/L HCl 中 Ce^{4+}/Ce^{3+} 的电极电位。

答：1.32V

3. 配平下列反应式：

(1) $Mn(NO_3)_2 + NaBiO_3 + HNO_3 \longrightarrow NaMnO_4 + Bi(NO_3)_3 + NaNO_3 + H_2O$

(2) $KBrO_3 + KI + H_2SO_4 \longrightarrow I_2 + KBr + K_2SO_4 + H_2O$

(3) $K_2Cr_2O_7 + H_2S + H_2SO_4 \longrightarrow Cr_2(SO_4)_3 + K_2SO_4 + S\downarrow + H_2O$

4. 今有一标准溶液，每 1000mL 中含有 $KHC_2O_4 \cdot H_2C_2O_4 \cdot 2H_2O$ 25.42g，求此溶液：

(1) 与 KOH 作用时的物质的量浓度；

(2) 在酸性溶液中与 $KMnO_4$ 作用的物质的量浓度。

答：(1) 0.3000mol/L；(2) 0.4000mol/L

5. $KMnO_4$ 标准溶液的物质的量浓度是 $c_{(1/5\ KMnO_4)}$ =0.1242。求用：

(1) Fe；(2) $FeSO_4 \cdot 7H_2O$；(3) $Fe(NH_4)_2(SO_4)_2 \cdot 6H_2O$ 表示的滴定度。

答：(1) 0.006936g/mL；(2) 0.03453g/mL；(3) 0.04870g/mL

6. 溶解纯 $K_2Cr_2O_7$ 0.1434g，酸化并加入过量 KI，释放出的 I_2，用 28.24mL $Na_2S_2O_3$ 溶液滴定至终点，计算 $Na_2S_2O_3$ 溶液的物质的量浓度。

答：0.1036mol/L

7. 一个含 As_2O_3 的样品 0.6008g，溶解后调节 pH=8，用 $c_{(1/2\ I_2)}$ = 0.1024mol/L I_2 标准溶液滴定 As^{3+}，淀粉作指示剂，至终点用去 I_2 溶液 24.08mL，计算样品中 As_2O_3 含量（%）。

答：20.30%

8. 氧化还原滴定中，可用哪些方法检测终点。

9. 某一溶液含有 $FeCl_3$ 及 H_2O_2。写出用 $KMnO_4$ 法测其中 H_2O_2 及测定 Fe^{3+} 的步骤。

10. 用间接碘法测定 Cu 时，Fe^{3+} 和 AsO_4^{3-} 都能氧化碘化钾而干扰测定。实验说明，加入 NH_4HF_2 以使溶液的 pH≈3.3，此时铁和砷的干扰都可消除，为什么？

五、沉淀滴定法

1. 已知 AgCl 的 $K_{sp(AgCl)}$ =1.8×10^{-10}，请计算它在 100mL 纯水中能溶解多少毫克。

答：0.192mg

2. 根据 $Mg(OH)_2$ 在纯水的溶解度 9.62mg/L，计算其 K_{sp} 值。

答：1.8×10^{-11}

3. 什么是沉淀转化作用？试用沉淀转化作用说明佛尔哈德法以铁铵矾作指

示剂对测定的影响。

4. 说明用下列方法进行测定是否会引入误差（说明原因）：

(1) 在 pH＝2 的溶液中，用莫尔法则 Cl^-；

(2) 用佛尔哈德法测定 Cl^-，没有加二氯乙烷有机溶剂。

5. 为使指示剂在滴定终点时颜色变化明显，对吸附指示剂有哪些要求。

6. 氯化钠试样 0.5000g，溶解后加入固体 $AgNO_3$ 0.8920g，用 Fe^{3+} 作指示剂，过量的 $AgNO_3$ 用 0.1400mol/L KSCN 标准溶液回滴，用去 25.50mL。求试样中 NaCl 的含量（%）（试样中除 Cl^- 外，不含有能与 Ag^+ 生成沉淀的其它离子）。

答：NaCl 含量＝19.64%

7. 某 纯 NaCl 和 KCl 混合试样 0.1204g，用 $c_{(AgNO_3)}$＝0.1000mol/L $AgNO_3$ 标准溶液滴定至终点，耗去 $AgNO_3$ 溶液 20.06mL，计算试样中 NaCl 和 KCl 各为多少克。

答：NaCl 0.1057g；KCl 0.0147g

六、称量分析法

1. 什么叫沉淀式、称量式？称量分析法对两式有何要求？

2. 什么叫同离子效应？什么叫盐效应？沉淀剂过量太多有什么不好？

3. 什么叫共沉淀？什么叫后沉淀？引起共沉淀的原因是什么？

4. 晶形沉淀和非晶形沉淀有何不同？称量分析法中对它们有何要求？

5. 以 H_2SO_4 为沉淀剂沉淀为 $BaSO_4$，测定钡含量时：

(1) 沉淀为什么要在稀溶液中进行？

(2) 沉淀为什么要在热溶液中进行？

(3) 沉淀剂为什么要在不断搅拌下加入并且要加入稍过量，沉淀完全后还要放置一段时间。

6. 计算下列换算因素：

(1) 以 $PbCrO_4$ 为称量式测定 Pb 的含量；   答：0.6411

(2) 以 Al_2O_3 为称量式测定 Al 的含量；   答：0.5293

(3) 以丁二肟镍为称量式测定镍的含量；   答：0.2031

(4) 以 $Mg_2P_2O_7$ 为称量式测定 P_2O_5 的含量；   答：0.6378

(5) 以 SiO_2 为称量式测定 Si 的含量。   答：0.4674

7. 若 0.5000g 含铁化合物产生 0.4990g Fe_2O_3，求该含铁化合物中 Fe_2O_3 和 Fe 的质量分数。

答：Fe_2O_3 含量＝99.80%；Fe 含量＝69.80%

第八章 分离和富集

第一节 概 述

一、分离富集在分析化学中的作用

分离和富集技术在分析测试中是非常重要的。因为分析样品绝大多数是复杂的混合物，无论是进行定性还是定量分析，一个好的分离或富集方法，是确保分析质量的前提。随着现代科学技术和生产的发展，分离理论和技术已发展成为一门独立的学科——分离科学。

分离科学是研究分离、富集和纯化物质的一门学科。

分离：分离是利用混合物中各组分在物理性质或化学性质上的差异，通过适当的装置或方法，使各组分分配至不同的空间区域或在不同的时间依次分配至同一空间区域的过程。

富集：是指在分离过程中使目标化合物在某空间领域的浓度增加，如从大量基体物质中将欲测量的组分集中到一较小体积溶液中，达到提高其检测灵敏度的目的。

富集与分离的目的不同，富集要借助分离的手段，富集与分离有时可以同时完成。

在分析化学中，分离富集有以下几方面的作用：

（1）获得纯物质 在分析测试工作中需要纯物质，如基准物、分光光度和色谱法的标准物，有一些可从相关的部门或供应商处获得，有的则需要自行纯化制备。为了确定未知的混合物的组成，常常需要将样品用各种分离手段，得到其中各单一的化合物，进而用红外光谱、核磁共振、质谱等方法来确定其结构。

（2）消除干扰物质 当样品中的干扰物质用控制酸度、加入掩蔽剂等手段仍然不能满足消除干扰的要求时，就必须采取分离的方法排除干扰，提高方法的准确度。

（3）富集微量及痕量待测组分　当待测的痕量组分的含量低于测定方法的检测限时，需要用富集方法将痕量组分从大量基体物质中集中到一个较小体积的溶液中，以提高检测灵敏度。

二、分离富集方法

物质的分离依据被分离组分不同的物理性质、化学性质及物理化学性质采用适当的手段进行。表 8-1 列出了分析化学中常用的分离及富集方法。

表 8-1　几种常用的分离及富集方法

方　　法	原　　　理
蒸馏、气化和升华	相对挥发度不同
沉淀	溶度积不同
液-液萃取	在两种互不相溶的液体中的分配系数不同
吸附	组分在吸附剂上的吸附力不同
色谱	在固定相和流动相中的作用力不同
离子交换	离子在离子交换剂上的亲和力不同
膜分离	不同大小的分子在膜中扩散速率不同
离心	相对分子质量和密度不同
浮选	待分离物质吸附或吸着在气泡表面随气泡上浮到液面实现分离

以下分节讨论最常用的挥发、沉淀、萃取、色谱、膜分离等方法。

三、分离方法的评价

选择和评价分离和富集方法，常用以下两个量来衡量。

1. 回收率 (R_T)

回收率定义为分离后待测组分测得的量 (Q_T) 与分离前待测组分的量 (Q_T^0) 之比，用下式表示：

$$R_T = \frac{Q_T}{Q_T^0} \times 100\%$$

由于分离过程中待测组分的挥发、分解、器皿的吸附或人为因素引起待测组分的损失，R_T 通常小于 1。对于含量 1% 以上的组分，回收率应在 99% 以上即可，对于微量组分，要求回收率大于 95% 即可。某些痕量分析方法，例如放射化学分析法允许其回收率更低些。

2. 富集倍数（F）

富集倍数或称预浓缩系数等于待测痕量组分的回收率与基体的回收率之比，用下式表示：

$$F = \frac{R_T}{R_M}$$

如果痕量待测组分能定量回收而基体的回收很少，则富集倍数便高。

除以上两个量外，选择分离富集方法还要考虑以下几点：

① 除去干扰物好；

② 方法的特效性或选择性好；

③ 操作简便，分离后的样品便于下一步处理；

④ 成本低，对人体和环境污染小；

⑤ 能处理适量的样品，取样量一般为 $0.1 \sim 10g$ 固体或 $10 \sim 1000mL$ 液体（稀贵样品应采用微量技术）。

第二节　挥发分离法

挥发分离法是利用物质挥发性的差异进行分离的方法，将气体和挥发组分从液体或固体样品中转变气相的过程，包括蒸发、蒸馏、升华、气体发生和驱气，有时又称之为气态分离法。虽然它们是很经典的分离方法，但应用很广泛，一些方法作为仪器分析前处理的手段，实现了自动化，赋予了挥发分离法新的活力。表 8-2 列出了适于气态分离的元素与化合物。

表 8-2　适于气态分离的元素与化合物

挥 发 物	元 素 或 离 子
单质	惰性气体、H、O、卤素、Bi、N、P、Po、Sb、Te
氧化物	$C(\text{IV})$、$N(\text{II})$、$S(\text{IV})$、Mn^{2+}、$Ir(\text{IV})$、$Os(\text{VIII})$、Po、$Re(\text{VII})$、$Ru(\text{IV})$、$Se(\text{IV})$、$Tc(\text{VII})$
氢化物	$N(\text{III})$、$P(\text{III})$、$As(\text{III})$、$Sb(\text{III})$、O、S、Se、Te、卤素、Bi、Ge、Pb、Sn

挥 发 物	元 素 或 离 子
氟化物	As、B、Bi、Hf、Hg、Ir、Mo、Nb、Os、P、Re、Rh、Ru、S、Sb、Si、Sn、Ta、Tc、Te、Ti、V、W、Zr
氯化物	As、Au、Bi、Cd、Ce、Ga、Ge、Hf、Hg、In、Mn、Nb、Os、Pb、Po、Re、Ru、S、Sb、Se、Tc、Te、Ti、Tl、V、W、Zn
溴化物	As(Ⅲ)、Cd^{2+}、Ge(Ⅳ)、Hg、Os、Re、Sb^{3+}、Se(Ⅳ)、Sn^{4+}、Te(Ⅳ)
碘化物	Bi^{3+}
挥发性含氧酸或非含氧酸	B(Ⅲ)、C(Ⅳ)、N(Ⅲ、Ⅴ)、P、S(Ⅳ)、Se(Ⅳ)、Te(Ⅳ)、卤素
$AlCl_3$ 配合物	Ba、Ca、Co、Cu、Fe、Mo、Ni、Pa、Pd、Sr、镧系元素、锕系元素
挥发性有机酯等	B(如 CH_3BO_2)
氯化铬酰(CrO_2Cl_2)	Cr(Ⅵ)

一、升　华

　　某些物质在固态时具有相当高的蒸气压，当加热时，不经过液态而直接气化，这个过程称为升华；物质由气态直接变到固态的过程称为凝华。待纯化物质先升华后凝华得到高纯物质的纯化方法习惯上称为升华法。

　　方法特点：该方法适合具有升华性的成分的纯化，虽然操作较简单，但操作时间较长，升华不完全，收率较低，故仅适合实验室纯化少量（1~2g）物质。

　　1. 常压升华

　　常压升华装置如图 8-1 所示。必须注意冷却面与升华物质的距离应尽可能近些。因为升华发生在物质的表面，所以待升华物质应预先粉碎。

　　图 8-1(a) 是一个简单的升华装置，由瓷蒸发皿和大小合适的玻璃漏斗组成。将待升华的物质置于蒸发皿上，上面覆盖一张滤纸，直径略大于漏斗底口，用针在滤纸上刺一些小孔，毛面向下，滤纸上倒置一个玻璃漏斗，漏斗颈部松弛地塞一些玻璃毛或棉花，以减少蒸气外逸。在石棉网上小火加热蒸发皿，控制温度在熔点以下，慢慢升

华。上升的蒸气凝结在滤纸背面，或穿过滤纸孔，凝结在滤纸上面或漏斗壁上。必要时，漏斗外壁上可以用湿布冷却。较多一点量物质的升华，可以在烧杯中进行，如图 8-1(b) 所示。烧杯上放置一个通冷却水的烧瓶，烧杯下用热源加热，样品升华后蒸气在烧瓶底部凝结成晶体。

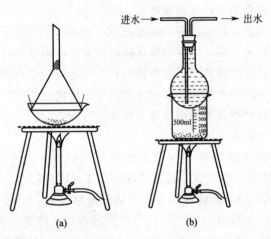

图 8-1　常压升华装置

2. 减压升华

为了降低升华温度，可采取减压升华或真空升华。

图 8-2 是常用的减压升华装置，将样品放在试管或瓶中，在其上口安装指形冷凝器（又称"冷凝指"），可用水泵或油泵减压。在减压下，被升华的物质经加热升华后凝结在冷凝指外壁上。升华结束后应慢慢使体系接通大气，以免空气突然冲入把冷凝指上的晶体吹落。

图 8-2　减压升华装置

无论常压或减压升华，加热都应尽可能保持在所需要的温度，一般常用水浴、油浴等热浴进行加热较为稳妥。

二、常 压 蒸 馏

蒸馏是将液体加热到沸腾状态，使液体变为蒸气，然后将蒸气冷却又得到液体的过程。液体沸腾时，液体的饱和蒸气压与外界大气压力相等，这时的温度称为沸点。只有当组分沸点相差在 30℃ 以上时，蒸馏才有较好的分离效果。如果组分沸点差异不大，就需要采用分馏操作对液态混合物进行分离和纯化。

通常，纯化合物的沸程（沸点范围）较小（约 0.5～1℃），而混合物的沸程较大。因此，蒸馏操作既可用来定性地鉴定化合物，也可用以判定化合物的纯度。需要指出的是，具有恒定沸点的液体并非都是纯化合物，因为有些化合物相互之间可以形成二元或三元共沸混合物，而共沸混合物是不能通过蒸馏操作进行分离的。

常压蒸馏操作方法如下。

（1）安装蒸馏装置 蒸馏装置主要包括以下几个部分（见图 8-3）：蒸馏烧瓶、冷凝管、接液管和接受器（可自行组装或购买全玻璃成套蒸馏装置）。选择容积大小合适的蒸馏烧瓶，一般要求蒸馏液体量占烧瓶总容积的 1/3～2/3。冷凝管是蒸气冷却变为液体的地方，有空气冷凝管、直形冷凝管、蛇形冷凝管、球形冷凝管等不同规格形

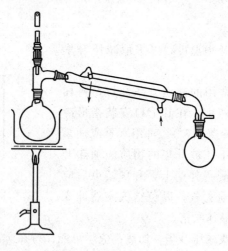

图 8-3 常压蒸馏装置

状。根据沸点高低来选择冷凝管，沸点高于130℃使用空气冷凝管，沸点低于130℃使用直形冷凝管，沸点很低的液体（低于80℃）使用蛇形冷凝管。接受器是接受蒸馏后液体的容器，通常用三角瓶或圆底烧瓶。

安装加热源（易燃物质不可用明火）和加热浴（被加热物沸点在100℃以下，用沸水浴；沸点在100～250℃，用油浴；沸点再高，用砂浴）。

仪器安装时必须遵守的基本原则：先下后上、先左后右。

安装时先放置加热源，然后安装蒸馏烧瓶，插上蒸馏头，再装上温度计，调整温度计的位置，使温度计水银球的上缘与蒸馏头支管的下缘在同一水平线上（保证蒸馏时水银球能完全被蒸气包围，准确测量蒸气的温度）。安装冷凝管，使冷凝管和蒸馏头支管在同一条轴线上，用铁夹固定冷凝管，铁夹应夹在冷凝管的重心处，冷凝管应进水口向下，出水口向上，保证管内充满冷却水。铁夹不应太紧或太松，内垫橡皮等软性物质。冷凝管末端连上接液管和接受器，接液管或接受器应与外界大气相通，不能形成密闭体系，否则易发生爆炸。

整套装置应严密、稳固、美观，从正面或侧面看都在同一个平面上。

（2）加料　取下温度计，插入小漏斗，经漏斗向烧瓶中加入待蒸馏的液体（也可沿支管相对的管壁小心加入），然后加入2～3粒沸石或素瓷片作防暴沸剂。沸石是一类多孔性物质，在空隙中充满空气，加热时可以释放出气泡，作为汽化中心，防止液体暴沸。如果开始蒸馏后发现未加沸石或中途停止蒸馏，都必须待液体冷却到沸点以下后再补加沸石，不能向正在沸腾或接近沸腾的热的液体中加入沸石，否则会引起暴沸。

（3）蒸馏　先在冷凝管中通入冷却水，然后开始加热，当液体开始沸腾后，蒸气徐徐上升，当蒸气上升到温度计水银球处时，温度计读数急剧升高，减慢加热速度，注意观察，当接液管有第一滴液体馏出时，记下温度计的读数，就是接受器中馏出液体的沸点。调节加热器的功率，使馏出液的馏出速度稳定在1～2滴/s，保证温度计水银球被蒸气包围，并有液滴悬挂于水银球底部，气液两相达到平衡，此时的温度即为馏出液体的沸点。加热过快或过慢都会使温度计读数高于或低于沸点。蒸馏到维持加热速度不变，不再有液体馏出，温度计读数突然下降时，停止加热，结束蒸馏。液体量很少时（3～5mL），要及时停止蒸馏，千万不能蒸干，否则易发生爆炸。

（4）结束　蒸馏结束时应先停止加热，待液体停止沸腾没有蒸气产生时再停止通水，无液体馏出时，拆卸仪器，仪器的拆卸顺序与安装时相反。为防止温度计因骤冷而炸裂，刚拆下的温度计应放在石棉网上。

三、分　馏

分馏是利用分馏柱，使沸点相差较小的液体混合物进行多次部分气化和冷凝，以达到分离不同组分的目的操作。它是分离和提纯液体有机化合物的常用方法之一。

分馏操作方法如下。

（1）安装分馏装置　分馏装置与蒸馏装置基本相同，区别在于分离装置仅在蒸馏瓶的上方加装一个分馏柱，其他部分相同，如图 8-4 所示。

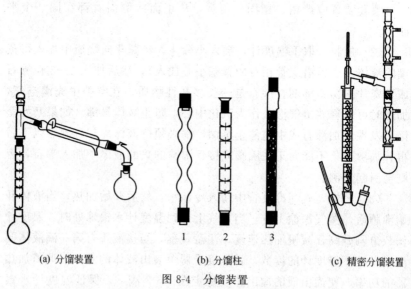

(a) 分馏装置　　　　(b) 分馏柱　　　　(c) 精密分馏装置

图 8-4　分馏装置

1—球形分馏柱；2—韦氏分馏柱；3—赫姆帕分馏柱

分馏柱是一根长而直的柱状玻璃管，柱子中间常常填装特制的填料，填料通常是玻璃珠或玻璃环，其目的是增加气液接触面积，提高分馏效果。实验室常用的分馏柱有刺形分馏柱（维氏分馏柱、vigreux）、赫姆帕（Hempel）分馏柱，前者柱管内由许多齿形的刺，后者管内装填许多填料。实验室中分离提取少量的液体混合物时，常选用刺形分馏柱，它的优点是沾附在柱内的液体少，但缺点是分离效率比填料柱低。

分馏效果的好坏，取决于分馏柱的分馏效率，分馏柱效率与柱的高度、绝热性能、填料类型等因素有关。为减少热量损失，防止液体在分馏柱内集聚，需要在分馏柱外采取保温措施。

安装的顺序和要求同普通蒸馏装置。

（2）加料　在蒸馏烧瓶中加入待蒸馏的原料，其用量不超过烧瓶容积的 $1/2$，再加入几粒沸石。

（3）加热分馏　冷凝管通入冷却水，开始加热，当液体开始沸腾后，蒸气慢慢上升进入分馏柱，缓缓上升，同时回流，提高温度使蒸气慢慢至柱子顶部，当蒸气上升到柱顶，温度计水银球部出现液滴时，暂停加热，使达到顶端的蒸气全部冷凝回流，以便充分润湿填料。然后增大加热功率，使液体平稳沸腾，当蒸气上升至柱顶部，调节加热功率，使蒸气缓慢上升，保持分馏柱内有一个均匀的温度梯度，并有足够量的液体流回烧瓶。当有第一滴液体馏出时，记录温度数值，调节浴温，控制蒸出液体的速率约每 $2\sim3s$ 流出 1 滴，分别用不同的接收瓶接收不同温度范围间的馏分。

（4）结束　结束分馏时，先停止加热使柱内液体流回烧瓶，稍后关闭冷却水。按相反顺序拆卸装置。

分馏操作注意：控制分馏的速度，维持恒定的馏速，要使相当数量的液体自分馏柱流回烧瓶，即选择合适的回流比。减少分馏柱的热量散失和柱温波动。

四、减压蒸馏

减压蒸馏即在低于大气压力条件下进行蒸馏。液体有机化合物的沸点与外界施加于液体表面的压力有关，随着外界压力的降低，液体的沸点下降。许多有机化合物当压力降到 1.3～2.0kPa（10～15mmHg）时，沸点比其常压下的沸点下降 80～100℃，压力每降低 1mmHg，沸点降低 1℃。减压蒸馏用来分离高沸点（200℃以上）或在常压蒸馏时未达沸点即已发生分解、氧化或聚合的物质。

1. 减压蒸馏装置

减压蒸馏装置由蒸馏、抽气和保护测压三部分组成。见图 8-5 所示。

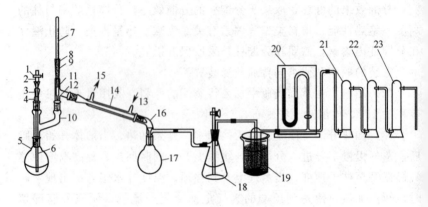

图 8-5　减压蒸馏装置

1—旋夹；2—乳胶管；3—单孔塞；4—套管；5—圆底烧瓶；6—毛细管；7—温度计；
8—单孔塞；9—套管；10—Y 型管；11—蒸馏头；12—水银球；13—进水；
14—直型冷凝管；15—出水；16—真空接引管；17—接收瓶；18—安全瓶；
19—冷却阱；20—压力计；21—氯化钙塔；22—氢氧化钠塔；23—石蜡块塔

（1）蒸馏部分　由圆底烧瓶、克氏蒸馏头、冷凝管、真空接引管、接收器组成。克氏蒸馏头带支管的一颈插入温度计（温度计位置与普通蒸馏时要求相同）。另一颈插入一根毛细管作为安全管，毛细管下端离瓶底大约 1～2mm，上端接一段短的橡皮管并装上螺旋夹，通过螺旋夹调节进气量，毛细管的作用是在减压抽气时，将微量空气抽进烧瓶中，呈微小气泡冒出，作为液体沸腾中心，使沸腾平稳，防暴沸，并搅拌液体（在减压蒸馏时，沸石不能作为气化中心防暴沸）。接收器通常采用圆底烧瓶，不能用平底烧瓶或锥形瓶，因为它们不耐压，在减压抽气时会造成内向爆炸。蒸馏时，如果要收集不同馏分则可以用多头接引管。

如果在磁力搅拌下减压蒸馏，可不安装毛细管。如待蒸馏物对空气敏感，仍使用毛细管时，则应通过毛细管导入惰性气体（如氮气）加以防护。

减压蒸馏要用油浴（或水浴）的方法进行均匀加热。

（2）抽气减压部分　实验室通常采用水泵和油泵进行抽气减压。水泵（或循环水泵），它能使系统压力降到 $1067 \sim 3333Pa$（$8 \sim 25mmHg$）。使用水泵抽气时，应在水泵前装上安全瓶，防止水压下降时，水流倒吸进入接受器污染产品。停止蒸馏时要先打开安全瓶活塞，再关闭水泵。

如果需要很低的压力，用油泵进行减压。油泵能将系统压力降到 $133Pa$ 下，为了防止有机物蒸气、水、酸性蒸气等进入油泵降低真空度和腐蚀损坏油泵，需要在油泵前装气体吸收装置已除去有害气体。在用油泵减压蒸馏前应该在常压或水泵减压下蒸除所有低沸点液体和水以及酸、碱性气体。

（3）保护和测压部分　包括冷却阱、吸收塔、压力计和安全瓶。

冷却阱用来冷却水蒸气和一些易挥发的气体。吸收塔通常由无水氯化钙、氢氧化钠颗粒、片状固体石蜡三个塔组成。分别用来吸收水蒸气、酸性气体、烃类气体等。安全瓶上有两通活塞用以放气和调节系统压力及防止倒吸。压力计用来测量系统内压力大小。使用水循环式真空泵时，压力计与水泵在同一台仪器上。

注意：在整个减压系统中，不能使用有裂缝或薄壁仪器；在装配仪器时，所有接头要紧密，不能漏气，可在磨口仪器的连接部位均匀涂抹真空脂；仪器之间要用厚壁橡皮管连接，以防减压时橡皮管被吸瘪。

2. 减压蒸馏操作方法

（1）安装仪器装置　仪器安装完毕后，检查装置的气密性：首先关闭安全瓶上的旋塞、拧紧蒸馏头上毛细管的螺旋夹，用真空泵抽气，观察能否达到要求的真空度，如果未达到，检查连接部位是否漏气。检查完毕，慢慢旋开安全瓶上活塞，放入空气，直到内外压力相等。

(2) 加料　在烧瓶中加入占其容量 1/3～1/2 的待蒸馏液体。

(3) 减压蒸馏　旋紧毛细管上的螺旋夹，打开安全瓶上的两通活塞，然后开启真空泵，开始抽气，逐渐关闭活塞，从压力计上观察系统内压力大小，如果压力过低，小心旋转活塞，慢慢引进少量空气，使系统达到所要求的压力。调节毛细管上螺旋夹，使液体中有连续平稳的小气泡产生（如果没有气泡，可能是毛细管阻塞，应予更换）。当达到所要求压力且压力稳定后，通入冷却水，开始加热，一般浴温要高出待蒸馏物在减压时的沸点 20～30℃。慢慢升温，液体沸腾时，调节热源，控制蒸馏速度维持在 0.5～1 滴/s。

(4) 结束　蒸馏结束时，停止加热，撤去热浴，待系统稍冷后，适时停止通冷却水，慢慢旋开毛细管螺旋夹和安全瓶上的活塞。待系统内外压力平衡后，关闭真空泵（防止泵中油倒吸）。最后拆卸仪器。

五、水蒸气蒸馏

在不溶或难溶于水但有一定挥发性的有机物中通入水蒸气，使有机物在低于 100℃ 的温度下随水蒸气蒸馏出来的操作叫水蒸气蒸馏。水蒸气蒸馏是分离提纯有机化合物的重要方法之一，可用于蒸馏沸点较高，常压下蒸馏易发生分解或破坏的有机物及从混有固体、树脂状或焦油状杂质的有机物中除去不挥发性杂质。在 100℃ 左右蒸气压小于 1.3kPa 的物质不适用。

1. 水蒸气蒸馏装置

水蒸气蒸馏装置由水蒸气发生器、蒸馏烧瓶、冷凝管、接收器四部分组成，如图 8-6 所示。

2. 水蒸气蒸馏操作方法

(1) 安装仪器装置　如图 8-6 装配仪器，水蒸气发生器中的水量一般不超过烧瓶容积的 2/3，蒸馏烧瓶加入液体量不超过容积的 1/3，插入的水蒸气导入管距离瓶底 1cm 左右。为避免水蒸气进入蒸馏烧瓶时大量凝结，必要时可隔石棉网小火加热蒸馏烧瓶。检查各连接处是否紧密。

(2) 加料　在蒸馏烧瓶中加入待蒸馏液体，液体的量不超过容积的 1/3，加入 2 粒沸石。

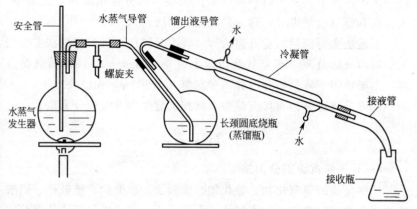

图 8-6　水蒸气蒸馏装置

（3）蒸馏　打开 T 形管上的螺旋夹，加热水蒸气发生器。当水沸腾，有水蒸气从 T 形管冲出时，夹紧夹子，使水蒸气导入蒸馏烧瓶。在水蒸气加热下，瓶内液体翻腾不息，被蒸馏物质随水蒸气一起蒸出，经冷凝管冷却成为液体，进入接收瓶中，馏出液为混浊状。调节火焰，控制馏出速度 2～3 滴/s。

在蒸馏过程中要时刻注意安全管中水位的变化，如发现水位突然上升可能是蒸气导入管发生堵塞，应打开 T 形管的螺旋夹，移去热源，找出故障原因（一般因为蒸气导入管堵塞），待排除故障再继续蒸馏。

（4）结束　当馏出液澄清透明时，停止蒸馏。先打开 T 形管上的螺旋夹，再移开热源，防止烧瓶中液体倒吸。

第三节　沉淀和共沉淀分离法

沉淀分离法是向样品溶液中加入沉淀剂，依据生成物的溶解度差别，使其中某些组分生成沉淀，达到与其他组分分离的目的。沉淀分离法是一种经典的分离技术，其特点是原理简单，不需要特殊的装置，至今仍有广泛的应用。

当从溶液中析出时，某些本来不应该沉淀的组分同时也被沉淀下来的现象称为共沉淀。共沉淀现象在沉淀分离法中是应当避免的，但在一定的条件下，又可以利用共沉淀使痕量组分定量地转入沉淀中，来分离和富集痕量组分，称为共沉淀分离法。

沉淀法主要包括沉淀分离法和共沉淀分离法。沉淀分离法主要用于常量组分的分离（毫克数量级以上或 $>0.01mol/L$）；而共沉淀分离法主要适用于痕量组分的分离和富集（小于 $1mg/mL$）。

沉淀分离法分为直接沉淀法、均相沉淀法和共沉淀分离法。

一、直接沉淀法

（一）无机沉淀剂分离法

一些金属的氢氧化物、硫化物、碳酸盐、草酸盐、硫酸盐、磷酸盐和卤化物溶解度较小，可被用于沉淀分离。其中以氢氧化物沉淀法和硫化物沉淀法用得较多。

1. 沉淀为氢氧化物

除碱金属和碱土金属氢氧化物外，其它金属氢氧化物的溶度积都比较小。氢氧化物能否沉淀完全，取决于溶液的酸度，许多两性离子当 pH 值超过一定数值时将开始溶解。利用氢氧化物沉淀分离，要严格控制溶液的 pH 值。常用控制溶液 pH 值的方法有下列几种。

① NaOH 法　通常用 NaOH 控制 pH$\geqslant$12，使非两性离子生成氢氧化物沉淀，两性离子生成含氧酸阴离子留在溶液中。

② 氨水法　在铵盐存在下，用氨水调节溶液的 pH$=8\sim9$，可使高价金属离子沉淀而与大部分一、二价金属离子分离。

③ 有机碱法　有机碱与其共轭酸组成缓冲溶液，可以控制溶液的 pH 值，使某些金属离子析出氢氧化物沉淀。例如六亚甲基四胺加入到酸性溶液中，生成六亚甲基四胺盐，构成缓冲溶液，可控制溶液的 pH$=5\sim6$。

④ ZnO 悬浊液法　氧化锌悬浊液加入到酸性溶液中，ZnO 即中和过量的酸，达到平衡后，可控制溶液的 pH≈6。其它微溶性碳酸盐或氧化物也有同样作用，但所控制的 pH 值范围不同。

氢氧化物沉淀是胶状的，吸附力强，共沉淀现象较严重，选择性也较差。所以为达到分离的目的必须设法改善沉淀性能，减少共沉淀现象，获取较易过滤的沉淀形态。

2. 沉淀为硫化物

许多金属离子硫化物的溶解度有显著的差异，形成沉淀时，所需要的硫离子的浓度也有较大差别。因而控制硫离子的浓度就可以达到分离这些金属离子的目的。

硫化物共沉淀现象严重，使分离效果不够理想。并且 H_2S 气体恶臭有毒，为此目前常用硫代乙酰胺代替 H_2S 气体。

硫代乙酰胺在酸性溶液中水解生成硫化氢，在碱性溶液中，则生成硫化铵，反应式如下：

$$CH_3CSNH_2 + 2H_2O + H^+ \Longrightarrow CH_3COOH + NH_4^+ + H_2S$$

$$CH_3CSNH_2 + 3OH^- \Longrightarrow CH_3COO^- + NH_3 + H_2O + S^{2-}$$

由于沉淀剂是在均匀溶液中逐渐生成的，称为均相沉淀。可改善沉淀性能和分离效果。

生成硫化物沉淀的一个实际应用是化学试剂产品及食品添加剂如苯甲酸等中"重金属"（以铅计）含量的测定，其原理是用阳离子组试剂硫化氢作沉淀剂，将被测液与标准 Pb^{2+} 溶液生成的硫化物进行目视比色分析，确定"重金属"是否合格。

（二）有机沉淀剂分离法

有机沉淀剂与金属离子形成的沉淀有三种类型，即螯合物沉淀、缔合物沉淀和三元配合物沉淀。有机沉淀剂生成的沉淀物溶解度小、分子量大、易于过滤和洗净，沉淀反应有较好的选择性，因而获得广泛应用。

有机沉淀虽然难溶于水，但当它遇到极性小或非极性有机溶剂时，便会溶于有机溶剂，因此也可用于溶剂萃取。

1. 形成螯合物沉淀

具有—COOH、—OH、=NOH、—SH、—SO₃H 等官能团的有机沉淀剂，这些官能团中的 H^+ 可被金属离子置换，而沉淀剂中另外的官能团有能与金属离子形成配位键的原子。因而，这种沉淀剂可与金属离子形成具有五元环或六元环的稳定的螯合物。例如，8-羟基喹啉与镁离子反应生成 8-羟基喹啉镁沉淀

$$Mg(H_2O)_6^{2+} + 2 \text{ (8-羟基喹啉)} \rightleftharpoons \text{[镁螯合物]} \downarrow + 2H^+ + 4H_2O$$

生成的螯合物 8-羟基喹啉镁不带电荷，又有疏水基团——萘基，故微溶于水，易溶于适当的有机溶剂，能被该有机溶剂萃取。所以有机沉淀剂往往又是萃取剂。

丁二酮肟是用于分析化学的第一个选择性有机试剂。在氨性溶液中，与镍离子反应生成具有 4 个五元环的螯合物沉淀，可用于测定镍。丁二酮肟也是萃取剂和显色剂，与镍的反应如下：

$$\text{丁二酮肟} + Ni^{2+} \longrightarrow \text{[镍螯合物]} \downarrow + 2H^+$$

2. 形成缔合物沉淀

此类有机沉淀剂在水溶液中离解成带电荷的大体积的离子，与带不同电荷的金属离子或金属配位离子缔合，成为不带电荷的难溶于水的中性分子而淀淀。例如，氯化四苯钾、四苯硼钠等，它们形成沉淀的反应如下：

$$(C_6H_5)_4As^+ + MnO_4^- \Longrightarrow (C_6H_5)_4AsMnO_4 \downarrow$$

$$B(C_6H_5)_4^- + K^+ \Longrightarrow KB(C_6H_5)_4 \downarrow$$

3. 形成三元配合物沉淀

被沉淀组分与两种不同的配位体形成三元混配配合物和三元离子缔合物。例如，在 HF 溶液中，硼与 F^- 和二安替比林甲烷及其衍生物生成三元离子缔合物。

二、均相沉淀分离法

通常的沉淀分离操作由于沉淀剂在溶液中无法做到分布均匀，难以避免局部过浓，因此往往得到的是细小的晶形沉淀（如 $BaSO_4$、

CaC_2O_4）或疏松的非晶形沉淀 [如 $Fe(OH)_3$、$Al(OH)_3$]，容易吸附杂质，不利于过滤、洗涤等。为避免局部过浓现象，采用均相沉淀法。均相沉淀法不是将沉淀剂加到溶液中去，而是借助于化学反应，在溶液中缓慢而又均匀地产生沉淀剂。均相沉淀得到的晶形沉淀颗粒较粗，非晶形沉淀结构致密，因此夹带的共沉淀杂质少，无需陈化，过滤、洗涤也较方便。

1. 均相沉淀的原理

均相沉淀是通过缓慢的化学反应过程，在溶液内部逐步、均匀地释放沉淀剂，使沉淀反应过程保持在最低程度，可获得颗粒较大、结构紧密、纯净、容易过滤的晶型沉淀，甚至还能获得具有晶型性质的无定形沉淀。

2. 均相沉淀分离法的控制途径

（1）改变溶液的 pH 值　利用某种试剂的水解反应，使溶液的 pH 值逐渐改变，当溶液的 pH 值达到某一数值时沉淀逐渐形成。例如用尿素水解法，在酸性溶液中沉淀草酸钙，可在溶液中加入草酸和尿素，当加热溶液时，尿素逐渐分解产生氨，溶液的 pH 值逐渐上升，草酸根的浓度逐渐增大，当达到草酸钙沉淀所要求的最低浓度时，沉淀开始形成，控制加热的温度，就是控制了草酸根的浓度，从而控制了草酸钙晶核的聚集速率，使定向速率增大，得到大颗粒的致密的晶型沉淀。

（2）酯类及含硫化合物水解生成沉淀剂　有些酯类水解能形成阴离子沉淀剂。例如：硫酸二甲酯水解可用于 Ba、Ca 和 Pb 硫酸盐的均相沉淀；磷酸三甲酯、磷酸三乙酯、过磷酸钙四乙酯水解用于均相沉淀磷酸盐。硫脲、硫代乙酰胺、硫代氨基甲酸铵等含硫化合物的水解可均匀生成硫化物沉淀。

（3）通过化学反应在溶液中直接产生沉淀剂　例如利用丁二酮与盐酸羟胺的反应产生丁二酮肟来沉淀 Ni^{2+}，不但可以得到颗粒较粗的沉淀，而且可以消除 Cu^{2+}、Co^{2+} 等发生共沉淀干扰。

（4）逐渐除去溶剂　预先加入挥发性比水大，待测物沉淀易溶解的有机溶剂，例如用 8-羟基喹啉沉淀 Al、Ni 和 Mg 等，预先加入丙酮，通过加热将有机溶剂缓慢蒸发，使沉淀均匀析出。

（5）破坏可溶性络合物，使目标离子游离形成沉淀 加热可以破坏某些络合物，从而进行均相沉淀。另一种方法使用一种能生成更稳定络合物的金属离子将目标离子从原来的络合物中置换出来以进行均相沉淀。例如用镁将钡从其 EDTA 络合物中置换出来，之后与溶液中的硫酸根生成硫酸钡沉淀。

均相沉淀法中产生各种阴离子的反应见表 8-3。

表 8-3　均相沉淀法中产生各种阴离子的反应

所需阴离子	来　源	反　应
OH^-	尿素	$(NH_2)_2CO + H_2O \Longrightarrow 2NH_3 + CO_2$
PO_4^{3-}	磷酸三甲酯	$(CH_3)_3PO_4 + 3H_2O \Longrightarrow 3CH_3OH + H_3PO_4$
$C_2O_4^{2-}$	草酸二甲酯	$(CH_3)_2C_2O_4 + 2H_2O \Longrightarrow 2CH_3OH + H_2C_2O_4$
	尿素和 $HC_2O_4^-$	$(NH_2)_2CO + 2HC_2O_4^- + H_2O \Longrightarrow 2NH_4^+ + CO_2\uparrow + 2C_2O_4^{2-}$
IO_3^-	高碘酸盐和乙酸-β-羟基乙酯	$HO(CH_2)_2OOCCH_3 + H_2O \Longrightarrow HO(CH_2)_2OH + CH_3COOH$
		$HO(CH_2)_2OH + IO_4^- \Longrightarrow IO_3^- + 2HCHO + H_2O$
	碘和氯酸盐	$I_2 + 2ClO_3^- \Longrightarrow Cl_2 + 2IO_3^-$
SO_4^{2-}	氨基磺酸	$NH_2SO_3H + H_2O \Longrightarrow NH_4^+ + H^+ + SO_4^{2-}$
	硫酸二甲酯	$(CH_3)_2SO_4 + 2H_2O \Longrightarrow 2CH_3OH + 2H^+ + SO_4^{2-}$
S^{2-}	硫代乙酰胺	$CH_3CSNH_2 + H_2O \Longrightarrow CH_3CONH_2 + H_2S$
CO_3^{2-}	三氯醋酸盐	$2CCl_3COO^- + H_2O \Longrightarrow 2CHCl_3 + CO_2\uparrow + CO_3^{2-}$
CrO_4^{2-}	尿素和 $HCrO_4^-$	$2HCrO_4^- + (NH_2)_2CO + H_2O \Longrightarrow 2NH_4^+ + CO_2\uparrow + 2CrO_4^{2-}$
IO_4^-	乙酰胺和 H_5IO_6	$H_5IO_6 + 5CH_3CONH_2 + 3H_2O \Longrightarrow 5CH_3COONH_4 + H^+ + IO_4^-$

三、共沉淀分离法

当沉淀从溶液中析出时，溶液中某些可溶的组分被沉淀夹带而混杂于沉淀中，这种现象称为共沉淀现象。

在称量分析中，由于共沉淀现象，使沉淀不纯，影响分析结果的准确度，应设法消除。但在分离方法中，利用共沉淀现象可以分离和富集痕量组分。例如，海水中含 UO_2^{2+} 量为 $2\sim3\mu g/L$，不能直接用沉淀法分离出来，但可在 1L 海水中，在 $pH=5\sim6$ 的条件下，用 $AlPO_4$ 共沉淀 UO_2^{2+}，过滤洗净沉淀物，用 10mL 盐酸溶解，即可使铀与海水中其它成分分离，同时又将铀的浓度富集了 100 倍。

常用的共沉淀剂分为无机共沉淀剂和有机共沉淀剂两类。

（一）无机共沉淀剂

利用无机共沉淀剂进行共沉淀主要有表面吸附共沉淀、生成混晶共沉淀和形成晶核共沉淀三种方法。

（1）利用表面吸附进行共沉淀　常用的共沉淀剂为 $Fe(OH)_3$、$Al(OH)_3$、$Mn(OH)_2$ 等，它们是比表面积大、吸附能力强的胶体沉淀，有利于痕量组分的共沉淀。这种共沉淀方法选择性不高。

（2）利用生成混晶进行共沉淀　常用的混晶有 $BaSO_4$-$RaSO_4$、$BaSO_4$-$PbSO_4$、$MgNH_4PO_4$-$MgNH_4AsO_4$、$ZnHg(SCN)_4$-$CuHg(SCN)_4$ 等。混晶中一种是被测物，另一种是共沉淀剂。本法选择性比吸附共沉淀法高。

（3）利用形成晶核共沉淀　有些痕量组分由于含量太少，即使转化为难溶物质也无法沉淀出来，可以把它作为晶核，使另一种物质聚集其上，使晶核长大形成沉淀。例如在含有痕量 Ag、Au、Hg、Pd 或 Pt 的离子溶液中，加入少量的亚碲酸钠和氯化亚锡，在贵金属离子还原为金属微粒的同时，亚碲酸钠还原为游离碲，此时以贵金属微粒为晶核，游离的碲聚集在其表面，使晶核长大后一起析出，从而与其它离子分离。

无机共沉淀剂有强烈的吸附性，但选择性较差，而且仅有极少数（汞化合物）可经灼烧挥发除去，大多数情况还需要进一步与载体元素分离，因此，有时选择有机共沉淀剂富集的方法更为有利。

（二）有机共沉淀剂

利用有机共沉淀剂进行分离，主要有以下三种方法。

（1）利用胶体的凝聚作用进行共沉淀　常用的共沉淀剂有辛可宁、丹宁、动物胶等。被共沉淀的组分有钨、铌、钽、硅等的含氧酸。

（2）利用形成离子缔合物进行共沉淀　甲基紫、孔雀绿、品红及亚甲基蓝等相对分子质量较大的有机化合物，在酸性溶液中以带正电荷的形式存在，遇到一些以配位离子形式存在的金属阴离子（包括酸根阴离子），能生成微溶性的离子缔合物而被共沉淀出来。

（3）利用"固体萃取剂"进行共沉淀　例如 V(Ⅵ)能与 1-亚硝基-2-萘酚生成微溶性螯合物，当 U(Ⅵ)含量很低时，不能析出沉淀。若在溶液中加入 1-萘酚或酚酞的乙醇溶液，由于这两种试剂在水中溶解度很小而析出沉淀，遂将铀-1-亚硝基-2-萘酚螯合物共沉淀下来。

这类试剂可理解为是"固体萃取剂"。

有机共沉淀剂一般是非极性或极性很弱的分子，其吸附杂质离子的能力较弱，因而选择性较好。又由于其相对分子质量一般较大，形成沉淀的体积也较大，有利于痕量组分的共沉淀。另外，有机共沉淀剂可借灼烧除去，不会影响以后的测定。

四、盐 析 法

在溶液中加入中性盐使固体溶质沉淀析出的过程称为盐析。许多生物物质的制备过程都可以用盐析法进行沉淀分离，如蛋白质、多肽、多糖、核酸等。盐析法在蛋白质的分离中应用最为广泛。

盐析法沉淀蛋白质的原理如下。

（1）中性盐离子破坏蛋白质表面水膜　在蛋白质分子表面分布着各种亲水基团，如：—COOH、—NH_2、—OH，这些基团与极性水分子相互作用形成水化膜，包围于蛋白质分子周围，形成 1～100nm 大小的亲水胶体，削弱了蛋白质分子间的作用力。蛋白质分子表面的亲水基团越多，水膜越厚，蛋白质分子的溶解度也越大。当向蛋白质溶液中加入中性盐时，中性盐对水分子的亲和力大于蛋白质，它会抢夺本来与蛋白质分子结合的自由水，于是蛋白质分子周围的水化膜层减弱乃至消失，暴露出疏水区域，由于疏水区域的相互作用，使其沉淀。

（2）中性盐离子中和蛋白质表面电荷　蛋白质分子中含有不同数目的酸性和碱性氨基酸，其肽链的两端含有不同数目的自由羧基和氨基，这些基团使蛋白质分子表面带有一定的电荷，因同种电荷相互排斥，使蛋白质分子彼此分离。当向蛋白质溶液中加入中性盐时，盐离子与蛋白质表面具相反电性的离子基团结合，形成离子对，因此盐离子部分中和了蛋白质的电性，使蛋白质分子之间电排斥力作用减弱而能相互聚集起来。

因为共沉淀的影响，盐析法的分辨率不高，但由于它成本低、操作简单安全，对许多生物活性物质有稳定作用，在生化分离中仍十分有用。

用于盐析的中性盐有硫酸盐、磷酸盐、氯化物等，其中硫酸铵、硫酸钠用得最多，尤其适用于蛋白质的盐析。盐析条件通过改变离子强度（盐的浓度）、pH 值和温度来选定。

五、等电点沉淀法

两性电解质分子在电中性时溶解度最低，利用不同的两性电解质分子具有不同的等电点而进行分离的方法称为等电点沉淀法。氨基酸、核苷酸和许多同时具有酸性和碱性基团的生物小分子以及蛋白质、核酸等生物大分子都是两性电解质，控制在等电点的 pH 值，加上其它的沉淀因素，可使其以沉淀析出。此法常与盐析法、有机溶剂和其它沉淀剂一起使用，以提高分离能力。

第四节 重 结 晶

重结晶是提纯固体有机化合物的重要的、常用的分离方法。

其原理是利用混合物中各组分在某种溶剂中溶解度不同或在同一溶剂中不同温度时的溶解度不同使它们相互分离。

固体在溶剂中的溶解度一般随温度的升高而增大，把欲提纯的固体溶解在热的溶剂中，使之饱和，冷却时由于溶解度降低，固体又重新析出晶体。利用溶剂对被提纯物质和杂质的溶解度不同，使被提纯物质从饱和溶液中析出。而杂质留在溶液中，达到提纯的目的。

重结晶适用于被提纯物质与杂质性质差别较大、杂质含量小于5％的物质。

一、选择溶剂

在重结晶操作中，最重要的是选择合适的溶剂。所选择的溶剂应符合下列条件：

① 不与被提纯物质起化学反应；

② 在较高温度时能溶解多量的被提纯物质；而在室温或更低温度时，只能溶解很少量的该种物质；

③ 对杂质溶解非常大或者非常小（前一种情况是要使杂质留在母液中不随被提纯物晶体一同析出；后一种情况是使杂质在热过滤的时候被滤去）；

④ 容易挥发（溶剂的沸点较低），易与结晶分离。溶剂的沸点不

得高于被提纯物的熔点；

⑤ 被提纯物在溶剂中能形成良好的结晶；

⑥ 纯度高，价格低，毒性小，便于操作。

"相似相溶"原则可作为溶剂选择的参考，选择溶剂时，必须考虑被溶解物质的成分和结构。经常用试验的方法选择合适的溶剂：取0.1g目标物质于一小试管中，滴加约1mL溶剂，加热至沸。若完全溶解，且冷却后能析出大量晶体，该溶剂一般认为可以使用；如样品在冷时或热时，都能溶于1mL溶剂中，则这种溶剂不可用。若样品不溶于1mL沸腾溶剂中，再分批加入溶剂，每次加入0.5mL，并加热至沸。总共用3mL热溶剂，而样品仍未溶解，这种溶剂也不可用；若样品溶于3mL以内的热溶剂中，冷却后仍无结晶析出，这种溶剂也不可用。

常用的重结晶溶剂为：水、甲醇、95％乙醇、冰乙酸、丙酮、乙醚、石油醚（沸程30～60℃）、氯仿、乙酸乙酯、苯、四氯化碳等。

若不能选择出一种单一的溶剂对待纯化物质进行结晶和重结晶，可使用混合溶剂。混合溶剂一般是由两种可以以任何比例互溶的溶剂组成，复合溶剂选择的试验方法：混合溶剂中一种溶剂较易溶解待纯化物质，称为良溶剂，另一种溶剂较难溶解待纯化物质，称为不良溶剂。先将待纯化物质在接近良溶剂的沸点时溶于良溶剂中，如果有不溶物质，趁热过滤；如果有颜色，则需要在稍冷后加入活性炭，煮沸脱色后再趁热过滤，然后，在此热滤液中小心地加入热的不良溶剂，直到所呈现的浑浊不再消失，再加入少量良溶剂或稍加热使之恰好澄清。然后，冷却至室温，结晶析出。

有时，也可以将两种溶剂再按单一溶剂重结晶的方法进行重结晶。

一般常用的混合溶剂有：乙醇-水、丙酮-水、乙醚-石油醚、乙醚-丙酮、苯-石油醚等。

二、重结晶装置

重结晶的装置主要有：溶解装置、热过滤装置、抽滤装置和干燥装置。

溶解装置可以是锥形瓶、圆底烧瓶或者烧杯。

热过滤装置如图 8-7 所示。玻璃漏斗上面放折叠滤纸,置于带加热灯的水浴套中。折叠滤纸的方法如图 8-8 所示。先将滤纸对折,再对折,然后将 1 对 3,2 对 3,折出 4 和 5 线,照此仿制,叠出折扇的形状。打开滤纸将两侧两个对称的小平面按图 8-8 方法对折。

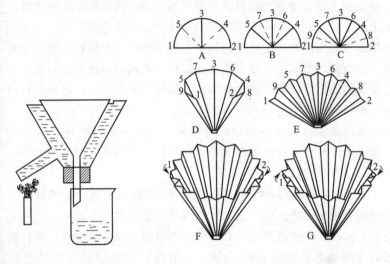

图 8-7 热过滤装置   图 8-8 折叠滤纸的方法

减压过滤装置包括瓷质的布氏漏斗、抽滤瓶、安全瓶和抽气泵。如图 8-9 所示。

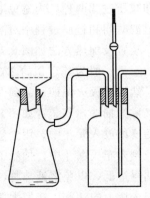

图 8-9 减压过滤装置

三、重结晶操作

1. 加热溶解

将待重结晶的固体物质加到锥形瓶或圆底烧瓶中，加入少量溶剂，然后在水浴上加热至沸腾。逐渐增加溶剂，使固体样品在沸腾状态下全部溶解，此时溶液澄清或者有少量不溶杂质存在。

如果用水作溶剂，也可以使用烧杯作为容器，在烧杯上盖一个表面皿，表面皿凸面朝下，使水蒸气冷凝后顺着凸面回滴到烧杯里。

在固体溶解后，再多加少量溶剂，目的是减少热过滤过程中析出结晶，使热过滤顺利进行。

如果溶液中含有有色杂质，可以利用活性炭进行脱色，方法如下：待溶液冷却至沸点以下时（避免暴沸!），在不断搅拌下加入活性炭，然后接着加热煮沸 5～10min。

注意：①如果溶剂易挥发或易燃，应该在装有回流冷凝器的锥形瓶或圆底烧瓶中加热溶解，添加溶剂可从冷凝管的上端加入；②为了避免着火，添加易燃溶剂时，必须关闭加热源，如果是电炉，要移到离溶剂远的地方；③活性炭用量，一般控制在重结晶物质质量的 1%～5%，否则影响产率；④为了防止暴沸，切记要等到溶液冷却到沸点以下时再加入活性炭。

2. 趁热过滤

过滤有常压过滤和减压过滤两种，为避免溶液在过滤过程中出现结晶，应尽可能缩短过滤时间和过滤过程中对溶液采取保温措施。

（1）常压热过滤 装置及加热方法如图 8-7 所示，适用于所有溶剂。保温漏斗中夹层的水量一般为其容积的 2/3。过滤前应预先将水加热到所需要的温度，然后熄灭火源即可起到保温过滤作用。

（2）减压过滤 又称为抽滤，其装置如图 8-9 所示。剪裁和布氏漏斗底部直径相配合的滤纸放入漏斗中，用少量溶剂润湿滤纸，减压抽紧滤纸，迅速将溶液倒入布氏漏斗中，抽滤中保持漏斗中有较多的溶液，瓶内压力不要抽得过低，以免溶液沸腾，浓度升高而使结晶析出。抽滤完毕，打开安全瓶上的活塞，接通大气，再关闭水泵（以免水泵中的水倒吸到抽滤瓶中）。

注意：①操作要迅速，避免过滤过程中结晶析出；②选择短而粗颈的漏斗。

3. 结晶

（1）将滤液在室温或保温下静置使之慢慢冷却，析出晶体。

（2）对于不易析出晶体的过饱和溶液可用玻璃棒摩擦器壁或投入晶种（同一物质的晶体），使之析出结晶。

4. 抽滤结晶

（1）剪裁和布氏漏斗底部直径相配合的滤纸放入漏斗中，用少量溶剂润湿滤纸，减压抽紧滤纸，借助玻璃棒将液体和晶体倒入布氏漏斗，抽滤。

（2）用少量重结晶溶剂洗涤晶体 2～3 次。洗涤时应先停止抽气，加少量溶剂，用玻棒小心搅动，静置片刻，再抽气。若重结晶溶剂沸点较高，在用其洗涤 1～2 次后，用一种低沸点溶剂（与重结晶溶剂能互溶，对晶体不溶或微溶）洗涤 1～2 次，使晶体易于干燥。

注意：每次抽滤完毕，都应先打开安全瓶上的活塞，接通大气，再关闭水泵（以免水泵中的水倒吸到抽滤瓶中）。

5. 结晶的干燥

（1）自然干燥　不吸潮的低熔点物质可以空气中干燥。将晶体在表面皿上铺成薄薄的一层，盖上一张滤纸，室温下放置至干燥。

（2）烘干　对空气和温度稳定的物质可在烘箱中干燥，烘箱温度应比被干燥物质的熔点低 15～20℃。

（3）置于干燥器中干燥。

第五节　溶剂萃取分离法

溶剂萃取分离法又称液-液萃取分离法，是利用溶质在互不相溶或仅部分互溶的溶剂里溶解度的不同，用另一种溶剂把溶质从原溶剂的溶液里提取出来的分离方法。被分离组分的混合物是液体的称为液-液萃取，被分离组分的混合物是固体的称为提取，也把它归类为萃取。液-液萃取还包括反萃取，调节水相条件，将欲分离物质从有机相转入水相的萃取操作称为反萃取。萃取分离法设备简单，操作快速，分离效果好，故应用广泛。它的缺点是手工操作时，工作量较大，萃取溶剂常常是易挥发、易燃和有毒的。随着应用领域的拓展和检测技术的发展，出现了多种现代的萃取技术。

一、萃取分离法的基本原理

（一）分配系数

物质在水相中和在有机相中有一定的溶解度。当被萃取的物质 A 同时接触到两种互不相溶的溶剂时，例如一种是水，另一种是有机溶剂，则此时被萃取溶质 A 就按不同的溶解度，分配在两种溶剂中，当达到平衡时，溶质 A 在两相中的平衡浓度 $[A]_有$ 和 $[A]_水$ 的比值称为分配系数，用 K_D 表示。

$$K_D = \frac{[A]_有}{[A]_水}$$

在一定温度下，同一溶质在确定的两种溶剂中的分配系数是一个常数，这就是分配定律。

对不同的溶质或不同的溶剂，K_D 的数值不同。即分配系数与溶质和溶剂的特性、温度等因素有关。分配系数大就是指溶质分配在有机溶剂中的量多，也就是说在有机相中的浓度大，而分配在水中的浓度小。利用这一特性可将该溶质自水相萃取到有机相中，从而达到分离的目的。例如：I_2 在 CCl_4 和 H_2O 中的分配系数为 85，此值说明可用 CCl_4 萃取水相中的 I_2，当溶有 I_2 的水相与 CCl_4 溶液混合时绝大部分的 I_2 进入到 CCl_4 有机相中，从而使 I_2 与水相中的其它杂质分离。

$$\frac{[I_2]_{CCl_4}}{[I_2]_{H_2O}} = K_D = 85$$

这就是溶剂萃取的基本原理。

（二）分配比

分配系数仅适用于被萃取的溶质在两种溶剂中存在的形式相同的情况。如上例所示，用 CCl_4 萃取 I_2，I_2 在两相中存在的形式是相同的。若溶质在水相和有机相中有多种存在形式或萃取过程中发生离解、缔合等反应，分配定律就不适用了。为此我们引入分配比的概念。当被萃取溶质 A 在两相中的分配达到平衡后，若将其在有机相中各种存在形式的总浓度用 $(c_A)_{有}$ 表示，而在水相中各种存在形式的总浓度用 $(c_A)_{水}$ 表示，则此时 A 在两种溶剂中总浓度的比值就称为分配比，用符号 D 表示。

$$D = \frac{(c_A)_{有}}{(c_A)_{水}} = \frac{[A_1]_{有} + [A_2]_{有} + \cdots + [A_n]_{有}}{[A_1]_{水} + [A_2]_{水} + \cdots + [A_n]_{水}}$$

所谓分配比大，就是指被萃取的各溶质在有机相中的量多，也就是在有机相中的浓度大，而在水相中的浓度小。

如果溶质在两相中仅存在一种形态，则分配系数 K_D 与分配比 D 相等。

$$K_D = D$$

但是在实际工作中，常发生副反应，因此 K_D 值和 D 值常常是不一样的。

（三）萃取率

在实际工作中，我们所希望了解的是萃取过程的完全程度，也就是萃取的效率。

常用萃取率（E）表示，即

$$E = \frac{\text{物质 A 在有机相中的总含量}}{\text{物质 A 的总含量}} \times 100\%$$

萃取率表示物质萃取到有机相中的比例。溶质 A 的水溶液用有机溶剂萃取，如已知水溶液的体积为 $V_{水}$，有机溶剂体积为 $V_{有}$，$(c_A)_{有} \cdot V_{有}$ 为溶质 A 在有机相中的总含量；$(c_A)_{水} \cdot V_{水}$ 为溶质 A 在水相中的总含量。

则

$$E = \frac{(c_A)_{有} \cdot V_{有}}{(c_A)_{有} \cdot V_{有} + (c_A)_{水} \cdot V_{水}} \times 100\%$$

上式中分子与分母同除以 $(c_A)_{水} \cdot V_{有}$ 得

$$E = \frac{\dfrac{(c_A)_{有}}{(c_A)_{水}}}{\dfrac{(c_A)_{有}}{(c_A)_{水}} + \dfrac{V_{水}}{V_{有}}} \times 100\%$$

因为：

$$D = \frac{(c_A)_{有}}{(c_A)_{水}}$$

所以：

$$E = \frac{D}{D + \dfrac{V_{水}}{V_{有}}} \times 100\%$$

由上式可见，萃取率由分配比 D 和体积比决定。即分配比越大，体积比越小，则萃取率越高。设用等体积的溶剂进行萃取，取 $V_{水} = V_{有}$，此时萃取率

$$E = \frac{D}{D+1} \times 100\%$$

若分配比 $D = 1$，则萃取一次的萃取率为 90%。若要求萃取一次后的萃取率大于 90%，则分配比 D 必须大于 9。当分配比不高时，一次萃取不能满足分离或测定的要求，常常采取分次加入溶剂，多次连续萃取的方法来提高萃取率。

（四）分离因数

为了达到分离目的，不但萃取效率要高，而且还要考虑共存组分间的分离效果要好。一般用分离因数 β 来表示。β 是两种不同组分 A 和 B 分配比的比值：

$$\beta = \frac{D_A}{D_B}$$

上式表明，D_A 和 D_B 相差越大，分离效率越高。

二、无机物的萃取分离

无机物中，只有少数共价分子，如 HgI_2、$HgCl_2$、$GeCl_4$、$AlCl_3$、SbI_3 等，可以直接用有机溶剂萃取，大多数无机物质在水溶液中离解成离子，并与水分子结合成水合离子，难于用与水不混溶的非极性或弱极性的有机溶剂萃取。为了进行萃取分离，必须在水中加入某种试剂使被萃取物质与试剂结合成不带电荷的、难溶于水而易溶于有机溶剂的分子，这种试剂称为萃取剂。形成的化合物称为可萃取络合物。

根据萃取反应的类型，萃取体系可分为螯合物、离子缔合物、溶剂化合物、无机共价化合物等。下面简单介绍前两类。

（一）形成螯合物

此种类型的螯合物广泛用于金属离子的萃取，例如铜试剂（二乙

基二硫代氨基甲酸钠，DDTC 钠盐）能与数十种金属离子螯合形成有色化合物。它与 Cu^{2+} 的反应是：

$$\underset{H_5C_2}{\overset{H_5C_2}{\diagdown}}N-C\underset{SNa}{\overset{S}{\diagdown}} + \frac{1}{2}Cu^{2+} = \underset{H_5C_2}{\overset{H_5C_2}{\diagdown}}N-C\underset{S}{\overset{S}{\diagdown}}\frac{1}{2}Cu^{2+} + Na^+$$

又如 8-羟基喹啉，可与 Pd^{2+}、Fe^{3+}、Ga^{3+}、Co^{2+}、Zn^{2+} 等离子形成螯合物，例如 8-羟基喹啉与铝形成螯合物：

$$\text{(8-羟基喹啉)} + \frac{1}{3}Al^{3+} = \text{(螯合物)} + H^+$$

生成的螯合物难溶于水，可用有机溶剂氯仿萃取。

再如，双硫腙微溶于水，能与 Ag^+、Bi^{3+}、Cd^{2+}、Hg^{2+}、Cu^{2+}、Co^{2+} 等离子螯合形成螯合物：

$$C_6H_5-NH-NH-C(=S)-N=N-C_6H_5 \ (\text{双硫腙}) + \frac{1}{n}Me^{n+} = \underset{C_6H_5}{\overset{C_6H_5}{\diagdown}}\text{C-S-Me}^{n+}/n + H^+$$

所生成的螯合物难溶于水，可用 CCl_4 萃取。

对于不同的金属离子，由于所生成螯合物的稳定性不同，螯合物在两相中的分配系数也不同，因而选择和控制适当的萃取条件，包括萃取剂的种类、溶液的酸度等，就可使不同的金属离子通过萃取得以分离。

（二）形成离子缔合物

这一类型的萃取机理是比较复杂的。所谓离子缔合物是指所形成的金属配离子以静电引力与其它异电性离子相吸引，而形成不带电的缔合物，这种缔合物可溶于有机溶剂中而被萃取。

例如：Cu^+ 与 2,9-二甲基-1,10-二氮菲（新亚铜试剂）的螯合物带正电荷，能与 Cl^- 生成可被 $CHCl_3$ 萃取的离子缔合物 $[CuL_2]Cl$。

三、有机物的萃取分离

应用相似相溶的原则，选择适当的溶剂和萃取条件，可以从混合物中萃取某些组分，达到分离的目的。一般来说，极性有机化合物，包括形成氢键的有机化合物及其盐类，通常溶于水而不溶于非极性或弱极性的有机溶剂；非极性或弱极性的有机化合物不溶于水，但可溶于非极性和弱极性的溶剂，如苯、四氯化碳、氯仿等。

选用适当的溶剂和条件，可以达到萃取分离的目的。如欲测定焦油废水中的酚含量，可先将水样调节到 pH＝12，用 CCl_4 萃取分离油分；然后再调节 pH 值至 5，以 CCl_4 萃取酚。

对于有机酸或有机碱，常常可以通过控制酸度，使它们以分子或离子的形态存在，改变在有机溶剂和水中的溶解性能，再进行萃取分离。例如：羧酸和酚，控制 pH≈7 时，羧酸电离成阴离子，酚仍以分子状态存在，用乙醚萃取，羧酸成钠盐留在水相，酚被萃取进入乙醚层，从而实现分离。

四、液-液萃取分离操作方法

常用的萃取方法可分为单级萃取法（间歇萃取法）和多级萃取法，多级萃取法按两相接触的方式不同又可分为错流萃取法（连续萃取法）和逆流萃取法，后者需要专门的仪器装置。下面介绍间歇萃取法的操作技术。

1. 萃取

选比溶液总体积大 1 倍的梨形分液漏斗（一般用 60～125mL 容积的即可）活塞部分不涂凡士林等油膏，以免有机溶剂溶解油膏，可选用聚四氟乙烯活塞的分液漏斗。向分液漏斗中加入被萃取溶液和萃取剂。震荡，方法是将分液漏斗倾斜，上口略朝下，如图 8-10(a) 所示。振荡时间视化学反应速度和扩散速度而由实验确定，一般自 30s 到数分钟。

(a) 振摇   (b) 放气

图 8-10　分液漏斗的振摇及放气

在萃取过程中需放气数次。放气的方法是仍保持分液漏斗倾斜，旋开旋塞，放出蒸气或产生的气体，使内外压力平衡，如图 8-10(b) 所示。

2. 分层

在振摇萃取之后，需将溶液静置，使两相分为清晰的两层。一般需 10min 左右，难分层者需更长时间。若产生乳化现象影响分层，可试用以下方法解决：

① 较长时间静置；

② 振荡时不要过于激烈，放置后轻轻旋摇，加速分层；

③ 如因溶剂部分互溶发生乳化，可加入少量电解质（如氯化钠）利用盐析作用破坏乳化。加入电解质也可改善因两相密度差小发生的乳化。

还可以采用加入混合溶剂，使溶剂和水溶液的互溶性减小，密度差变大来消除乳化。

3. 分离洗涤

分层后，经旋塞放出下层液体，从上口倒出上层液体。分开两相时不应使被测组分损失。

根据需要，重复进行萃取或洗涤萃取液。

下面介绍一种实验室用的连续萃取装置。

有些化合物在所设定的萃取体系中萃取率不高，如果采用间歇多次萃取法操作烦琐，损失大，宜采用连续萃取法。图 8-11 是连续萃取装置。其原理为：溶剂在进行萃取后自动流入加热器，受热汽化，

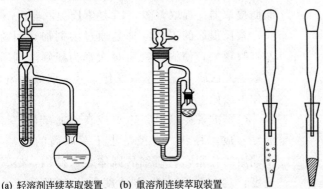

(a) 轻溶剂连续萃取装置　(b) 重溶剂连续萃取装置

图 8-11　连续萃取装置　　　　图 8-12　微量萃取操作

冷凝变成液体，再进行萃取。此法萃取效率高，溶剂用量少，操作简便，缺点是萃取时间长。图 8-11(a) 是轻溶剂连续萃取装置（溶剂密度小于被萃取溶液密度），图 8-11(b) 是重溶剂连续萃取装置（溶剂密度大于被萃取溶液密度）。

当萃取的溶液量很少时，可用微量萃取技术进行萃取（图 8-12），萃取可以在一支离心分液管中进行，盖好盖子，用手摇动分液管或用滴管向液体中鼓气，使两相充分接触，并注意放气，静置分层，用滴管吸出萃取相。

微量萃取的另一种方式：在有机溶剂和水相的比例为 $0.001\sim 0.01$ 时，将被萃取溶液置于容量瓶中定容，加入密度小于水的有机萃取溶剂，振摇，静置。取出瓶颈处的有机溶剂进行测定。此法很容易操作，但需要考察被测物的回收率，在定量分析时，应采用内标法。

五、固体试样的萃取方法

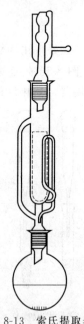

图 8-13　索氏提取器

在一些工作中，需要用溶剂从固体样品中萃取出所需的待测成分，这时称为液-固萃取。液-固萃取在分析样品前处理中也称"提取"，可以在超声波清洗机中借助于超声波的能量进行提取，也可用索氏（Soxhlet）提取器（又称脂肪提取器）提取，图 8-13 是索氏提取器。

索氏提取的工作原理是通过溶剂加热回流及虹吸现象，使固体物质每次都为新鲜溶剂所萃取。此法属于连续萃取操作，其萃取效率高，操作方法如下。

（1）准备滤纸筒　市售或自制滤纸筒：将滤纸卷成圆柱状，直径略小于萃取筒的直径，下端用线扎紧，将研细的固体装入筒内，松紧适度，均匀致密，装样高度低于虹吸管 $1\sim 2cm$，上面盖一小圆形滤纸片或塞少量脱脂棉，放入萃取筒内。

（2）操作　向烧瓶中加入溶剂，装上冷凝管，接通冷却水（下端进冷水），加热烧瓶使溶剂沸腾（易燃溶剂不可用明火），控制水浴的加热温度，以控制冷凝液滴的流速为 $1\sim2$ 滴/s。溶剂蒸气经冷凝管冷凝成液体进入萃取管中，当液面超过虹吸管顶端时，萃取液自动流入加热烧瓶中，再次蒸发。如此循环，直至试样中的被萃物进入溶液为止。此过程一般需 $2\sim5h$。

六、超声波提取法

超声波提取（也称为超声波萃取）是应用超声技术提取被分析物质的化学成分的分离技术。由于具有提取温度低、提取率高、提取时间短的特点，对天然产物和生物活性成分的提取尤具优势。已经广泛用于药物、中草药、食品、农业、环境、工业原材料等样品中化学成分的提取。

（一）超声波提取的原理

超声波（频率介于 $20kHz\sim1MHz$）是一种机械波，需要能量载体——介质来进行传播。

超声波提取的原理是利用超声波具有的空化效应、机械效应和热效应，通过增大介质分子的运动速度、增大介质的穿透力以提取样品的化学成分。下面以中药材为例说明：

（1）空化效应　通常，介质内部或多或少地溶解了一些微气泡，这些气泡在超声波的作用下产生振动，当声压达到一定值时，气泡由于定向扩散而增大，形成共振腔，然后突然闭合，这就是超声波的空化效应。这种气泡在闭合时会在其周围产生几千个大气压的压力，形成微激波，它可造成植物细胞壁及整个生物体破裂，而且整个破裂过程在瞬间完成，有利于有效成分的溶出。

（2）机械效应　超声波在介质中的传播可以使介质质点在其传播空间内产生振动，从而强化介质的扩散、传播，这就是超声波的机械效应。超声波在传播过程中产生一种辐射压强，沿声波方向传播，对物料有很强的破坏作用，可使细胞组织变形，植物蛋白质变性；同时，它还可以给予介质和悬浮体以不同的加速度，且介质分子的运动速度远大于悬浮体分子的运动速度。从而在两者间产生摩擦，这种摩擦力可使生物分子解聚，使细胞壁上的有效成分更快地溶解于溶剂之中。

（3）热效应　和其它物理波一样，超声波在介质中的传播过程也是一个能量的传播和扩散过程，即超声波在介质的传播过程中，其声能不断被介质的质点吸收，介质将所吸收的能量全部或大部分转变成热能，从而导致介质本身和药材组织温度的升高，增大了药物有效成分的溶解速度。由于这种吸收声能引起的药物组织内部温度的升高是瞬间的，因此可以使被提取的成分的生物活性保持不变。

（二）超声波提取的特点

超声波作用于液-液、液-固两相，多相体系，表面体系以及膜界面体系，会产生一系列的物理化学作用，并在微环境内产生各种附加效应如湍动效应、微扰效应、界面效应和聚能效应等，这些特点是某些常规手段不易获得的。

与常规的萃取技术相比，超声波萃取技术快速、价廉、高效。

与索氏提取相比，其主要优点有：①成穴作用，增强了系统的极性，提高萃取效率，使之达到或超过索氏提取的效率；②超声波萃取允许添加共萃取剂，以进一步增大溶剂的极性；③适合不耐热的被测成分的萃取；④操作时间比索氏提取短，通常仅需 24～40min。

超声波提取和超临界流体萃取（SFE）比较：①仪器设备简单，萃取成本低得多；②可提取多种化合物，无论其极性如何，因为超声波萃取可用溶剂很多。SFE 主要用 CO_2 作萃取剂，基本上仅适合非极性物质的萃取。

超声波萃取和微波辅助萃取比较：①在某些情况下，比微波辅助萃取速度快；②酸消解中，超声波萃取比常规微波辅助萃取安全。

超声波提取的适应性广，不受目标成分的极性、分子量大小的限制。另外，提取液杂质少，待测成分易于分离、纯化。超声波提取可以不用或者少用提取剂，减少溶剂对环境的污染。

（三）超声波提取设备和操作方法

超声波提取机由超声波电源、超声换能器和提取容器三部分组成。外置式超声提取器应用广泛，其中一种槽式超声提取器主要用于小样品的提取检测，也可用于小型中试实验。它是将超声换能器粘在槽的底部或槽的两侧，上部敞口。

操作方法：在提取容器中加入适量的水作为传导介质，样品粉碎，称量，视其性质，有的需要用提取剂浸泡。将容器放入提取容器的槽中，开启超声波发生器，按照设定的条件超声一定时间后，停止超声，冷却至室温。

连续超声提取也是一种很高效的提取方法，可以用于各种分析目的。

(四) 超声波提取效率的影响因素

样品量大时，到达样品内部的能量会有一定程度的衰减，影响提取效果；样品粒度、颗粒直径与超声波长的比值为 1% 或更小，引起能量衰减的粗糙界面上的散射可以忽略不计，比值增大，散射增大，能量大幅衰减；提取前样品的浸泡时间、超声波强度、超声波频率及提取时间等也影响提取率；提取瓶放置的位置和提取瓶壁厚也会影响提取率。

超声波提取不但在工业上有广泛的应用前景。在分析上已经成为多种样品前处理的重要手段。

七、微波萃取简介

微波是一种频率在 300MHz～300GHz、波长在 1mm～1m 范围内的电磁波。微波萃取技术是指使用微波及合适的溶剂在微波反应器中从物料中提取化学成分的技术和方法。微波加热是物料在电磁场中由介质吸收引起的内部整体加热。微波作用分为热效应和非热效应，热效应是指进入样品的微波能量转化为热能，这些热能可使整体或局部升温；非热效应是一种非温度变化引起的效应，例如非热生物效应，生物样品中的极性水分子在微波场中的强烈极性振荡，导致细胞分子间氢键松弛，细胞膜结构破裂，使萃取更快、更完全。

与传统的萃取技术比较，微波萃取的特点为：

(1) 加热迅速　微波能穿透到物料内部，使物料表里同时产生热能，其加热均匀性好，且加热迅速；

(2) 选择性加热　微波加热具有选择性，不同物质的极性不同，吸收微波能的程度就不同，可通过选择适当的溶剂来提高萃取效率，以期达到最佳的萃取效果；

（3）体积加热　微波加热是一个内部整体加热过程，它将热量直接作用于介质分子，使整个物料同时被加热，此即所谓的"体积加热"过程；

（4）高效节能　由于微波独特的加热机理，除少量传输损耗外，几乎没有其它损耗，故热效率高；

（5）易于控制　控制微波功率即可实现立即加热和终止，易于自动控制。

八、快速溶剂萃取简介

快速溶剂萃取（ASE）技术，又称加速溶剂萃取，是一种在高温（室温～200℃）、高压（大气压～20MPa）条件下快速提取固体或半固体样品的样品前处理方法，与常用的索氏提取、超声提取、微波萃取技术等方法相比，可大大缩短萃取时间，提高萃取效率，减少萃取溶剂用量，具有节省溶剂、快速、健康环保、自动化程度高等优点，近年来应用日趋广泛，已被确认为美国 EPA 标准方法（编号 3545）。

快速溶剂萃取有如下突出优点：①有机溶剂用量少，10g 样品仅需 15mL 溶剂，减少了废液的处理；②快速，完成一次萃取全过程的时间一般仅需 15min；③基体影响小，可进行固体半固体的萃取（样品含水 75％以下），对不同基体可用相同的萃取条件；由于萃取过程为垂直静态萃取，可在充填样品时预先在底部加入过滤层或吸附介质，提取液可自动过滤、自动净化；④方法开发方便，已成熟的用溶剂萃取的方法都可用快速溶剂萃取法做；⑤自动化程度高，可根据需要对同一种样品改变萃取次数、改变溶剂等，所有这些可由用户自己编程，全自动控制。

九、溶剂萃取的应用

溶剂萃取分离法在分析化学中的应用比较广泛，主要有以下几个方面。

（一）分离干扰物质

例如测定钢铁中微量稀土元素的含量时，通过溶剂萃取将主体元素铁及经常可能存在的其它元素（如铬、锰、钴、镍、铜、钒、铌、钼等）除去。方法是把试样溶解后，在微酸性溶液中加入铜铁试剂为萃取剂，以氯仿或四氯化碳将这些元素萃取入有机相，分离除去。留在水相中的稀土元素用偶氮胂显色，进行光度测定。

（二）萃取光度分析

萃取光度分析这是将萃取分离和光度分析结合进行的方法。不少萃取剂同时也是一种显色剂，萃取剂与被萃取离子间的络合或缔合反应实质上也就是显色反应。取萃取的有机相直接进行光度测定，这就是萃取光度法。其特点是测定步骤简单、快速，改善方法的选择性，提高测定的灵敏度。例如：双硫腙可以与很多金属离子生成有色的螯合物，可被氯仿或四氯化碳萃取。如欲测定植物样品中的铅，可以将样品消解后，调节 pH＝2～3，用双硫腙的氯仿溶液萃取除去 Zn、Cu、Hg、Ag、Sn 等干扰元素，再将溶液 pH 值调至 8～9，铅和双硫腙生成粉红色螯合物用四氯化碳萃取进行光度测定。

（三）作为仪器分析的样品前处理方法

溶剂萃取分离作为原子吸收光谱、原子发射光谱、电化学分析及色谱分析等方法的分离、富集手段得到了广泛的应用。

例如：用火焰原子吸收法测定化学试剂中微量金属杂质的含量，可以将溶液的 pH 值调至 3～6，铅、镉等离子与吡咯烷二硫代氨基甲酸铵生成疏水性的螯合物，以 4-甲基-2-戊酮萃取，可以直接将上层的有机相喷入火焰中进行原子吸收光度测定。

水果、蔬菜中的农药残留量分析，由于其含量很低，一般都需要富集后才能测定。利用农药在各种有机溶剂及水中的溶解度不同，可用氯仿或己烷等有机溶剂萃取、浓缩后经净化再进行气相色谱或高效液相色谱分析。

在各个分析领域，溶剂萃取针对各种目标产物的现代技术还有双水相萃取、亲和萃取、膜萃取、液膜萃取、酶提取法等，节省溶剂、节省时间、减少样品用量、提高提取效率和自动化程度是溶剂萃取发展的方向。

第六节　色谱分离法

色谱法又称层析法（或色层法），是一种分离手段，是利用被分析混合物中各组分在固定相和流动相中的作用力不同而实现分离的方法。

最早系统地研究并提出色谱法的是 1903 年俄国植物学家茨维特。他把植物汁的石油醚萃取液加到一根填充菊粉颗粒的玻璃管的顶端，用石油醚淋洗。吸附在菊粉上的色素在管内被分离成不同颜色的色带。色层分离法由此而得名。

在这个实验中，菊粉作为固定相，石油醚作为流动相，分离原理是组分在固体表面的吸附力的差异。

色谱法可以按以下三种方法分类：

（1）按两相的物理状态分类　依据其流动相是气体、液体或超临界流体，分别称为气相色谱法、液相色谱法及超临界流体色谱法。

（2）按固定相使用形式分类　按固定相使用形式可分为柱色谱法、平面色谱法。平面色谱法又包括纸色谱法和薄层色谱法。

（3）按分离原理分类　按分离原理色谱法可分为吸附色谱、分配色谱、离子交换色谱、体积排除色谱法及亲和色谱等。

色谱法具有很高的分离效率，由于生产和科技发展的需要，色谱分析法已成为分析化学中发展速度快、应用范围广的重要的仪器分析技术。有关气相色谱和高效液相色谱分析的内容可参见《化验员读本　下册　仪器分析》的第八、九章。

本节仅介绍液相色谱分离法中最常用的经典柱色谱法和薄层色谱法。它们是很早就采用的色谱方法。由于这些分离方法利用简单的设备即可较容易地完成特定的分离分析任务，目前仍有着广泛的用途。

一、柱 色 谱

柱色谱装置如图 8-14 所示，如没有色谱柱也可用滴定管代替。在柱中装填固定相，柱上端加入样品，流动相自上而下流过色谱柱，样品在柱上进行分离。将固定相推出切开或从柱后收集流出液得到各个组分。

(一) 吸附柱色谱法

1. 基本原理

吸附柱色谱法是利用各组分在吸附剂与洗脱剂之间吸附和溶解（解吸）能力的差异进行分离的色谱方法。

在给定温度下，在达到吸附平衡时，组分在流动相和固定相中的浓度（c_m 和 c_s）的比值称为吸附平衡的平衡常数（K_D），也称为分配系数，用下式表示：

$$K_D = \frac{c_s}{c_m}$$

组分的性质不同，在固定相和流动相中的分配系数不同，分配系数大的组分在固定相上的吸附能力强，在柱内移动速度慢，因而后流出色谱柱。由于各组分分配系数的差异，造成它们在色谱柱中移动速度的不同而在色谱柱上分离成不同的区带，这就是吸附色谱分离的原理。

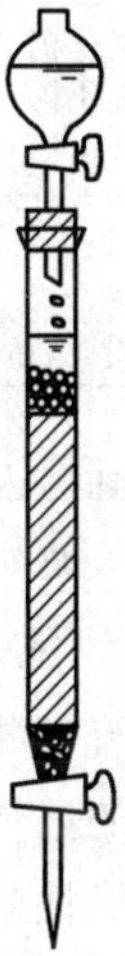

图 8-14　柱色谱装置

2. 吸附剂

吸附剂要有较大的比表面积和一定的吸附能力，有均匀的粒度，与洗脱剂和被分离物质不起化学反应。常用的吸附剂有氧化镁、氧化铝、硅胶、碳酸钙、硅酸镁、活性炭、聚酰胺、纤维素等。

氧化铝的吸附性源于表面存在的铝羟基，因生产条件不同又分为碱性、中性、酸性三种。硅胶的吸附性是由于硅醇基能与极性化合物或不饱和化合物形成氢键。聚酰胺由于分子内存在着很多酰胺键，可与酚类、酸类、醌类、硝基化合物等形成氢键，因而具有吸附作用。色谱用的聚酰胺是白色多孔性的非晶形粉末。

活性炭是一种非极性吸附剂，它的吸附主要由范德华力引起。它对非极性物质，尤其是芳香族化合物的吸附性特别强。可以在水溶液中吸附强极性化合物。

常用的吸附剂的性能及用途见表 8-4。

表 8-4　吸附柱层析常用吸附剂

名　称	极性	分　离　应　用	
酸性氧化铝		适于分离空间排列或官能团不同的极性不太大的物质	酸性化合物和对酸稳定的中性化合物
中性氧化铝	极性		酸、碱中不稳定的化合物
碱性氧化铝			碱性化合物，如生物碱和中性化合物
硅胶	极性	大多数酸性和中性化合物，不适于分离强碱性物质	
聚酰胺	极性	强极性物质	
活性炭	非极性	适于分离水溶液成分，如氨基酸、糖类及某些苷类	

　　硅胶和氧化铝的吸附活性与含水量关系很大，含水量愈低，活性愈大，吸附力愈强。

　　3. 流动相

　　流动相又称洗脱剂，流动相的洗脱作用实质上是流动相分子与被分离的溶质分子竞争占据吸附剂表面活性中心的过程。在氧化铝、硅胶等极性吸附剂上，非极性流动相洗脱作用弱，强极性流动相洗脱作用强。从有关的液相色谱书籍上可以查到各种溶剂的溶剂强度参数 ε^0。对于洗脱剂还要求黏度低，沸点低，以利于除去溶剂得到被分离组分。实际应用中可以采用单一溶剂或混合溶剂作为洗脱剂。对于极性差别较大的样品，可先用极性低的溶剂洗脱，以后逐渐增加洗脱剂的极性，此法称为溶剂梯度洗脱。为了减小羧基、氨基等强极性物质的拖尾，可在洗脱剂中添加少量乙酸（分离酸性物质）或氨水、二乙胺（分离碱性物质）。

表 8-5　用于氧化铝、硅胶吸附剂的混合溶剂

洗脱能力	混　合　溶　剂
小 ↓ 大	己烷-苯 苯-乙醚 苯-乙酸乙酯 氯仿-乙酸乙酯 氯仿-甲醇

　　① 在氧化铝、硅胶吸附剂上混合溶剂的组合和洗脱顺序见表 8-5。

　　② 在聚酰胺吸附剂上，洗脱剂的洗脱能力按下列顺序增强：水＜乙醇＜甲醇＜丙酮＜稀氨水＜稀氢氧化钠水溶液＜甲酰胺。

　　③ 在活性炭吸附剂上，溶剂的洗脱能力与硅胶等极性吸附剂相反，洗脱剂的洗脱能力按下列顺序增强：水＜甲醇＜乙醇＜丙酮＜正丙醇＜乙醚＜乙酸乙酯＜正己烷＜苯。

　　4. 色谱体系选择

　　在极性吸附剂上，被分离物质的极性愈大，极性基团愈多，吸附力愈强，洗脱愈慢。常见的官能团按极性增强的顺序排列如下：

$-CH_3 < -Cl$，$-Br$，$-I < \diagup C\!\!=\!\!C \diagdown < -OCH_3 < -NO_2 <$

$-N(CH_3)_2 < -COOR < \diagup C\!\!=\!\!O < -CHO < -SH < -NH_2 <$

$-OH < -COOH$。对于某种试样，选择固定相和流动相的一般规律为：①弱极性组分选用吸附性较强的吸附剂，用极性较小的溶剂洗脱；②强极性组分用吸附性较弱的吸附剂，极性较大的溶剂洗脱，以便既能实现分离又能适时洗脱。可以用薄层色谱为柱色谱找流动相条件。

5. 吸附柱色谱操作方法

色谱柱的直径与长度之比约为（1∶10）～（1∶30），高度视分离的难易可作变动，底部塞以玻璃棉或脱脂棉，放一薄层海砂或石英砂。

（1）装柱　装柱方法有干法、湿法两种。

①干法装柱　选定吸附剂填料，粒径一般为 0.07～0.15mm（100～200 目），筛分窄些较好。通过漏斗慢慢装入填料，每加一小部分，在实验台面上轻墩柱子，使其填实。装填完毕，在吸附剂表面铺一层滤纸或一薄层石英砂，使加洗脱剂时吸附剂不被冲起。然后从柱管口徐徐加入洗脱剂，打开下端活塞，保持一定流速，排除柱内气泡。液面要始终高于吸附剂。

②湿法装柱　先在柱内加入洗脱剂，将下端活塞稍打开，同时将吸附剂缓缓加入柱内，加入的速度不宜太快，以免带入空气。可轻轻振动色谱柱，使带入的气泡从上部排出，并使填充均匀。

（2）加样　溶解样品的溶剂极性应该与洗脱剂相近，以免影响分离。如试样难溶，可先将试样溶于适当的溶剂中，加入少量吸附剂拌匀；待溶剂挥发后，将吸附了试样的吸附剂加到柱床上端。

（3）色谱分离　将洗脱剂小心地从柱顶端加到色谱柱中，控制一定的流速，流速一般为 10～15mm/min。如因柱阻力大使流速过低，可在柱顶用惰性气体加压（或在柱出口抽真空减压）的方法调节。

如果分离的各个组分为有色物质，可依据看到的分离后的谱带，在柱后进行收集；如为无色物质，可以分别收集流出液采用薄层色谱、紫外光（能透紫外光的柱子，采用荧光吸附剂）及其它方法检测。

6. 吸附柱色谱分离法的应用

柱色谱虽然费时，相对于仪器化的高效液相色谱分析法柱效较低，但由于有设备简单、容易操作、从洗脱液中获得的分离样品量大等特点，应用仍然较多。对于简单的样品用此法可直接获得纯物质，对于复杂组分的样品此法可作为初步分离手段，粗分为几类组分，然后再用其它分析手段，将各类组分进行分离分析。

例 液化煤重馏分（沸程 260～450℃）的分离。

取 0.1～0.3g 样品溶于数毫升氯仿中，吸附在 3g 中性氧化铝粉上，用干燥氮气流吹干。将样品加到装有 6g 中性氧化铝[0.177～0.074mm（80～200 目）]，内径 11mm 的色谱柱上，依次用下列四种洗脱液洗脱，得到 4 种洗脱物：

① 洗脱剂——20mL 己烷；流出组分——脂肪烷烃。

② 洗脱剂——50mL 苯；流出组分——中性多环芳族化合物。

③ 洗脱剂——70mL 氯仿（含 0.75％乙醇）；流出组分——多环芳族含氮化合物。

④ 洗脱剂——50mL 含 10％乙醇的四氢呋喃；流出组分——羟基多环芳族化合物。

所得各类组分再结合硅胶柱色谱及仪器分析手段进行分离鉴定。

(二) 分配柱色谱法

分配色谱的全称是液液分配色谱。分配色谱是利用混合物的各个组分在两个互不相溶的溶剂中的分配系数不同而进行分离的一种色谱方法。

1. 基本原理

分配色谱是将某种溶剂涂布在一种不起吸附作用的惰性固体物质上，这种固体物质称为载体，而溶剂称为固定相。例如，在硅胶上涂布一层水膜，将含有固定相的载体填充在色谱柱中，在柱顶端加入样品溶液，用与固定相不相溶的另一种溶剂来冲洗色谱柱，这种溶剂称为流动相，由于样品中各组分在固定相和流动相中的分配系数不同先后从色谱柱中流出而实现分离。

2. 载体

吸附色谱中的吸附剂是分配色谱常用的载体，对载体的要求是：

① 化学惰性。对流动相溶剂和被分析物质均不起作用，包括无吸附作用。

② 多孔性。应有较大的表面积，且孔径分布要均匀。

③ 与固定相之间有较大的吸着力，以形成一层牢固的液膜。

常用的载体有硅胶、纤维素、硅藻土等。

3. 固定相与流动相

固定相和流动相的选择是决定分配色谱分离好坏的主要因素，溶剂对的选择原则为如下：

① 两相不能互溶。

② 两相的极性应有较大的差异。

③ 样品在固定相中的溶解度应适当地大于其在流动相中的溶解度。

4. 分配色谱溶剂系统的选择

根据两相的极性不同，分配色谱法可以分为两类——正相分配色谱法和反相分配色谱法。

正相分配色谱是指固定液有较大的极性（例如水或各种水溶液等），而流动相则为极性较弱的有机溶剂，载体可选用极性吸附剂如硅胶、硅藻土、纤维素等。

反相分配色谱是指固定相具有较小的极性（例如硅油、石蜡等），而流动相则为强极性溶剂，如水及亲水性溶剂。载体应选用非极性的高聚物微粒等。

分配色谱能适于各类化合物的分离。在分离亲水性和中等极性物质时，可选用水及各种酸、碱、盐、缓冲溶液作固定相，用烃、酮、酯、卤代烷、苯等弱极性溶剂作流动相。当分离中等及弱极性物质时，可选用亲水性有机溶剂（如甲醇、甲酰胺、乙二胺等）作固定相，用非极性溶剂作流动相。当分离亲脂性物质时，可用非极性溶剂作固定相，亲水性溶剂作流动相。文献上已总结了不少用于分配色谱的溶剂系统，需要时可查阅。

5. 分配柱色谱操作和应用

分配柱色谱固定相多采用湿法装柱，装柱的溶剂一般用流动相，流动相应先用固定相饱和，以免洗脱过程中固定相流失。

分配柱色谱的操作与一般吸附柱色谱的操作基本相同，此处不再重复。

由于分配柱色谱速度较慢，处理样品量较少（决定于液膜厚度），因此其应用没有吸附柱色谱广泛。硅胶分配色谱主要用于一些水溶性较大的化合物的分离，如皂苷、糖类、酚类化合物等。

（三）离子交换色谱法

离子交换色谱是利用被分离组分与固定相之间发生离子交换的能力差异来实现分离的。离子交换色谱的固定相一般为离子交换树脂，待分离组分是溶液中可离解的离子。离子交换色谱法在 20 世纪 70～80 年代得到迅速发展得益于它和现代液相色谱技术的结合，这属于仪器分析的范畴。本小节仍然以传统的离子交换分离法为主介绍其原理、操作方法和应用。

离子交换分离法是利用离子交换剂与溶液中的离子之间所发生的交换反应来进行分离的方法。这种方法操作简便，分离效率高，不仅用于带相反电荷的离子之间的分离，还可用于带相同电荷甚至性质相近似的离子（例如稀土元素离子）之间的分离。同时还广泛用于微量组分的分离富集以及水和试剂的纯化等。离子交换分离法是现代分析化学中重要的化学分离技术之一。

离子交换剂分为无机离子交换剂和有机离子交换剂，有机离子交换剂又称离子交换树脂，在生产、科研的各个领域应用广泛。

离子交换树脂是一类带有功能基团的不溶性高分子化合物，其结构由高分子骨架、离子交换基团和空穴三部分所组成。离子交换树脂可通过对被交换物质的离子交换和吸附，达到物质的分离、置换、提纯、浓缩、富集等效果。

以纯水制备使用的 001×7 强酸性阳离子交换树脂和 201×7 强碱性阴离子交换树脂为例，它们的骨架为苯乙烯和二乙烯基苯的共聚体，用 R 表示，交换基团分别为磺酸基—SO_3H 和季铵基—$N^+(CH_3)_3$，其化学结构如下：

磺酸基阳离子交换树脂　　　　　季铵基阴离子交换树脂

1. 离子交换树脂的种类

（1）阳离子交换树脂　这类树脂含有可与阳离子交换的酸性基团，如羧基—COOH、酚基—OH、磺酸基—SO_3H 等。这些酸性基团上的氢离子可与溶液中的阳离子发生交换作用，所以称为阳离子交换树脂。

含有较强酸性基团的阳离子交换树脂，如 R—SO_3H 等，就称为强酸性阳离子交换树脂。含有较弱酸性基团的离子交换树脂如 R—OH 等就称为弱酸性阳离子交换树脂。

在溶液中，树脂中官能团的氢离子可与其它阳离子发生交换反应。例如磺酸型阳离子交换树脂与钠离子发生交换反应。交换和再生过程可表示如下：

$$R\text{—}SO_3H + Na^+ \underset{\text{再生}}{\overset{\text{交换}}{\rightleftharpoons}} R\text{—}SO_3Na + H^+$$

H 型强酸性阳　　溶液中

离子交换树脂　　钠离子

钠离子进入树脂网状结构中与钠离子等量交换的氢离子被交换释放出来进入溶液中，此时树脂就转变为 Na-型离子交换树脂。这种交换过程是可逆的。已经发生交换过程的树脂如果再以酸处理，反应向反方向进行，树脂又恢复原状。这一过程称为树脂的再生或洗脱过程。

（2）阴离子交换树脂　这类树脂含有与阴离子发生交换作用的碱性基团，如季铵基—$N^+(CH_3)_3$ 等，是强碱型离子交换树脂。又如树脂中含有伯、仲、叔胺基（—NH_2、—NHR、—NR_2）等弱碱性基团，是弱碱性离子交换树脂。这些树脂经水化后，分别形成 R—NH_2OH^-、R—$NH_2(CH_3)OH^-$ 和 R—$NH(CH_3)_2OH^-$，其中的 OH^- 基团能被阴离子所交换，因此又称 R—OH 型阴离子交换树脂。交换和再生过程表示如下：

$$R\text{—}N(CH_3)_3OH^- + Cl^- \underset{\text{再生}}{\overset{\text{交换}}{\rightleftharpoons}} R\text{—}N(CH_3)_3Cl^- + OH^-$$

强碱性离子交换树脂在酸性、中性和碱性溶液中都能使用。弱碱性树脂对 OH^- 的亲和力大，在碱性溶液中不宜使用。

（3）螯合型离子交换树脂　螯合型离子交换树脂是一种含有能与金属离子形成螯合物的分析官能团，并呈现树脂状态的高聚物。它是由高聚物的母体和分析官能团两大部分组分，如果引入的螯合剂基团选择性较高，则该螯合树脂对那些离子的选择性也较高。例如：含有氨基二乙酸基的树脂对 Cu^{2+}、Co^{2+}、Ni^{2+} 有很高的选择性，含有双硫腙活性基团的树脂对 Hg^{2+} 具有选择性等。

2. 离子交换树脂的命名

国家标准 GB/T 1631—2008《离子交换树脂命名系统和基本规范》对离子交换树脂的命名做了明确的规定，为我们选购离子交换树脂提供了重要的信息。离子交换树脂的命名由基本名称和 6 个单项组组成。基本名称：离子交换树脂，凡分类名称属酸性的，称阳离子交换树脂，凡分类名称属碱性的，称阴离子交换树脂。单项组又包含 6 个字符组（表 8-6、表 8-7）。

表 8-6　离子交换树脂的命名和分类代号

国家标准号	基本名称	单项组(字符组 1~6)					
		1 形态	2 官能团分类	3 骨架名称	4 顺序号	5 床型	6 特殊用途
GB/T 1631	阳离子交换树脂或阴离子交换树脂	凝胶和大孔型(大孔型加 D)	详见表 8-7	0 苯乙烯系 1 丙烯酸系 2 酚醛系 3 环氧系 4 乙烯吡啶系 5 脲醛系 6 氯乙烯系	基团、交联剂、交联度(×阿拉伯数字)	浮动床:FC 混合床:MF	核级:NR 电子级:NR 食品级:NR

表 8-7　离子交换树脂的官能团分类

数字代号	分类名称	
	名　称	官　能　团
0	强酸	磺酸基等
1	弱酸	羧酸基、磷酸基等
2	强碱	季铵基等

数字代号	分类名称	
	名 称	官 能 团
3	弱碱	伯、仲、叔胺基等
4	螯合	胺酸基等
5	两性	强碱-弱酸、弱碱-弱酸
6	氧化还原	硫醇基、对苯二酚基等

命名举例：根据上述的命名法，大孔型苯乙烯强酸性阳离子混床用核级离子交换树脂的命名为：D001×7MB—NR 是由表 8-8 的标准模式得到的。

表 8-8　离子交换树脂的命名和规格的标准模式和命名例

国家标准号	基本名称	单项组					
		字符组 1	字符组 2	字符组 3	字符组 4	字符组 5	字符组 6

大孔型苯乙烯强酸性阳离子混床用核级离子交换树脂的命名

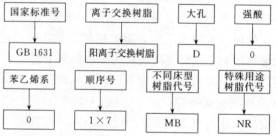

3. 离子交换树脂的性质

(1) 离子交换树脂的结构和交联度　离子交换树脂一般为直径 0.3～1.2mm(16～50 目)的球体。色谱用的粒度为直径 0.15～0.037mm(100～400 目)。凝胶型离子交换树脂多为半透明的淡黄色到棕色的球体，大孔型离子交换树脂为不透明球体。离子交换树脂是具有网状结构的交联高分子化合物。例如，聚苯乙烯磺酸型阳离子交换树脂，由苯乙烯与二乙烯基苯的共聚物经磺化后制得，其微观结构包括交联的具有三维空间立体结构的骨架（交联高分子链）和可以解离的活性基团两部分。

离子交换树脂的交联度与许多性质，如交换容量、含水率、膨胀度、交换速度等有关。交联度是树脂中交联剂的质量分数。交联度大，树脂结构紧密，弹性差，溶胀度小，交换速度慢，交换容量小，但选择性高，交联度小则反之。离子交换树脂的交联度一般在 $4\%\sim14\%$。

（2）离子交换树脂的孔结构　离子交换树脂按物理结构可分为两种类型，即凝胶型和大孔型。凝胶型在干态无孔，在水或低级醇等强极性溶剂中，树脂溶胀（即体积涨大）后才能使用。大孔型在湿态和干态均有永久性的孔道，孔径分布较宽，有几到几百纳米。使大孔树脂具有离子交换和吸附双重作用，对某些中性有机分子也有一定的吸附能力，大孔树脂可在各种极性的溶剂中使用。

（3）离子交换树脂的交换容量　离子交换树脂的交换容量是其离子交换能力的量度。总交换容量是指树脂所含有的离子交换基团的量，可以用单位质量干树脂所能交换的离子的物质的量来表示，单位为 mmol/g。

在检测离子交换树脂的各项性能前应该按照 GB/T 5476—2013 的方法进行预处理，先用水反洗，除去机械杂质，再通过规定的酸、碱溶液，除去可溶物，同时将树脂转为要求的离子型式。

交换容量的测定方法可以参考下列国家标准进行：GB/T 8144—2008 阳离子交换树脂交换容量测定方法；GB/T 11992—2008 氯型强碱性阴离子交换树脂交换容量测定方法；GB/T 5760—2000 氢氧型阴离子交换树脂交换容量测定方法等。

例如，氢型阳离子交换树脂交换容量的测定方法如下：当氢型阳离子交换树脂与过量（定量）的一元强碱（例如氢氧化钠）溶液反应时，可根据滴定未反应的碱量而计算出阳离子交换树脂的全交换容量，其反应式是：

$$RH + NaOH \longrightarrow RNa + H_2O$$

式中，RH 表示阳离子交换树脂（氢型），其官能团可以是磺酸基和/或羧基和酚基；RNa 表示阳离子交换树脂（钠型）。

（4）离子交换的亲和力　离子交换树脂对离子的亲和力不同，使其具有选择性，这是分离同种电荷不同离子的依据。一般来说，水合离子的半径越小，电荷越高，极化度越大，其亲和力也越大。

实验证明，在常温下，离子浓度不大的水溶液中，离子交换树脂对不同离子的亲和力顺序如下：

强酸性阳离子交换树脂

① 一价阳离子：$Li^+ < H^+ < Na^+ < NH_4^+ < K^+ < Rb^+ < Cs^+ < Tl^+ < Ag^+$

② 不同价阳离子：$Na^+ < Ca^{2+} < Al^{3+} < Th(Ⅳ)$

③ 二价阳离子：$UO_2^{2+} < Mg^{2+} < Zn^{2+} < Co^{2+} < Cu^{2+} < Cd^{2+} < Ni^{2+} < Ca^{2+} < Sr^{2+} < Pb^{2+} < Ba^{2+}$

强碱性阴离子交换树脂 $F^- < OH^- < CH_3COO^- < HCOO^- < Cl^- < NO_2^- < CN^- < Br^- < C_2O_4^{2-} < NO_3^- < HSO_4^- < I^- < CrO_4^{2-} < SO_4^{2-}$

4. 离子交换分离操作方法

离子交换操作可分为静态法和动态法。静态法又称间歇操作，是将树脂和试液放在一个容器中，不断搅拌或放置一定时间使其发生交换过程。此法在分析中较少采用。动态法是将离子交换树脂充填于玻璃管中制成离子交换柱，使试液自上而下地流过，此法分离效率高，分析中较常采用。

图 8-15 是离子交换分离装置。如没有也可以用滴定管代替。分析工作中所用交换柱的内径约为 $8 \sim 15mm$，树脂层高度约为柱内径的 $10 \sim 20$ 倍，可依实际需要而定。

下面以强酸型和强碱型离子交换树脂为例介绍一般的操作方法。

（1）装柱　新树脂可以用 $4 \sim 6mol/L$ 的 HCl 浸泡 $1 \sim 2$ 天，以溶解除去树脂中的杂质，然后用去离子水洗至中性，此时阳离子交换树脂已处理成 H^+ 型。阴离子交换树脂已被处理成 Cl^- 型，如果要

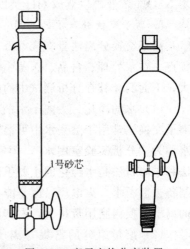

1号砂芯

图 8-15　离子交换分离装置

OH^- 型的阴离子交换树脂，可用 NaOH 溶液浸泡，然后用去离子水洗净，浸在去离子水中备用。用润湿的玻璃棉塞在交换柱的下端（如

离子交换柱下部有砂芯板，免去此步）。将交换柱充满水，稍打开下端旋塞，把处理好的树脂带水慢慢加入到交换柱中，至所需高度。装柱过程中防止树脂层中间夹有气泡。在装柱和以后整个操作过程中，要始终保持液面高于树脂层，以免发生"沟流"而影响分离效果。

（2）交换　加入待分离试液，转动旋塞，使试液按一定的流速流过树脂层。柱内径为 $0.8\sim1.5cm$ 时，流速为 $2\sim5mL/min$。在交换过程中，与离子交换树脂发生交换反应的离子留在树脂上，不发生交换反应的物质进入流出液中，以达到分离目的。

（3）洗涤　洗涤的目的是将不发生交换反应的应该全部进入流出液中的物质从柱上洗下。洗涤液一般用与交换时的试液相同酸度的溶液或其它合适的溶液。

（4）洗脱　洗脱的目的是将被交换到树脂上的离子洗脱下来，以便在洗脱液中测定该组分，洗脱是交换的逆过程。

（5）再生　在大多数情况下，洗脱可使树脂得到再生，但有时需要将树脂换型，则用适当的再生剂通过树脂，使树脂恢复到交换前的型式。例如：阴离子交换树脂可以用 NaCl 溶液洗脱，变成 Cl 型，再用 NaOH 溶液再生变成 OH 型以备再用。

5. 离子交换分离法的应用

离子交换分离法具有成本低、可重复利用、易于操作和无污染的优点，在水处理、食品、医药、化工、催化、环保等领域应用日益扩大，下面简介其在分析测试中的应用。

（1）水的净化、去离子水的制备　自然界中的水含有很多杂质，离子交换法常用于除去水中可溶性无机盐。我们在化验室要用到的纯水称为"分析实验室用水"，国家标准规定了有三种级别，离子交换法和电渗析法是水纯化的主要手段。离子交换树脂的一个重要应用是制备去离子水，火电厂、原子能、医药、电子工业等的纯水处理所需的离子交换树脂用量很大，占其产量的很大比例。

（2）痕量组分的富集　离子交换树脂分离技术能将痕量的离子组分从较大量的溶液中交换到树脂上，然后用少量的洗脱液洗脱，可以将痕量组分很方便地富集 $10^3\sim10^5$ 倍，再配以各种仪器分析的手段进行检测，这方面的应用很多。如：矿石中铂、钯的测定，由于其含量很低，需要用离子交换树脂富集，将试样经灼烧除硫及有机物后，用王水分解，在5%的酸度下用强碱性717型阴离子交换树脂分离富集铂、钯。树脂灰化后，残渣溶于盐酸介质，用电感耦合等离子体原子发射光谱法（ICP-AES）连续测定铂、钯的含量。用阳离子交换树脂分离富集，用ICP-AES测定稀土矿石中的稀土分量（GB/T 17417.1—2010）。我国地下水质量标准GB/T 14848—1993中对铅（Pb）、镉（Cd）等元素含量限定值非常低，用离子交换树脂对金属离子进行选择性富集、分离，用ICP-AES仪测定地下水中痕量Pb和Cd，方法简便，提高了分析的灵敏度。

（3）干扰组分的分离　在仪器分析中可以用经典的离子交换柱作为预处理手段除去干扰组分。例如：生活饮用水及水源水中的可溶性氟化物、氯化物、硝酸盐和硫酸盐的测定可以用离子色谱法同时测定，GB/T 5750.5—2006《生活饮用水标准检验方法　无机非金属指标》指出，为了防止高浓度的钙、镁离子在流动相碳酸盐淋洗液中沉淀，可将水样先经过强酸性阴离子交换树脂柱除去。

（4）阴阳离子或同种电荷离子的分离　阴阳离子的分离常用于分离某些干扰元素，例如，Fe^{3+}离子干扰SO_4^{2-}离子的测定（称量法），可将试液通过阳离子交换树脂除去Fe^{3+}。下面是用离子交换色谱法测定工业三聚磷酸钠中不同形式的磷酸盐的方法（GB/T 9984—2008），方法要点为：将工业三聚磷酸钠中的各种磷酸盐吸附在强碱性阴离子交换树脂柱上，利用其对树脂的亲和力不同，用递增浓度的氯化钾溶液洗提，使其按正磷酸盐、焦磷酸盐、三聚磷酸盐、三偏磷酸盐的顺序流出，测定相应洗提液中的五氧化二磷，计算各种磷酸盐的含量。

图8-16是阴离子交换柱上三聚磷酸钠的离子交换色谱图。

同种电荷离子的分离可以采用离子交换色谱法或离子色谱法，现多采用高效离子交换树脂，以现代液相色谱手段来实现。

（5）生物大分子的分离　离子交换分离可用于生物大分子（如蛋白质、多肽）的分离，因不同的分子与离子交换树脂的吸附、扩散、范德华力和静电引力不同而依次被洗脱，达到分离目的。

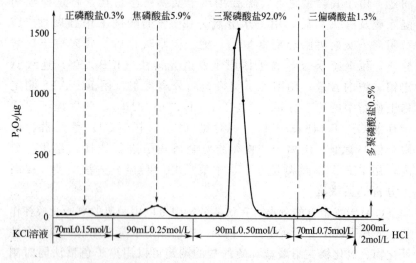

图 8-16　三聚磷酸钠的离子交换色谱图

（四）凝胶柱色谱简介

凝胶色谱法又称为体积排除色谱法（SEC），它是用化学惰性的多孔物质作为固定相，试样组分按分子体积（严格来讲是流体力学体积）进行分离的液相色谱法。是 20 世纪 60 年代初发展起来的一种快速而又简单的分离分析技术。根据流动相不同，又可分为凝胶过滤色谱（GFC）和凝胶渗透色谱（GPC）。凝胶过滤色谱是以水或水溶液作为流动相的体积排除色谱法，一般用于分离水溶性的大分子，如多糖类化合物。凝胶渗透色谱是有机溶剂作为流动相的体积排除色谱法，主要用于有机溶剂中可溶的高聚物（聚苯乙烯、聚氯乙烯、聚乙烯、聚甲基丙烯酸甲酯等）相对分子质量分布分析及分离。凝胶色谱法分离的相对分子质量的范围可以从几百万到 100 以下。

经典凝胶色谱法的色谱柱可以用玻璃管制作，一般凝胶柱长 20～30cm，柱高与直径的比为 (5∶1)～(10∶1)，凝胶床体积为样品溶液体积的 4～10 倍。凝胶色谱的固定相为凝胶，将凝胶颗粒用适当的溶剂浸泡溶胀后，装入色谱柱中，用溶剂洗脱时，待分离组分会依据分子量的不同，进入或者不进入固定相凝胶的孔隙中，不能进入凝胶孔隙的分子会很快随流动相洗脱，而能够进入凝胶孔隙的分子则需要更长时间的冲洗才能够流出固定相，从而实现了根据分子量差异对各组分的分离。

作为固定相的凝胶主要有聚丙烯酰胺凝胶、交联葡聚糖凝胶、琼脂糖凝胶和聚苯乙烯凝胶等。

高效液相色谱中的凝胶色谱更是生化和聚合物化学领域中最常用的分离分析方法。

二、薄 层 色 谱

在平面介质上进行组分分离的色谱法叫平面色谱。平面色谱又分为纸色谱法和薄层色谱法两类。纸色谱法是用纸作为固定相或载体的平面色谱法。

薄层色谱法（TLC）是用载板，如玻璃、金属或塑料薄片，上涂布或烧结一薄层物质作为固定相的液相色谱法。采用不同的固定相，可以进行吸附、分配、离子交换和分子排阻色谱分离。应用最多的是以硅胶为固定相的吸附薄层色谱法。

薄层色谱与纸色谱相比，分析时间较短（一般为 10min～1h），分离能力较强，检出灵敏度较高，20 世纪 60 年代以来已取代了部分纸色谱的工作。又由于薄层色谱实现了仪器化，自动化程度提高，测定准确度及灵敏度都有很大提高，至今仍充满活力。

（一）薄层色谱分离原理

薄层色谱的操作方法是取一块涂布有固定相（例如硅胶）细颗粒层（厚约 0.25mm）的薄层板，把样品溶液点在薄层的一端离边缘一定距离处，将板置于层析缸中，使点有试样的一端浸入展开剂（流动相）中，由于薄层的毛细管作用，展开剂沿着薄层渐渐上升，试样中的各组分沿着薄

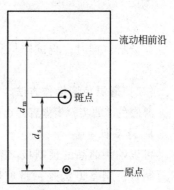

图 8-17　薄层色谱图

层在固定相和流动相之间不断发生溶解、吸附、再溶解、再吸附过程。由于分配系数不同各组分在薄层上移动的距离不同，从而达到分离。展开剂上升到一定距离时，将薄层板从层析缸中取出。如果组分

是有色的，就可以看到各个色斑，如果组分无色，要用物理的或化学的方法显色，得到一个薄层色谱图。图 8-17 是单个组分的薄层色谱图。

图中原点是滴加试样的中心点，斑点是组分在展开和显色后呈现的近似圆形或椭圆形的色区。原点至溶质斑点中心之间的距离（d_s）称为溶质迁移距离，原点至流动相前沿之间的距离（d_m）称为流动相迁移距离。用比移值（R_f）表示斑点的位置：

比移值 R_f 为溶质迁移距离与流动相迁移距离的比值

$$R_f = \frac{d_s}{d_m}$$

比移值乘 100 称为 hR_f，$hR_f = R_f \times 100$

R_f 值与分配系数有关，利用 R_f 的特征值可以对组分进行定性鉴定。

影响 R_f 的因素主要有：溶质和展开剂的性质，固定相的性质、温度、展开方式和展开距离等。只有在完全相同的条件下，R_f 对于某一组分才是常数。因此常用相对比移值 R_{is} 来定性。相对比移值为组分与参比物质比移值之比

$$R_{is} = \frac{R_{f(i)}}{R_{f(s)}}$$

在分析试样时，将试样与参考物质同时展开，可以消除一些系统误差。

（二）薄层色谱操作方法

薄层色谱的实验步骤有：点样、展开、定位（显色）、定性和定量。

1. 薄层板制备

可以购买商品的预制板（有普通薄层板及高效薄层板），也可以自行制备。制备方法是：将玻璃板裁成正方形或长方形，分析用为 20cm×20cm 和 10cm×20cm；预试用为 3cm×10cm 和 2.6cm×7.6cm（显微镜用载玻片）。将玻璃片洗净烘干。铺层方法有干法和湿法两种，现常用湿法，因为它具有薄层牢固、可批量制备、展开便于保存、分离效果好等优点。

选用粒径为 0.048～0.058mm（250～300 目）的硅胶，加入羧

甲基纤维素钠（CMC）或煅石膏（$CaSO_4 \cdot 1/2H_2O$）为黏合剂（市售硅胶 G 是已加了 12%～14%煅石膏的硅胶），加入约 3 倍体积的水，调成糊状，倾倒在玻璃板上，轻轻颤动玻璃板，调好的硅胶自动淌成均匀薄层。也可用涂铺器铺层。根据用途薄层厚度可不同，一般分析用约为 0.25mm，制备用约为 1～3mm。涂铺好的薄层板在室温晾干后，根据活性要求在一定温度下加热活化后存于干燥器中备用。

市售的薄层用硅胶标有硅胶 GF254 和硅胶 GF365，即为加有1.5%～2%荧光剂的荧光薄层板，用于在紫外光 254nm 或 365nm 照射定位用。在紫外光照射下，薄层板显荧光，样品斑点处不显荧光。

2. 点样

样品制成溶液（溶剂最好选择与展开剂极性相似且易于挥发的有机溶剂），浓度约 0.5～2mg/mL。点样量为 0.5～5μL，在距底边1cm 处点样，原点直径在 3～4mm。手工点样用毛细管或微量注射器，如用点样仪点样，样量精确，形状整齐一致，能提高定量分析的准确度。

点样量与薄层性能、厚度及显色灵敏度有关，根据需要来具体确定。点样量太小，斑点不能显示，点样量太大，影响比移值和斑点形状。

3. 展开

首先是选择展开剂，合适的分离体系是分离成功的关键，选择原则与经典柱色谱相同。合适的展开剂使组分展开后斑点清晰、集中、不拖尾，待测组分的 R_f 值最好为 0.4～0.5。如待测组分较多，R_f值也可在 0.25～0.75。可借鉴手册和文献及展开剂选择最佳化方法通过实验选择。

展开的实验操作是将点样后的薄层板置于密闭的层析槽中，下端浸入展开剂高度不应超过 0.5cm。展开距离一般为 10～15cm。根据溶剂移动的方向分为上行展开和下行展开。图 8-18（a）是一种近水平上行展开槽。图 8-18（b）是一种双底槽展开槽，节省溶剂且可方便地在另一底层中放展开剂或其它试剂，其蒸气可预饱和薄层板。

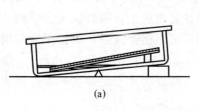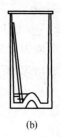

(a)　　　　　　　　　　　　　　　(b)

图 8-18　薄层展开槽

另外，还可利用多次展开、双向展开等方法得到不同的层析结果。

4．定位与显色

确定被分离组分的位置称为定位。展开后的薄层板自槽中取出，室温下挥发去溶剂。若被分离组分本身有颜色，它们的位置根据有色的斑点即可确定。无色的化合物可采用物理检出法、化学检出法、酶与生物检出法和放射检出法来定位。

（1）物理检出法　物理检出法属于非破坏性检出法。常用的有：

① 紫外光　有的化合物能吸收紫外光同时发出更长波长的光即荧光，可用此荧光定位。另一种方法是荧光消退技术，用有荧光剂的薄层板进行展开，于 254nm 或 365nm 荧光灯下观察，在波长 230～390nm 有吸收的化合物，在绿色的荧光背景上显暗紫色斑点。如化合物的紫外吸收较弱则检出不灵敏。

② 碘　多数有机化合物能吸附碘，使斑点呈淡黄色或褐色。此反应一般可逆，碘挥发后，组分又回到原来的状态。此法可在密闭容器中放几粒碘晶体或喷雾 5g/L 碘的三氯甲烷溶液。

③ 水　憎水化合物在硅胶薄层展开后，可用水喷雾，对光观察，显示白色不透明的斑点。

（2）化学检出法　化学检出法是使用一种或数种化学试剂与被检出物质反应，生成有色化合物而定位。这种试剂叫显色剂。显色剂分为通用显色剂和专属性显色剂，表 8-9 列出部分通用显色剂，显色方式有喷雾法和浸渍法（必须硬板）。

表 8-9　部分通用显色剂

试　剂	制　法	用　法	特　征
硫酸	硫酸-水（1+1） 硫酸-甲醇（或乙醇） （1+1） 1.5mol/L 硫酸	喷后加热 100～120℃ 数分钟	有机物斑点呈棕色到 黑色
磷钼酸	5%磷钼酸乙醇液	喷后 120℃ 加热 5～20min	还原性物质显蓝色，再用 氨气熏，背景变为无色
高锰酸钾	0.05% 碱性或中性 溶液		还原性物质在淡红色背 景上显黄色

5. 定性

① 与已知的标准品在同一块薄层板上进行对照，若 R_f 值相同，可能为同一化合物。还需用几个薄层层析系统比较，组分与标准品的 R_f 值均一致，一般可认为是同一化合物。

② 试样斑点与标准品的显色特性相同可帮助鉴定。

③ 斑点用光密度计原位扫描，得到吸收光谱或荧光光谱可用于定性。

④ 收集斑点，洗脱组分，用紫外光谱、红外光谱、质谱、核磁共振等方法鉴定。

6. 定量

样品组分经薄层分离后，可用以下两种方法定量：

① 洗脱法　把组分斑点位置的吸附剂取出，用溶剂洗脱后，用其它方法（如分光光度法、荧光等方法）测定。此法操作复杂，效率较低。

② 原位法　即在薄层上组分斑点位置进行测定。又可分为目测法、测面积法和薄层扫描仪扫描定量法。

目测法即是用肉眼观察斑点的大小和颜色的深浅，与一系列不同浓度的标准品斑点相比较。此法可用于粗略定量和限界分析。用测面仪可画下斑点面积进行定量分析。这两种方法都是较粗略的定量方法。薄层扫描定量法是采用仪器方法，直接测定薄层上斑点的吸光度或其它性质，绘制薄层色谱图，给出组分的峰面积，进行定量分析。

薄层色谱用于定量分析时，最好采用高效薄层色谱法，即采用分离效率高，展开距离短，灵敏度高的高效薄层板。且点样、展开、显色、定量均使用仪器。高效薄层色谱法的应用大大提高了薄层分析的重现性和准确度。

（三）高效薄层色谱法（HPTLC）简介

高效薄层色谱法定义为用高分离效能薄层板的色谱法。

高效薄层板一般为商品预制板，由颗粒直径 $5\sim7\mu m$ 的固定相，用喷雾法制成板。常用的有硅胶、氧化铝、纤维素和化学键合相薄层板。从表 8-10 列出的高效薄层色谱和普通薄层色谱的薄层板的比较可以看出，高效薄层板较普通薄层板颗粒直径小，颗粒度分布窄，分辨率提高，展开距离缩短，因而展开时间缩短，$3\sim20min$ 可以完成一次分析。HPTLC 较常规 TLC 分离度、灵敏度和重现性提高，适用于定量测定。

表 8-10　HPTLC 与 TLC 薄层板的比较

参　数	TLC	HPTLC
平均颗粒度	$10\sim15\mu m$	$5\sim7\mu m$
颗粒度分布	宽	窄
涂层厚度	$250\mu m$	$100\mu g,200\mu m$
分离距离	$100\sim150mm$	$30\sim50mm$
分离时间	$30\sim200min$	$3\sim20min$
试剂消耗	$50mL$	$5\sim10mL$
吸收检测限	$100\sim1000ng$	$10\sim100ng$
荧光检测限	$1\sim100ng$	$0.1\sim10ng$

在定量检测上，一般使用薄层色谱扫描仪来完成，薄层色谱扫描仪是对展开的斑点进行扫描测量的光密度计。其原理是用一定波长、一定强度的光束照射薄层上的斑点，用仪器测量照射前后光束强度的变化，测量方法可以分为透射光测定、反射光测定及透射光和反射光同时测定三种。扫描所用的光线可以用可见光、紫外光和荧光三种。它可以有多种扫描方式如单光束扫描、双光束扫描和双波长扫描。

薄层分析的误差包括四个方面：点样误差、展开误差、定位误差和检测误差。采用自动点样器控制点样误差；采用预制的高效薄层板以提高铺板的均匀性和样品展开效果；采用双波长锯齿扫描，也能有效降低展开误差；斑点的扩散、拖尾等产生定位误差，需要有好的样品预处理方法和优化展开系统来减小，检测误差的减小需要精密的先进的仪器系统支持。

(四) 薄层色谱的应用

薄层色谱法的优点是设备简单，操作方便，分离效率和检出灵敏度都比较高。它的所有步骤是独立的，方法的灵活性高。薄层板是一次性使用的，和高效液相色谱相比，样品基质对固定相的污染不成为问题，样品的预处理相对较简单。一次可以将多个样品和标准样品同时点样进行展开，因此效率高，单个样品的分析成本低。它可以用于小量样品（几到几十微克，甚至 $0.01\mu g$）的分离；在制备薄层中可分离多达 500mg的样品。基于这些特点，薄层色谱法在医药、生物、环境、食品等方面有着广泛的应用，例如：用于各种天然和合成有机物的分离和鉴定及小量物质的精制；在药品质量监控中，用于测定药物的纯度和检查降解产物，对中药材和中成药，可鉴别有效成分，进一步进行含量测定；在合成工艺中用作监控分析的手段；还可用于环境有害物质的分析、食品的天然营养成分和食品添加剂及某些真菌毒素如黄曲霉毒素的分析等。

薄层色谱应用实例：食品中红曲色素的测定（GB/T 5009.150—2003）。试样中的红曲色素经提取，净化后，薄层分离，与标准样品比较，定性。红曲色素标准品是将 1g 红曲色素溶于 30mL 甲醇，通过50g 硅胶色谱柱（湿法装柱）纯化，收集甲醇洗脱液，减压浓缩，于60～70℃烘干制得。配制标准使用液 0.1mg/mL。样品豆腐乳的处理方法：取豆腐乳 30g，加 95％的乙醇 50～70mL，提取回流 30min，过滤，收集滤液，减压浓缩至 20mL。点样：取市售预制硅胶 GF254 板（4cm×20cm）2 块，每块在离底边 2cm 处点试样 $10\mu L$，左右两边各点$2\mu L$ 标准使用液。分别以展开剂 1 甲醇，展开剂 2 正己烷＋乙酸乙酯＋甲醇（5＋3＋2），展开至前沿到 15cm 处，晾干。在 UV 254nm 下观察，展开剂 1 得到 4 个点，R_f 值分别为 0.86、0.71、0.54、0.38，展开剂 2 得到 3 个点，R_f 值分别为 0.86、0.69、0.57。试样与标准品的斑点的 R_f 值一致。证明试样的色素为红曲色素。

第七节　膜　分　离　法

一、概　　述

膜分离法的原理是一选择性透过膜为分离介质，但膜的两侧存在某种推动力如浓度差、压力差、电位差等时，原料侧组分有选择地透过膜，以达到分离的目的。

不同的膜过程使用的膜不同，推动力也不同，分离的粒子大小范围也不同，图 8-19 列出了主要的膜分离过程的适用范围。

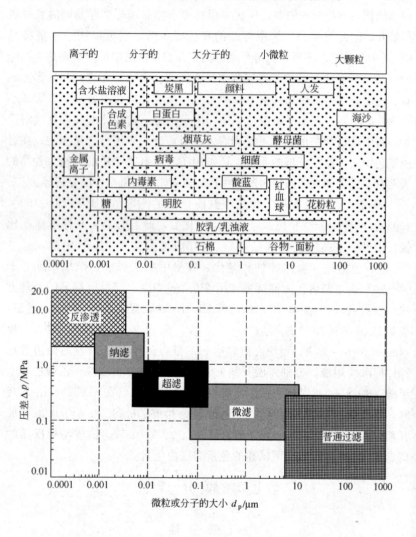

图 8-19　膜分离的分类及其对应的被分离分子的大小

表 8-11　膜过程的分类及其基本特性

过程	分离目的	透过组分	截留组分	推动力	传递机理	膜类型	进料和透过物的物态	简图
微滤 (MF)	溶液脱粒子；气体脱粒子	溶剂,气体	0.02~10μm粒子	压力差≈100kPa	筛分	多孔膜	液体或气体	进料→滤液(水)
超滤 (UF)	溶液脱大分子；大分子溶液脱小分子；大分子分级	溶剂,小分子溶质	1~20μm大分子溶质	压力差100~1000kPa	筛分	非对称膜	液体	进料→浓缩液,滤液
纳滤 (NF)	溶剂脱有机组分,脱高价离子,软化,脱色,浓缩分离	溶剂,低价小分子溶质	1nm以上溶质	压力差500~1500kPa	溶解扩散 Donna效应	非对称膜或复合膜	液体	进料→高价离子(盐)溶质,低价离子
反渗透 (RO)	溶剂脱含小分子溶质,溶液浓缩	溶剂	0.1~1μm小分子溶质	压力差1000~10000kPa	优先吸附毛细管流动,溶解-扩散	非对称膜或复合膜	液体	进料→溶质(盐),溶剂(水)
渗析 (D)	大分子溶质溶液脱小分子；小分子溶质溶液脱大分子	小分子溶质	>0.02μm截留,血液透析中>0.005μm截留	浓度差	筛分微孔膜内的受阻扩散	非对称膜或离子交换膜	液体	进料→净化液,扩散液→接受液

过程	分离目的	透过组分	截留组分	推动力	传递机理	膜类型	进料和透过物的物态	简 图
电渗析(ED)	溶液脱小离子;小离子溶质的浓缩;小离子的分级	小离子组分	大离子和水	电化学势电-渗透	反离子经离子交换膜的迁移	离子交换膜	液体	
气体分离(GS)	气体分离、富集或特殊组分脱除	气体较小分子或膜中易溶组分	较大分子组分(除非膜中溶解度高)	压力差1000~10000kPa(分压差)	溶解-扩散、分子筛分、努森扩散	均质膜、复合膜、非对称膜、多孔膜	气体	
渗透汽化(PVAP)	挥发性液体混合物分离	膜内易溶解组分或易挥发组分	不易溶解组分或较难挥发物	分压差、浓度差	溶解-扩散	均质膜、复合膜、非对称膜	料液为液体、透过物为气态	
乳化液膜(促进传递)[ELM](ET)	液体混合物或气体混合物分离、富集、特殊组分脱除	在液膜中有高溶解度的组分或反应组分	在液膜中难溶解组分	浓度差、pH差	促进传递和溶解扩散传递	液膜	通常都为液体，液体也可分离气体	

注：本表引自：刘茉娥等．膜分离技术应用手册．北京：化学工业出版社，2001。

由于膜分离方法一般没有相变，可节省能源，对于热敏性物质和难分离物质是有特点的分离方法，应用范围广，可分离无机物、有机物及生物制品等，分离装置较简单，易于实现自动化，因此发展很快，已被公认为20世纪末到21世纪中期最有发展前途，甚至会导致一次工业革命的前沿技术。已工业应用的膜过程的分类及其基本特征列于表8-11。

由表8-11可见，电渗析用的是荷电膜，在电场力的作用下，用于从水溶液中脱除离子。反渗透、纳滤、超滤、微滤都是属于以压力为驱动力的膜分离过程，是我们讨论的主要内容。

在分析化学领域中，膜分离主要用来进行样品的分离和浓缩，膜分离技术与仪器分析的联用，膜和其它分离技术的联用，使分析测试在技术上达到一个新的高度。

二、反渗透（RO）

有许多人造或天然的膜对于物质的透过具有选择性，我们把能够透过溶剂而不能透过溶质的膜称为理想的半透膜。有些动物膜，如膀胱等，是天然的半透膜，水能透过这些膜，而高分子量的或胶体溶质不能透过。在对溶剂有选择性透过功能的膜两侧，放有浓度不同的溶液，当两侧静压力相等时，由于溶液浓度不相等，渗透压不相等，溶剂会从稀溶液侧透过膜到浓溶液侧，这种现象称为渗透现象［图8-20(a)］，当膜两侧的静压差等于两个溶液间的渗透压时，系统达到渗透平衡［图8-20(b)］，若在右方加大压力，使膜两侧的静压差大于渗透压差时，溶剂会从浓溶液的一侧透过膜向纯水一侧

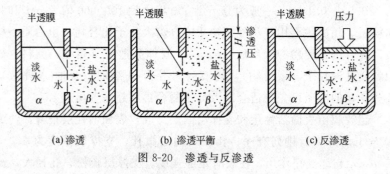

(a) 渗透　　　　　(b) 渗透平衡　　　　　(c) 反渗透

图 8-20　渗透与反渗透

迁移[图 8-20(c)]，由于此时溶剂迁移方向与渗透方向相反，故称作反渗透。

反渗透膜的选择性与组分在膜中溶解、吸附和扩散有关，因此除与膜孔径的大小、结构有关外，还与膜的化学、物理性质有密切关系，即与组分和膜之间的相互作用有关。

反渗透的操作压差一般为 1.5～10.5MPa，截留组分为 0.1～1nm 小分子溶质，分离溶液中分子量低于 500 的糖、盐等低分子物质。

反渗透膜一般是表面与内部构造不同的非对称膜，有无机膜（玻璃中空纤维素膜）、有机膜（醋酸纤维素膜及非醋酸纤维素膜，如聚酰胺膜等）。

反渗透的应用领域早期主要是海水淡化、纯水制备，现已发展到化工、食品、制药、造纸等领域中的分离。

三、超滤（UF）

一般认为超滤是一种筛孔分离过程，所用的膜常为非对称膜，膜孔径为 10^{-1}～$10^{-3}\mu m$，在静压差为推动力下，原料液中溶剂和小的溶质粒子从高压（料液）侧透过膜到低压侧，称为滤出液或透过液，大粒子组分被膜阻拦，使留存（浓缩）在滤剩液中。超滤膜具有选择性表面活性层的主要因素是具有一定大小和形状的孔，膜的化学性质对其分离特性影响不大。

超滤操作的静压差一般为 0.1～0.5MPa，被分离组分的直径大约为 0.01～0.1μm，一般为分子量 500 以上到 1000000 的大分子和胶体粒子。超滤主要用于从液相物质中分离大分子化合物（蛋白质、核酸、聚合物、淀粉、天然胶、酶等），胶体分散液（黏土、颜料、矿物料、乳液粒子、微生物），乳液（润滑脂-洗涤剂以及油-水乳液）。低分子量的溶质可先与适合的大分子复合再用超滤分离。

超滤膜由表面活性层和支撑层两层组成。表面活性层很薄，约为 0.1～1.5μm，有排列有序、孔径均匀的微孔，支撑层厚度为 200～250μm，它起支撑作用，使膜有足够强度。支撑层疏松、孔径大、流动阻力小，透水率高。超滤膜的材料主要有聚砜、聚砜酰胺、聚丙烯腈和醋酸纤维素等，不同的材料要求不同的使用温度和适用的 pH 值范围。

超滤膜的重要参数是膜的截留分子量。一般定义为能截留90%的物质的分子量为膜的截留分子量。商品超滤膜的截留分子量 300～50 万，划分为若干级。当分子量一定时，刚性分子比容易变形的分子截留率大，球形和有侧链的分子比线性分子截留率大。

超滤是目前应用最广的膜分离过程，在超纯水的制备中必不可少，可除去水中极细微粒（细菌、病毒、热原等）。在样品预处理中，超滤可以进行低分子到高分子物质（蛋白质、酶、病毒等）的浓缩、分离和纯化。

四、微滤（MF）

微滤所用的膜是微孔膜，微滤也称微孔过滤，是以静压差为推动力，利用膜的筛分作用进行分离的膜过程。被分离物质的截留作用在膜表面层有机械截留作用（过筛作用）、物理作用（吸附截留作用）、架桥作用。在膜内部被截留时不易清洗，属于用毕弃型。

微滤膜一般为均匀的多孔膜，孔径较大，通常直接用测得的平均孔径来表示其截留特性，孔径范围 $0.02～10\mu m$，分布较宽，膜厚 $50～250\mu m$，常用的微孔材料有醋酸纤维素、聚酰胺、聚四氟乙烯等，无机材料有金属、陶瓷等。微滤膜的孔隙率占其体积的 70%～80%，因此，微滤的阻力较小，过滤速度较快。

微滤主要用于从气相和液相物质中截留直径 $0.05～10\mu m$ 的微粒或分子量大于 10^5 的高分子溶质，操作压差为 $0.01～0.2MPa$。

微滤在目前是应用最广、经济价值最大的膜分离方法，它适用于过滤悬浮的微粒和微生物，它的滤孔分布均匀，可将大于孔径的微粒、细菌、污染物截留，滤液质量高，使用和更换方便。在现代大工业（如水的精制、酒类、药物精制）中都必须用到微滤，亦广泛用在生物和微生物的检测、化验等方面。

五、纳滤（NF）

纳米过滤简称纳滤是介于反渗透与超滤之间的一种以压力为驱动力的新型膜分离过程。

过去曾有人将纳滤归于超滤或反渗透范畴，但都不够确切。纳滤膜的截留分子量一般为 $200 \sim 1000$，它比反渗透大，比超滤膜小，可以填补反渗透与超滤之间的空白。因为它截留率大于 95% 的最小分子约为 $1nm$，因而被命名为"纳米过滤"。纳米膜能截留小分子有机物，而无机盐能通过纳米膜而透析，它集浓缩与透析为一体，操作压力低，一般操作压差为 $0.5 \sim 2.0MPa$，因而能耗低。

纳滤膜和反渗透膜均为无孔膜，通常认为其传质机理学溶解-扩散方式。纳滤膜的分离规律是：

① 对阳离子的截留率递增顺序为 $H^+ < Na^+ < K^+ < Ca^{2+} < Mg^{2+} < Cu^{2+}$；

② 对阴离子的截留递增顺序为 $NO_3^- < Cl^- < OH^- < SO_4^{2-} < CO_3^{2-}$；

③ 一价离子渗透，多价阴离子截留。

纳滤主要用于饮用水和工业用水的纯化，废水处理、有价值成分的浓缩等，该技术正在迅速发展之中，前景广阔。

六、膜分离法在分析中的应用

分析用水可以通过膜装置制备，在纯水装置的前段，用反渗透及电渗析脱盐，后段采用超滤和微滤进一步除去水中的微粒和微生物。

在取样和样品预处理过程中可以用膜分离装置富集待测组分和除去有害物质，如高效液相色谱分析的样品在注入色谱柱前，均需用 $0.45\mu m$ 的滤膜过滤。

应用实例：灵芝生物活性肽的分离及组成的研究工作中，将灵芝的水提物用超滤膜过滤，分离出小肽及游离氨基酸，用毛细管电泳分离。

膜分离技术具有装置简单、操作方便、无需有机溶剂处理，可与各种分析仪器直接连接，易于实现自动化操作和在线、在场操作等特点，因此膜分离技术的应用几乎涉及所有分析领域，发展也相当迅速。

第八节　固 相 萃 取

一、概　　述

固相萃取（SPE）是一种样品分离和富集技术，是由液-固萃取和柱液相色谱相结合发展而来的。自1978年出现一次性商品柱之后的20年，其应用的年增长率保持在10％。

SPE是一个柱色谱分离过程，它的分离机理、固定相、溶剂选择与高效液相色谱有许多相似之处。固相萃取采用高效、高选择性的固定相，与高效液相色谱不同的是它用的是短的柱床和大的填料粒径（>40μm），当样品通过SPE柱时，一般，被测组分及类似的其它组分被保留在柱上，不需要的组分用溶剂洗出，然后用适当的溶剂洗脱被测组分。有时候，也可以使分析组分通过固定相，不被保留，干扰组分被保留在固定相上而实现分离。与液-液萃取相比，固相萃取有如下优点：①不需要使用大量有机溶剂，减少对环境的污染；②有效地将分析物与干扰组分分离，减小测定时的杂质干扰；③能处理小体积试样；④回收率高，重现性好；⑤操作简单、省时、省力、易于自动化。

SPE用于样品的净化和浓缩能满足气相色谱、高效液相色谱、质谱、核磁共振、分光光度及原子吸收等多种仪器分析方法样品制备的需要。

二、固相萃取的装置及固定相

市场上可以买到SPE产品，有柱型、针头型和膜盘，示意图见图8-21。

固相萃取柱管由医用级聚丙烯制成，也可以是聚乙烯、聚四氟乙烯等塑料或玻璃制成。烧结垫材料可由聚乙烯、聚四氟乙烯或不

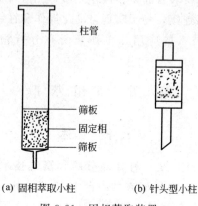

(a) 固相萃取小柱   (b) 针头型小柱

图 8-21　固相萃取装置

锈钢制成。自制小柱可用玻璃棉代替筛板。出售的 SPE 小柱商品有多种规格，吸附剂量 50mg～10g，柱体积 1～60mL。按上样量为 5% 的吸附剂量计算，保留样品的负载量为 2.5～500mg；按每 100mg 吸附剂的床体积 120μL 计算，最小洗提体积按 2 倍的柱床体积计算，最小洗提体积为 12.5μL～24mL。

样品通过固定相的方法有三种——抽真空、加压（用注射器或氮气）及将萃取小柱放入离心管中离心。也有可以同时处理多个试样的萃取装置。

固相萃取常用的吸附剂的类型及用途见表 8-12。

表 8-12　固相萃取常用的吸附剂

固定相	简称	应　用
十八烷基硅烷	ODS,C_{18}	反相萃取,适合非极性到中等极性化合物
丙氰基硅烷	CN	反相或正相萃取
二醇基硅烷	Diol	正相萃取,适用于极性化合物
丙氨基硅烷	NH_2	正相萃取,适用于极性化合物;弱阴离子交换萃取,适用于碳水化合物,弱酸性阴离子和有机酸
硅胶上接卤化季铵盐	SAX	强阴离子交换萃取,适用于阴离子、有机酸、核酸等
硅胶上接磺酸盐	SCX	强阳离子交换萃取,适用于阳离子,药物,有机碱,氨基酸等
硅胶	Si	吸附萃取,适用于极性化合物

固 定 相	简称	应 用
三氧化二铝	Al_2O_3	极性化合物吸附萃取或离子交换,如维生素
硅酸镁		极性化合物的吸附萃取
石墨碳	Cab	极性和非极性化合物的吸附萃取
苯乙烯-二乙烯基苯树脂	Chromp	极性芳香化合物的萃取,如从水中萃取苯酚

三、固相萃取的方法

SPE 操作包括四个步骤,即柱预处理、加样、洗去干扰物和回收分析物。在加样和洗去干扰物步骤中,部分分析物有可能穿透 SPE 柱造成损失,在回收分析物步骤中,分析物可能不被完全洗脱,仍有部分残留在柱上。因此,除了掌握基本操作外,还应该通过加标回收试验测定回收率。下面以反相 C_{18} SPE 柱为例说明。

(1) 柱预处理 柱预处理有两个目的:①除去填料中可能存在的杂质;②用溶剂润湿吸附剂,使分析物有适当的保留值。预处理的方法是使几倍柱床体积的甲醇通过萃取柱,再用水或缓冲液冲洗萃取柱,除去多余的甲醇。

(2) 加样 将样品溶于适当溶剂,加入到固相萃取柱中,并使其通过萃取柱。通常流速为 $2\sim4\text{mL/min}$。

(3) 淋洗除去干扰杂质 用淋洗溶剂淋洗萃取柱,洗去干扰组分。

(4) 分析物的洗脱和收集 将分析物从固定相上洗脱,洗脱溶剂用量一般是每 100mg 固定相 $0.5\sim0.8\text{mL}$。选择适宜强度的洗脱溶剂,溶剂太强,一些更强保留的杂质被洗脱出来,溶剂太弱,洗脱液的体积较大。洗脱液可直接进样或作进一步处理。

四、固相萃取的应用

固相萃取主要用于复杂样品中微量或痕量组分的分离和富集。在处理环境和生物样品时最能体现其特点。例如地表水中分析物的浓度很低,传统的方法是液-液萃取,若采用 SPE 处理试样,操作步骤简单，且节省溶剂。美国环境保护局（USEPA）建立的一些水样的分析方法中，允许使用 SPE 代替液-液萃取来净化和富集分析物，如饮用水中的邻苯二甲酸酯、多种农药、多环芳烃、有机化合物、废水中的多种杀虫剂、空气中的苯并[a]芘等。

生物样品的成分复杂，含有大量的蛋白质，例如血清、血浆和尿中的药物及其代谢产物，可以用 SPE 将目标化合物分离出来，进行色谱分析。

在食品分析中固相萃取也有广泛的应用。例如，血清中甲氧萘丙酸的分析，采用高效液相色谱法，色谱柱采用 C_{18} 反相色谱柱，用 SPE 处理的样品，甲氧萘丙酸可清晰地检测（见图 8-22）。固相萃取的具体方法如图 8-22 图注所示。

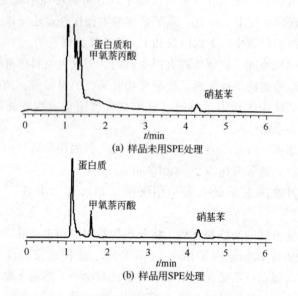

图 8-22　血清中甲氧萘丙酸的高效液相色谱分析

色谱柱：Zorbax SPE C18 小柱（100mg，1mL）
预处理：2.0mL 含 1％乙酸的甲醇，1.0mL 去离子水
加样：1.0mL 样品溶液（2～10 μg/mL）
淋洗：1.0mL 4％异丙醇的 100mmol/L 甲酸水溶液，0.5mL 去离子水
洗脱：1.0mL 50％乙腈的 40mmol/L 乙酸铵溶液
内标物：硝基苯

第九节 微萃取技术

一、固相微萃取（SPME）

固相微萃取（SPME）是在固相萃取基础上发展起来的一种新的萃取分离技术，自1990年提出以来，发展非常迅速，目前广泛应用于各个领域。

固相微萃取装置外形如一支微量注射器，由手柄和萃取头组成，萃取头是一根1 cm长涂有不同色谱固定相或吸附剂的熔融石英纤维接在不锈钢丝上，外套细不锈钢管（保护石英纤维不被折断），纤维头在钢管内可伸缩，细不锈钢管可穿透橡胶或塑料垫片取样或进样。固相微萃取装置示意图见图8-23，使用方法如下。

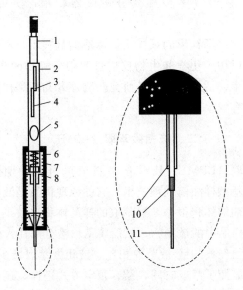

图 8-23　固相微萃取装置示意图

1—活塞；2—外套；3—活塞固定螺杆；4—Z-沟槽；

5—连接器观察窗口；6—可调节针头导轨/深度标记；

7—压簧卡槽；8—密封垫；9—隔垫穿孔针头（不锈钢管）；

10—纤维固定管（不锈钢丝）；11—弹性硅纤维涂层

样品萃取 将 SPME 针管刺透样品瓶隔垫，插入样品瓶中，推出萃取头，将萃取头浸入样品（浸入方式）或置于样品上部空间（顶空方式），进行萃取。萃取时间大约 2～30min，使分析物达到吸附平衡，缩回萃取头，拔出针管。

进样 用于气相色谱时，将 SPME 针管插入气相色谱仪的进样器，推手柄杆，伸出纤维头，热脱附样品进入色谱柱。用于液相色谱时，将 SPME 针管插入 SPME/HPLC 接口解吸池，流动相通过解吸池洗脱分析物，将分析物带入色谱柱。

固相微萃取方法具有以下特点：无溶剂萃取、成本低、装置简单、操作简便、快速、高效、灵敏；取样、富集同步进行，与气相色谱联用时可使取样、富集和进样一步到位，减少样品流失；能与气相色谱、高效液相色谱、高效毛细管电泳、质谱、电感耦合等离子光谱和离子色谱等多种现代分析仪器联用，实现在线自动化操作。

又由于它应用了针形的采样头，萃取的量很小，不会影响样品的原始平衡，可以用于化学和生物反应过程中目标物的实时在线分析，还可直接用于生物活体采样，是研究药物疗效和毒副作用、环境污染物的变迁等的有效手段。

二、液相微萃取（LPME）

液相微萃取（LPME）技术是 20 世纪 90 年代中期提出后迅速发展起来的一种新型样品前处理技术。它的原理仍然是液相萃取，只是使用的液相溶剂的体积很小，被萃取的样品体积也较小。例如：采用 $1\mu L$ 溶剂萃取样品中的被测物，然后将萃取液全部注入到色谱仪中进行分析测定。与经典的液-液萃取相比，液相微萃取减少溶剂了用量，简化了操作，缩短了萃取时间，结合顶空方式进样，还可消除基体的干扰，应用于一些脏的样品中被测物的分离浓缩。液相微萃取处理样品过程的示意图见图 8-24。

图 8-24 中液相微萃取处理样品过程为：（a）用 $10\mu L$ 微量注射器吸取 $1\mu L$ 有机溶剂，将微量注射器针头插入到密封的装有样品的玻璃瓶中；（b）将微量注射器活塞推压至底部，使注射器内的有机溶

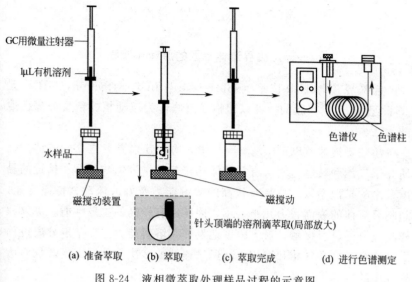

图 8-24　液相微萃取处理样品过程的示意图

剂形成一个液滴悬浮在针头的顶部,悬浮的有机溶剂的液滴在样品顶空中进行萃取,经过一段时间顶空萃取后,将针头的液滴抽回到微量注射器内;(c)拔出微量注射器;(d)进样,直接进行气相色谱测定。

　　液相微萃取主要分为 3 大类:①单滴液相微萃取(single-drop liquid-phase microextraction,SDLPME);②中空纤维液相微萃取(hollow fiber liquid-phase microextraction,HF-LPME);③分散液相微萃取(dispersive liquid-phase microextraction,dlLPME)。

　　影响液相微萃取的主要参数为溶剂特性、溶剂体积、萃取时间、萃取条件(温度及搅拌)、样品体积、顶空体积等。

　　液相微萃取集采样、分离、纯化、浓缩、进样于一体,操作简单、快捷,无需特殊仪器设备,萃取方式多,可选用的有机溶剂种类多且用量少。液相微萃取的萃取相可以直接进入气相色谱仪、高效液相色谱仪或毛细管电泳-质谱联用仪等现代仪器进行分析,也可直接进行紫外-可见分光光度法、荧光分光光度法、原子吸收光谱法测定。它在环境、食品、药物等领域的分析应用前景广阔。

第十节　超临界流体萃取

一、超临界流体萃取的原理和流程

超临界流体萃取技术（supercritical fluid extraction，SFE）是20世纪80年代兴起的一种以超临界流体作为流动相的新型分离提取技术。

超临界流体（SCF）是温度与压力均在其临界点之上的流体，性质介于气体和液体之间，有与液体相接近的密度，与气体相接近的黏度及高的扩散系数，故具有很高的溶解能力及好的流动、传递性能。超临界流体的表面张力几乎为零，因此具有较高的扩散性能，可以和样品充分混合、接触，最大限度地发挥其溶解能力。在萃取分离过程中，溶解样品在气相和液相之间经过连续的多次的分配交换，从而达到分离的目的。

可以作为超临界流体的溶剂有甲烷、乙烷、乙烯、二氧化碳和水等，其中二氧化碳是首选的萃取剂，超临界二氧化碳作为萃取剂有以下特点：①临界压力适中，临界温度31.6℃，分离过程可在接近室温条件下进行，适宜分离热敏性和易氧化的产物；②密度大，溶解性能强；③价廉，无毒，惰性，易精制，极易从萃取产物中分离。

超临界CO_2的极性小，适宜非极性或极性较小物质的提取，为了提取极性化合物，需要在超临界CO_2中加入一定量的极性成分——夹带剂，以改变超临界流体的极性，目前常用的夹带剂有甲醇、乙醇和水等。

超临界流体萃取的原理是：根据相似相溶原理，在高于临界温度和临界压力的条件下，利用超临界流体的特性，从样品中萃取目标物，当恢复到常压和常温时，溶解在CO_2流体中的成分立即以溶于吸收液的液体状态与气态CO_2分开，从而达到萃取目的。

超临界流体萃取流程示意图见图8-25，1,2,3,4,5为超临界流体提供系统（10,2提供改性剂）；7为萃取器；8,5,9为萃取物收集系统。

改变压力和温度，可以改变超临界流体的溶解能力，针对被萃取

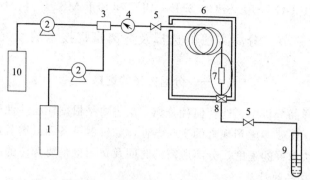

图 8-25   超临界流体萃取流程示意图

1—液体 CO_2 钢瓶；2—高压泵；3—三通；

4—压力表；5—开关阀；6—炉箱；7—萃取器；

8—阻尼器；9—收集器；10—改性剂

溶质的极性和分子大小，可以得到适当溶解能力的超临界流体，建立选择性比较高的萃取方法。

二、超临界流体萃取的应用

超临界流体萃取技术由于其独特的优点，使其在医药、食品、化妆品及香料、环境、化学工业等各领域得到了广泛的应用。在医药工业中，很多药物的有效成分不易稳定存在，在提取过程中容易损失，用超临界流体萃取技术可以解决这个问题，如酶、维生素的精制，动植物中有效药物成分的萃取等。在食品工业中某些活性物质易受常规分离方法或条件的影响而失去功效，而超临界流体萃取技术分离条件十分温和，很适合使用，例如：提取 EPA 和 DHA。在环境样品前处理中，超临界流体萃取可以从如土壤、沉积物等很多固体样品中提取农药、多环芳烃、多氯联苯、石油烃、酚类、有机胺等被测物质。

由于高效、快速、后处理简单等原因，超临界流体萃取作为色谱样品的制备方法具有经典方法无法比拟的优点，它大大缩短了处理时间，避免使用大量溶剂，降低产生对样品污染的可能性，特别适合于环境与生物等方面的组成复杂、组分易变的样品。

超临界流体萃取技术与色谱仪器实现了在线联用，已有的联用技术有 SFE-GC、SFE-SFC、SFE-HPLC 和 SFE-MS 等。

第十一节　分离方法的选择及分离富集技术的发展趋势

一、分离方法的选择

在样品分析中，选择何种分离方法主要是根据样品的性质和分析的要求，还要考虑到现有的实验条件，如仪器设备和试剂及操作者对分离方法掌握的程度，分离所需的时间及费用也是要考虑的因素。

1. 样品的性质

（1）亲水性质　样品是亲水的还是疏水的，是离子型的还是非离子型的。大多数分离方法只适于其中一类，液-液萃取和色谱可以对两类物质同时适用。

（2）挥发性　对于具有挥发性的物质的分离，可以选择蒸馏和气相色谱法，有些不挥发物可以转化成易挥发性物质后再进行分离。待分离的物质要有一定的热稳定性，以免在操作温度下分解。还要考虑到化学反应性，例如色谱固定相的表面如有活性或催化性，会与分离对象发生化学反应，或者样品与流动相组分反应，这些都会影响分析结果。

（3）样品的复杂性　对于简单的样品，例如一个合成反应的产物为固体，仅含少量与产物性质差别很大的反应原料，就可以采用重结晶等快速、经济的方法进行分离。而对于复杂的混合物，色谱是合适的分离手段，有时还需要采用几种分离方法联用来达到分离的目的。

2. 分析的要求

（1）分析目的　如果分析目的是对混合物中各组分进行定性和定量分析，除了分离和分析分别进行外，还可以选择分离和测定同时进行的方法，色谱是很好的分离分析手段，节省时间且避免引进误差，对于复杂的样品可以通过和其他仪器联用的手段完成分离分析的任务。

（2）分析方法要求分离的程度　有的要求将复杂的混合物分离成单个的组分，可能需要多种分离手段结合使用。有的只要求知道某一类物质的总量，例如要求分离测定中药材中的总黄酮，就可以选用萃取等分离方法。

（3）分析要求的纯度和回收率　这两个要求是相矛盾的，如果对目的物要求测定其结构和性质，就要选用得到目的物纯度高的分离方法，不一定是高回收率的分离方法。

（4）要求分离样品的量　根据要求分离样品的量是少量的分析样品还是较大量的制备目的的样品，选择合适的分离方法。同一种分离方法，要求分离的样品量不同，要采用不同的设备。例如制备目的的分离，同是薄层色谱，需要用制备薄层色谱板，或直接用旋转薄层制备仪，用色谱分离时，也要用制备色谱仪。

二、分离富集技术的发展趋势

复杂样品分析一般要经过样品制备（提取、纯化、浓缩）和分析检测（鉴别、检查、含量测定）等步骤完成。样品制备中的前处理技术却远远不能适应分析测定技术的发展的需要，往往成为瓶颈，而分离富集是样品前处理的重要手段，因此也得到快速发展。

（1）经典的分离富集技术在理论上和实践上不断完善发展。新的提取技术的发展充满活力。

在沉淀分离方法方面，研究开发了许多新的沉淀剂，共沉淀富集痕量元素的技术成为重要的分离富集方法；研究开发了很多新的萃取体系，如离子对萃取体系；螯合离子交换树脂及表面负载有固定螯合功能团的吸附富集技术。

发展快速、安全和更加环境友好的提取技术是发展趋势。环境友好型溶剂［包括超临界二氧化碳、亚临界水（SW）、离子液体（ILs）等］的应用极大地降低了传统的有机溶剂萃取所带来的危害。对于液体样品，固相萃取（SPE）已取代 LLE 成为实验室最常用的技术。在其基础上还发展了固相微萃取（SPME）技术。最近较新的技术还有搅拌棒吸附萃取（SB-SE）、浊点技术（CPE）及膜萃取（ME）等。对于固态样品，加压溶剂萃取（PLE）作为索氏萃取（SE）的替代技术，已被越来越多的实验室采用。此外还有微波辅助萃取（MAE）、超临界流体萃取（SFE）、基质固相分散萃取（MSPDE）和超声波辅助萃取（UAE）等。应用于挥发、半挥发有机污染物的顶空固相微萃取（HS-SPME）和顶空-单滴微萃取（SDME）等技术的研究也是目前比较活跃的领域。

（2）色谱——当今研究最活跃、发展最快的分离技术。现代色谱分析将浓缩、分离、测定结合起来，成为复杂体系中组分、价态、化学性质相近的元素或化合物分离、测定的一种重要的分析技术。色谱在制备分离及提纯上也成为不可或缺的有力手段。20世纪50年代兴起的气相色谱，20世纪60年代发展的气相色谱-质谱（GC-MS）联用技术，20世纪70年代崛起的高效液相色谱，20世纪80年代初出现的超临界流体色谱及近几年急剧发展的毛细管区域电泳等，使色谱领域充满活力，成为分析化学中发展最快、应用最广的领域之一。

（3）各种分离技术的相互渗透，发展新的分离富集方法。

① 萃取色谱法　将萃取分离的选择性与色谱分离的高效性有机地结合起来。萃淋树脂是20世纪70年代发展起来的兼有离子交换和萃取两者优点的一类树脂，因此具有选择性好、分离效率高、易于实现自动化等特点，在分离分析上获得了广泛应用。

② 泡沫浮选分离技术　泡沫分离技术早在1962年就被用于矿物的浮选，但用于分析化学仅有十多年的历史。可以用于许多不溶性和可溶性物质的分离，它设备较简单，可以连续进行，一般在常温下操作，对低浓度组分的分离特别有效，可用于环境试样中痕量元素的富集。

③ 液膜分离　是20世纪80年代发展起来的化学分离方法。在液膜分离过程中，组分主要依靠在互不相溶的两液相间的选择性渗透、化学反应、萃取和吸附等机理而进行分离的。欲分离的组分从膜外相透过液膜进入膜内相而得到富集。这种方法将液-液萃取中的萃取和反萃步骤结合在一起，因此效率较溶剂萃取高。

（4）分离富集技术与测量方法有机结合　这是当今分析化学发展趋势之一。目前最有成效的进样-分离富集-检测有机结合的仪器是气相色谱仪、高效液相色谱仪、离子色谱仪以及碳硫分析仪、测汞仪等。还有，氢化物原子吸收、冷原子吸收是基于使待测元素形成氢化物或汞原子蒸气后直接原子化进而检测；阳极溶出法集分离富集与测定于一身，有很高的灵敏度。

（5）分离富集技术的机械化和自动化　分离富集技术要尽可能简单、快速，要易于实现自动化。流动注射（FI）技术实现了样品自动引入、稀释和在线富集。流动注射分析（FIA）技术中，采用微型分离柱，可以进行在线分析，也可以与溶剂萃取、膜分离、氢化物原子吸收、高效液相色谱等联用实现分离分析的自动化。

（6）各种在线样品前处理技术得到快速发展　例如：膜分离技术与现代分析仪器结合，成为当代最具竞争力的 GC 或 MS 分析样品制备方法和技术之一。聚二甲基硅氧烷膜分离模块装置与质谱、气相色谱、气相色谱-质谱联用测定空气中挥发性有机物，可以直接进行在线测定。

（7）发展化学形态分析的分离富集方法　自然界各种物质存在的元素常以不同物理化学形态出现。在生命科学、环境科学或材料科学中组分的状态是极其重要的因素，因此元素状态分析是分析化学的一个重要发展方向，特别是形态的富集方法是研究的重要课题。

参 考 文 献

[1] 张文清. 分离分析化学. 上海：华东理工大学出版社. 2007.

[2] 汪秋安，范华芳，廖头根编. 有机化学实验室技术手册. 北京：化学工业出版社，2012.

[3] 刘茉娥等. 膜分离技术应用手册. 北京：化学工业出版社，2001.

[4] 王学松，郑领英. 膜技术. 北京：化学工业出版社，2013.

[5] 王立，汪正范. 色谱分析样品处理（二版）. 北京：化学工业出版社，2006.

[6] 吴采樱等. 固相微萃取. 北京：化学工业出版社，2012.

[7] 白小红，胡爽，陈璇. 液相微萃取. 北京：化学工业出版社，2013.

[8] 赵晓峰，李云，张海军等. 基于色谱-质谱联用的新型有机污染物分析方法与技术. 色谱，2010，28（5）：435.

学 习 要 求

一、了解评价分离和富集方法的两个重要指标：回收率和富集倍数的定义。

二、掌握沉淀分离法、挥发分离法、重结晶法、萃取分离法、柱色谱和薄层色谱法等经典分离方法的原理、操作技术及其应用。

三、了解近代发展的分离方法如微萃取技术、膜分离法、超临界流体萃取、固相萃取方法的基本原理、方法和应用。

四、了解选择分离方法的一般原则。

复 习 题

1. 挥发分离法其分离的主要依据是什么？若要分离邻硝基苯酚和对硝基苯酚，可采用何种挥发分离法，并说明其原因。

2. 以下二组分混合物可采用何种挥发分离法分离：①乙醚与苯乙酮；②乙酸与草酸；③丙醇与丙二醇；④四氯化碳与萘。

3. 如溶液中含有 Cu^{2+}、Mn^{2+}、Mg^{2+}、Fe^{3+}、Cr^{3+}、Al^{3+}、Zn^{2+}，加入 NH_4OH-NH_4Cl 缓冲溶液，控制溶液 $pH=9$ 哪些离子以什么形式存在于沉淀中？哪些离子以什么形式存在于溶液中？

4. 设计用沉淀分离法分离以下离子对：①Fe^{3+} 与 Zn^{2+}；②Zn^{2+} 与 Co^{2+}；③Cu^{2+} 与 Cd^{2+}。

5. 何谓共沉淀分离法，试举例说明其在微量分析中的应用。

6. 重结晶中，选择的溶剂应符合哪些条件，下列化合物需用重结晶法纯化，选用何种溶剂，并说明理由：①对二溴苯；②对氨基苯磺酸；③8-羟基喹啉；④2,4-二硝基苯胺。

7. 试述"分配系数"和"分配比"的物理意义？在萃取分离中，为什么必须引入"分配比"这一参数？

8. 某萃取体系分配比 $D=10$，每次用与水相等体积的有机溶剂进行萃取，要萃取多少次才能达到萃取率 $E=99.9\%$？

9. 18℃时，I_2 在 CS_2 和水中的分配系数为 420，①如果 100mL 水溶液中含有 I_2 0.018g，以 100mL CS_2 萃取，将有多少克 I_2 留于水溶液中？②如果改用两份 50mL 的 CS_2 萃取，留于水溶液中 I_2 将有多少克？

10. 试述吸附柱色谱法的原理，常用的吸附剂有哪些？下列化合物被液体流动相从氧化铝柱中洗脱的顺序预期为怎样？正丁醇、1-氯丁烷、正己酸、正己烷、2-己烯。

11. 吸附色谱和分配色谱有何相同与不同？

12. 什么是正相色谱和反相色谱？在液液分配色谱中，常用作正相分配色谱的固定液是什么？常用作反相分配色谱的固定液是什么？

13. 离子交换树脂怎样分类，按怎样的规则命名？

14. 什么是离子交换树脂的交联度？它对树脂的性能有何影响？交联度如何表示。

15. 在氢型阳离子交换树脂上，列出 Na^+、Ca^+、Ce^{3+}、Th^{4+} 的选择性大小顺序；在阴阳离子交换树脂上，列出 F^-、Cl^-、Br^-、I^- 的选择性大小顺序。

16. 薄层色谱用硅胶有硅胶 G、硅胶 H、硅胶 GF_{254}、GF_{365} 等不同标号，这些标号分别表示什么？应用时要注意什么？

17. 薄层色谱法分离的实验步骤有哪些？

18. 简述膜分离模式及其分离原理。

19. 简述固相萃取的模式及其分离原理。

20. 何谓超临界流体？简述超临界流体色谱的分离原理。

第九章　分析实验室辅助设备

化验员在化验分析工作中经常要用到加热、恒温、搅拌、分离、抽真空、冷冻等电器设备以及固相萃取等前处理设备，本章对化验室中常用的辅助设备，从工作原理、设备结构、使用方法作简要介绍，重点放在正确使用和维护保养知识方面。

第一节　电 热 设 备

一、电炉、电热板、电加热套和消化炉

(一) 电炉

电炉同煤气灯一样，是化验室中常用的加热设备。电炉主要是靠一条电阻丝（常用的为镍铬合金丝）通上电流产生热量的，这条电阻丝常称为电炉丝。

另有一种能调节不同发热量的电炉，常称为"万用电炉"。其外形如图 9-1 所示。炉盘在上方，炉盘下装有一个单刀多位开关，开关上有几个接触点，每两个接触点间装有一段附加电阻，附加电阻是用多节瓷管套起来的，避免相互接触和跟电炉外壳接触而发生短路或漏电伤人。借滑动金属片的转动来改变和炉丝串联的附加电阻的大小，以调节通过炉丝的电流强度，达到调节电炉发热量的目的。万用电炉的线路如图 9-2 所示。

当金属滑动片 2 处在断电点 3 时，电路不通，电炉处于关闭位置。当金属片转至接触点 4 时，全部附加电阻与炉丝串联，这时总电阻最大，通过的电流最小，所以炉丝放出热量最少。当金属片转至接触点 5 时，附加电阻减少一半，电流强度中等，电炉放出热量也是中等。当金属片转至接触点 8 时，附加电阻为零，电流强度达到最大，电炉放出热量也最大。

如果化验室中没有万用电炉，也可以将普通电炉接上功率相当或

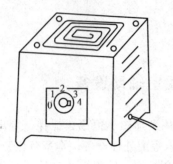

图 9-1　万用电炉

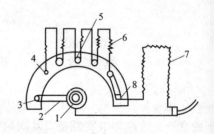

图 9-2　万用电炉线路示意图

1—调温旋钮；2—金属滑动片；3—断电点；

4—接线柱（也是金属滑动片接触点）；

5—中点接线柱；6—附加电阻；

7—电炉丝；8—接触点

比它大的自耦调压器。调节输出电压，这样可以任意改变电流强度，亦即可任意改变电炉的发热量，比万用电炉更方便。

（二）电热板和电加热套

电热板实际上就是一个封闭式的电炉，一般外形为长方形或者圆形，可调节温度，板上可同时放置比较多的加热物体，而且没有明火。电热板是最近 10 年来，被国内实验室所认可和接受的一种常规消解设备。电热板控温好、稳定性高、安全性强，可很大程度上帮实验人员解决电炉消解所面临的一些问题。但是电热板也存在一些缺点：能耗大、热能利用率低、加热的有效面积小、处理样品量有限、实验结果的均一性不强。

电加热套是加热圆底烧瓶进行蒸馏的专用设备，外壳做成半球形，内部由电热丝、绝缘材料和绝热材料等组成，根据烧瓶大小选用合适的电加热套，使用时常连接自耦调压器，以调节所需温度。

（三）电炉、电热板和电加热套使用注意事项

（1）电源电压应和电炉、电热板和电加热套本身规定的电压相符。

（2）加热容器是玻璃制品或金属制品时，电炉上应垫上石棉网，以防受热不匀导致玻璃器皿破裂和金属容器触及电炉丝引起短路和触电事故。

（3）使用电炉、电热板和电加热套的连续工作时间不宜过长，以免影响其使用寿命。

(4) 电炉凹槽中要经常保持清洁,及时清除灼烧焦糊物(清除时必须断电),保持炉丝导电良好。电炉和电加热套内防止液体溅落导致漏电或影响其使用寿命。

(四) 消化炉

消化炉采用井式电加热方式,使样品在井式电加热炉内加热取得较佳热效应,缩短样品消化煮解时间,从而提高了蛋白质等有机物质含量测定的检测速度。加热体(模块)采用红外石英管,耐强酸强碱,防爆裂,寿命长,符合 CE 标准。特点是消化管受热面积大、温差小,样品消化一致性好,热效率高,有利于样品的消煮。控温采用数显控温仪,控温准,升温快。同时消化管内溢出的 SO_2 等有害气体,通过消化炉上的排污收集管经抽滤泵排入下水道,有效地抑制有害气体的外逸。常用的消化炉外形见图 9-3。

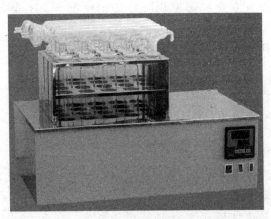

图 9-3 消化炉示意图

1. **样品的消化步骤**

称取经粉碎通过 40~60 目(0.25~0.42mm)的试样 0.3~1g,无损地放入已洗净烘干的消化管内,加水、催化剂和 10mL 硫酸。

(1) 将消化管分别放入各个消化架的各个孔内,然后置于消化器上,放上已装好密封圈的排污管。

(2) 打开抽气三通进水(自来水),使抽气三通处于吸气状态。

（3）再接通电源，打开各自控制开关，转动电位器，调节指示电压为 220V，使其快速消化。

（4）在消化初始阶段，需注意观察，防止试样因急速加热而飞溅（缓解方法：可在消化至飞溅时关机 5min 后再开机继续加热）。

（5）消化结束后，消化管及排污管和整个拖架一起移到冷却架上进行冷却。注意：在冷却过程中，排污管必须保持吸气状态（千万不能将消化管放入水中冷却）。

（6）防止废气逸出。

（7）仪器使用结束后，填写使用与维护记录。

2. 消化炉的维护与保养

（1）消化炉的加热温度不可超过 500℃，防止仪器发生损坏。

（2）消化炉在使用过程中，出现不正常现象时，应及时关闭电源，检查故障原因。

（3）在没有专业维修工程师在场的情况下，不得私自拆卸消化炉。

（4）消化炉的维修及保养需填写记录。

二、马弗炉（高温电炉）

马弗炉也称高温电炉，常用于称量分析中灼烧沉淀、测定灰分等工作。

（一）结构和性能

热力丝结构的马弗炉，最高使用温度为 950℃，短时间可以用到 1000℃。硅碳棒式马弗炉的发热元件是炉内的硅碳棒，最高使用温度为 1350℃，常用工作温度为 1300℃。马弗炉根据使用需求又分为固定温度升温和程序温度升温两种类型。

马弗炉的炉膛是由耐高温而无涨缩碎裂的氧化硅结合体制成的。炉膛内外壁之间有空槽，炉丝串在空槽中，炉膛四周都有炉丝，如图 9-4 所示。所以，通电以后，整个

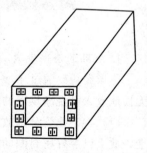

图 9-4　炉膛形状

炉膛周围被均匀加热而产生高温。

硅碳棒式马弗炉，发热元件硅碳棒（一般配铂-铂铑热电偶）分布在炉膛两侧。电阻丝式马弗炉一般配镍铬-镍铝热电偶。

硅碳棒式马弗炉炉膛的外围包覆耐火砖、耐火土、石棉板等，以减少热量的损失。外壳包上带角铁的骨架和铁皮，炉门用耐火砖制成，中间开一个小孔，嵌一块透明的云母片，以观察炉内升温情况。当炉膛内呈暗红色时，为 600℃ 左右；达到深桃红色时，为 800℃ 左右；浅桃红色时，为 1000℃ 左右。

（二）使用方法及注意事项

炉内的温度控制目前普遍采用温度控制器。温度控制器主要是由一块毫伏表和一个继电器组成，连接一支相匹配的热电偶进行温度控制，其接线如图 9-5 所示。热电偶装在瓷管中并从马弗炉的后部中间小孔伸进炉膛内。热电偶随着炉温不同产生不同的电势，电势的大小直接用温度数值在控制器表头上显示出来。当指示温度的指针（上指针）慢慢上升与事先调好的控制温度指针（下指针）相遇时，继电器立即动作切断电路，停止加热。当温度下降上下指针分开时，继电器又使电路重新接通，电炉又继续加热。如此反复动作，就可达到自动控温目的。一般在灼烧前，将控温指针拨到预定温度的位置，从到达预定温度时计算灼烧时间。

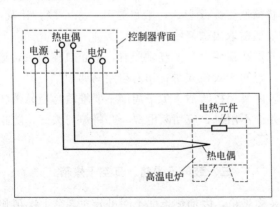

图 9-5　温度控制器接线示意图

热电偶工作的原理是：用两条不同金属的导线连成一个闭合电

路，在其中一个接点加热，另一接点处于不加热（冷点）状态，由于不同金属中的电子浓度和运动速度不同，就产生了电子扩散现象，在闭合电路中就形成了电流，产生了温差电动势。这两种不同金属所接成的电路称为热电偶。把一个毫伏表接在热电偶两端用以测量温差电动势的大小，冷点和热点温差越大，毫伏数越大。毫伏表上的刻度按照所配用的热电偶的特性划成相应的温度数值，可以直接读出温度值（图9-6是马弗炉外形图）。

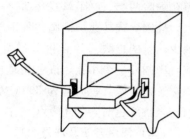

图 9-6　方形马弗炉（高温炉）

马弗炉使用注意事项如下：

（1）马弗炉必须放置在稳固的水泥台上，将热电偶棒从马弗炉背后的小孔插入炉膛内，将热电偶的专用导线接至温度控制器的接线柱上。注意正、负极不要接错，以免温度指针反向而损坏。

（2）查明电炉所需电源电压，配置功率合适的插头、插座和保险丝，并接好地线，避免危险。炉前地上应铺一块厚胶皮布，这样操作时较安全。

（3）灼烧完毕后，应先拉下电闸，切断电源。但不应立即打开炉门，以免炉膛骤然受冷碎裂。一般可先开一条小缝，让其降温快些，最后用长柄坩埚钳取出被烧物件。

（4）马弗炉在使用时，要经常照看，防止自控失灵，造成电炉丝烧断等事故。晚间无人值守时，切勿启用马弗炉。

（5）炉膛内要保持清洁，炉子周围不要堆放易燃易爆物品。

（6）马弗炉不用时，应切断电源，并将炉门关好，防止耐火材料受潮气侵蚀。

三、鼓风干燥箱、真空干燥箱

干燥箱又称烘箱，因加热条件不同可分为真空干燥箱和鼓风干燥箱，我们常说的烘箱指的是鼓风干燥箱，其温度很高。因为它既是高温烘干产品的工具，也是高温杀死细菌的设备。真空干燥箱是在负压的条件下烘干样品的装置，同时是一个可以在低温下干燥的设备。所以，要根据实验的具体需要而选择适当的箱体。

（一）鼓风干燥箱、真空干燥箱结构

鼓风干燥箱和真空干燥箱的结构见图 9-7 和图 9-8，都具有智能程序温控系统，实现对物料的干燥。二者的区别：鼓风干燥箱是在风机的作用下，快速地将物料表面挥发出来的挥发性物质分子通过空气交换带走，从而达到快速干燥物料的目的。真空干燥箱是通过真空泵将干燥物料所在的空间抽成负压即所谓真空状态，在真空状态或低压状态下，物料中的水分、溶剂及其它挥发性组分的沸点降低，从而在较低温度下就可以脱离物料颗粒表面而被真空泵抽走。真空干燥箱主要应用在那些在高温下易氧化、聚合及发生其它化学反应的物料。当然，它还有加热促使水分、溶剂及挥发性组分加快挥发从而脱离物料表面的双重作用。

图 9-7　鼓风干燥箱　　　　　　　图 9-8　真空干燥箱

（二）使用方法及注意事项

干燥箱应该安放在室内干燥、水平处，周围无易燃物质。在供电线路中需安装一只空气闸刀开关，供设备专用；做好设备的接地工作（将接地线插片端插入接线柱并旋紧，另一端与固定接地线装置相连）。通电前先检查干燥箱的电气性能，并应注意是否有断路或漏电现象。待一切准备就绪，可将样品放入箱内，关上箱门，进行干燥或其它实验。

1. 鼓风干燥箱的操作方法

（1）按下"电源开"按钮，使设备通电；控温仪表上有数值显示。

（2）按控温仪表操作程序设定所需工作温度与时间。

（3）进入运行状态（即有"加热"输出指示）时，箱体上的"加热指示灯"亮，表示箱体已进入升温状态。当温度达到设定值时，指示灯闪烁并停止加热。

（4）设备使用完毕，按下"电源关"按钮，使设备失电，并断开空气闸刀开关，使设备外接电源全部切断。

2. 鼓风干燥箱的注意事项

（1）干燥箱为非防爆型干燥器，故切勿将带有易燃、易挥发性及易爆的物品放入箱内干燥处理，以免引起爆炸事故及其它危险。

（2）使用前必须检查加热器的每根电热丝安装位置，以防因运输震动后可能引起的相碰或断开现象。

（3）设备开机时遇报警断电，请将超温保护设定装置上的温度值调节到大于工作温度10℃左右，调整好后，即可使设备进入正常工作状态。

（4）首次或长期搁置恢复使用设备时，应该空载开机一段时间（最好8h以上，期间开、停机2～3次）后再放置样品进行干燥处理，以消除运输、装卸、贮存中可能产生的故障，免除无谓损失。

（5）当需要观察工作室内样品情况时，可开启外道箱门，透过玻璃门观察。但箱门以尽量少开为宜，以免影响恒温。特别是当工作温度在200℃以上时，开启箱门有可能使玻璃门骤冷而破裂。

（6）鼓风干燥箱在加热和恒温过程中必须将鼓风机开启，否则影响工作室温度的均匀性和损坏加热元件。

（7）工作完毕后应切断电源，确保安全，并且确保箱体内外保持清洁。

3. 真空干燥箱的操作方法

（1）需干燥处理的物品放入真空干燥箱内，将箱门关上，并关闭放气阀，开启真空阀。

（2）把真空干燥箱电源开关拨至"开"处，选择所需的设定温度，箱内温度开始上升，当箱内温度接近设定温度时，加热指示灯忽亮忽熄，反复多次，一般120min以内可进入恒温状态。

（3）当所需工作温度较低时，可采用二次设定方法，如所需温度为 60℃，第一次可设定 50℃，等温度过冲开始回落后，再第二次设定 60℃。这样可降低甚至杜绝温度过冲现象，尽快进入恒温状态。

（4）干燥结束后应先关闭干燥箱电源，开启放气阀，解除箱内真空状态，再打开箱门取出物品。

4. 真空干燥箱的注意事项

（1）使用时应当观察真空泵的油位，以免由于缺油而损坏电机。

（2）真空干燥箱不需连续抽气使用时，应先关闭真空阀，再关闭真空泵电源，否则真空泵油会倒灌至箱内。

（3）真空干燥箱无防爆装置，不得放入易爆物品干燥。

（4）真空干燥箱与真空泵之间最好安装过滤器，以防止潮湿体进入真空泵。

（5）使用过程中先抽真空再升温加热，待达到了额定温度后如发现真空度有所下降时再适当加抽一下。

5. 真空干燥箱的维护保养

（1）真空干燥箱应经常保持清洁，箱门玻璃应用松软棉布擦拭，切忌用有反应的化学溶剂擦拭，以免发生化学反应和擦伤玻璃。

（2）如真空干燥箱长期不用，应在电镀件上涂中性油脂或凡士林，以防腐蚀，并套上塑料薄膜防尘罩，放在干燥的室内，以免电器件受潮而影响使用。

四、电热恒温水（油）浴锅

电热恒温水（油）浴锅常作蒸发和恒温加热用，有单孔和多孔的。

（一）结构和性能

1. 结构

电热恒温水浴锅（图 9-9）一般都采用水槽式结构。分内外两层，内层用铝板或不锈钢板制成内胆。胆内底部设有电热管和托架。电热管是铜质管，管内装有电炉丝并用绝缘材料包

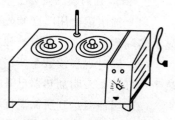

图 9-9　电热恒温水浴锅

裹，有导线连接温度控制器。外壳用薄钢板制成，外壳与内胆之间填充石棉等绝热材料。温度控制器的全部电器部件均装在水浴锅右侧的电器箱内，控制器所带的感温管则插在内胆中。电器箱表面有电源开关、调温旋钮和指示灯。水浴锅左下侧有放水阀门，水浴锅顶上有一小孔可插温度计。

2. 性能

水浴锅用电热加温。电源电压为220V。水浴锅恒温范围为37～100℃（需高于室温3℃），温差为±1℃。油浴锅和水浴锅构造相似，只是把加热介质由水变成了油。恒温油浴锅在实验室中应用非常广泛，是一种必备的高温恒温设备，它是采用高温加热管对导热油进行加热，再通过精密的温控仪表对温度进行精确的控制。油浴锅所使用的油，要根据温度和实验要求来定。温度低的用甘油，高的用棉籽油，一般情况下恒温油浴锅常用的油有：油NO.1、油NO.2、橄榄油、棉籽油、石蜡油、麻油、机油、变压器油。这些油中橄榄油、棉籽油、麻油的闪点都在300℃左右，所以如果要进行高温试验，推荐使用这几种油，否则当达到油的着火点时，会非常危险。

(二) 使用方法及注意事项

1. 水浴锅的使用方法

(1) 关闭放水阀门，将水浴锅内注入清水（最好用纯水）至适当的深度，一般不超过水浴锅容量的三分之二。

(2) 将电源插头接在插座上，并在插座的粗孔安装地线。

(3) 开启电源开关接通电源，调节调温控制按钮至设定温度。

(4) 炉丝加热后温度的指数上升到控制的温度时红灯熄灭，此后红灯就不断熄亮，表示恒温控制器发生作用。

2. 油浴锅的使用方法

(1) 油浴锅使用时必须先加油于锅内，再接通电源，数字温控表显示实际测量温度，调节旋钮开关。

(2) 同时观察读数至所需温度值，当设定温度值超过油温时，加热指示灯亮，表明加热器已开始工作。

(3) 当油温达到所需温度时，恒温指示灯亮，加热指示灯熄。

(4) 应注意锅内油不能使电热管漏出油面，以免烧坏电热管，造成漏电现象。

3. 水浴锅的注意事项

（1）切记水位一定保持不低于电热管，否则将立即烧坏电热管。

（2）控制箱内部不可受潮，以防漏电和损坏控制器。

（3）使用时应随时注意水箱是否有渗漏现象。

除了普通的电热恒温水浴锅外，还有些精密试验用的超级恒温水浴锅，它用电动循环泵进行搅拌，并有良好的自动控温系统，恒温波动度为±0.05℃。

4. 油浴锅的注意事项

（1）在向油浴锅内注入液体时，要控制液位，严防过量溢出，夏天室内与室外温度差异大，当实验温度达到300℃时，液位应控制在容积的80％左右。

（2）禁止使用可燃性、挥发性高的油，所使用的油，要根据温度和实验要求来定。温度低的用甘油，温度高的用棉籽油。

（3）油浴锅不要在换气差的场所使用，远离火源、易产生火花地点，以免引发火灾。

（4）禁止在无油的情况下空烧，会引起漏电，发生火灾，烧坏加热管。禁止用湿手在湿气过多的地方进行操作，有漏电触电的危险。电源必须使用接地插头。

第二节　制　冷　设　备

一、电　冰　箱

在化验分析中常用的制冷设备是电冰箱，电冰箱一般最低的制冷温度为−18℃，适用于低温保存样品、试剂和菌种等。冰箱的蒸发器内可制冰块或供小型物品的冻结使用。

（一）构造和作用原理

电冰箱是由箱体、制冷系统、自动控制系统和附件四部分组成。

1. 箱体

箱体外壳用薄钢板制作，内壳为 ABS 塑料板成形，夹层中注聚氨酯泡沫塑料。箱体里接水盘下部有一漏水孔，内壳后背装漏斗通往箱体外部，门内侧置构架上可以放置各种药品或食品。箱内装有照明灯和温度控制器。

2. 制冷系统

制冷系统由封闭式压缩机、冷凝器、毛细管、蒸发器等组成，见图 9-10。制冷系统工作原理如下。

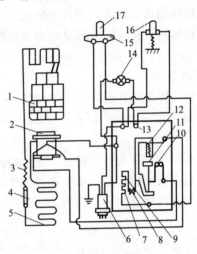

图 9-10　冰箱制冷系统与控制系统

1—蒸发器；2—压缩机；3—毛细管；4—过滤器；5—冷凝器；

6—插头；7—热阻丝；8—热保护接点；9—双金属片；10—启动接点；

11—衔铁；12—启动线圈；13—启动继电器底板；14—照明灯；

15—温度控制器；16—灯开关；17—化霜按钮

电冰箱的制冷过程是在密闭的制冷系统中由压缩机的低压端将蒸发器内的气体制冷剂吸入压缩机汽缸中，随即压缩，由高压端压至冷凝器中冷却并放出热量成为高压液体。高压液体经过滤器、毛细管进入蒸发器内，高压液体借助毛细管的作用在蒸发器内形成低压。由于压力的骤然降低，液体制冷剂迅速沸腾蒸发并吸热，气体制冷剂再被压缩机吸回。如此连续工作，即形成制冷循环。

3. 电气系统

电气系统包括电动机、半自动化霜温度控制器、热保护继电器、启动继电器、照明灯和灯开关等。

（二）使用注意事项

（1）电冰箱放置时离墙的距离不应小于 100mm，以保证冷凝器对流效率高。

（2）调节温度时不可一次调得过低，以免冻坏箱内物品。一次调节后，须等待自动控制器自停、自开多次后箱内温度稳定，若仍不能达到需要的温度，再作第二次、第三次调整。

（3）蒸发器结有冰霜较厚时，需要化霜，按化霜按钮即可。对没有自动化霜装置的冰箱，可给冰箱停电一段时间，使霜自行溶化，切忌用金属刀器去刨刮，以防损坏蒸发器。也可直接选用无霜冰箱。

（4）箱内存放物品，不宜过满过挤，须留有缝隙，使冷空气在箱内流通，保持温度均匀。

（5）在使用中尽量减少开门次数，且不要放入热水和热的物品，以确保箱内温度稳定。尤其是蒸发器内绝对不可放入热水、热物。

（6）强酸、强碱及腐蚀性物品必须密封后放入。有强烈气味的物品须用塑料薄膜包裹后放入，以防污染。因箱内有电接触点，可能形成电火花，所以严禁放置易燃溶剂，以免箱内充满其蒸气达到爆炸极限，引起爆炸及火灾。

（7）搬动冰箱时，倾斜度不许超过 45°，更不可倒放。

二、超低温冰箱

超低温冰箱又称超低温保存箱、超低温冰柜等，制冷温度一般都低于 $-40℃$，适用于电子器件、特殊材料的低温试验及血浆、疫苗、化学试剂、菌种、生物样本等的低温保存。

超低温冰箱使用注意事项：

（1）室内温度 5～32℃，相对湿度小于 80%（22℃）；

（2）距离地面 >10cm，海拔 2000m 以下；

（3）强酸及腐蚀性的样品不宜冷冻；

（4）经常检查外门的封闭胶条；

（5）落地四脚平稳，水平；

（6）供电电压 220V（AC）要稳定，供电电流要保证至少在 15A（AC）以上；

（7）当发生停电事故时，必须关闭冰箱后面的电源开关和电池开关，等到恢复正常供电时先把冰箱后面的电源开关打开，然后再打开电池开关；

（8）散热对冰箱非常重要，要保持室内通风和良好的散热环境，环境温度不能超过 35℃；

（9）夏天把设定温度调到－70℃，注意平时设定也不要太低；

（10）存取样品时门开得不要过大，存取时间尽量要短；

（11）注意经常要存取的样品放在上面二层，需要长期保存不经常存取的样品放在下面二层，这样可保证开门时冷气不过度损耗，温度不会上升太快；

（12）注意过滤网每个月必须清洗一次（先用吸尘器吸，吸好后用水冲洗，最后晾干复位），内部冷凝器必须每二个月用吸尘器吸一下上面的灰尘。

三、冷 水 机

冷水机也称冷却循环水机、冷冻机、制冷机、冰水机等，是一种水冷却设备，能提供恒温、恒流、恒压的冷却水设备。在分析实验室中可用于电子显微镜、质谱仪、原子光谱仪、X 射线衍射仪、核磁共振仪等的冷却。

1. 工作原理

冷水机工作时先向机内水箱注入一定量的水，通过制冷系统将水冷却，再由水泵将低温冷却水送入需要冷却的设备，冷冻水将热量带走后再回流到水箱，起到冷却的作用。

冷水机具有三个相互关联的系统：制冷剂循环系统、水循环系统、电器自控系统。

2. 安装和操作注意事项

（1）安装场地必须是地板、安装垫，其水平度在 6.4mm 之内，并能承受机组的运行重量。

（2）机组应放在室温为 4.4～43.3℃ 的机房内，机组的四周和上方应有足够空间，以便进行日常的维护工作。

（3）在机组的一端应留出清洗冷凝器管束的抽管空间，也可利用门洞或其它位置合适的洞口。

（4）在水管的入口加装过滤器，并定期清理。

（5）机组运行期间，操作人员必须坚守岗位，注意监测机组运行情况，并按时认真记录制冷机组运行数据。

四、半导体冷阱

半导体制冷的工作原理（见图 9-11）：用导体连接两块不同的金属，接通直流电，则一个接点处温度降低，另一个接点处温度升高，若将电源反接，则接点处的温度作相反变化，这一现象称为珀耳帖效应，又称热-电效应。纯金属的热-电效应很小，若用一个 N 型半导体和一个 P 型半导体代替金属，效应就大得多。接通电源后，上接点附近产生电子-空穴对，内能减小，温度降低，向外界吸热，称为冷

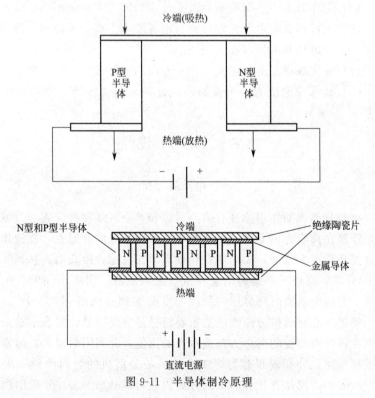

图 9-11 半导体制冷原理

端。另一端因电子-空穴对复合，内能增加，温度升高，并向环境放热，称为热端。一对半导体热电元件所产生的温差和冷量都很小，实用的半导体制冷器是由很多对热电元件经并联、串联组合而成，也称热电堆。单级热电堆可得到大约60℃的温差，即冷端温度可达−10~−20℃。增加热电堆级数即可使两端的温差加大，但级数不宜过多，一般为2~3级。

半导冷阱的特点：

（1）体积小，重量轻，具有制冷和加热两种功能：改变直流电源的极性，同一制冷器可实现加热和制冷两种功能。

（2）精确温控：使用闭环温控电路，精度可达±0.1℃。

（3）高可靠性：制冷组件为固体器件，无运动部件，因此失效率低。寿命大于20万小时。

（4）工作时无声：与机械制冷系统不一样，工作时不产生噪声。

（5）可使用常规电源：制冷器对电源要求不高。可使用一般直流电源，工作电压和电流可在大范围内调整。

（6）可实现点制冷：可只冷却一专门的元件或特定的面积。

（7）具有发电能力：若在制冷组件两面建立温差，则可产生直流电。

第三节　电　动　设　备

一、电动离心机

离心分离机的作用原理有离心过滤和离心沉降两种。离心过滤是使悬浮液在离心力场下产生的离心压力作用在过滤介质上，使液体通过过滤介质成为滤液，而固体颗粒被截留在过滤介质表面，从而实现液-固分离；离心沉降是利用悬浮液（或乳浊液）密度不同的各组分在离心力场中迅速沉降分层的原理，实现液-固（或液-液）分离。

衡量离心分离机分离性能的重要指标是分离因数。它表示被分离物料在转鼓内所受的离心力与其重力的比值，分离因数越大，通常分离也越迅速，分离效果越好。工业用离心分离机的分离因数一般为100~20000，超速管式分离机的分离因数可高达62000，分析用超速分离机的分离因数最高达 610000。决定离心分离机处理能力的另一因素是转鼓的工作面积，工作面积大处理能力也大。

（一）普通电动离心机

普通电动离心机属常规实验室用电动设备，其最高转速 4000r/min。仪器多采用无级调速和自动调节平衡装置，具有运转平稳、体积小、造型美观、温升低、使用效率高以及适用性广等优点。

电动离心机的工作环境温度为：5～40℃，相对湿度应不高于 80％，没有导电尘埃、腐蚀性气体等。工作台应水平、稳固，防止出现震动，工作间应整洁清洁、干燥，并通风良好。

1. 电动离心机操作规程

（1）依照"使用前须知"，做好准备工作。

（2）将称好的质量一致的试管对应放入离心孔内，合上离心机盖。

（3）接通电源，按"开/关"键开启机器；设定所需速度，范围在 1000～4000r/min。

（4）按启动键开始工作，如需中途退出，请先按暂停键后断电，切莫直接断电。

（5）工作完毕，关闭电源，清洁整机。

2. 电动离心机使用注意事项

（1）离心管要对称放置，如管为单数不对称时，应再加一管装相同质量的水调整对称。

（2）开动离心机时应逐渐加速，当发现声音不正常时，要停机检查，排除故障（如离心管不对称、质量不等、离心机位置不水平或螺帽松动等）后再工作。

（3）关闭离心机时也要逐渐减速，直至自动停止，不要用手强制停止。

（4）离心机的套管要保持清洁，管底应垫上橡胶垫、玻璃毛或泡沫塑料等物，以免试管破碎。

（5）密封式的离心机在工作时要盖好盖，确保安全。

（二）高速电动离心机

高速离心机转速≥10000r/min，广泛用于生物、化学、医药等科研教育和生产部门，适用于微量样品快速分离合成。

高速离心机使用注意事项：

（1）使用高转速时，要先在较低转速运行两分钟左右以磨合电机，然后再逐渐升到所需转速。不要瞬间运行到高转速，以免损坏电机。

（2）不得在机器运转过程中或转子未停稳的情况下打开盖门，以免发生事故。

（3）不得使用伪劣的离心管，不得使用老化、变形、有裂纹的离心管。

（4）每次停机后再开机的时间间隔不得少于 5min，以免压缩机堵转而损坏。

（5）离心机一次运行最好不要超过 30min。

二、电动搅拌器

电动搅拌器由叶轮、搅拌轴、电机和配件（变速器，机架等）等构成（见图 9-12）。电动机驱动的搅拌设备转速一般都比较低，因而电动机绝大多数情况下都是与变速器组合在一起使用的，有时也采用变频器直接调速。无级变速器的主要功能是根据实际需要随时调整工作转速。搅拌器的分类主要是按叶轮形态分类的，如框式搅拌器、锚式搅拌器、螺旋桨式搅拌器等。

使用注意事项：

（1）工作时如发现搅拌棒不同心，搅拌不稳的现象，需关闭电源调整支紧夹头，使搅拌棒同心。

（2）勿过载使用。

图 9-12　电动搅拌机示意

三、磁力搅拌器

磁力搅拌器是由一个微型马达带动一块磁铁旋转，吸引托盘上装溶液的容器中的搅拌子转动，达到搅拌溶液的目的。搅拌子也称磁子，它是用一小段铁丝密封在玻璃管或塑料管中（避免铁丝与溶液起反应），搅拌子随磁铁转动而转动。托盘下面除磁铁外，还有电热装置，很细的电热丝夹在云母片内，起加热作用（见图 9-13）。

图 9-13　磁力搅拌机示意

使用磁力搅拌器前，先将转速调节旋钮调至最小，接上 220V 电源，打开电源开关，选择合适的搅拌子放入溶液，即开始搅拌，搅拌子应在容器中央，不应碰壁。需要加热时，可打开加热开关，调节合适的温度。

1. 磁力搅拌器的操作步骤

（1）使用磁力搅拌器之前要检查其电源是否已经连接，调速旋钮是否已经归零。

（2）将盛有溶液的容器放置于仪器台面的搅拌位置，内放搅拌子，插上电源插头，开启电源，电源指示灯即亮。

（3）打开搅拌开关，指示灯亮，把调速旋钮顺时针方向由慢到快，调至所需速度，由搅拌子带动溶液进行旋转匀和溶液。

（4）机内装有加热装置。需要加热，在仪器背面插入传感器插头，调节控温旋钮至所需温度。

（5）使用完毕后，先将调速旋钮逆时针方向由快到慢调至为零，如用加热功能则需要将控温旋钮调至为零，再关闭电源开关，最后再将盛有溶液的容器拿下来。

2. 磁力搅拌器使用注意事项

（1）使用之前确保调速旋钮和控温旋钮调至为零。

（2）使用时，按顺序先装好夹具，把所需搅拌的溶液放在镀铬盘正中，然后选定所需温度，开始搅拌，由低速逐步调至高速，不搅拌时不能加热，仪器应保持清洁干燥，严禁溶液进入机内。

（3）搅拌时发现搅拌子跳动或不搅拌，检查烧杯是否平，位置是否正。

（4）仪器使用完毕将调速旋钮和控温旋钮调至为零，关闭电源开关。

四、振 荡 器

振荡器是生物实验室对各种试剂、溶液、化学物质等进行振荡、提取、混匀处理的必备常规仪器（见图9-14）。

图 9-14　振荡器示意

振荡器操作：打开仪器盖，把需振荡的容器夹在弹簧万用夹具上，打开电源开关，再根据所需的工作时间打开定时器，设置所需温度，振荡速度由慢向快进行调节。

振荡器使用注意事项：

（1）取出或放入容器时，应关机后进行。

（2）选择振荡速度，之前有个缓启动状态。

五、匀 浆 机

匀浆机利用高速旋转的转子与精密的定子配合，依靠高线速度，产生强劲的液力剪切、离心挤压、高速切割及碰撞，起到使物料充分分散、乳化、均质、粉碎、混合等作用，适用于液体/液体的混合、乳化、均质，液体/固体粉末的分散，组织细胞的捣碎、浆化，适合于实验室中的微量处理（见图 9-15）。

六、旋转蒸发仪

旋转蒸发仪主要用于在减压条件下连续蒸馏易挥发性溶剂，尤其适用于萃取液的浓缩和色谱分离时接收液的蒸馏，也可用于分离和纯化反应物。旋转蒸发仪的基本原理就是减压蒸馏，即在减压情况下，当溶剂蒸馏时，蒸馏烧瓶在连续转

图 9-15 匀浆机示意

动。蒸馏烧瓶是一个带有标准磨口接口的茄形或圆底烧瓶，通过一高度回流蛇形冷凝器与减压泵相连，回流冷凝器另一开口与带有磨口的回收瓶相连，用于接收被蒸发的有机溶剂。在冷凝器与减压泵之间有一三通活塞，当体系与大气相通时，可以将蒸馏烧瓶，接液烧瓶取下，转移溶剂，当体系与减压泵相通时，则体系处于减压状态。使用时，应先减压，再开电动机转动蒸馏烧瓶，结束时，应先停机，再通大气，以防蒸馏烧瓶在转动中脱落。作为蒸馏的热源，常配有相应的恒温水槽（油槽）（见图 9-16）。

1. 旋转蒸发仪主要部件

（1）旋蒸主机 通过马达的旋转带动盛有样品的旋转瓶。

（2）蒸发管 蒸发管有两个作用，首先起到样品旋转支撑轴的作用，其次通过蒸发管，真空系统将样品吸出。

（3）真空系统 用来降低旋转蒸发仪系统的气压。

（4）加热水浴锅 通常情况下都是用水加热样品，如果需要的温度超过 90℃，需要用油浴。

（5）冷凝器 使用双蛇形冷凝或者其它冷凝剂如干冰、丙酮冷凝

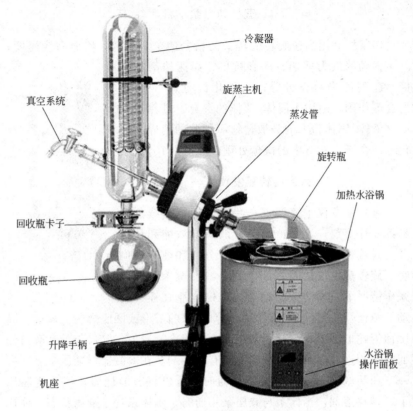

图 9-16　旋转蒸发仪示意

样品。

（6）回收瓶　样品冷却后进入回收瓶。

2. 旋转蒸发仪的使用方法

（1）高低调节：升降手柄上、下抬起，可调节旋转瓶的高低。有的旋转蒸发仪是电动控制升降的，电动开关可调节控制旋转瓶的高低。

（2）冷凝器上有两个外接头是接冷却水用的，一头接进水，另一头接出水。冷凝器后面有个旋动活塞的端口装抽真空接头，接真空泵皮管抽真空用。

（3）开机前先将调速旋钮左旋到最小，按下电源开关指示灯亮，然后慢慢往右旋至所需要的转速，一般大蒸发瓶用中、低速，黏度大的溶液用较低转速，溶液量一般不超过蒸馏烧瓶容积的 50% 为适宜。

（4）使用时，应先减压，再开动电机转动蒸馏烧瓶，结束时，应先停电动机，再通大气，以防蒸馏烧瓶在转动中脱落。

3. 旋转蒸发仪的维护

（1）用前仔细检查仪器，玻璃瓶是否有破损，各接口是否吻合，注意轻拿轻放。

（2）用软布（可用餐巾纸替代）擦拭各接口，然后涂抹少许真空脂。

（3）各接口不可拧得太紧，要定期松动活络，避免长期紧锁导致连接器咬死。

（4）先开电源开关，然后让机器由慢到快运转，停机时要使机器处于停止状态，再关开关。

（5）各处的开关不能拧得过紧，容易损坏玻璃。

（6）每次使用完毕必须用软布擦净留在机器表面的各种油迹、污渍，保持清洁。

（7）停机后拧松各开关，长期静止在工作状态会使活塞变形。

第四节　超声清洗机

一、工 作 原 理

超声波是频率高于 20000Hz 的声波，它方向性好，穿透能力强，易于获得较集中的声能，在水中传播距离远，可用于测距、测速、清洗、焊接、碎石、杀菌消毒等。超声清洗机（见图 9-17）工作时，由超声波发生器发出的高频振荡信号，通过换能器转换成高频机械振荡而传播到清洗溶剂中，超声波在清洗液中疏密相间地向前辐射，使液体流动而产生数以万计的直径为 $50\sim500\mu m$ 的微小气泡，存在于液体中的微小气泡在声场的作用下振动。这些气泡在超声波纵向传播的负压区形成、生长，而在正压区，当声压达到一定值时，气泡迅速增大，然后突然闭合，并在气泡闭合时产生冲击波，在其周围产生上千个大气压，破坏不溶性污物而使其分散于清洗液中，当团体粒子被油污裹着而黏附在清洗件表面时，油被乳化，固体粒子脱离，从而达到清洗件净化的目的。

图 9-17　超声波清洗机示意

二、超声波清洗机的使用方法和注意事项

1. 超声波清洗机的使用方法

（1）将发生器与清洗槽连接电缆接好。

（2）清洗槽内必须加入清洗液或水。清洗液或水的液面不得低于清洗槽高度的 2/3（最佳位置应与网篮上沿口平齐）。

（3）将被清洗物质放入金属框内，根据清洗物的积垢程度，设定清洗时间，一般 3～30min。（严禁把被清洗物质直接放在清洗槽底使用）。

（4）开启电源开关设定好超声工作时间，按"启动/停止"键开始工作，此时液面呈现珠网状波动，且伴有振响，表示清洗机已进入工作状态。

（5）具有加热功能的超声波清洗机，只有当水温升到额定温度后方能启动。

（6）较重的物件应通过挂具悬挂在清洗液中。

2. 超声波清洗机的注意事项

（1）超声波清洗机电源及电热器电源必须有良好接地装置。

（2）超声波清洗机严禁无清洗液开机，即清洗缸没有加一定数量的清洗液，不得合超声波开关。

（3）有加热功能的清洗机严禁无液时打开加热开关。

（4）禁止用重物（铁件）撞击清洗缸缸底，以免能量转换器晶片受损。

（5）采用清水或水溶液作为清洗剂，绝对禁止使用酒精、汽油或任何可燃气体作为清洗剂加入清洗机中。

第五节　微波制样设备

微波是一种在波长 1mm～1m（其相应的频率为 300MHz～300GHz）的电磁波，常用的微波频率为 2450MHz。微波具有吸收性、穿透性、反射性，它可为极性物如水等选择性吸收，从而被加热，而不为玻璃、陶瓷等非极性物吸收而具有穿透性，但金属对微波具有反射性。

一、微波制样的原理及特点

利用微波的穿透性和激活反应能力加热密闭容器内的试剂和样品，可使制样容器内压力增加，反应温度提高，从而大大提高反应速率，缩短样品制备的时间。当微波通过试样时，极性分子随微波频率快速变换取向，2450MHz 的微波，分子每秒钟变换方向 2.45×10^9 次，分子来回转动，与周围分子相互碰撞摩擦，分子的总能量增加，使试样温度急剧上升。同时，试液中的带电粒子（离子、水合离子等）在交变的电磁场中，受电场力的作用而来回迁移运动，也会与临近分子撞击，使得试样温度升高。这种加热方式与传统的电炉加热方式不同，微波加热快、均匀、过热、不断产生新的接触表面。

（1）体加热　电炉加热时，是通过热辐射、对流与热传导传送能量，热是由外向内通过器壁传给试样，通过热传导的方式加热试样。微波加热是一种直接的体加热的方式，微波可以穿入试液的内部，在试样的不同深度，微波所到之处同时产生热效应，这不仅使加热更快速，而且更均匀。大大缩短了加热的时间，比传统的加热方式既快速又效率高。

（2）过热　微波加热还会出现过热现象（即比沸点温度还高）。电炉加热时，热是由外向内通过器壁传导给试样，在器壁表面上很容易形成气泡，因此不容易出现过热现象，温度保持在沸点上，因为汽化要吸收大量的热。而在微波场中，由于体系内部缺少形成气"泡"的"核心"，就很容易出现过热，对密闭溶样罐中的试剂能提供更高的温度，有利于试样的消化。

（3）搅拌　由于试剂与试样的极性分子都在 2450MHz 电磁场中快速地随变化的电磁场变换取向，分子间互相碰撞摩擦，试样表面不断接触新的试剂，促使试剂与试样的化学反应加速进行，使得消化速率加快。

二、微波消解设备

微波消解仪主要用于样品的消解和消化，如用于原子吸收光谱仪、原子荧光光谱仪、电感耦合等离子体发射光谱、电感耦合等离子体质谱联用等分析仪器的样品制备。

1. 设备构成

微波消解仪器一般采用双磁管发射微波，微波最大输出功率≥1800W，运行功率根据反应温度和压力的反馈可实现自动变频控制，非脉冲连续微波加热；一般采用防爆炉门，有的微波消解仪具有自弹出缓冲结构，可实现电子和机械双重控制门锁；高压反应罐一般由高强复合材料制成，最高耐压≥15MPa，最高耐温≥300℃。

2. 使用方法和注意事项

（1）微波消解仪操作规程

① 检查消解罐各组件是否干净。

② 根据仪器要求称取适量的样品，放入适当适量的酸和去离子水。

③ 根据仪器操作规程运行消解仪。

④ 在消解完成后，打开炉门，取出消解罐。待其冷却至室温后，方可拧开消解罐。

（2）微波消解仪操作的注意事项

① 检查外罐是否有裂缝。

② 严禁对含有机溶剂或挥发性的样品进行消化。如要消化，应先水浴挥干。

③ 严禁用高氯酸进行消化。

④ 称样时严禁将样品粘在溶样杯壁上，避免任何物质粘在密封盖和溶样杯内壁之间，否则会影响消解罐的密封性而造成泄漏。

⑤ 确保放入的消解罐保持了对称，如果需要消解的样品罐太少，可以放入空的容器架保持平衡。

⑥ 泄气时请注意，高温、高压下切不可泄气，以防溶样杯内液体喷出伤人。温度高时泄气，易造成挥发元素损失。

三、微波萃取设备

微波萃取设备分两类：一类为微波萃取罐，另一类为连续微波萃取线。两者主要区别：一个是分批处理物料，类似多功能提取罐，另一个是以连续方式工作的萃取设备。

微波只对极性分子进行选择性加热，整个萃取过程由微波辐射能穿透介质，到达物料的内部，使基质内部温度迅速上升，增大萃取成分在介质中的溶解度，然后微波在产生的电磁场中加速了目标物向溶剂的扩散，因此，对天然产物活性成分有很强的选择性溶出，活性成分分子极性越强，选择性越高。微波萃取过程的核心是一个解吸和扩散的串联控制过程，解吸和扩散的快慢决定了萃取过程的速率。

1. 微波萃取的特点

与传统其它萃取方式相比，微波萃取具有以下特点：

(1) 质量高，可有效地保护食品中的功能成分；

(2) 产量大；

(3) 对萃取物具有高选择性；

(4) 省时（30s～10min），在同一对象提取中，采用传统方法需要几小时至十几小时，超声提取法也需半小时到一小时，而微波提取只需几秒到几分钟即可完成；

(5) 溶剂用量少（可较常规方法少50%～90%）；

(6) 能耗低，微波萃取由于微波功率较小且辐射时间短，是传统方法能耗的几十分之一，甚至几百乃至几千分之几。

2. 使用方法和注意事项

微波萃取方法一般有三种：常压法、高压法、连续流动法。而微波加热体系有密闭式和敞开式两类。

(1) 常压法　一般是指在敞开容器中进行微波萃取的一种方法，其设备主要有直接使用普通家用微波炉或用微波炉改装成的微波萃取设备。

(2) 高压法　使用密闭萃取罐的微波萃取法，其优点是萃取时间短，试剂消耗少，这种方法是目前报道最多的一种方法。一般由聚四氟乙烯材料制成的专用密闭容器作为萃取罐，它能允许微波自由通过、耐高温高压且不与溶剂反应。

(3) 连续流动法　以连续方式微波萃取，溶剂不间断添加和流走。

微波萃取设备使用注意事项：

(1) 萃取时所用溶剂总量不能超过容器体积的 80%。

(2) 内罐使用前可用 5% 硝酸或洗洁精溶液浸泡以保持洁净。

(3) 操作前确认罐体外壁无水珠，以免加热过程中吸收微波能量。

(4) 力矩扳手拧紧罐体时，只需听见第一声响声即表示罐体已拧紧，忌重复拧紧。

(5) 实验完毕开罐时应在通风橱中完成，由于罐中有溶剂，开罐时应小心缓慢。

(6) 罐体可在水中进行冷却，注意水位线不要越过外罐高度，否则可能污染样品。

第六节　固相萃取设备

一、概　　述

固相萃取是近年发展起来的一种样品预处理技术，由液固萃取和柱液相色谱技术融合发展而来，主要用于样品的分离、纯化和浓缩，与传统的液液萃取比较，能避免许多问题，比如，易于乳化，不完全的相分离，较低的定量分析回收率，昂贵易碎的玻璃器皿和大量的有机废液。固相萃取技术可以很方便地同时进行多个样品的处理，大大减少了样品预处理的工作量和操作时间，有效地提高工作效率，具有操作简单、准确、省时、省力、环保等特点，近年来，已颁布大量应用固相萃取技术的国家和行业标准，广泛应用于食品安全检测、农产品残留监控、医药卫生、环境保护、商品检验、化工生产等领域。

固相萃取技术在样品处理中的作用分两种：一是净化，二是富集，这两种作用可能同时存在。固体萃取和液-液萃取相比，其长处在于方便和消耗试剂少，短处在于批次间的重复性难以保证。固体萃取剂就算保证了纯度，还存在着颗粒度的差异、外形的差异等液体试剂不存在的且难以衡量的因素，不同年代不同批号的萃取剂性质可能会有较大的区别。

固相萃取可以作为前处理手段的一个很好补充，但是在使用时，一定要清醒地知道它的优点和缺点，注意因地制宜，扬长避短。

二、设备和操作

最简单的固相萃取装置就是一根直径为数毫米的小柱（见图9-18），小柱可以是玻璃的，也可以是聚丙烯、聚乙烯、聚四氟乙烯等塑料制成的，还可以是不锈钢制成的。小柱下端有一孔径为 $20\mu m$ 的烧结筛板，用以支撑吸附剂。如自制固相萃取小柱没有合适的烧结筛板时，也可以用填加玻璃棉来代替筛板，起到既能支撑固体吸附剂，又能让液体流过的作用。在筛板上填装一定量的吸附剂（$100\sim1000mg$，视需要而定），然后在吸附剂上再加一块筛板，以防止加样品时破坏柱床（没有筛板时也可以用玻璃棉替代）。目前已有各种规格的、装有各种吸附剂的固相萃取小柱出

图9-18 固相萃取柱及装置

售，使用起来十分方便。

固相萃取的一般操作程序分为如下几步（见图9-19）。

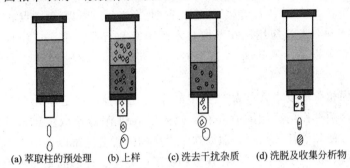

(a) 萃取柱的预处理　(b) 上样　(c) 洗去干扰杂质　(d) 洗脱及收集分析物

图 9-19　固相萃取操作步骤

◇—基本杂质；●—分析物

（1）活化吸附剂　在萃取样品之前要用适当的溶剂淋洗固相萃取小柱，以使吸附剂保持湿润，可以吸附目标化合物或干扰化合物。不同模式固相萃取小柱活化用的溶剂不同。①反相固相萃取所用的弱极性或非极性吸附剂，通常用水溶性有机溶剂（如甲醇）淋洗，然后用水或缓冲溶液淋洗。也可以在用甲醇淋洗之前先用强溶剂（如己烷）淋洗，以消除吸附剂上吸附的杂质及其对目标化合物的干扰。②正相固相萃取所用的极性吸附剂，通常用目标化合物所在的有机溶剂（样品基体）进行淋洗。③离子交换固相萃取所用的吸附剂，在用于非极性有机溶剂中的样品时，可用样品溶剂来淋洗；在用于极性溶剂中的样品时，可用水溶性有机溶剂淋洗后，再用适当 pH 值、并含有一定有机溶剂和盐的水溶液进行淋洗。为了使固相萃取小柱中的吸附剂在活化后到样品加入前能保持湿润，应在活化处理后在吸附剂上面保持大约 1mL 活化处理用的溶剂。

（2）上样　将液态或溶解后的固态样品倒入活化后的固相萃取小柱中，然后利用抽真空、加压或离心的方法使样品进入吸附剂。

（3）洗涤和洗脱　在样品进入吸附剂，目标化合物被吸附后，可先用较弱的溶剂将弱保留干扰化合物洗掉，然后再用较强的溶剂将目标化合物洗脱下来，加以收集。淋洗和洗脱同前所述，可采用抽真空、加压或离心的方法使淋洗液或洗脱液流过吸附剂。在多数的情况下是使目标化合物保留在吸附剂上，最后用强溶剂洗脱，这样更有利于样品的净化。如果在选择吸附剂时，选择对目标化合物吸附很弱或不吸附，而对干扰化合物有较强吸附的吸附剂时，也可让目标化合物先淋洗下来加以收集，而使干扰化合物保留（吸附）在吸附剂上，两者得到分离。

第七节　仪器分析的其它辅助设备

一、空气压缩机

空气压缩机可以提供气源动力，是气动系统的核心设备机电引气源装置中的主体，它是将原动（通常是电动机）的机械能转换成气体压力能的装置，是压缩空气的气压发生装置（见图9-20）。

空气压缩机使用时的注意事项：

① 维修及更换各部件时必须确定空压机系统内的压力都已释放，与其它压力源已隔开，主电路上的开关已经断开，且已做好不准合闸的安全标识。

② 压缩机冷却润滑油的更换时间取决于使用环境、湿度、尘埃和空气中是否有酸碱性气体。新购置的空压机首次运行 500h 需更换新油，以后

图 9-20　空气压缩机示意

按正常换油周期每4000h更换一次，年运行不足4000h的机器应每年更换一次。

③ 油过滤器在第一次开机运行 300～500h 时必须更换，第二次在使用 2000h 时更换，以后则按正常时间每 2000h 更换一次。

④ 在机器每运行 2000h 左右时须检查皮带的松紧度，如果皮带偏松，则需调整，直至皮带张紧为止；为了保护皮带，在整个过程中需防止皮带因受油污染而报废。

二、真 空 泵

(一) 结构与原理

"真空"是指压力小于 101.3kPa（一个标准大气压）的气态空间。凡能从容器中抽出气体，使气体压力降低的装置，均可称真空泵。化验室内常用的真空泵是油封机械真空泵，真空度一般为 101～1Pa。这种泵有一个钢制的圆筒形定子，定子里有一个偏心的钢制实心圆柱作为转子，转子直径上嵌有带弹簧的滑片，当电机带动转子转动时，滑片在圆筒形的腔体中运转，使泵腔隔成两个区域，其容积周期地扩大和缩小。将待抽的气体容器接在泵的进气口后，当泵腔空间增大时，吸入待抽气体，随着转子转动，气体被压缩而后从排气口排出。转子不断转动，吸气、压缩、排气过程不断重复进行，容器内气体不断减少，气压不断降低。

整个机件浸在盛润滑油的箱中，润滑油的蒸气压很低，它起到润滑、密封和冷却作用。

(二) 使用与注意事项

1. 真空泵在实验室的用途

在化验室中，真空泵主要用于以下几个方面：

(1) 真空干燥　真空泵与干燥箱连接，样品在真空干燥箱中能在较低温度下除去样品中的水分及难挥发的高沸点杂质，以免样品在高温下分解。

(2) 真空蒸馏　即减压蒸馏，可以降低物料的沸点，使其在较低温度下进行蒸馏。适用于在高温下易分解的有机物的蒸馏。

(3) 真空过滤　对难于过滤的物料，真空过滤可以加快过滤速度。

(4) 其它　还可用于需要抽真空的试验，如管道换气等。

2. 使用注意事项

(1) 开泵前先检查泵内油的液面是否在油孔的标线处。油过多，在运转时会随气体由排气孔向外飞溅，油不足，泵体不能完全浸没，达不到密封和润滑作用，对泵体有损坏。

(2) 真空泵不可直接抽可凝性蒸气（如水蒸气）、挥发性液体以及腐蚀性气体（如 HCl、Cl_2 和 NO_2）等。为防止这些气体进入泵内，应在进气口前连接一个或几个净化器，根据实际需要内装无水 $CaCl_2$ 或 P_2O_5 以吸收水分，装石蜡油吸收有机蒸气，装活性炭或硅胶吸收其它蒸气，装固体 $NaOH$ 吸收腐蚀性气体。

（3）真空泵运转时要注意电动机的温度，不可超过规定温度（一般为 $65℃$）。不应有摩擦和金属撞击声。

（4）停泵前，应使泵的进气口先通入大气后再切断电源，以防泵油返压进入抽气系统。

（5）真空泵应定期清洗进气口处的细纱网，以免固体小颗粒落入泵内，损坏泵体，使用半年或一年后，必须换油。

三、气体钢瓶及减压阀

在物理化学实验中，经常要用到氧气、氮气、氢气、氩气等气体。这些气体一般都是贮存在专用的高压气体钢瓶中。使用时通过减压阀使气体压力降至实验所需范围，再经过其它控制阀门细调，使气体输入使用系统。

氧气减压阀的工作原理：氧气减压阀的高压腔与钢瓶连接，低压腔为气体出口，并通往使用系统。高压表的示值为钢瓶内贮存气体的压力。低压表的出口压力可由调节螺杆控制。使用时先打开钢瓶总开关，然后顺时针转动低压表压力调节螺杆，使其压缩主弹簧并传动薄膜、弹簧垫块和顶杆而将活门打开。这样进口的高压气体由高压室经节流减压后进入低压室，并经出口通往工作系统。转动调节螺杆，改变活门开启的高度，从而调节高压气体的通过量并达到所需的压力值。

减压阀都装有安全阀，它是保护减压阀并使之安全使用的装置，也是减压阀出现故障的信号装置。如果由于活门垫、活门损坏或由于其它原因，导致出口压力自行上升并超过一定许可值时，安全阀会自动打开排气。

氧气减压阀的使用方法：

（1）按使用要求的不同，氧气减压阀有许多规格。最高进口压力大多为 $15MPa$，最低进口压力不小于出口压力的 2.5 倍。出口压力规格较多，根据实际需求选择。

（2）安装减压阀时应确定其连接规格是否与钢瓶和使用系统的接头相一致。减压阀与钢瓶采用半球面连接，靠旋紧螺母使二者完全吻合。因此，在使用时应保持两个半球面的光洁，以确保良好的气密效果。安装前可用高压气体吹除灰尘。必要时也可用聚四氟乙烯等材料作垫圈。

（3）氧气减压阀应严禁接触油脂，以免发生火警事故。

（4）停止工作时，应将减压阀中的余气放净，然后拧松调节螺杆以免弹性元件长久受压变形。

（5）减压阀应避免撞击振动，不可与腐蚀性物质相接触。

其它气体减压阀：有些气体，例如氮气、空气、氩气等永久性气体，可以采用氧气减压阀。但还有一些气体，如氨等腐蚀性气体，则需要专用减压阀。市面上常见的有氮气、空气、氢气、氨、乙炔、丙烷、水蒸气等专用减压阀。这些减压阀的使用方法及注意事项与氧气减压阀基本相同。但是，还应该指出：专用减压阀一般不用于其它气体。为了防止误用，有些专用减压阀与钢瓶之间采用特殊连接口。例如氢气和丙烷均采用左牙螺纹，也称反向螺纹，安装时应特别注意。

气体钢瓶是储存压缩气体的特制的耐压钢瓶。使用时，通过减压阀（气压表）有控制地放出气体。由于钢瓶的内压很大（有的高达15MPa），而且有些气体易燃或有毒，所以在使用钢瓶时要注意安全。

（1）压缩气体钢瓶应直立使用，务必用框架或栅栏围护固定。

（2）压缩气体钢瓶应远离热源、火种，置通风阴凉处，防止日光曝晒，严禁受热；可燃性气体钢瓶必须与氧气钢瓶分开存放；周围不得堆放任何易燃物品，易燃气体严禁接触火种。

（3）禁止随意搬动敲打钢瓶，经允许搬动时应做到轻搬轻放。

（4）使用时要注意检查钢瓶及连接气路的气密性，确保气体不泄漏。使用钢瓶中的气体时，要用减压阀（气压表）。各种气体的气压表不得混用，以防爆炸。

（5）使用完毕按规定关闭阀门，主阀应拧紧不得泄漏。养成离开实验室时检查气瓶的习惯。

（6）不可将钢瓶内的气体全部用完，一定要保留 0.05MPa 以上的残留压力（减压阀表压）。可燃性气体如乙炔应剩余 0.2～0.3MPa。

(7) 为了避免各种气体混淆而用错气体，通常在气瓶外面涂以特定的颜色以便区别，并在瓶上写明瓶内气体的名称。

(8) 绝不可使油或其它易燃性有机物沾在气瓶上（特别是气门嘴和减压阀）。也不得用棉、麻等物堵住，以防燃烧引起事故。

(9) 各种气瓶必须按国家规定进行定期检验，使用过程中必须要注意观察钢瓶的状态，如发现有严重腐蚀或其他严重损伤，应停止使用并提前报检。

四、氢气发生器

氢气发生器由电解池、纯水箱、氢/水分离器、收集器、干燥器、传感器、压力调节阀、开关电源等部件组成（见图 9-21）。通电后，电解池阴极产氢气，阳极产氧气，氢气进入氢/水分离器，氧气排入大气。氢/水分离器将氢气和水分离，氢气进入干燥器除湿后，经稳压阀、调节阀调整到额定压力（0.02～0.45MPa 可调）由出口输出。

图 9-21　氢气发生器示意

氢气发生器根据其工作原理不同，产出的氢气有两种不同来源：

(1) 纯水电解制氢　把满足要求的电解水（电阻率大于 $1M\Omega/cm$，电子或分析行业用的去离子水或二次蒸馏水皆可）送入电解槽阳极室，通电后水便立刻在阳极分解：$H_2O \Longrightarrow H^+ + O^{2-}$，分解成的负氧离子（$O^{2-}$）随即在阳极放出电子，形成氧气（$O_2$），从阳极室排出，携带部分水进入水槽，水可循环使用，氧气从水槽上盖小孔放入大气。氢质子以水合离子（H_3O^+）的形式，在电场力的作用下，通过 SPE 离子膜，到达阴极吸收电子形成氢气，从阴极室排出后，进入气水分离器，在此除去从电解槽携带出的大部分水分，含微量水分的氢气再经干燥器吸湿后，纯度便达到 99.999% 以上。

(2) 碱液电解制氢　工作原理是传统隔膜碱液电解法。电解槽内的导电介质为氢氧化钾水溶液，两极室的分隔物为航天电解设备用优质隔膜，与端板合为一体的耐蚀、传质良好的格栅电极等组成电解槽。向两极施加直流电后，水分子在电解槽的两极立刻发生电化学反应，在阳极产生氧气，在阴极产生氢气。反应式如下：

阳极　$4OH^- - 4e^- \longrightarrow 2H_2O + O_2 \uparrow$

阴极　$2H_2O + 2e^- \longrightarrow 2OH^- + H_2 \uparrow$

　　　$4H_2O + 4e^- \longrightarrow 4OH^- + 2H_2 \uparrow$

总反应式　$2H_2O \longrightarrow 2H_2 \uparrow + O_2 \uparrow$

仪器对压控、过压保护、流量显示、流量追踪等均实行自动控制；使输出氢气能在恒压下，根据气相色谱仪氢气用量，实现全自动调节（在产气量范围内）。

氢气发生器的维护：

（1）仪器正常使用中，一般维护需注意去离子水的补加，每次补加的量不要超过液位的上限，补加去离子水的频率与氢气用量的多少和环境温度有关。

（2）变色硅胶（干燥剂）底部变红色时需要更换，将仪器中的氢气放出，将干燥剂筒整体拧下（逆时针方向），然后更换。保证干燥剂筒上盖内的橡胶面无干燥剂附着拧紧后，干燥剂筒正对干燥底座拧上，力量适中，不要太大。

（3）氢氧化钾水溶液六个月更换一次即可。

（4）仪器使用一段时间后，水桶内的纯水会变少，变混浊时应及时加入或更换纯水。建议：3～6个月水桶内的水全部放掉，清洗水桶后加入新水。

（5）严禁在附近有明火的地方使用，通风条件良好。

五、氮气发生器

氮气是最常用的惰性气体，价格低廉，易制无毒，在实验室中常用作色谱载气、吹扫、保护气等。实验室的氮气来源主要有三种，一是钢瓶气，二是管道气，三是氮气发生器。钢瓶气气体质量高，但钢瓶属于压力容器，运输和保存需要一定的资质，偏远地区更换麻烦，费用高；管道气为大规模制氮，统一调度使用，适合大型工厂或用气单位集中的工业园区，用气量大，建设费用高；氮气发生器为现场制氮，多为小型气站或者实验室仪器或小型生产线单独一对一配套，使用灵活，费用可控，对运输和保存没有特殊要求，为越来越多的实验室选择。常见氮气发生器示意见图 9-22。

氮气发生器按原理分为三种：

(1) 电化学法制氮　在氢气电解池的阴极（产氢气一侧）通入高压空气，在催化剂作用下，氢气和氧气形成微观燃料电池，完成氧化还原反应生产水，宏观上表现即为空气中的氧气被除去，剩余氮气。这种方法可以产出最高 99.995% 的氮气，但有几个明显的缺陷：①需用高浓度氢氧化钾溶液作电解液，这种强碱溶液与气体直接接触，对气体质量有潜在影响，并有随气路输出的可能性；②单位成本高，不适合做大流量氮气发生器；③反应过程只去除了空气中的氧气，其它杂质气体并没有涉及，并且反应过程对电解池制作技术要求很高。这类氮气发生器作为一种小流量氮气来源，常被用于色谱载气和小容量保护。

(2) 膜分离制氮　高压空气通过中空纤维膜组件，氮气分子和氧气分子的扩散速度差别积累，在膜组件输出端形成高纯度的氮气，最终形成的产品气纯度最高可达 99%，气体流量＞5000mL/min，并且可以累加使用，不影响产品质量，在不考虑其它限制条件的情况下，气体装置可以无限扩充。膜分离制氮在工业上有不少的应用，在实验室主要用于对气体纯度要求不是特别高的吹扫、保护、对氧气的置换等。这类发生器的主要优点是流量大，实验室级别产品一般在 50L/min 上下，膜组件作为核心部件，在空气源稳定的情况下，寿命可达 10 年，且维护成本极低；缺点是氮气纯度不能达到高纯级，膜组件成本较高，仪器价格也相对高。膜分离氮气发生器可以很好地适用于液质联用仪的用氮要求。

(3) 变压吸附制氮　利用氮气与

图 9-22　氮气发生器示意

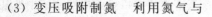

其它气体分子在分子筛中的吸附能力差异，形成浓度差异的积累，在分子筛柱末端产出高纯度氮气。这类发生器可根据需要，调节氮气的纯度和流量，最高可生产 99.999％ 的氮气产品，流量可从几百毫升到几十升到几立方每分钟，纯度大小配置灵活，可根据每个需求具体定制。可用作气相色谱中的载气。技术难点主要是分子筛柱填装技术，分子筛填装不好，会造成分子筛在气体高低压频繁变化中互相摩擦碰撞粉化，微孔数量减少，分子筛性能急剧降低。

六、脱 气 装 置

在高效液相色谱分析系统中，如果运载样品的流动相含有气泡，会出现不正常峰值。严重影响检测器的检测精度。流动相的除气虽然可以在预处理时进行，但由于流动相化学性质和分析本身的需要，当两种溶液混合时还会产生气泡。在线脱气机可以连续不断地从流动相中除去气体，消除流动相的不稳定因素并降低基线漂移及噪声，从而消除了对电化学、荧光和紫外检测氧的干扰。溶剂脱气装置能够完全去除流动相中的溶解气体，从而使 HPLC 系统达到最佳性能。

工作原理：运用真空脱气原理进行工作，当流动相在液相泵带动下通过置于真空仓中的脱气管时，管内外产生的压力差可使得原流动相中的气泡分子从分离膜内不断析出。真空仓内脱气管设计长度可以满足一般常规流量的脱气要求。脱气系统全部封闭，不会改变流动相的化学组分。对于易燃、挥发性强的液体脱气，能保证它不会溢出，从而达到安全的脱气过程。

七、保 护 地 线

保护接地即将高压设备的外壳与大地连接。一是防止机壳上积累电荷，产生静电放电而危及设备和人身安全，如电脑机箱的接地。二是当设备的绝缘损坏而机壳带电时，促使电源的保护动作而切断电源，以便保护工作人员的安全。三是可以屏蔽设备巨大的电场，起到保护作用。工作接地：它是为电路正常工作而提供的一个基准电位。这个基准电位一般设定为零。该基准电位可以设为电路系统中的某一点、某一段等。当该基准电位不与大地连接时，视为相对的零电位。但这种相对的零电位是不稳定的，它会随着外界电磁场的变化而变化，使系统的参数发生变化，从而导致电路系统工作不稳定。当该基准电位与大地连接时，基准电位视为大地的零电位，而不会随着外界电磁场的变化而变化。

参 考 文 献

[1] 王世平. 现代仪器分析实验技术. 北京：科学出版社，2015.

[2] 陈勇. 化学分析检验基础. 北京：化学工业出版社，2015.

[3] 张岚. 化学分析技能操作. 厦门：厦门大学出版社，2015.

[4] 韩爱鸿，李艳霞. 化学分析方式及仪器研究. 北京：中国水利水电出版社，2014.

[5] 马晓宇. 分析化学基本操作. 北京：科学出版社，2011.

学 习 要 求

一、掌握马弗炉及其它加热设备的使用规程。

二、掌握冰箱的日常维护。

三、了解分析所用微波制样设备的性能、规格、选用原则。

四、掌握气体发生设备的工作原理和日常维护。

五、掌握空压机、真空泵、机械泵等的使用方法和日常维护。

复 习 题

1. 电炉加热和微波加热各有什么特点？

2. 马弗炉烧结样品时，对样品有什么要求，使用过程中注意什么问题？

3. 讨论微波萃取装置还可以应用到那些方面？

4. 气体发生器的变色硅胶、活性炭等需要定期更换吗？

5. 简述固相萃取的原理，与传统液-液提取相比的优势是什么？

6. 简述旋转蒸发仪的操作步骤？

7. 半导体制冷与传统的制冷方式有什么优势？

8. 鼓风干燥箱与真空干燥的在使用上有何异同？

9. 如何除去冰箱内的结冰？

第十章 化验室建设和管理及
分析测试的质量保证

第一节 化验室建设和管理

一、化验室的分类及设计要求

(一) 化验室分类及职责

检验检测实验室定义为"对给定的产品、材料、设备、生物体、物理现象、工艺过程或服务，按规定的程序实施技术操作，以确定一种或多种特性或性能的实验室。"在分析化学中，化学分析检测实验室通常称为化验室。在科研机构、企业和大专院校有着不同的功能。

(二) 化验室设计要求

建立现代化的各类企事业单位的化验室，首先要根据各类企事业单位的整体规划、产品工艺和化验室建设项目的性质、目的、任务、依据和规模，做好建筑设计、实验室布局和化验室功能配置。

实验室建筑由实验用房、辅助用房、公用设施用房等组成（JGJ 91—93 科学实验室建筑设计规范）。

实验用房分为两类：精密仪器实验室，包括气相色谱室、液相色谱室、原子吸收室、光学仪器分析室等及配套的样品预处理室（化学处理室）；化学分析实验室，包括化学分析室、标准溶液室、分析天平室、高温仪器室、纯水处理室、物性分析室等。

辅助用房包括化学药品室、易耗品仓库室、气体钢瓶室、污水处理室、环境检测室、分析样品留样室、员工休息室、男女更衣间以及管理人员办公室等。

公用设施用房：包括采暖、通风、空调、制冷、给水、排水、纯净水、煤气、特殊气体、压缩空气、真空、照明、供配电、电讯等设施的用房。

化验室设计要求：

（1）化验室位置　例如工矿企业的化验室通常位于厂前区，要方便取样，应处于主导风向的上侧，防止灰尘、烟雾、噪声及有害气体的影响。

（2）化验室的建筑结构通常应为钢筋混凝土框架结构，整个化验室要有多个出口和宽敞通道。

（3）化验室要三防　防震、防磁、防热，尽量远离震源、磁源、热源。

化验室整体布局上应为南北方向，一般平面布置采用中间走廊的布局，合理优化布置应满足以下几点：

（1）同类型分析室布置在一起；

（2）管路较多的分析室尽量布置在一起；

（3）洁净级别不同的分析室根据分析流程组合在一起；

（4）有特殊要求的分析室组合在一起（如无菌、预处理等）；

（5）有毒分析室布置在一起并布置在实验楼合适的位置。

适宜放在建筑物北侧的实验室：

（1）温湿度精度要求高的或有温湿度要求的实验室；

（2）需避免日光直射的实验室；

（3）器皿药品贮存间、空调机房、配电间、精密仪器存放间。

实验用房的平面设计，要求保持实验室的通风流畅、逃生通道畅通。根据国际人体工程学的标准，图 10-1 的设计可供参考。

实验用房、走道的地面及楼梯面层，应坚实耐磨、防水防滑、不起尘、不积尘；墙面应光洁、无眩光、防潮、不起尘、不积尘；顶棚应光洁、无眩光、不起尘、不积尘。

使用强酸、强碱的实验室地面应具有耐酸、碱腐蚀的性能；用水的实验室地面应设地漏。

由一个以上标准单元组成的通用实验室的安全出口不宜少于两个。易发生火灾、爆炸、化学品伤害等事故的实验室的门宜向疏散方向开启。在有爆炸危险的房间内应设置外开门。

实验室要求适宜的温度和湿度。通用实验室的冬季采暖室内计算温度应为 18～20℃。通用实验室的夏季空气调节室内计算参数为：

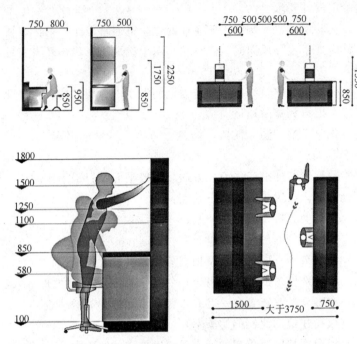

图 10-1 实验室平面设计示意图（单位：mm）（成威公司）

温度 26～28℃，相对湿度小于 65％。

需要时，实验室应有安全和应急装置，如：洗眼器、沐浴器、灭火器、保护手套、防护衣服等。安全站的最佳位置是在实验室的主入口上。

实验室的噪声一般应小于 55dB。

下面分别作简要介绍。

1. 精密仪器室

精密仪器室要求具有防火、防震、防电磁干扰、防噪声、防潮、防腐蚀、防尘、防有害气体侵入的功能，室温尽可能保持恒定。需要恒温的仪器室可装双层门窗及空调装置。

仪器室可用水磨石地或防静电地板，不推荐使用地毯，因地毯易积聚灰尘，还会产生静电。

大型精密仪器室的供电电压应稳定，一般允许电压波动范围为

±10%。必要时要配备附属设备（如稳压电源等）。为保证供电不间断，可采用双电源供电。应设计有专用地线，接地电阻小于4Ω。

气相色谱室及原子吸收分析室因要用到高压钢瓶，最好设在就近室外能建钢瓶室（方向朝北）的位置。放仪器用的实验台与墙距离40cm，以便于操作与维修。室内要有良好的通风。原子吸收仪器上方设局部排气罩。

微型计算机和微机控制的精密仪器对供电电压和频率有一定要求。为防止电压瞬变、瞬时停电、电压不足等影响仪器工作，可根据需要选用不间断电源（UPS）。

在设计专用的仪器分析室的同时，就近配套设计相应的化学处理室。这在保护仪器和加强管理上是非常必要的。

2. 化学分析室

在化学分析室中进行样品的化学处理和分析测定，工作中常使用一些小型的电器设备及各种化学试剂，如操作不慎也具有一定的危险性。针对这些使用特点，在化学分析室设计上应注意以下要求：

（1）建筑要求 化验室的建筑应耐火或用不易燃烧的材料建成，隔断和顶棚也要考虑到防火性能。可采用水磨石地面，窗户要能防尘，室内采光要好。门应向外开，大实验室应设两个出口，以利于发生意外时人员的撤离。

（2）供水和排水 供水要保证必需的水压、水质和水量，应满足仪器设备正常运行的需要。室内总阀门应设在易操作的显著位置。下水道应采用耐酸碱腐蚀的材料，地面应有地漏。

（3）通风设施 由于化验工作中常常产生有毒或易燃的气体，因此化验室要有良好的通风条件，通风设施一般有以下3种。

① 全室通风 采用排气扇或通风竖井，换气次数一般为5次/时。

② 局部排气罩 一般安装在大型仪器发生有害气体部位的上方。在教学实验室中产生有害气体的上方，设置局部排气罩以减少室内空气的污染。

③ 通风柜 这是实验室常用的一种局部排风设备。内有加热源、气源、水源、照明等装置。可采用防火防爆的金属材料制作通风柜，内涂防腐涂料，通风管道要能耐酸碱气体腐蚀。风机可安装在顶层机

房内，并应有减少震动和噪声的装置，排气管应高于屋顶 2m 以上。一台排风机连接一个通风柜较好，不同房间共用一个风机和通风管道易发生交叉污染。通风柜在室内的正确位置是放在空气流动较小的地方，不要靠近门窗，见图 10-2，一种效果较好的狭缝式通风柜见图 10-3。通风柜台面高度 850mm，宽 800mm，柜内净高 1200 ～ 1500mm，操作口高度 800mm，柜长 1200～1800mm。条缝处风速 5m/s 以上。挡板后风道宽度等于缝宽 2 倍以上。

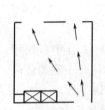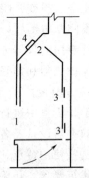

图 10-2　通风柜在室内的正确位置

图 10-3　狭缝式通风柜
1—操作口；2—排风口；
3—排风狭缝；4—照明灯

（4）煤气与供电　有条件的化验室可安装管道煤气。化验室的电源分照明用电和设备用电。照明最好采用荧光灯。设备用电中，24h 运行的电器（如冰箱）单独供电，其余电器设备均由总开关控制，烘箱、高温炉等电热设备应有专用插座、开关及熔断器。在室内及走廊上安置应急灯，备夜间突然停电时使用。

（5）实验台　实验台主要由台面、台下的支架和器皿柜组成。为方便操作，台上可设置药品架，台的两端可安装水槽。

实验台一般宽 750mm，长根据房间尺寸，可为 1600～3200mm，高可为 800～900mm。材质为全钢或钢木结构。台面应平整、不易碎裂、耐酸碱及溶剂腐蚀、耐热，不易碰碎玻璃仪器等。加热设备可置于砖砌底座的水泥台面上，高度为 500～700mm。

通风柜和实验台见图 10-2～图 10-4。

图 10-4　实验台和通风柜（有洗眼器）（成威公司）

3. 辅助用室

（1）药品储藏室　由于很多化学试剂属于易燃、易爆、有毒或腐蚀性物品，故不要购置过多。储藏室仅用于存放少量近期要用的化学药品，且要符合危险品存放安全要求。要具有防明火、防潮湿、防高温、防日光直射、防雷电的功能。药品储藏室房间应朝北、干燥、通风良好，顶棚应遮阳隔热，门窗应坚固，窗应为高窗，门窗应设遮阳板。门应朝外开。易燃液体储藏室室温一般不许超过 28℃，爆炸品不许超过 30℃。少量危险品可用铁板柜或水泥柜分类隔离储存。室内设排气降温风扇，采用防爆型照明灯具。备有消防器材。亦可以符合上述条件的半地下室为药品储藏室。

（2）钢瓶室　易燃或助燃气体钢瓶要求安放在室外的钢瓶室内。钢瓶室要求远离热源、火源及可燃物仓库。钢瓶室要用非燃或难燃材料构造，墙壁用防爆墙，轻质顶盖，门朝外开。要避免阳光照射，并有良好的通风条件。钢瓶距明火热源 10m 以上，室内设有直立稳固的铁架用于放置钢瓶。

二、化验室管理和安全

（一）化验室管理

为了确保化验室工作达到质量保证的要求，应该有一整套的规章制度，包括：

① 各级人员的岗位责任制度；

② 检验工作的质量保证制度；

③ 测试仪器设备的购置申请、验收、保管、使用、维修、校准、计量检定制度；

④ 检验标准、操作规程、精密仪器档案、原始记录、检验报告等资料的管理制度；

⑤ 危险物品、贵重物品和试剂的管理制度；

⑥ 安全和三废的管理制度等。

本节仅涉及仪器、药品和其它物品的管理。

1. 精密仪器的管理

安放仪器的房间应符合该仪器的要求，以确保仪器的精度及使用寿命。做好仪器室的防震、防尘、防腐蚀工作。

建立专人管理责任制，仪器的名称、规格、数量、单价、出厂和购置的年月都要登记准确。

大型精密仪器每台建立技术档案，内容包括：

① 仪器说明书、装箱单、零配件清单；

② 安装、调试、性能鉴定、验收记录、索赔记录；

③ 使用规程、保养维修规程；

④ 使用登记本、检修记录。

大型仪器使用、维修应由专人负责，使用维修人员经考核合格方可独立操作使用。如确需拆卸、改装应有一定的审批手续。

2. 化学药品的管理

化验室所需的化学药品及试剂溶液品种很多，化学药品大多具有一定的毒性及危险性，对其加强管理不仅是保证分析数据质量的需要，也是确保安全的需要。

化验室只宜存放少量短期内需用的药品。化学药品存放时要分类，无机物可按酸、碱、盐分类，盐类中可按周期表金属元素的顺序排列如钾盐、钠盐等，有机物可按官能团分类，如烃、醇、酚、醛、酮、酸等。另外也可按应用分类如基准物、指示剂、色谱固定液等。

（1）危险化学品的分类　危险化学品是指具有毒害、腐蚀、爆炸、燃烧、助燃等性质，对人体、设施、环境具有危害的剧毒化学品和其他化学品。根据不同的标准我国对化学品有着不同的分类，GB 13690—2009《化学品分类和危险性公示 通则》（其替代的标准为 GB 13690—1992《常用危险化学品的分类及标志》）。新标准与联合国《化学品分类及标记全球协调制度》（GHS）（globally harmonized system of classification and labelling of chemicals，GHS，全球化学品分类和标签统一制度）的技术要求一致。按物理危险分为 16 类。按健康和环境危害分为 11 类。另一种分类是国家标准 GB 6944—2012《危险货物分类和品名编号》。这 2 个标准都规范了化学危险品的分类和标识。按 GB 6944—2012 危险化学品分为以下 9 类。

① 爆炸品　细分为 6 项，有各种炸药、三硝基甲苯（梯恩梯）、苦味酸及盐、高氯酸及盐、叠氮或重氮化合物等。

② 气体

a. 易燃气体，如乙炔、丙烷、氢气、液化石油气、天然气、甲烷等；

b. 非易燃无毒气体，如氧气、氮气、氩气、二氧化碳等；

c. 毒性气体，如氯气、液氨、水煤气等。

③ 易燃液体　如油漆、香蕉水（醋酸异戊酯）、汽油、煤油、乙醇、甲醇、丙酮、甲苯、二甲苯、溶剂油、苯、乙酸乙酯、乙酸丁酯等。

④ 易燃固体、易于自燃的物质、遇水放出易燃气体的物质。

a. 易燃固体、自反应物质和固态退敏爆炸品，如硝化棉、硫黄、铝粉等；

b. 易于自燃的物质，如保险粉等；

c. 遇水放出易燃气体的物质，如金属钠、镁粉、镁铝粉、镁合金粉等。

⑤ 氧化性物质和有机过氧化物

a. 氧化性物质，如双氧水、高锰酸钾、漂白粉等；

b. 有机过氧化物。

⑥ 毒性物质和感染性物质

a. 毒性物质，如氰化钠、氰化钾、砒霜（三氧化二砷）、硫酸铜、部分农药等；

b. 感染性物质。

⑦ 放射性物质。

⑧ 腐蚀性物质 如盐酸、硫酸、硝酸、磷酸、氢氟酸、氨水、次氯酸钠溶液、甲醛溶液、氢氧化钠、氢氧化钾等。

⑨ 杂项危险物质和物品，包括危害环境物质。

(2) 危险化学品的主要危险特性 危险化学品具易燃、易爆、毒害、腐蚀、放射性等危险特性，在生产、储存、运输、使用和废弃处置等过程，容易产生人员伤亡、财产损失、环境污染事故。危险化学品的主要危险特性如下：

① 易燃、易爆性 爆炸品、易燃气体、易燃液体、易燃固体、自燃性物质和遇湿易燃物品、氧化物质和有机过氧化物、部分毒性物质、部分腐蚀性物质均具有易燃、易爆性，泄漏后，在条件具备下均能发生火灾爆炸事故。

② 毒害性 许多危险化学品对人体有害，通过吸入、食入、经皮吸收，引起人员急慢中毒或窒息。危险化学品对人体的危害主要为：引起刺激、过敏、缺氧窒息、昏迷和麻醉、全身中毒、致癌、致畸、致突变、尘肺。

③ 腐蚀性 强酸、强碱能对人体组织、金属、建筑物等造成损坏，接触人体皮肤、眼睛或其它器官，会造成化学灼伤，甚至死亡。

④ 放射性 放射性危险化学品通过放出的射线可阻碍和伤害人体细胞活动机能并能导致细胞死亡。

有些危险化学品具有多种危险性，既具体易燃易爆危险性，还具有强毒性、腐蚀性或放射性。

(3) 危险化学品的安全标签 安全标签除了产品标签要求的品名(中文名和英文名)、化学式或示性式、质量级别、技术要求、产品标准号、生产许可证号、净含量、生产批号或生产日期、生产厂名及商标，危险品按 GB 13690 的规定给出标志图形、性质、警示及 GB 15258 附录 C 规定的安全标签防范说明。有些产品要求注明有效期。图 10-5 为甲醛的安全标签。

(4) 化验室危险化学品存放要求 (参见 GB 15603—1995)

① 危险化学品存放房间应选择朝北向，避免阳光直射，室内设

| ×××化工有限公司

纯 度：37%
净重量：
批 号： | Formaldehyde
甲醛溶液
CH_2O

危 险：
易燃有毒、具腐蚀性
安全措施：
·远离火种、热源、密闭包装，贮于阴凉通风处
·应与氧化剂、酸、碱类等分储分运
·若皮肤或眼睛接触，用清水冲洗
·误食，用水漱口、洗胃、就医
灭火：
·沙土、泡沫、雾状水、二氧化碳

请向生产销售企业索取安全技术说明书 | |

| 生产商：×××化工有限公司　　邮编：×××××
地 址：××××××××　　电话：××××××× | UN
NO.:1198 | CN NO.:83012 |
| | 应急咨询电话：
　×××××× | |

图 10-5 甲醛的安全标签

有温度计和湿度计，防潮、通风，有防盗门窗。电源和照明应符合防火、防爆要求，并配有防火器材。

贮存化学危险品的建筑必须有避雷设备，必须安装通风设备，通风管应采用非燃烧材料制作，通风管道不宜穿过防火墙，如必须穿过时应用非燃烧材料分隔。通排风系统应设有导除静电的接地装置，热水采暖不应超过 80℃，不得使用蒸汽采暖和机械采暖，采暖管道和设备的保温材料，必须采用非燃烧材料。

② 爆炸物品不准和其它类物品同贮。

③ 压缩气体和液化气体必须与爆炸物品、氧化剂、易燃物品、自燃物品、腐蚀性物品隔离贮存。易燃气体不得与助燃气体、剧毒气体同贮；氧气不得与油脂混合贮存；易燃液体、遇湿易燃物品、易燃固体不得与氧化剂混合贮存；氧化剂必须单独存放。

④ 有毒物品应贮存在阴凉、通风、干燥的场所，不要露天存放，不要接近酸类物质。

⑤ 腐蚀性物品，包装必须严密，不允许泄漏，严禁与液化气体和其它物品共存。

⑥ 化学危险品在贮存期内，应定期检查，发现其品质变化、包装破损、渗漏、稳定剂短缺等，应及时处理。

⑦ 储存温度应按各化学危险品的要求严格控制、经常检查。

⑧ 按化学危险品特性，用化学的或物理的方法处理废弃物品，不得任意抛弃、污染环境。

⑨ 要注意化学药品的存放期限，一些试剂在存放过程中会逐渐变质，甚至形成危害物。醚类、四氢呋喃、二氧六环、烯烃、液体石蜡等在见光条件下若接触空气可形成过氧化物，放置愈久愈危险。乙醚、异丙醚、丁醚等若未加阻化剂（对苯二酚、苯三酚、硫酸亚铁等），存放期不得超过一年。

⑩ 化学药品库药品柜和试剂溶液均应避免阳光直晒及靠近暖气等热源。要求避光的试剂应装于棕色瓶中或用黑纸或黑布包好存于柜中。

⑪ 对发现试剂瓶上的标签掉落或将要模糊时应立即贴好标签。无标签或标签无法辨认的试剂都要当成危险物品重新鉴别后小心处理，不可随便乱扔，以免引起严重后果。

⑫ 危险化学品及备用药品应锁在药品库中，建立双人登记签字领用制度。

3. 其它实验物品的管理

除精密仪器外可以把其它实验物品分为三类：低值品、易耗品和材料。材料一般指消耗品，如金属、非金属原材料、试剂等；易耗品指玻璃仪器、元器件等；低值品则指价格不够固定资产标准又不属于材料范围的用品，如电表、工具等。这些物品使用频率高，流动性大，管理上以心中有数、方便使用为目的。要建立必要的账目。在仪器柜和实验柜中分门别类存放，对工具、电料等都要养成取用完放回原处的习惯。有腐蚀性蒸气的酸应注意盖严，定时通风，勿与精密仪器置于同一室中。

（二）化验室安全

我们国家一贯重视安全与劳动保护工作。保护实验人员的安全和健康，防止环境污染，保证实验室工作安全而有效地进行是实验室管理工作的重要内容。根据化验室工作的特点，化验室安全包括防火、防爆、防毒、防腐蚀、保证压力容器和气瓶的安全、电气安全和防止环境污染等方面。

1. 防止中毒、化学灼伤和割伤

（1）一切药品和试剂要有与其内容物相符的标签。剧毒药品严格遵守保管、领用制度。发生撒落时，应立即收起并做解毒处理。

（2）严禁试剂入口及以鼻直接接近瓶口进行鉴别。如需鉴别，应将试剂瓶口远离鼻子，以手轻轻煽动，稍闻即止。

（3）处理有毒的气体、产生蒸气的药品及有毒有机溶剂（如氮氧化物、溴、氯、硫化氢、汞、砷化物、甲醇、乙腈、吡啶等），必须在通风橱内进行。取有毒试样时必须站在上风口。

（4）取用腐蚀性药品，如强酸、强碱、浓氨水、浓过氧化氢、氢氟酸、冰乙酸和溴水等，尽可能戴上防护眼镜和手套，操作后立即洗手。如瓶子较大，应一手托住底部，一手拿住瓶颈。

（5）稀释硫酸时，必须在烧杯等耐热容器中进行，必须在玻璃棒不断搅拌下，缓慢地将酸加入到水中！溶解氢氧化钠、氢氧化钾等时，大量放热，也必须在耐热的容器中进行。浓酸和浓碱必须在各自稀释后再进行中和。

（6）取下沸腾的水或溶液时，需先用烧杯夹夹住摇动后再取下，以防使用时液体突然剧烈沸腾溅出伤人。

（7）切割玻璃管（棒）及将玻璃管插入橡皮塞极易受割伤，应按规程操作，垫以厚布。向玻璃管上套橡皮管时，应选择合适直径的橡皮管，并以水、肥皂水润湿，玻璃管口先烧圆滑。把玻璃管插入橡皮塞时，应握住塞子的侧面进行。

2. 防火、防爆

（1）化验室内应备有灭火用具，急救箱和个人防护器材。化验员要熟知这些器材的使用方法。

（2）煤气灯及煤气管道要经常检查是否漏气。如果在实验室已闻到煤气的气味，应立即关闭阀门，打开门窗，不要接通任何电器开关（以免发生火花）！禁止用火焰在煤气管道上寻找漏气的地方，应该用家用洗涤剂水或肥皂水来检查漏气。

（3）操作、倾倒易燃液体时应远离火源，瓶塞打不开时，切忌用火加热或贸然敲打。倾倒易燃液体时要有防静电措施。

（4）加热易燃溶剂必须在水浴或严密的电热板上缓慢进行，严禁用火焰或电炉直接加热。

（5）点燃煤气灯时，必须先关闭风门，划着火柴，再开煤气，最后调节风量。停用时要先闭风，后闭煤气。不依次序，就有发生爆炸和火灾的危险。还要防止煤气灯内燃。

（6）使用酒精灯时，注意酒精切勿装满，应不超过容量的 2/3，灯内酒精不足 1/4 容量时，应灭火后添加酒精。燃着的灯焰应用灯帽盖灭，不可用嘴吹灭，以防引起灯内酒精起燃。酒精灯应用火柴点燃，不应用另一正燃的酒精灯来点，以防失火。

（7）易爆炸类药品，如苦味酸、高氯酸、高氯酸盐、过氧化氢等应放在低温处保管，不应和其它易燃物放在一起。

（8）蒸馏可燃物时，应先通冷却水后通电。要时刻注意仪器和冷凝器的工作是否正常。如需往蒸馏器内补充液体，应先停止加热，放冷后再进行。

（9）易发生爆炸的操作不得对着人进行，必要时操作人员应戴面罩或使用防护挡板。

（10）身上或手上沾有易燃物时，应立即清洗干净，不得靠近灯火，以防着火。

（11）严禁可燃物与氧化剂一起研磨。工作中不要使用不知其成分的物质，因为反应时可能形成危险的产物（包括易燃、易爆或有毒产物）。在必须进行性质不明的实验时，应尽量先从最小剂量开始，同时要采取安全措施。

（12）易燃液体的废液应设置专用储器收集，不得倒入下水道，以免引起燃爆事故。

（13）煤气灯、电炉周围严禁有易燃物品。电烘箱周围严禁放置可燃、易燃物及挥发性易燃液体。不能烘烤放出易燃蒸气的物料。

3. 灭火

当发生火灾，如尚未对人身造成很大威胁时，应争分夺秒将小火扑灭于初期。若局部着火，应立即切断电源，关闭煤气和可燃气体阀门，用湿抹布（必须可燃物和水不反应）或石棉布覆盖熄灭。选用适当的灭火器灭火，拨打火警电话，请求救援，安全逃生。

火灾根据可燃物的类型和燃烧特性，分为 A、B、C、D、E、F 六类（GB/T 4968—2008）。

A 类火灾：指固体物质火灾。这种物质通常具有有机物性质，一般在燃烧时能产生灼热的余烬。如木材、煤、棉、毛、麻、纸张等火灾。

B 类火灾：指液体或可熔化的固体物质火灾。如煤油、柴油、原油、甲醇、乙醇、沥青、石蜡、塑料等火灾。

C 类火灾：指气体火灾。如煤气、天然气、甲烷、乙烷、丙烷、氢气等火灾。

D 类火灾：指金属火灾。如钾、钠、镁、铝镁合金等火灾。

E 类火灾：带电火灾。物体带电燃烧的火灾。

F 类火灾：烹饪器具内的烹饪物（如动植物油脂）火灾。

燃烧必须具备三个要素——着火源、可燃物、助燃剂（如氧气）。灭火就是要去掉其中一个因素。水是最价廉的灭火剂，适用于一般木材、各种纤维及可溶（或半溶）于水的可燃液体着火。砂土的灭火原理是隔绝空气，用于不能用水灭火的着火物。化验室应备干燥的砂箱。石棉毯或薄毯的灭火原理也是隔绝空气，用于扑灭人身上燃着的火。

化验室应根据可燃物的类型配备灭火器，同一场所存在不同火灾种类时，应选用通用型灭火器，如可扑灭 A、B、C、E 多类火灾的磷酸铵盐干粉（俗称 ABC 干粉）灭火器。当配备两种或两种以上类型灭火器时，应采用灭火剂相容的灭火器，因为不管是同时使用还是依次（先后）使用，都应防止因灭火剂选择不当而引起干粉与泡沫、干粉与干粉、泡沫与泡沫之间的不利于灭火的相互作用，以避免因发生泡沫消失等不利因素而导致灭火效力明显降低。

A 类火灾场所应选择水型灭火器、磷酸铵盐干粉灭火器、泡沫灭火器或卤代烷灭火器。

B 类火灾场所应选择泡沫灭火器、碳酸氢钠干粉灭火器、磷酸铵盐干粉灭火器、二氧化碳灭火器、水型灭火器或卤代烷灭火器。极性溶剂的 B 类火灾场所应选择灭 B 类火灾的抗溶性灭火器。

C 类火灾场所应选择磷酸铵盐干粉灭火器、碳酸氢钠干粉灭火器、二氧化碳灭火器或卤代烷灭火器。

D 类火灾场所应选择扑灭金属火灾的专用灭火器。

E 类火灾场所应选择磷酸铵盐干粉灭火器、碳酸氢钠干粉灭火器、卤代烷灭火器或二氧化碳灭火器，但不得选用装有金属喇叭喷筒的二氧化碳灭火器。

卤代烷灭火剂的优点是不污染和不损坏物体，适用于精密仪器和图书等贵重物品的灭火，但是，因为它破坏大气臭氧层，非必要场所不应配置卤代烷灭火器（1211 即二氟一氯一溴甲烷）。

不相容的灭火剂举例：①磷酸铵盐干粉与碳酸氢钠、碳酸氢钾干粉；②碳酸氢钠、碳酸氢钾干粉与蛋白泡沫；③蛋白泡沫、氟蛋白泡沫与水成膜泡沫。

表 10-1 列出了灭火器的适用性，分析人员都应熟知灭火器的使用方法，灭火器应按规定时间检验，按有效期更换灭火剂，定期举行消防演习。

表 10-1　灭火器的适用性

火灾场所 \ 灭火器类型	水型灭火器	干粉灭火器		泡沫灭火器		卤代烷 1211 灭火器	二氧化碳灭火器
		磷酸铵盐干粉灭火器	碳酸氢钠干粉灭火器	机械泡沫灭火器②	抗溶泡沫灭火器③		
A 类场所	适用。水能冷却并穿透固体燃烧物质而灭火，并可有效防止复燃	适用。粉剂能附着在燃烧物的表面层，起到窒息火焰作用	不适用。碳酸氢钠对固体可燃物无黏附作用，只能控火，不能灭火	适用。具有冷却和覆盖燃烧物表面及与空气隔绝的作用		适用。具有扑灭 A 类火灾的效能	不适用。灭火器喷出的二氧化碳无液滴，全是气体，对 A 类火基本无效

灭火器类型 火灾场所	水型灭火器	干粉灭火器		泡沫灭火器		卤代烷 1211灭火器	二氧化碳灭火器
		磷酸铵盐干粉灭火器	碳酸氢钠干粉灭火器	机械泡沫灭火器②	抗溶泡沫灭火器③		
B类场所	①	适用。干粉灭火剂能快速窒息火焰，具有中断燃烧过程的链锁反应的化学活性		适用于扑救非极性溶剂和油品火灾，覆盖燃烧物表面，使其与空气隔绝	适用于扑救极性溶剂火灾	适用。洁净气体灭火剂能快速窒息火焰，抑制燃烧链锁反应而中止燃烧过程	适用。二氧化碳窒气体堆积在燃烧物表面，稀释并隔绝空气
C类场所	不适用。灭火器喷出的细小水流对气体火灾作用很小，基本无效	适用。喷射干粉灭火剂能快速扑灭气体火焰，具有中断燃烧过程的链锁反应的化学活性		不适用。泡沫对可燃液体灭火有效，但对可燃气体灭火基本无效		适用。洁净气体灭火剂能抑制燃烧链锁反应，而中止燃烧	适用。二氧化碳窒息灭火，不留残迹，不污损设备
E类场所	不适用	适用	适用于带电的B类火	不适用		适用	适用于带电的B类火

① 新型的添加了能灭B类火的添加剂的水型灭火器叫"抗溶水成膜泡沫（AFFF/AR）灭火剂"，扑灭水溶性液体燃料火灾，因而具有B类灭火级别，可灭B类火。

② 机械泡沫类型灭火器灭火原理是装有AFFF水成膜泡沫灭火剂和氮气产生的泡沫喷射到燃烧物质表面形成一层水膜，使可燃物与空气隔绝（化学泡沫灭火器已淘汰）。

③ 抗溶泡沫灭火器见①。

4. 化学毒物及中毒的救治

（1）毒物　某些侵入人体的少量物质引起局部刺激或整个机体功能障碍的任何疾病都称为中毒，这类物质称为毒物。根据毒物侵入的途径，中毒分为摄入中毒、呼吸中毒和接触中毒。接触中毒和腐蚀性中毒有一定区别，接触中毒是通过皮肤进入皮下组织，不一定立即引起表面的灼伤，腐蚀性中毒是使接触它的那一部分组织立即受到伤害。

毒物的剂量与效应之间的关系称为毒物的毒性，习惯上用半致死剂量（LD_{50}）或半致死浓度（LC_{50}）作为衡量急性毒性大小的指标。我国国家职业卫生标准 GBZ 230—2010《职业性接触毒物危害程度分级》以毒物的急性毒性、扩散性、蓄积性、致癌性、生殖毒性、致敏性、刺激与腐蚀性、实际危害后果与预后等 9 项指标为基础制定定级指标。每项指标按危害程度分为四级：轻度危害（Ⅳ级）；中度危害（Ⅲ级）；高度危害（Ⅱ级）；极度危害（Ⅰ级）。国家安管总局等十个部门制定了《危险化学品目录（2015 版）》，需要的时候可以查询。

危险化学品的定义：具有毒害、腐蚀、爆炸、燃烧、助燃等性质，对人体、设施、环境具有危害的剧毒化学品和其他化学品。剧毒化学品的定义：具有剧烈急性毒性危害的化学品，包括人工合成的化学品及其混合物和天然毒素，还包括具有急性毒性易造成公共安全危害的化学品。

剧烈急性毒性判定界限：急性毒性类别 1，即满足下列条件之一：大鼠实验，经口 $LD_{50} \leqslant 5mg/kg$，经皮 $LD_{50} \leqslant 50mg/kg$，吸入（4h）$LC_{50} \leqslant 100mL/m^3$（气体）或 0.5mg/L（蒸气）或 0.05mg/L（尘、雾）。经皮 LD_{50} 的实验数据，也可使用兔实验数据。

2013 年国家卫生计生委等 4 部门根据《中华人民共和国职业病防治法》有关规定，印发《职业病分类和目录》，在"职业性化学中毒"标题下，列出了 60 类化学物质（见表 10-2）能引起化学中毒。

表 10-2 《职业病分类和目录》中列出的职业性化学中毒

序号	化学物质	序号	化学物质	序号	化学物质
1	铅及其化合物中毒（不包括四乙基铅）	8	钒及其化合物中毒	15	光气中毒
2	汞及其化合物中毒	9	磷及其化合物中毒	16	氨中毒
3	锰及其化合物中毒	10	砷及其化合物中毒	17	偏二甲基肼中毒
4	镉及其化合物中毒	11	铀及其化合物中毒	18	氮氧化合物中毒
5	铍病	12	砷化氢中毒	19	一氧化碳中毒
6	铊及其化合物中毒	13	氯气中毒	20	二硫化碳中毒
7	钡及其化合物中毒	14	二氧化硫中毒	21	硫化氢中毒

序号	化学物质	序号	化学物质	序号	化学物质
22	磷化氢、磷化锌、磷化铝中毒	35	二氯乙烷中毒	48	丙烯酰胺中毒
23	氟及其无机化合物中毒	36	四氯化碳中毒	49	二甲基甲酰胺中毒
24	氰及腈类化合物中毒	37	氯乙烯中毒	50	有机磷中毒
25	四乙基铅中毒	38	三氯乙烯中毒	51	氨基甲酸酯类中毒
26	有机锡中毒	39	氯丙烯中毒	52	杀虫脒中毒
27	羰基镍中毒	40	氯丁二烯中毒	53	溴甲烷中毒
28	苯中毒	41	苯的氨基及硝基化合物(不包括三硝基甲苯)中毒	54	拟除虫菊酯类中毒
29	甲苯中毒	42	三硝基甲苯中毒	55	铟及其化合物中毒
30	二甲苯中毒	43	甲醇中毒	56	溴丙烷中毒
31	正己烷中毒	44	酚中毒	57	碘甲烷中毒
32	汽油中毒	45	五氯酚(钠)中毒	58	氯乙酸中毒
33	一甲胺中毒	46	甲醛中毒	59	环氧乙烷中毒
34	有机氟聚合物单体及其热裂解物中毒	47	硫酸二甲酯中毒	60	上述条目未提及的与职业有害因素接触之间存在直接因果联系的其他化学中毒

（2）中毒症状与救治方法 化验人员应了解毒物的侵入途径、中毒症状和急救办法。在工作中贯彻预防为主的方针，减少化学毒物引起的中毒事故。一旦发生中毒时能争分夺秒地（这是关键!）、正确地采取自救互救措施，力求在毒物被吸收以前实施抢救，直至医生到来。表 10-3 简要地列出了部分化学毒物的中毒症状及救治办法，供参考。

表 10-3 常见化学毒物的急性致毒作用与救治方法

（严重者现场急救处理后速送医院）

分类	名　称	主要致毒作用与症状	救治方法
酸	硫酸、盐酸、硝酸	接触:硫酸局部红肿痛,重者起水泡、呈烫伤症状;硝酸、盐酸腐蚀性小于硫酸	立即用大量流动清水冲洗,再用 20g/L 碳酸氢钠水溶液冲洗,然后清水冲洗
		吞服:强烈腐蚀口腔、食道、胃黏膜	初服可洗胃,时间长忌洗胃以防穿孔;应立即服 75g/L 氢氧化镁悬液 60mL,鸡蛋清调水或牛奶 200mL

分类	名 称	主要致毒作用与症状	救 治 方 法
酸	氢氟酸	具有极强的腐蚀性,剧毒,如吸入蒸气或接触皮肤会造成难以治愈的灼伤。接触 300g/L 以上浓度的氢氟酸,疼痛和皮损立即发生,接触低浓度时,常经数小时始出现疼痛及皮肤灼伤,高浓度灼伤常呈进行性坏死,严重者累及骨骼	皮肤接触:用大量流动清水冲洗至少 15min,就医。用可溶性钙、镁盐类制剂,使其与氟离子形成不溶性氟化钙或氟化镁,如涂抹葡萄糖酸钙软膏等 眼睛接触:立即提起眼睑,用大量流动清水或生理盐水彻底冲洗至少 15min,就医 新的急救方法:在接触氢氟酸 1min 内用六氟灵(hexafluorine)冲洗皮肤或眼睛。眼睛用六氟灵洗眼器,500mL,一次用完。它对氢和氟离子的螯合能力是葡萄糖酸钙(传统方式中用于氢氟酸灼伤的解毒剂)的 100 倍
强碱	氢氧化钠、氢氧化钾	接触:强烈腐蚀性,化学烧伤 吞服:口腔、食道、胃黏膜糜烂	迅速用水、柠檬汁、20g/L 乙酸或 20g/L 硼酸水溶液洗涤 禁洗胃或催吐,给服稀乙酸或柠檬汁 500mL,或 5g/L 盐酸 100~500mL,再服蛋清水、牛奶、淀粉糊、植物油等
无机物	汞及其化合物	大量吸入汞蒸气或吞食氯化汞等汞盐:引起急性汞中毒,表现为恶心、呕吐、腹痛、腹泻、全身衰弱、尿少或尿闭甚至死亡 汞蒸气慢性中毒症状:头晕、头痛、失眠等神经衰弱症候群;植物神经功能紊乱、口腔炎及消化道症状及震颤 皮肤接触	误服者立即用温水洗胃(禁用盐水)。如洗胃过晚,须注意可能引起胃穿孔。也可口服或从胃管灌入药用炭混悬液,吸附毒物,再将其洗出,灌服牛奶或生鸡蛋清以延缓汞的吸收 急性中毒者,肌肉注射二巯基丙磺酸钠 脱离接触汞的岗位,医院治疗 皮肤接触:大量水冲洗后,湿敷 30~50g/L 硫代硫酸钠溶液,不溶性汞化合物用肥皂和水洗

分类	名　称	主要致毒作用与症状	救治方法
无机物	砷及其化合物	皮肤接触 吞服:恶心、呕吐、腹痛、剧烈腹泻 粉尘和气体也可引起慢性中毒	大量清水冲洗 15min 以上,皮炎可涂 25g/L 二巯基丙醇油膏 立即洗胃、催吐,洗胃前服新配氢氧化铁溶液(120g/L 硫酸亚铁与 200g/L 氧化镁混悬液等量混合)催吐,或服蛋清水或牛奶,导泻,医生处置
	氰化物	皮肤烧伤 吸入氰化氢或吞食氰化物:量大者造成组织细胞窒息,呼吸停止而死亡 急性中毒:胸闷、头痛、呕吐、呼吸困难、昏迷 慢性中毒:神经衰弱症状、肌肉酸痛等	用流动的清水或 50g/L 硫代硫酸钠溶液彻底冲洗至少 20min,就医 眼睛接触:立即提起眼睑,用大量流动清水或生理盐水彻底冲洗至少 15min。就医 食入:饮足量温水,催吐,用 1:5000 高锰酸钾或 50g/L 硫代硫酸钠溶液洗胃。就医 吸入亚硝酸异戊酯(医生处置)
	铬酸、重铬酸钾等铬化合物	铬酸、重铬酸钾对黏膜有剧烈的刺激,产生炎症和溃疡;铬的化合物可以致癌 吞服中毒(略)	皮肤接触:脱去污染的衣着,用流动清水冲洗。可用硫代硫酸钠溶液(50g/L)清洗受污染皮肤 眼睛接触:立即翻开上下眼睑,用流动清水或生理盐水冲洗 吸入:脱离现场至空气新鲜处 食入:给饮足量温水,催吐,就医
有机化合物	石油烃类(石油产品中的各种饱和或不饱和烃)	吸入高浓度汽油蒸气,出现头痛、头晕、心悸、神志不清等 汽油对皮肤有脂溶性和刺激性,皮肤干燥、皲裂,个别人起红斑、水疱 石油烃能引起呼吸、造血、神经系统慢性中毒症状 某些润滑油和石油残渣长期刺激皮肤可能引发皮癌	

分类	名　称	主要致毒作用与症状	救治方法
有机化合物	苯及其同系物(如甲苯)	吸入蒸气及皮肤渗透 急性:头晕、头痛、恶心,重者昏迷抽搐甚至死亡 慢性:损害造血系统、神经系统	皮肤接触:用清水彻底冲洗,人工呼吸、输氧、就医 食入:饮足量温水,催吐、就医
	三氯甲烷	皮肤接触:干燥、皲裂 吸入高浓度蒸气急性中毒、眩晕、恶心、麻醉 慢性中毒:肝、心、肾损害	皮肤皲裂者选用10%脲素冷霜 脱离现场,吸氧,医生处置
	四氯化碳	接触:皮肤因脱脂而干燥、皲裂 吸入,急性:黏膜刺激、中枢神经系统抑制和胃肠道刺激症状 慢性:神经衰弱症候群,损害肝、肾	2%碳酸氢钠或1%硼酸溶液冲洗皮肤和眼 脱离中毒现场急救,人工呼吸、吸氧
	甲醇	吸入蒸气中毒,也可经皮肤吸收 急性:神经衰弱症状,视力模糊、酸中毒症状 慢性:神衰症状,视力减弱,眼球疼痛 吞服15mL可导致失明,70~100mL致死	皮肤接触:清水彻底冲洗 眼睛接触:提起眼睑,用流动清水或生理盐水冲洗,就医 吸入:输氧,就医 误食:饮温水、催吐、洗胃、就医
	芳胺、芳族硝基化合物	吸入或皮肤渗透 急性中毒致高铁血红蛋白症,溶血性贫血及肝脏损害	皮肤接触:用食醋或乙醇先擦洗,再用肥皂及低温清水冲洗,吸氧,就医 高铁血红蛋白血症:用小剂量亚甲蓝(1~2mg/kg) 眼睛接触:立即提起眼睑,用大量流动清水或生理盐水彻底冲洗至少15min,就医

分类	名　称	主要致毒作用与症状	救治方法
气体	氮氧化物	呼吸系统急性损害 急性中毒:口腔、咽喉黏膜、眼结膜充血,头晕,支气管炎、肺炎、肺水肿 慢性:呼吸道病变	移至新鲜空气处,必要时吸氧
	二氧化硫、三氧化硫	对上呼吸道及眼结膜有刺激作用;结膜炎、支气管炎、胸痛、胸闷	移至新鲜空气处,吸氧 液体二氧化硫溅入眼内,必须迅速以大量生理盐水或清水冲洗
	硫化氢	眼结膜、呼吸及中枢神经系统损害 急性:头晕、头痛甚至抽搐昏迷;久闻不觉其气味更具危险性	移至新鲜空气处,吸氧,现场呼吸停止时,即应立即进行人工呼吸和体外心脏按压术 皮肤接触:用肥皂水和清水清洗 眼睛损害:清水冲洗至少15min,可用激素软膏点眼

　　化验室接触毒物造成中毒的可能发生在取样,管道破裂或阀门损坏等意外事故,样品溶解时通风不良,有机溶剂萃取、蒸馏等操作中发生意外。预防中毒的措施主要是:①改进实验设备与实验方法,尽量采用低毒品代替高毒品;②有符合要求的通风设施将有害气体排除;③消除二次污染源,即减少有毒蒸气的逸出及有毒物质的洒落、泼溅;④选用必要的个人防护用具如眼镜、防护油膏、防毒面具、防护服装等。

　　5. 有毒化学物质的处理

　　实验室需要排放的废水、废气、废渣称为实验室"三废"。由于各类化验室测定项目不同,产生的三废中所含化学物质的毒性不同,数量也有很大的差别。为了保证化验人员的健康及防止环境污染,化验室三废的排放也应遵守《中华人民共和国环境保护法》、《中华人民共和国大气污染防治法》和《中华人民共和国水污染防治法》等法规的有关规定。

　　(1) 汞蒸气及其它废气　长期吸入汞蒸气会造成慢性中毒,为了减少汞液面的蒸发,可在汞液面上覆盖化学液体:甘油效果最好,5%$Na_2S \cdot 9H_2O$溶液次之,水效果最差。

对于溅落的汞，应尽量拣拾起来，颗粒直径大于 1mm 的汞可用以吸气球或真空泵抽吸的拣汞器拣起来。

对吸附在墙壁、地板及设备表面上的汞可以用加热熏碘法除去，按每平方米 0.5g 碘，加热熏蒸，或下班前关闭门窗，任其自然升华，次日移去。此法的原理是使汞蒸气与碘蒸气生成难挥发的碘化汞，沉降后再用水清除。但碘对金属和仪器有腐蚀性，应对金属和仪器加以保护。

另外，也可用紫外灯除汞，紫外辐射激发产生的臭氧可使分散在物体表面和缝隙中的汞氧化为不溶性的氧化汞。紫外灯（市售品常为 30W220V）的安装方法与一般荧光灯相同。高度 2.5～3.0m，0.5～0.8W/m^3。可以利用无人的非工作时间辐照。

化验室的少量废气一般可由通风装置直接排至室外，排气管必须高于附近屋顶 3m，毒性大的气体可参考工业废气处理办法，用吸附、吸收、氧化、分解等方法处理后排放。

（2）**废液** 我国将水污染物分为第一类污染物和第二类污染物。第一类污染物是指能在环境中或动物体内蓄积，对人体健康产生长远不良影响的污染物质。部分一类污染物的最高允许排放浓度见表 10-4。对于长远影响小于第一类污染物的称为第二类污染物。国家标准也对它们的最高允许排放浓度作出了规定。

表 10-4　部分一类污染物的最高允许排放浓度（日均值）（GB 18918—2002）

序号	污染物	最高允许排放浓度/(mg/L)
1	总汞	0.001
2	烷基汞	不得检出
3	总镉	0.01
4	总铬	0.1
5	六价铬	0.05
6	总砷	0.1
7	总铅	0.1

实验室废液可以分别收集进行处理，下面介绍几种处理方法：

① **无机酸类** 将废酸慢慢倒入过量的含碳酸钠或氢氧化钙的水溶液中或用废碱互相中和，中和后用大量水冲洗。

② 氢氧化钠、氨水　用 6mol/L 盐酸水溶液中和，用大量水冲洗。

③ 含汞、砷、锑、铋等离子的废液　控制酸度 0.3mol/L [H^+]，使其生成硫化物沉淀。

④ 含氰废液　加入氢氧化钠使 pH≥10，加入过量的高锰酸钾（3%）溶液，使 CN^- 氧化分解。如 CN^- 含量高，可加入过量的次氯酸钠或漂白粉溶液。

⑤ 含氟废液　加入石灰使生成氟化钙沉淀。

⑥ 可燃性有机物　用焚烧法处理。焚烧炉的设计要确保安全、保证充分燃烧，如有有毒气体产生应设洗涤器。不易燃烧的可先用废易燃溶剂稀释。

（3）废渣　废弃的有害固体药品严禁倒在生活垃圾处，必须经处理解毒后丢弃。处理方法可参阅有关文献❶。

6. 气体钢瓶的安全使用

化验室常用的气体，如氢气、氮气、氩气、氧气、乙炔、二氧化碳、氧化亚氮等，都可以通过购置气体钢瓶获得。一些气源，如氢气、氮气、氧气等也可以购置发生器来使用。相比较，气体钢瓶（气瓶）具有种类齐全、压力稳定、纯度较高、使用方便等优点，但气瓶属于高压容器，必须严格遵守安全使用规程才能防止事故发生。

（1）气瓶（钢瓶）的结构　气瓶是高压容器，一般是用无缝钢管制成圆柱形容器，壁厚 5～8cm，底部为钢质方形平底的座，可以竖放。气瓶顶部有开关阀，外有钢瓶帽，瓶体上套有两个橡胶防震腰圈，见图 10-6。

气瓶侧面接头供安装减压阀使用，不同的气体配不同的专用减压阀。为防止气瓶充气时因装错发生爆炸，可燃气体钢瓶（如氢气、乙炔）的螺纹是反扣（左旋）的，非可燃气体钢瓶（如氮气）的螺纹是正扣（右旋）的。

（2）气瓶的种类和标志　按照 GB/T 16163—2012《瓶装气体分类》和 TSG R0006—2014《气瓶安全技术监察规程》，瓶装气体介质

---

❶　姚守拙主编. 现代实验室安全与劳动保护手册（下册）. 北京：化学工业出版社，1992 年.

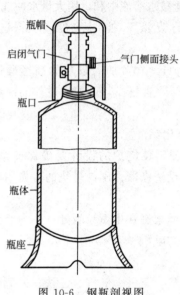

瓶帽
启闭气门
气门侧面接头
瓶口
瓶体
瓶座

图 10-6　钢瓶剖视图

分为以下几种：

① 压缩气体　是指在 $-50℃$ 时加压后完全是气态的气体，包括临界温度（T_c）低于或者等于 $-50℃$ 的气体，也称永久气体；

② 高（低）压液化气体　是指在温度高于 $-50℃$ 时加压后部分是液态的气体，包括临界温度（T_c）在 $-50～65℃$ 的高压液化气体和临界温度（T_c）高于 $65℃$ 的低压液化气体；

③ 低温液化气体　是指在运输过程中由于深冷低温而部分呈液态的气体，临界温度（T_c）一般低于或者等于 $-50℃$，也称为深冷液化气体或者冷冻液化气体；

④ 溶解气体　在压力下溶解于溶剂中的气体；

⑤ 吸附气体　在压力下吸附于吸附剂中的气体。

《气瓶安全技术监察规程》规定了气瓶的基本安全标准、技术标准、管理制度。

气瓶的标志包括制造标志和定期检验标志，不得更改气瓶制造标志及其用途。盛装混合其它气体的气瓶必须按照气瓶标志确定的气体特性充装相同特性（指毒性、氧化性、燃烧性和腐蚀性）的混合气体，不得改装单一气体或者不同特性的混合气体。

各类气瓶的检验周期和报废年限必须遵照执行。

现行的 GB 7144—1999《气瓶颜色标志》规定见表 10-5。

表 10-5　气瓶颜色标志一览表（部分）

序号	充装气体名称	化学式	瓶色	字样	字色	色环
1	乙炔	$CH{\equiv}CH$	白	乙炔不可近火	大红	
2	氢	H_2	淡绿	氢	大红	$P=20$，淡黄色单环 $P=30$，淡黄色双环

序号	充装气体名称	化学式	瓶色	字样	字色	色环
3	氧	O_2	淡(酞)蓝	氧	黑	$P=20$,白色单环
4	氮	N_2	黑	氮	淡黄	$P=30$,白色双环
5	空气		黑	空气	白	
6	二氧化碳	CO_2	铝白	液化二氧化碳	黑	$P=20$,黑色单环
7	氨	NH_3	淡黄	液氨	黑	
8	氯	Cl_2	深绿	液氯	白	
9	氟	F_2	白	氟	黑	
10	一氧化氮	NO	白	一氧化氮	黑	
47	氩	Ar	银灰	氩	深绿	$P=20$,白色单环
48	氦	He	银灰	氦	深绿	
55	二氧化硫	SO_2	银灰	液化二氧化硫	黑	
81	硫化氢	H_2S	银灰	液化硫化氢	大红	

注：色环栏内的 P 是气瓶的公称工作压力，单位为 MPa。

（3）气瓶的存放及安全使用

① 气瓶必须存放在阴凉、干燥、严禁明火、远离热源的房间，防暴晒，除不燃性气体外，不得进入实验楼。使用中的气瓶立放时，应当妥善固定。

② 禁止用任何热源加热气瓶。

③ 在可能造成气体回流的使用场合，设备上应配置防倒灌装置，如单向阀、止回阀、缓冲罐等；瓶内气体不得用尽，压缩气体、溶解乙炔气气瓶的剩余压力应当不小于 0.05MPa，液化气体、低温液化气体及低温液体气瓶应当留有不少于 0.5%～1% 的规定充装量的剩余气体。

④ 搬运气瓶要轻装轻卸，严禁抛、滑、滚、碰、撞、敲击气瓶；吊装时，严禁使用电磁起重机和金属链绳。

⑤ 气瓶应戴瓶帽，以避免搬运过程中瓶阀损坏，甚至瓶阀飞出事故的发生。

⑥ 气瓶要按规定定期作技术检验和耐压试验。

⑦ 易起聚合反应的气体钢瓶，如乙烯、乙炔等，应在储存期限内使用。

⑧ 高压气瓶的减压器要专用，安装时螺扣要上紧（应旋进 7 圈螺纹，俗称吃七牙），不得漏气。开启高压气瓶时操作者应站在气瓶出口的侧面，动作要慢，以减少气流摩擦，防止产生静电。

⑨氧气瓶及其专用工具严禁与油类接触，氧气瓶不得有油类存在；氧气瓶、可燃气体瓶与明火距离应不小于 10m，不能达到时，应有可靠的隔热防护措施，并不得小于 5m。

7. 电气安全

化验室接触的物质可能是易燃易爆的，如有机溶剂、高压气体等，又可能使用大型现代化仪器。因此保障电气安全对人身及仪器设备的保护都是非常重要的。

(1) 电击防护

① 电器设备完好，绝缘好。发现设备漏电要立即修理。不得使用不合格的或绝缘损坏、已老化的线路。建立定期维护检查制度。

② 良好的保护接地。保护接地线应采用焊接、压接、螺栓连接或其它可靠方法连接，严禁缠绕或钩挂。电缆（线）中的绿/黄双色线在任何情况下只能用作保护接地线，接地措施和接地电阻应符合相关产品标准。

③ 使用漏电保护器。

(2) 静电防护　静电是在一定的物体中或其表面上存在的电荷。一般 3~4kV 的静电电压便会使人有不同程度的电击感觉。

① 静电危害

a. 危及大型精密仪器的安全　由于现代化仪器中大量使用高性能元件，很多元件对静电放电敏感，造成器件损坏，安装在印刷电路板上的元器件更易损坏。

b. 静电电击危害　静电电击和触电电击不同，触电电击是指触及带电物体时电流持续通过人体造成的伤害。而静电电击是由于静电放电时瞬间产生的冲击性电流通过人体时造成的伤害。它虽不会引起生命危险，但放电时引起人摔倒、电子仪器失灵及放电的火花可引起易燃混合气体的燃烧爆炸，因此必须加以防护。

② 静电防护措施

a. 防静电区内不要使用塑料地板、地毯或其它绝缘性好的地面材料，可以铺设导电性地板。

b. 在易燃易爆场所，应穿导电纤维及材料制成的防静电工作服、防静电鞋（电阻应在 150kΩ 以下），戴防静电手套。不要穿化纤类织物、胶鞋及绝缘鞋底的鞋。

c. 高压带电体应有屏蔽措施，以防人体感应产生静电。

d. 进入实验室应徒手接触金属接地棒，以消除人体从外界带来的静电。坐着工作的场合可在手腕上带接地腕带。

e. 提高环境空气中的相对湿度，当相对湿度超过 65% ～ 70% 时，由于物体表面电阻降低，便于静电逸散。但这对精密仪器的生产、使用、维修过程仍不能满足要求（在防静电安全区内静电电压不得超过 100V）。

（3）用电安全守则

① 不得私自拉接临时供电线路。

② 不准使用不合格的电气设备。室内不得有裸露的电线。保持电器及电线的干燥。

③ 正确操作闸刀开关，应使闸刀处于完全合上或完全拉断的位置，不能若即若离，以防接触不良打火花。禁止将电线头直接插入插座内使用。

④ 新购的电器使用前必须全面检查，防止因运输震动使电线连接松动，确认没问题并接好地线后方可使用。

⑤ 使用烘箱和高温炉时，必须确认自动控温装置可靠。同时还需人工定时监测温度，以免温度过高。不得把含有大量易燃易爆溶剂的物品送入烘箱和高温炉加热。

⑥ 电源或电器的保险丝烧断时，应先查明原因，排除故障后再按原负荷换上适宜的保险丝。

⑦ 使用高压电源工作时，要穿上绝缘鞋、戴绝缘手套并站在绝缘垫上。

⑧ 擦拭电器设备前应确认电源已全部切断。严禁用潮湿的手接触电器和用湿布擦电源插座。

8. 化验室安全守则

(1) 化验室应配备足够数量的安全用具，如沙箱、灭火器、灭火毯、冲洗龙头、洗眼器、护目镜、防护屏、急救药箱（备创可贴、碘酒、棉签、纱布等）。每位工作人员都应知道这些用具放置的位置和使用方法。每位工作人员还应知道化验室内煤气阀、水阀和电开关的位置，以备必要时及时关闭。

(2) 分析人员必须认真学习分析规程和有关的安全技术规程，了解设备性能及操作中可能发生事故的原因，掌握预防和处理事故的方法。

(3) 进行有危险性的工作（如危险物料的现场取样、易燃易爆物品的处理、焚烧废液等）应有第二者陪伴，陪伴者应处于能清楚看到工作地点的地方并观察操作的全过程。

(4) 玻璃管与胶管、胶塞等拆装时，应先用水润湿，手上垫棉布，以免玻璃管折断扎伤。

(5) 打开浓盐酸、浓硝酸、浓氨水试剂瓶塞时应带防护用具，在通风柜中进行。

(6) 夏季打开易挥发溶剂瓶塞前，应先用冷水冷却，瓶口不要对着人。

(7) 稀释浓硫酸的容器，烧杯或锥形瓶要放在塑料盆中，只能将浓硫酸慢慢倒入水中，不能相反！必要时用水冷却。

(8) 蒸馏易燃液体严禁用明火。蒸馏过程不得离人，以防温度过高或冷却水突然中断。

(9) 化验室内每瓶试剂必须贴有明显的与内容物相符的标签。严禁将用完的原装试剂空瓶不更新标签而装入别种试剂。

(10) 操作中不得离开岗位，必须离开时要委托能负责任者看管。

(11) 化验室内禁止吸烟、进食，不能用实验器皿处理食物。离室前用肥皂洗手。

(12) 工作时应穿工作服，长发要扎起，不应在食堂等公共场所穿工作服。进行有危险性的工作要加戴防护用具。最好能做到做实验时都戴上防护眼镜。

(13) 每日工作完毕检查水、电、气、窗，进行安全登记后方可锁门。

第二节　分析测试的质量保证

一、概　　述

任何分析检测机构向用户或社会提供的检测数据必须是准确可靠的，检测数据出现差错可能直接导致重大的经济损失和不良的社会影响。为了确保分析检测机构提供的检测数据的可靠性，1990 年，国际标准化组织 ISO 符合性评定委员会（CASCO）吸收了 ISO 9000 标准中有关管理要求的内容，制定了 ISO/IEC 导则 25—1990《校准和检测实验室能力的要求》。该标准经多次修改，目前为：ISO/IEC 17025—2005《检测和校准实验室能力的通用要求》[CNAS 认可准则（CNAS-CL01—2006）]。按照国际惯例，凡是通过 ISO/IEC 17025 认可的实验室提供的数据均具备法律效应，应得到国际认可。基于 ISO/IEC 17025 的框架，国家标准委发布了 GB/T 27025—2008《检测和校准实验室能力的通用要求》及 GB/T 27401、GB/T 27402、GB/T 27403、GB/T 27404、GB/T 27405、GB/T 27406 等 6 个实验室质量控制规范。为提高我国分析数据的质量控制和质量保证提供了依据。

质量控制是指实验室利用现代科学管理的方法和技术控制与分析有关的各个环节，目的是把分析测试的误差控制在允许的范围内，保证分析的准确度和精密度。如果把涉及化学分析的人员、仪器设备、环境条件、试验方法、使用的材料和检测过程看成一个分析系统，则影响检测结果准确性的所有要素就是人、机、料、法、环和过程 6 个方面。因此从质量管理出发首先要解决三个问题：一是建立和确认检测方法解决其准确度问题，找出诸如检出限、线性范围、重复性、再现性、回收率、测量不确定度等反映方法性能的技术指标，建立可靠、稳定、能保证连续出具准确测定结果的分析系统；二是根据确认的测定结果编制标准操作程序，严格规定检测操作要求，包括依据性能指标制定的质量控制措施；三是在检测活动中，严格实施内部质量控制，从实施检测过程在线质量控制手段（诸如空白、重复、加标回收等）和分析系统核查两方面保证分析系统稳定。

质量控制贯穿于实验室全部质量活动的始终，包括：分析前质量保证；分析中质量控制（又称检测结果的质量保证）；分析后质量评估三个阶段。本节仅简要介绍与化验员工作较密切相关的化学检测实验室质量控制技术。

二、化学检测实验室质量控制技术

实验室质量控制技术可分为实验室内质量控制技术和实验室间质量控制技术两大类，后者也称实验室外部质量控制。

（一）实验室内质量控制技术

化学检测实验室内质量控制是一个管理过程，其流程如图 10-7 所示。

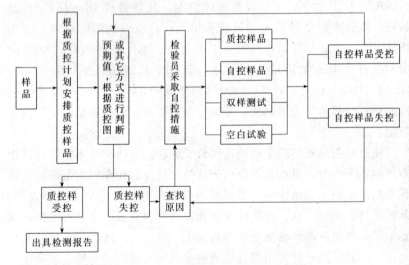

图 10-7　化学实验室内质量控制流程图

由图可知该流程是一个反馈环路，只有当质控样在受控状态下才能出具检测报告。

实验室内质量控制技术包括：采用标准物质监控、实验室内部比对、留样再测、加标回收、空白试验、平行样分析、标准曲线校正、仪器设备标定等方法。

1. 采用标准物质监控

有关标准物质的基础知识在本书的第四章第一节化学试剂中已作介绍，在质量控制中使用的有证标准物质按照基质匹配程度有两类，一类是简单基质，主要用作测量器具的校正；另一类是基质匹配或近似，通常称为实物标样，用于实验室内质量控制。实物标样提供了可靠的量值、不确定度及稳定性和均匀性，对结果的判断十分明确和有效，因此在新方法评估、检测过程控制、人员考核及实验室比对等方面得到广泛应用。

现以新方法评估为例说明其具体步骤：

(1) 按新方法对实物标样进行检测，通常平行测定次数 $n \geqslant 11$，至少 $n \geqslant 6$；

(2) 对测定结果进行异常值检验，常采用 Grubbs 法检验（见第六章第二节四），在确认无异常值或排除异常值后，计算平行试验的平均值 $\bar{x}$ 和平均值标准偏差 $S_{\bar{x}}$；

(3) 结果比较　假设实物标样中被测物含量为 μ，标准不确定度为 u_r，用新方法测量结果被测物含量为 $\bar{x}$，标准不确定度 $u_1 = S_{\bar{x}}$，按下式进行判断：

$$|\bar{x} - \mu| \leqslant k(u_1 + u_r)^{1/2}$$

式中，k 通常取 2。如果该式成立，说明新方法无显著差异。若不成立，说明存在差异，需要查找原因，重新验证。

2. 实验室内部比对

比对试验的目的是寻求比对因素对检测结果的影响，根据所选比对因素的不同，比对形式主要有人员比对、方法比对、仪器比对和留样再测等。根据其比对结果的符合程度，估计测定结果的可靠性。

目前实验室内部比对形式常用的是单因素比对形式，如人员比对，除检测人员不同外，其它因素如检测样品、检测方法、检测仪器和检测环境和时间都要相同。实验室内部比对的方法步骤大体分为：方案设计、组织实施和结果分析和评价。实验室内部比对试验数据样本量一般较少，不宜采用稳健统计技术，比对结果可采用参考标准方法的允许差来评定，即参与比对一方的测定值与参考值之差应不超过标准方法的允许差。判定计算公式为：

$$D=(\mid x_i-x \mid /x)\times100\%$$

式中，x_i 为比对试验的测定值，x 作为参考方的测定值，即参考值。当计算值 $D \leqslant$ 检测方法规定的允许差，则判定比对试验为符合，否则为不符合。

对于没有规定允许差的方法，可以根据所用仪器、参照类似方法的允许差以及分析结果的数量级等情况自行确定允许差。分析结果的数量级与相对偏差最大允许差的对应关系见表 10-6。

表 10-6　相对偏差最大允许差的对应关系

分析结果数量级	10^{-4}	10^{-5}	10^{-6}	10^{-7}	10^{-8}	10^{-9}	10^{-10}
最大允许差	1%	2.5%	5%	10%	20%	30%	50%

3. 留样再测

留样再测是在不同的时间，对同一样品作再次的检测，若两次检测结果符合评价要求，说明该项检测能力持续有效，有利于监控检测结果的稳定性并了解其变化趋势。留样再测不同于平行试验，因两次测定时间间隔较长，其试验条件的不确定因素要多于平行试验。留样再测只能对检测结果的重复性进行控制而不能判断是否存在系统误差。

留样再测结果可以方法的再现性限 R 来判定。若某检测方法规定了再现性限 R（置信度为 95%）的计算公式为：

$$R=1.95\%+0.0529w$$

式中，R 为再现性限，w 为两次测定结果平均值（用百分数表示）。

若留样再测结果为：原来的为 0.26%；再次测定的为 0.20%。则 $w=0.23\%$，$R=1.95\%+0.0529\times0.23\%=1.96\%$；两次测试结果的绝对差值为 $0.26\%-0.20\%=0.06\%$。因 $0.06\%<1.96\%$，所以留样再测结果符合再现性要求。

留样再测应注意所留样品的性能指标的稳定性，对于一些易挥发、易氧化等目标物性质不稳定的项目或难留存的样品，不宜采用留样再测。

4. 加标回收

加标回收试验指在样品中加入一定量的被测组分后将其与样品同

时测定，进行对照试验，考察加入的被测组分能否定量回收，通常以加标回收率（简称回收率）来衡量，加标回收率是以分析结果的增量占添加的已知量的百分比表示。

加标回收在质量控制中起着十分重要的作用，用回收率可以评价方法的准确度、精密度和监控实验室的检测能力。根据加标样的不同，加标回收可分为空白样加标回收和待测样加标回收；根据加标方式的不同，加标回收可分为全程加标回收和过程加标回收，可由具体情况选择不同的加标方式。

影响加标回收率的因素很多，包括测定方法本身的缺陷、加标量的水平及其准确性、加标体积、操作人员水平、样本底值和样品的均匀性等。其中加标水平的原则是：通常标准物质的加入量与样品中被测组分的含量相等或接近为宜，若被测组分的含量较高，则加标后被测组分的总量不宜超过方法线性范围上限的 90％，若其含量小于检出限，则按测定下限加标。

计算加标回收率的公式按不同的加标方式而定，如其加标方式为全程待测样加标方式，即称取试样质量 m，经处理得体积为 V 的待测溶液，测得溶液中待测组分质量浓度为 c_1。另取一份质量为 m 的试样，加入体积为 V_s、质量浓度为 c_s 的标准溶液，经同样的步骤处理得体积为 V 的待测溶液，测得溶液中待测组分质量浓度为 c_2。此时计算公式为：

$$R=[(c_2V-c_1V)/c_sV_s]\times100\%$$

加标回收结果的判定方法有如下几种：

（1）按方法规定进行评价　若标准方法规定了加标回收率的允许范围，则按标准方法的允许范围进行评价。

（2）按通用规范要求进行评价　被测组分质量分数小于 0.1mg/kg，回收率在 60％～120％ 之间；质量分数为 0.1～1mg/kg，回收率在 80％～110％ 之间；质量分数为 1～10.0mg/kg，回收率在 90％～110％之间；质量分数大于 10mg/kg，回收率在 95％～105％之间。

（3）利用加标回收率质量控制图　加标回收率质量控制图对分析结果的准确度有较好的监控作用，有关控制图的绘制将在本节（三）中介绍。

5. 空白试验

空白试验是在不加被测样品的情况下，用与测定样品相同的方法和步骤进行测定的过程，空白试验测得的结果称为空白值。空白试验是一种常用的质量控制方法，空白值反映了仪器噪声、试剂、蒸馏水、实验器皿、实验环境和操作过程等因素对测定结果的综合影响。在痕量分析中，空白试验尤为重要，可以通过从测试结果中减去空白值，以减小系统误差。

空白试验可分为试剂空白和样品空白两种：试剂空白是指不加任何待测样品；样品空白是指用不含待测组分，但含有和样品基本相同的基体的空白样品。在光度分析中，样品空白是指不加显色剂的空白试验。

空白试验值的大小及其分散程度可反映出一个实验室及其分析人员的水平。在严格操作的条件下，空白试验值应在很小的范围内波动。在进行检测方法确认时，可以收集 20 个空白试验值，计算标准偏差及方法检出限，如计算出的检出限明显高于标准方法中规定的检出限，则应进行原因查找，直至符合标准方法的要求；在日常检测时，空白试验应与样品测定同时进行，每次测定 2 个平行样，2 个平行空白的相对偏差应小于 50％，测定结果用空白试验结果进行校正，如果空白试验值明显超过正常值或方法确认时的空白控制限，则应该查找原因，重新测定。

6. 平行样分析

平行样分析也称重复试验，即是在重复性条件下，进行两次或多次测定。重复性条件指的是在同一实验室、由同一操作人员、使用同一仪器、用相同的测试方法、在同一时间段内对同一样品进行测定。平行样分析可分为全程平行样分析和部分过程平行样分析，前者是从取样开始直至报告测试结果的全过程，部分过程是指不含取样或仅在仪器检测过程的平行测定。

平行样分析的作用主要有两个：减少测量结果的随机误差，平行测试次数越多，随机误差越小，考虑测试成本，通常进行 2～3 次平行测试；二是评估测试方法的重复性条件精密度，通过平行测试计算其相对标准偏差来反映方法的重复性条件精密度。从而为选择测试方法和评估测试结果的可接受性作出决定。

平行样测试结果的可接受性可采用重复性限、相对偏差和实验室内变异系数等方式评估。

下面对重复性限作简要介绍：重复性限是重复性条件下两次测量结果之差以 95% 的概率所存在的区间，假定多次测量结果呈正态分布，且标准差充分可靠，则重复性限 $S_r = 2.8S$，式中 S 为样本标准偏差：

$$S = \sqrt{\frac{\sum (x_1 - \bar{x})^2}{n-1}}$$

当两次平行样测试结果的绝对值小于或等于重复性限，该平行测试结果可接受，若大于重复性限，此时，若 4 个测试结果的极差 R 小于或等于 $n=4$ 时概率水平为 95% 的临界极差 $CR_{0.95}$ （4），则取这 4 个测试结果的算术平均值作为报告结果。

临界极差按下式计算：

$$CR_{0.95}(n) = f(n)S_r$$

式中，$f(n)$ 称为临界极差系数，可由表 10-7 查得。

表 10-7　临界极差系数 $f(n)$

n	2	3	4	5	6	7	8	9	10
$f(n)$	2.8	3.3	3.6	3.9	4.0	4.2	4.3	4.4	4.5

若 4 个测试结果的极差 R 大于重复性临界极差，则取这 4 个测试结果的中位数作为报告结果。

7. 标准曲线校正

有关标准曲线的绘制在第六章第二节五中已作介绍，制作标准曲线的试验点不少于 5 点，一般为 5～7 点，试验点要分布在方法整个线性范围内。由于仪器和方法原因，两个端点的测量误差较大，必要时需作双份平行样。在绘制标准曲线时，应做空白校正，然后进行回归计算，空白试验值不参与回归计算。对标准曲线的检验包括线性检验、截距检验和斜率检验。绘制标准曲线所依据的两个变量的线性关系决定标准曲线的质量，其相关系数要大于或等于 0.99；截距要控制在 0.01 以下，甚至在 0.005 以下，如果截距过高，应根据影响因素找出原因；由于随机误差引起的斜率变化应在一定范围内，如对光度分析，其相对误差小于 5%，对原子吸收，相对误差小于 10%。

8. 仪器设备标定

仪器设备的使用、维护与管理是检测质量控制最重要的因素，每台仪器必须建立档案，包括：负责人员；仪器设备检定、校准、使用记录；仪器设备的操作规程及使用注意事项等。仪器校准的量值溯源要规范，必须有相应的合格证书证明量值可溯源至国家测量标准文件。仪器校准和性能检查要有合适的时间间隔，检定周期通常为两年，仪器如经修理、搬动或发现仪器工作状态不正常时，都应进行重新检定，检定文件应妥善保管，以供查验。

(二) 室外质量控制技术

室外质量控制亦称室间质量评估，其主要目的是建立各实验室、各仪器、各方法间的可比性，以及标准或参考物质的一致性。利用实验室间比对，这种比对包括每个实验室的结果与所有实验室结果的均值作比较或一个实验室的结果与调查中分发样品的预定参考值作比较，由此对实验室的能力作出验证。

室外质量控制通常做法是由组织机构将样品分发给参与能力验证的实验室，各实验室采用相同方法测定，结果反馈给组织机构，经统计评价后对实验室作出评估。通过室外质量控制可检查各实验室之间是否存在系统误差，及时发现问题改善检测质量。

室外质量控制测定数据常用的统计处理方法为：对测定数据作三种检验，即对各实验室内数据作 Dixon 检验，对各实验室方差作柯克伦（Cochrane）最大方差检验，对各实验室平均值进行 Grubbs 检验，最后对总均值与预定参考值的一致性做检验，从而对参与室外质量控制的实验室作出评估。另一种方法是根据各实验室提供的对外控样测定的平均值，绘制均值质控图来评价各实验室测定结果的精密度和准确度。下面对前一种方法作简要介绍。

（1）对各实验室内的数据作 Dixon 检验　Dixon 检验亦称 Q 检验，将一组测定数据从小到大排列为 x_1，x_2，$\cdots$，x_{n-1}，x_n。设 x_n 为可疑值，计算统计量 $Q=(x_n-x_{n-1})/(x_n-x_1)$，查表 6-1，若计算值大于表值则弃去，否则保留。弃去可疑值后计算平均值和标准偏差。

（2）对各实验室方差作柯克伦最大方差检验　当各实验室测定的

样品数相同，在对多个方差作比较时，可以采用柯克伦拉法，否则采用巴特莱法（Bartlett）。柯克伦法检验统计量为

$$G_{max} = S_{max}^2 / (S_1^2 + S_2^2 + \cdots + S_m^2)$$

式中，m 为被比较的方差的个数，即参与室外质量控制实验室的数目，S_{max}^2 是被比较的这一组方差中的最大者，S_1^2、S_2^2、$\cdots$、S_m^2 为各实验室测得的方差。当 G_{max} 值大于表 10-8 中约定的显著性水平下的 G 临界值，不能认为这个方差同属于一个总体而为离群方差，它与其它实验室不等精密度，故此组数据应予剔除。然后对剩余数据中的方差中的最大者再作柯克伦检验，直至所有方差同属于一个总体。表 10-8 中 $f = n-1$，n 为测定方差的重复实验次数。

表 10-8　柯克伦检验临界值 $G_{n,f}$ 表（显著性水平 0.01）

G_{max} / n \ f	1	2	3	4	5	6	7	8	9	10
2	0.9999	0.9950	0.9794	0.9586	0.9373	0.9172	0.8998	0.8823	0.8674	0.8539
3	0.9933	0.9423	0.8831	0.8335	0.7933	0.7606	0.7335	0.7107	0.6912	0.6743
4	0.9676	0.8643	0.7814	0.7112	0.6771	0.6410	0.6129	0.5897	0.5702	0.5536
5	0.9279	0.7885	0.6957	0.6323	0.5875	0.5531	0.5259	0.5037	0.4854	0.4697
6	0.8828	0.7218	0.6258	0.5635	0.5195	0.4866	0.4608	0.4401	0.4229	0.4084
7	0.8376	0.6644	0.5685	0.5030	0.4659	0.4347	0.4105	0.3911	0.3751	0.3616
8	0.7945	0.6152	0.5209	0.4627	0.4226	0.3932	0.3704	0.3522	0.3373	0.3248
9	0.7544	0.5727	0.4810	0.4251	0.3870	0.3592	0.3378	0.3207	0.3067	0.2950
10	0.7175	0.5358	0.4469	0.3934	0.3572	0.3308	0.3106	0.2945	0.2813	0.2704

（3）对各实验室平均值进行 Grubbs 检验　Grubbs 检验方法见第六章第二节第三小节，通过检验剔除离群均值。

经以上三种检验，剔除离群均值和离群方差所对应的实验室的测定数据后，重新计算剩余实室的新的测定平均值和标准偏差，为了判断新的测定平均值与预定参考值的一致性，可用 t 检验法检验（见第六章第二节第四小节）。

通过室外质量控制可以对由共同承担检测任务的众多实验室所测定数据的可比性和准确性提供保证，同时对出现离群值的实验室找出其出现失误的原因，以提高检测数据质量。

(三) 分析质量评价方法

目前常用的分析质量评价方法有两种：建立质量控制图和质量不确定度评估，不确定度评定方法在第六章第三节已作介绍，这里仅讨论质量控制图的建立和使用。

质量控制图是一种过程控制的方法，是利用数理统计技术来评价和控制重复测定结果，使其处于可接受的水平。控制图是以时间或顺序抽取的样本号为横坐标，以质量特征值水平为纵坐标绘制而成的反映和控制质量特征值分布状态随时间变化的图形。按照数据类型控制图分计量型和计数型两大类，化学检测实验室测量的数据是连续的，属计量型，故此处介绍的是计量型控制图。

常用的计量型数据控制图可分以下类型，见表 10-9。

表 10-9　计量型数据控制图

数据	分布	常用控制图	简称	使用频率	使用条件
计量型	正态分布	均值-极差控制图	$\bar{x}$-R 控制图	最常用	$1 < n \leqslant 10$
计量型	正态分布	均值-标准差控制图	$\bar{x}$-s 控制图	最常用	$n > 10$
计量型	正态分布	中位数-极差控制图	M_e-R 控制图	常用	n 为奇数
计量型	正态分布	单值-移动极差控制图	x-R_s 控制图	常用	$n = 1$

下面简单介绍单值均值-标准差控制图的制作。

单值控制图是指每次测定一个观察值，不作重复测定，根据一段时间的测定数据计算平均值 $\bar{x}$ 及标准偏差 S，并以 $\bar{x}$ 为中心线，$\bar{x} \pm 2S$ 为上下警戒限，$\bar{x} \pm 3S$ 为上下控制限，并以测定值为纵坐标，以测定次数为横坐标绘制控制图，见图 10-8。

根据 GB/T 4091—2001 常规控制图的规定，当出现以下 8 种现象时，表明测定过程即将出现异常或已出现异常。这 8 种现象分别是：连续 9 点落在中心线同一侧（偏差现象）；连续 6 点出现递增或递减；连续 14 点中相邻 2 点交替上下（漂移现象）；连续 3 点中有 2 点落在中心线同一侧的警戒线外；连续 5 点中有 4 点落在中心线同一侧的 1 倍标准偏差外；连续 15 点落在中心线同一侧的 1 倍标准偏差内；连续 8 点落在中心线两侧但无一点落在 1 倍标准偏差内（精度变差），一个点落在 3 倍标准偏差以外等。若出现异常，应当从人、机、料、法、环和过程各方面进行原因查找，排除异因后，重新对质控样品进行检测，当结果是统计过程受控时才可继续正常的分析。

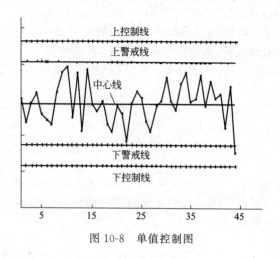

图 10-8　单值控制图

参 考 文 献

[1]　姚守拙．现代实验室安全与劳动保护手册．北京：化学工业出版社，1992.
[2]　魏东．灭火技术及工程．北京：机械工业出版社，2012.
[3]　曹志奎，靳翠萍等．现代化工企业化验室筹建．广州化工，2012，40（2）：154.
[4]　张林田，黄少玉等．化学检测实验室内部质量控制方式探讨及结果评价．理化检验
　　　（化学分册），2013，49（1）：94.
[5]　刘崇华，董夫银等．化学检测实验室质量控制技术．北京：化学工业出版社，2013.
[6]　龚淑贤．武汉市 SO_2 监测的实验室间质量控制．环境科学技术，1992，2：29.

学 习 要 求

一、了解化验室的分类和各类实验室的设计与使用要求。

二、了解化验室的仪器药品管理办法。

三、掌握化验室必备的防火、防爆、防毒、气瓶及用电等方面的安全知识。

四、了解分析测试中质量保证的含义及其作用。

五、掌握实验室内质量控制技术的常用方法及相关的计算。

六、掌握实验室外质量控制技术的常用方法及相关的计算。

复 习 题

1. 对化学分析室的建筑环境及内部设施有哪些设计要求？

2. 化验室管理包括哪些规章制度？

3. 化验室存放药品要注意哪些问题？

4. 怎样预防火灾和爆炸？化验室一旦失火要采取哪些紧急措施？

5. 说出几种化验室常见的毒物沾污到皮肤上紧急处置的方法。

6. 在气瓶安全使用、安全用电及化验室一般安全守则方面必须遵守哪些规定？

7. 拟采用有证实物标样来验证采用微波消解法处理乳品样对锌测定是否存在偏离。已知有证实物标样脱脂奶粉中锌的标准值为 48.8mg/kg，标准不确定度 $u_r = 1.4$mg/kg，微波消解法处理后的六次测定结果为：49.46、50.48、50.26、49.87、50.23、48.02。

8. 应用 GB/T 22338—2008 动物源性食品中氯霉素类药物残留量的测定方法对检验员 A 和 B 的检测技术进行比对，确定两者是否存在差异。检测结果为：A 的氯霉素残留量 $x_1 = 1.23\mu g/kg$；B 的氯霉素残留量 $x_2 = 1.35\mu g/kg$。若检测方法规定的允许差为 15%，问两者是否存在差异？

9. 应用 GB/T 9695.23—2008 肉与肉制品羟脯氨酸含量测定方法对火腿午餐肉羟脯氨酸含量的测定结果为 0.36%，试样保存于 0℃冰箱内，间隔 1 个星期后再测结果为 0.30%，规定两次测试结果的绝对差值不超出再现性限 $R = 0.0195 + 0.0529w_h$，问留样再测结果是否符合再现性要求？

10. 采用回收率试验监控测试结果的质量，现将聚乙烯材料中六种元素的原含量、加入量和测得量列于下表：

PE 中的元素	原含量/(μg/mL)	加入量/μg	测得量/(μg/mL)
Pb	0.009	50	0.983
Cd	0.021	50	0.990
Cr	0.023	50	1.008
Hg	0.004	50	87.8
Ba	0.068	50	1.007
As	0.02	50	0.991

假设方法前处理后定容体积为 50mL，计算回收率，并对测定结果做出判断。（假定加标回收率允许范围为 80%～110%）

11. 简述空白试验的作用、种类及降低空白值的方法。

12. 简述平行样分析的作用、种类及平行样分析测试结果评估方法。

13. 室外质量控制测定数据的统计检验常用的有哪些检验方法，其目的是什么？

附　录

表一　酸、碱的离解常数

(一)酸的离解常数(25℃ $I=0$)		

酸	离解常数 K_a	pK_a
碳酸　H_2CO_3	$K_{a_1}=4.2\times10^{-7}$	6.38
	$K_{a_2}=5.6\times10^{-11}$	10.25
铬酸　H_2CrO_4	$K_{a_1}=1.8\times10^{-1}$	0.74
	$K_{a_2}=3.2\times10^{-7}$	6.50
砷酸　H_3AsO_4	$K_{a_1}=6.3\times10^{-3}$	2.20
	$K_{a_2}=1.0\times10^{-7}$	7.00
	$K_{a_3}=3.2\times10^{-12}$	11.50
亚硫酸　$H_2SO_3(SO_2+H_2O)$	$K_{a_1}=1.3\times10^{-2}$	1.90
	$K_{a_2}=6.3\times10^{-8}$	7.20
醋酸　$CH_3COOH(HAc)$	$K_a=1.8\times10^{-5}$	4.74
氢氰酸　HCN	$K_a=6.2\times10^{-10}$	9.21
氢氟酸　HF	$K_a=6.6\times10^{-4}$	3.18
硫化氢　H_2S	$K_{a_1}=1.3\times10^{-7}$	6.88
	$K_{a_2}=7.1\times10^{-15}$	14.15
亚硝酸　HNO_2	$K_a=5.1\times10^{-4}$	3.29
草酸　$H_2C_2O_4$	$K_{a_1}=5.9\times10^{-2}$	1.23
	$K_{a_2}=6.4\times10^{-5}$	4.19
硫酸　H_2SO_4　HSO_4^-	$K_{a_2}=1.0\times10^{-2}$	1.99
磷酸　H_3PO_4	$K_{a_1}=7.6\times10^{-3}$	2.12
	$K_{a_2}=6.3\times10^{-8}$	7.20
	$K_{a_3}=4.4\times10^{-13}$	12.36
酒石酸　$\begin{array}{c}CH(OH)COOH\\|\\CH(OH)COOH\end{array}$	$K_{a_1}=9.1\times10^{-4}$	3.04
	$K_{a_2}=4.3\times10^{-5}$	4.37
柠檬酸　$\begin{array}{c}CH_2COOH\\|\\C(OH)COOH\\|\\CH_2COOH\end{array}$	$K_{a_1}=7.4\times10^{-4}$	3.13
	$K_{a_2}=1.7\times10^{-5}$	4.76
	$K_{a_3}=4.0\times10^{-7}$	6.40
甲酸(蚁酸)　HCOOH	$K_a=1.7\times10^{-4}$	3.77
苯甲酸　C_6H_5COOH	$K_a=6.2\times10^{-5}$	4.21
邻苯二甲酸　$C_6H_4(COOH)_2$	$K_{a_1}=1.3\times10^{-3}$	2.89
	$K_{a_2}=3.9\times10^{-6}$	5.41

（一）酸的离解常数（25℃ $I=0$）

酸	离解常数 K_a	pK_a
苯酚 C_6H_5OH	$K_a=1.1\times10^{-10}$	9.95
硼酸 H_3BO_3	$K_a=5.8\times10^{-10}$	9.24
一氯乙酸 $CH_2ClCOOH$	$K_a=1.4\times10^{-3}$	2.86
二氯乙酸 $CHCl_2COOH$	$K_a=5.0\times10^{-2}$	1.30
三氯乙酸 CCl_3COOH	$K_a=0.23$	0.64
乳酸 $CH_3CHOHCOOH$	$K_a=1.4\times10^{-4}$	3.86
亚砷酸 $HAsO_2$	$K_a=6.0\times10^{-10}$	9.22
亚磷酸 H_2PO_3	$K_{a_1}=5.0\times10^{-2}$	1.30
	$K_{a_2}=2.5\times10^{-7}$	6.60
偏硅酸 H_2SiO_2	$K_{a_1}=1.7\times10^{-10}$	9.77
	$K_{a_2}=1.6\times10^{-12}$	11.8
氨基乙酸盐 $NH_3^+CH_2COOH$	$K_{a_1}=4.5\times10^{-3}$	2.35
$NH_3^+CH_2COO^-$	$K_{a_2}=2.5\times10^{-10}$	9.60
抗坏血酸 $O=C-C(OH)=C(OH)CH-$	$K_{a_1}=5.0\times10^{-5}$	4.30
$CHOH-CH_2OH$	$K_{a_2}=1.5\times10^{-10}$	9.82
过氧化氢 H_2O_2	$K_a=1.8\times10^{-12}$	11.75
次氯酸 $HClO$	$K_{a_1}=3.0\times10^{-8}$	7.52
乙二胺四乙酸 H_6Y^{2+}	$K_{a_1}=0.1$	0.9
H_5Y^+	$K_{a_2}=3\times10^{-2}$	1.6
H_4Y	$K_{a_3}=1\times10^{-2}$	2.0
H_3Y	$K_{a_4}=2.1\times10^{-3}$	2.67
H_2Y^2	$K_{a_5}=6.9\times10^{-7}$	6.16
乙二胺四乙酸 HY^{3-}	$K_{a_6}=5.5\times10^{-11}$	10.26
氰酸 $HCNO$	$K_a=1.2\times10^{-4}$	3.92
硫氰酸 $HCNS$	$K_a=1.4\times10^{-1}$	0.85
次碘酸 HIO	$K_a=2.3\times10^{-11}$	10.64
碘酸 HIO_3	$K_a=1.7\times10^{-1}$	0.78
高碘酸 HIO_4	$K_a=2.3\times10^{-2}$	1.64
硫代硫酸 $H_2S_2O_3$	$K_{a_1}=5\times10^{-1}$	0.3
	$K_{a_2}=1\times10^{-2}$	2
亚硒酸 H_2SeO_3	$K_{a_1}=3.5\times10^{-3}$	2.46
	$K_{a_2}=5.0\times10^{-8}$	7.30
亚碲酸 H_2TeO_3	$K_{a_1}=3.0\times10^{-3}$	2.52
	$K_{a_2}=2.0\times10^{-8}$	7.70
硅酸 H_2SiO_3	$K_{a_1}=1\times10^{-9}$	9
	$K_{a_2}=1\times10^{-13}$	13

（一）酸的离解常数(25℃ $I=0$)		
酸	离解常数 K_a	pK_a
丙酸　C_2H_5COOH	$K_a=1.34\times10^{-5}$	4.87
水杨酸　$C_6H_4OHCOOH$	$K_{a_1}=1.0\times10^{-3}$	3.00
	$K_{a_2}=4.2\times10^{-13}$	12.38
磺基水杨酸　$C_6H_3SO_3HOHCOOH$	$K_{a_1}=4.7\times10^{-3}$	2.33
	$K_{a_2}=4.8\times10^{-12}$	11.32
甘露醇　$C_6H_3(OH)_6$	$K_a=3\times10^{-14}$	13.52
邻菲罗啉　$C_{12}H_8N_2$	$K_{a_1}=1.1\times10^{-5}$	4.96
苹果酸	$K_{a_1}=3.88\times10^{-4}$	3.41
$COOHCHOHCH_2COOH$	$K_{a_2}=7.8\times10^{-6}$	5.11
琥珀酸	$K_{a_1}=6.89\times10^{-5}$	4.16
$COOHCH_2CHCOOH$	$K_{a_2}=2.47\times10^{-6}$	5.61
顺丁烯二酸	$K_{a_1}=1\times10^{-2}$	2.00
$COOHCH=CHCOOH$	$K_{a_2}=5.52\times10^{-7}$	6.26
苦味酸　$HOC_6H_2(NO_2)_3$	$K_a=4.2\times10^{-1}$	0.38
苦杏仁酸　$C_6H_5CHOHCOOH$	$K_a=1.4\times10^{-4}$	3.85
乙酰丙酮　$CH_3COCH_2COCH_3$	$K_{a_1}=1\times10^{-9}$	9.0
8-羟基喹啉　C_9H_6ONH	$K_{a_1}=9.6\times10^{-5}$	
	$K_{a_2}=1.55\times10^{-10}$	9.81

（二）碱的离解常数		
碱	离解常数 K_b	pK_b
氨水　$NH_3\cdot H_2O$	$K_b=1.8\times10^{-5}$	4.74
羟胺　NH_2OH	$K_b=9.1\times10^{-9}$	8.04
苯胺　$C_6H_5NH_2$	$K_b=3.8\times10^{-10}$	9.42
乙二胺　$H_2NCH_2CH_2NH_2$	$K_{b_1}=8.5\times10^{-5}$	4.07
	$K_{b_2}=7.1\times10^{-8}$	7.15
六亚甲基四胺　$(CH_2)_6N_4$	$K_b=1.4\times10^{-9}$	8.85
吡啶　C_6H_5N	$K_b=1.7\times10^{-9}$	8.77
联氨（肼）　H_2NNH_2	$K_{b_1}=3.0\times10^{-6}$	5.52
	$K_{b_2}=7.6\times10^{-15}$	14.12
甲胺　CH_3NH_2	$K_b=4.2\times10^{-4}$	3.38
乙胺　$C_2H_5NH_2$	$K_b=5.6\times10^{-4}$	3.25
二甲胺　$(CH_3)_2NH$	$K_b=1.2\times10^{-4}$	3.93
二乙胺　$(C_2H_5)_2NH$	$K_b=1.3\times10^{-3}$	2.89
乙醇胺　$HOCH_2CH_2NH_2$	$K_b=3.2\times10^{-5}$	4.50
三乙醇胺　$(HOCH_2CH_2)_3N$	$K_b=5.8\times10^{-7}$	6.24
氢氧化锌　$Zn(OH)_2$	$K_{b_2}=4.4\times10^{-5}$	4.36
尿素　$CO(NH_2)_2$	$K_b=1.5\times10^{-14}$	13.82

（二）碱的离解常数

碱	离解常数 K_b	pK_b
硫脲　$CS(NH_2)_2$	$K_b=1.1\times10^{-15}$	14.96
喹啉　C_9H_7N	$K_b=6.3\times10^{-10}$	9.20

表二　配合物的稳定常数

配　合　物	$I/(mol/L)$	n	$lg\beta_n$
氨配合物：			
Ag^+	0.1	1,2	3.40,7.40
Cd^{2+}	0.1	1~6	2.60,4.65,6.04,6.92,6.6,4.9
Co^{2+}	0.1	1~6	2.05,3.62,4.61,5.31,5.43,4.75
Co^{3+}	2	1~6	7.3,14.0,20.1,25.7,30.8,35.2
Cu^{2+}	0.1	1~4	4.13,7.61,10.46,12.59
Ni^{2+}	0.1	1~6	2.75,4.95,6.64,7.79,8.50,8.49
Zn^{2+}	0.1	1~6	2.27,4.61,7.01,9.06
氟配合物：			
Al^{3+}	0.53	1~6	6.1,11.15,15.0,17.7,19.4,19.7
Fe^{3+}	0.5	1~3	5.2,9.2,11.9
Sn^{4+}	不定	6	25
TiO^{2+}	3	1~4	5.4,9.8,13.7,17.4
Th^{4+}	0.5	1~3	7.7,13.5,18.0
Zr^{4+}	2	1~3	8.8,16.1,21.9
氯配合物：			
Ag^+	0.2	1~4	2.9,4.7,5.0,5.9
Hg^{2+}	0.5	1~4	6.7,13.2,14.1,15.1
碘配合物：			
Bi^{3+}	2	4~6	15.0,16.8,18.8
Cd^{2+}	不定	1~4	2.4,3.4,5.0,6.15
Hg^{2+}	0.5	1~4	12.9,23.8,27.6,29.8
I_2	不定		2.9
氰配合物：			
Ag^+	0~0.3	2~4	21.1,21.8,20.7
Cd^{2+}	3	1~4	5.5,10.6,15.3,18.9
Co^{2+}		6	19.09
Cu^{2+}	0	2~4	24.0,28.6,30.3
Fe^{2+}	0	6	35.4
Fe^{3+}	0	6	43.6

配 合 物	$I/(\text{mol/L})$	n	$\lg\beta_n$
氰配合物：			
Hg^{2+}	0.1	1~4	18.0,34.7,38.5,41.5
Ni^{2+}	0.1	4	31.3
Pb^{2+}	1	4	10
Zn^{2+}	0.1	4	16.7
硫氰酸配合物：			
Fe^{3+}	不定	1~5	2.3,4.5,5.6,6.4,6.4
Hg^{2+}	1	2~4	16.1,19.0,20.9
磷酸配合物：			
Fe^{3+}	0.66		$Fe^{3+}+HPO_4^{2-}\rightleftharpoons FeHPO_4^+$ 9.35
乙酸配合物：			
Pb^{2+}	0.5	1,2	1.9,3.3
硫代硫酸配合物：			
Ag^+	0	1,2	8.82,13.5
Cu^+	2	1~3	10.3,12.2,13.8
Hg^{2+}	0	1,2	29.86,32.26
乙酰丙酮配合物：			
Al^{3+}	0.1	1~3	8.1,15.7,21.2
Cu^{2+}	0.1	1,2	7.8,14.3
Fe^{2+}	0.1	1,2	4.7,8.0
Fe^{3+}	0.1	1~3	9.3,17.9,25.1
草酸配合物：			
Al^{3+}	0.5	2,3	11.0,14.6
Fe^{3+}	0.5	1~3	8.0,14.3,18.5
Mn^{3+}	2	1~3	10.0,16.6,19.4
酒石酸配合物：			
Cu^{2+}	1	1~4	3.2,5.11,4.78,6.51
Fe^{3+}	0	3	7.49
柠檬酸配合物：			
Al^{3+}	0.5	AlHL	7.0
		AlH	20.0
		AlOHL	30.6
Fe^{3+}	0.5	FeH_2L	12.2
		FeHL	10.9
		FeL	25.0

表三　一些常用缓冲剂、掩蔽剂及沉淀剂的酸效应系数 $\lg\alpha_{L(H)}$

pH	CH_3COO^-	$C_5H_7O_2^-$	CO_3^{2-}	$HC_6H_4O_7^{3-}$	CN^-	F^-	$C_2O_4^{2-}$
0	4.65	8.8	16.3	13.5	9.2	3.05	5.1
1	3.65	7.8	14.3	10.5	8.2	2.05	3.35
2	2.65	6.8	12.3	7.5	7.2	1.1	2.05
3	1.66	5.8	10.3	4.8	6.2	0.3	1.05
4	0.74	4.8	8.3	2.7	5.2	0.05	0.3
5	0.16	3.8	6.3	1.2	4.2		0.05
6	0.02	2.8	4.5	0.25	3.2		
7		1.8	3.1	0.05	2.2		
8		0.9	2.0		1.2		
9		0.2	1.0		0.4		
10			0.3		0.1		

pH	PO_4^{3-}	$P_2O_7^{4-}$	$C_6H_4(COO)_2^{2-}$	$C_6H_4OCO_2^{2-}$	$C_7H_3O_6S^{3-}$	S^{2-}	$C_4H_4O_6^{2-}$
0	20.7	18.1	7.9	16.0	14.2	19.5	7.0
1	17.7	14.4	5.9	14.0	12.2	17.5	5.0
2	15.0	11.3	4.0	12.1	10.3	15.5	3.05
3	12.65	8.7	2.3	10.3	8.7	13.5	1.4
4	10.6	6.6	1.2	9.1	7.6	11.5	0.4
5	8.6	4.6	0.4	8.1	6.6	9.5	0.05
6	6.65	2.9	0.05	7.1	5.6	7.55	
7	5.0	1.6		6.1	4.6	5.85	
8	3.7	0.6		5.1	3.6	4.6	
9	2.7	0.1		4.1	2.6	3.6	
10	1.7			3.1	1.6	2.6	
11	0.8			2.1	0.7	1.6	
12	0.2			1.1	0.1	0.7	
13				0.3		0.1	

表四　一些常见氨羧配合剂的酸效应系数 $\lg\alpha_{L(H)}$

pH	DCTA	DTPA	EGTA	HEDTA	NTA
0	24.1	28.4	23.3	17.9	14.4
1	20.1	23.5	19.3	15.0	11.4
2	16.2	18.8	15.6	12.0	8.7
3	12.8	14.9	12.7	9.4	7.0
4	10.1	11.8	10.5	7.2	5.8
5	8.0	9.3	8.5	5.3	4.8
6	6.2	7.3	6.5	3.9	3.8
7	4.9	5.3	4.5	2.8	2.8

pH	DCTA	DTPA	EGTA	HEDTA	NTA
8	3.8	3.3	2.5	1.8	1.8
9	2.8	1.7	0.9	0.9	0.9
10	1.8	0.7	0.1	0.2	0.2
11	0.9	0.1			
12	0.2				

表五 一些金属离子的 $lg_{\alpha M(OH)}$

金属离子	pH													
	1	2	3	4	5	6	7	8	9	10	11	12	13	14
Al^{3+}					0.4	1.3	5.3	9.3	13.3	17.3	21.3	25.3	29.3	33.3
Bi^{3+}	0.1	0.5	1.4	2.4	3.4	4.4	5.4							
Ca^{2+}													0.3	1.0
Cd^{2+}								0.1	0.5	2.0	4.5	8.1	12.0	
Co^{2+}							0.1	0.4	1.1	2.2	4.2	7.2	10.2	
Cu^{2+}							0.2	0.8	1.7	2.7	3.7	4.7	5.7	
Fe^{2+}								0.1	0.6	1.5	2.5	3.5	4.5	
Fe^{3+}			0.4	1.8	3.7	5.7	7.7	9.7	11.7	13.7	15.7	17.7	19.7	21.7
Hg^{2+}			0.5	1.9	3.9	5.9	7.9	9.9	11.9	13.9	15.9	17.9	19.9	21.9
La^{3+}									0.3	1.0	1.9	2.9	3.9	
Mg^{2+}										0.1	0.5	1.3	2.3	
Mn^{2+}									0.1	0.5	1.4	2.4	3.4	
Ni^{2+}								0.1	0.7	1.6				
Pb^{2+}						0.1	0.5	1.4	2.7	4.7	7.4	10.4	13.4	
Th^{4+}				0.2	0.8	1.7	2.7	3.7	4.7	5.7	6.7	7.7	8.7	9.7
Zn^{2+}								0.2	2.4	5.4	8.5	11.8	15.5	

表六 金属指示剂的 $lg\alpha_{In(H)}$ 值和变色点的 pM_t 值

1. 紫脲酸酸铵

pH_{trans}	红-紫			9.2 紫		10.5	蓝
pH	6.0	7.0	8.0	9.0	10.0	11.0	12.0
$lg\alpha_{In(H)}$	7.7	5.7	3.7	11.9	0.7	0.1	
$lg\alpha_{HIn(H)}$	3.2	2.2	1.2	0.4	0.2	0.6	1.5
pCa_t(至红)		2.6	2.8	3.4	4.0	4.6	5.0
pCu_t(至橙)	6.4	9.2	10.2	12.2	13.6	15.8	17.9
pNi_t(至黄)	4.6	5.2	6.2	7.8	9.3	10.3	11.3

2. 二甲酚橙

	黄				pK$_{a_4}$=6.3		红		
pH	0	1.0	2.0	3.0	4.0	4.5	5.0	5.5	6.0
lg$\alpha_{In(H)}$	35.0	30.0	25.1	20.7	17.3	15.7	14.2	12.8	11.3
pBi$_{ep}$(至红)		4.0	5.4	6.8					
pCd$_{ep}$(至红)						4.0	4.5	5.0	5.5
pHg$_{ep}$(至红)							7.4	8.2	9.0
pLa$_{ep}$(至红)						4.0	4.5	5.0	5.6
pPb$_{ep}$(至红)				4.2	4.8	6.2	7.0	7.6	8.2
pTh$_{ep}$(至红)		3.6	4.9	6.3					
pZn$_{ep}$(至红)							4.1	4.8	5.7	6.5
pZr$_{ep}$(至红)	7.5								

3. PAN

pH$_{trans}$	黄								
pH	3.0	4.0	5.0	6.0	7.0	8.0	9.0	10.0	11.0
lg$\alpha_{In(H)}$	9.2	8.2	7.2	6.2	5.2	4.2	3.2	2.2	1.2
pCu$_t$(至红)	6.8	7.8	8.8	9.8	10.8	11.8	12.8	13.8	14.8

表七　标准电极电位（18~25℃）

半　反　应	电极电位/V
$Li^+ + e^- \rightleftharpoons Li$	−3.045
$K^+ + e^- \rightleftharpoons K$	−2.924
$Ba^{2+} + 2e^- \rightleftharpoons Ba$	−2.90
$Sr^{2+} + 2e^- \rightleftharpoons Sr$	−2.89
$Ca^{2+} + 2e^- \rightleftharpoons Ca$	−2.76
$Na^+ + e^- \rightleftharpoons Na$	−2.7109
$Mg^{2+} + 2e^- \rightleftharpoons Mg$	−2.375
$Al^{3+} + 3e^- \rightleftharpoons Al$	−1.706
$ZnO_2^{2-} + 2H_2O + 2e^- \rightleftharpoons Zn + 4OH^-$	−1.216
$Mn^{2+} + 2e^- \rightleftharpoons Mn$	−1.18
$Sn(OH)_5^{2-} + 2e^- \rightleftharpoons HSnO_2^- + 3OH^- + H_2O$	−0.96
$SO_4^{2-} + H_2O + 2e^- \rightleftharpoons SO_3^{2-} + 2OH^-$	−0.92
$TiO_2 + 4H^+ + 4e^- \rightleftharpoons Ti + 2H_2O$	−0.89
$2H_2O + 2e^- \rightleftharpoons H_2 + 2OH^-$	−0.828
$HSnO_2 + H_2O + 2e^- \rightleftharpoons Sn + 3OH^-$	−0.79
$Zn^{2+} + 2e^- \rightleftharpoons Zn$	−0.7628
$Cr^{3+} + 3e^- \rightleftharpoons Cr$	−0.74
$AsO_4^{3-} + 2H_2O + 2e^- \rightleftharpoons AsO_2^- + 4OH^-$	−0.71

半 反 应	电极电位/V
$S+2e^- \rightleftharpoons S^{2-}$	-0.508
$2CO_2+2H^++2e^- \rightleftharpoons H_2C_2O_4$	-0.49
$Cr^{3+}+e^- \rightleftharpoons Cr^{2+}$	-0.41
$Fe^{2+}+2e^- \rightleftharpoons Fe$	-0.409
$Cd^{2+}+2e^- \rightleftharpoons Cd$	-0.4026
$Cu_2O+H_2O+2e^- \rightleftharpoons 2Cu+2OH^-$	-0.361
$Co^{2+}+2e^- \rightleftharpoons Co$	-0.28
$Ni^{2+}+2e^- \rightleftharpoons Ni$	-0.246
$AgI+e^- \rightleftharpoons Ag+I^-$	-0.15
$Sn^{2+}+2e^- \rightleftharpoons Sn$	-0.1364
$Pb^{2+}+2e^- \rightleftharpoons Pb$	-0.1263
$CrO_4^{2-}+4H_2O+3e^- \rightleftharpoons Cr(OH)_3+5OH^-$	-0.12
$Ag_2S+2H^++2e^- \rightleftharpoons 2Ag+H_2S$	-0.0366
$Fe^{3+}+3e^- \rightleftharpoons Fe$	-0.036
$2H^++2e^- \rightleftharpoons H_2$	0.0000
$NO_3^-+H_2O+2e^- \rightleftharpoons NO_2^-+2OH^-$	0.01
$TiO^{2+}+2H^++e^- \rightleftharpoons Ti^{3+}+H_2O$	0.10
$S_4O_5^{2-}+2e^- \rightleftharpoons 2S_2O_3^{2-}$	0.09
$AgBr+e^- \rightleftharpoons Ag+Br$	0.10
$S+2H^++2e^- \rightleftharpoons H_2S(溶液)$	0.141
$Sn^{4+}+2e^- \rightleftharpoons Sn^{2+}$	0.15
$Cu^{2+}+e^- \rightleftharpoons Cu^+$	0.158
$BiOCl+2H^++3e^- \rightleftharpoons Bi+Cl^-+H_2O$	0.1583
$SO_4^{2-}+4H^++2e^- \rightleftharpoons H_2SO_3+H_2O$	0.20
$AgCl+e^- \rightleftharpoons Ag+Cl^-$	0.22
$IO_3^-+3H_2O+6e^- \rightleftharpoons I^-+6OH^-$	0.26
$Hg_2Cl_2+2e^- \rightleftharpoons 2Hg+2Cl^-$ (0.1mol/L NaOH)	0.2682
$Cu^{2+}+2e^- \rightleftharpoons Cu$	0.3402
$VO^{2+}+2H^++e^- \rightleftharpoons V^{3+}+H_2O$	0.36
$Fe(CN)_6^{3-}+e^- \rightleftharpoons Fe(CN)_6^{4-}$	0.36
$2H_2SO_3+2H^++4e^- \rightleftharpoons S_2O_3^{2-}+3H_2O$	0.40
$Cu^++e^- \rightleftharpoons Cu$	0.522
$I_3^-+2e^- \rightleftharpoons 3I^-$	0.5338
$I_2+2e^- \rightleftharpoons 2I^-$	0.535

半　反　应	电极电位/V
$IO_3^- + 2H_2O + 4e^- \rightleftharpoons IO^- + 4OH^-$	0.56
$MnO_4^- + e^- \rightleftharpoons MnO_4^{2-}$	0.56
$H_3AsO_4 + 2H^+ + 2e^- \rightleftharpoons HAsO_2 + 2H_2O$	0.56
$MnO_4^- + 2H_2O + 3e^- \rightleftharpoons MnO_2 + 4OH^-$	0.58
$O_2 + 2H^+ + 2e^- \rightleftharpoons H_2O_2$	0.682
$Fe^{3+} + e^- \rightleftharpoons Fe^{2+}$	0.77
$Hg_2^{2+} + 2e^- \rightleftharpoons 2Hg$	0.7961
$Ag^+ + e^- \rightleftharpoons Ag$	0.7994
$Hg^{2+} + 2e^- \rightleftharpoons Hg$	0.851
$2Hg^{2+} + 2e^- \rightleftharpoons Hg_2^{2+}$	0.907
$NO_3^- + 3H^+ + 2e^- \rightleftharpoons HNO_2 + H_2O$	0.94
$NO_3^- + 4H^+ + 3e^- \rightleftharpoons NO + 2H_2O$	0.96
$HNO_2 + H^+ + e^- \rightleftharpoons NO + H_2O$	0.99
$VO_2^+ + 2H^+ + e^- \rightleftharpoons VO^{2+} + H_2O$	1.00
$N_2O_4 + 4H^+ + 4e^- \rightleftharpoons 2NO + 2H_2O$	1.03
$Br_2 + 2e^- \rightleftharpoons 2Br^-$	1.08
$IO_3^- + 6H^+ + 6e^- \rightleftharpoons I^- + 3H_2O$	1.085
$IO_3^- + 6H^+ + 5e^- \rightleftharpoons 1/2 I_2 + 3H_2O$	1.195
$MnO_2 + 4H^+ + 2e^- \rightleftharpoons Mn^{2+} + 2H_2O$	1.23
$O_2 + 4H^+ + 4e^- \rightleftharpoons 2H_2O$	1.23
$Au^{3+} + 2e^- \rightleftharpoons Au^+$	1.29
$Cr_2O_7^{2-} + 14H^+ + 6e^- \rightleftharpoons 2Cr^{3+} + 7H_2O$	1.33
$Cl_2 + 2e^- \rightleftharpoons 2Cl^-$	1.3583
$BrO_3^- + 6H^+ + 6e^- \rightleftharpoons Br^- + 3H_2O$	1.44
$ClO_3^- + 6H^+ + 6e^- \rightleftharpoons Cl^- + 3H_2O$	1.45
$PbO_2 + 4H^+ + 2e^- \rightleftharpoons Pb^{2+} + 2H_2O$	1.46
$MnO_4^- + 8H^+ + 5e^- \rightleftharpoons Mn^{2+} + 4H_2O$	1.491
$Mn^{3+} + e^- \rightleftharpoons Mn^{2+}$	1.51
$BrO_3^- + 6H^+ + 5e^- \rightleftharpoons 1/2 Br_2 + 3H_2O$	1.52
$Ce^{4+} + e^- \rightleftharpoons Ce^{3+}$	1.61
$HClO + H^+ + e^- \rightleftharpoons 1/2 Cl_2 + H_2O$	1.63
$MnO_4^- + 4H^+ + 3e^- \rightleftharpoons MnO_2 + 2H_2O$	1.679
$H_2O_2 + 2H^+ + 2e^- \rightleftharpoons 2H_2O$	1.776
$Co^{3+} + e^- \rightleftharpoons Co^{2+}$	1.842

半　反　应	电极电位/V
$S_2O_8^{2-}+2e^- \rightleftharpoons 2SO_4^{2-}$	2.00
$O_3+2H^++2e^- \rightleftharpoons O_2+H_2O$	2.07
$F_2+2e^- \rightleftharpoons 2F^-$	2.87

表八　条件电极电位

半　反　应	条件电位/V	介　质
$Ag(II)+e^- \rightleftharpoons Ag^+$	1.927	4 mol/L HNO$_3$
	2.00	4 mol/L HClO$_4$
$Ag^++e^- \rightleftharpoons Ag$	0.792	1 mol/L HClO$_4$
	0.228	1 mol/L HCl
	0.59	1 mol/L NaOH
$H_3AsO_4+2H^++2e^- \rightleftharpoons H_3AsO_3+H_2O$	0.577	1 mol/L HCl·HClO$_4$
	0.07	1 mol/L NaOH
	−0.16	5 mol/L NaOH
$Au^{3+}+2e^- \rightleftharpoons Au^+$	1.27	0.5 mol/L H$_2$SO$_4$(氧化金饱和)
	1.26	1 mol/L HNO$_3$(氧化金饱和)
	0.93	1 mol/L HCl
$Au^{3+}+3e^- \rightleftharpoons Au$	0.30	7~8 mol/L NaOH
$Bi^{3+}+3e^- \rightleftharpoons Bi$	−0.05	5 mol/L HCl
	0.00	1 mol/L HCl
$Cd^{2+}+2e^- \rightleftharpoons Cd$	−0.8	8 mol/L KOH
	−0.9	CN 络合物
$Ce^{4+}+e^- \rightleftharpoons Ce^{3+}$	1.70	1 mol/L HClO$_4$
	1.71	2 mol/L HClO$_4$
	1.75	4 mol/L HClO$_4$
	1.82	6 mol/L HClO$_4$
	1.87	8 mol/L HClO$_4$
	1.61	1 mol/L HNO$_3$
	1.62	2 mol/L HNO$_3$
	1.61	4 mol/L HNO$_3$
	1.56	8 mol/L HNO$_3$
	1.44	1 mol/L H$_2$SO$_4$
	1.43	2 mol/L H$_2$SO$_4$
	1.42	4 mol/L H$_2$SO$_4$
	1.28	1 mol/L HCl
$Co^{3+}+e^- \rightleftharpoons Co^{2+}$	1.84	3 mol/L HNO$_3$

半　反　应	条件电位/V	介　质
$Co(乙二胺)_3^{3+} + e^- = Co(乙二胺)_3^{2+}$	-0.2	0.1 mol/L KNO_3 + 0.1 mol/L 乙二胺
$Cr^{3+} + e^- = Cr^{2+}$	-0.40	5 mol/L HCl
$Cr_2O_7^{2-} + 14H^+ + 6e^- = 2Cr^{3+} + 7H_2O$	0.93	0.1 mol/L HCl
	0.97	0.5 mol/L HCl
	1.00	1 mol/L HCl
	1.09	
	1.05	2 mol/L HCl
	1.08	3 mol/L HCl
	1.15	4 mol/L HCl
	0.92	0.1 mol/L H_2SO_4
	1.08	0.5 mol/L H_2SO_4
	1.10	2 mol/L H_2SO_4
	1.15	4 mol/L H_2SO_4
	1.30	6 mol/L H_2SO_4
	1.34	8 mol/L H_2SO_4
	0.84	0.1 mol/L $HClO_4$
$Cr_2O_7^{2-} + 14H^+ + 6e^- = 2Cr^{3+} + 7H_2O$	1.10	0.2 mol/L $HClO_4$
	1.025	1 mol/L $HClO_4$
	1.27	1 mol/L HNO_3
$CrO_4^{2-} + 2H_2O + 3e^- = CrO_2^- + 4OH^-$	-0.12	1 mol/L NaOH
$Cu^{2+} + e^- = Cu^+$	-0.09	pH=14
$Fe^{3+} + e^- = Fe^{2+}$	0.73	0.1 mol/L HCl
	0.72	0.5 mol/L HCl
	0.70	1 mol/L HCl
	0.69	2 mol/L HCl
	0.68	3 mol/L HCl
	0.68	0.2 mol/L H_2SO_4
	0.68	0.5 mol/L H_2SO_4
	0.68	4 mol/L H_2SO_4
	0.68	8 mol/L H_2SO_4
	0.735	0.1 mol/L $HClO_4$
	0.732	1 mol/L $HClO_4$
	0.46	2 mol/L H_3PO_4
	0.52	5 mol/L H_3PO_4
	0.70	1 mol/L HNO_3
	-0.7	pH=14

半 反 应	条件电位/V	介 质
	0.51	1 mol/L HCl+0.25 mol/L H_3PO_4
$Fe(EDTA)^- + e^- \rightleftharpoons Fe(EDTA)^{2-}$	0.12	0.1 mol/L EDTA,pH4~6
$Fe(CN)_6^{3-} + e^- \rightleftharpoons Fe(CN)_6^{4-}$	0.56	0.1 mol/L HCl
	0.41	pH4~13
	0.70	1 mol/L HCl
	0.72	1 mol/L $HClO_4$
	0.72	0.5 mol/L H_2SO_4
	0.46	0.01 mol/L NaOH
	0.52	5 mol/L NaOH
$I_3^- + 2e^- \rightleftharpoons 3I^-$	0.5446	0.5 mol/L H_2SO_4
$I_2(水) + 2e^- \rightleftharpoons 2I^-$	0.6276	0.5 mol/L H_2SO_4
$Hg_2^{2+} + 2e^- \rightleftharpoons 2Hg$	0.33	0.1 mol/L KCl
	0.28	1 mol/L KCl
	0.25	饱和 KCl
	0.66	4 mol/L $HClO_4$
	0.274	1 mol/L HCl
$2Hg^{2+} + 2e^- \rightleftharpoons Hg_2^{2+}$	0.28	1 mol/L HCl
$In^{3+} + 3e^- \rightleftharpoons In$	−0.3	1 mol/L HCl
	−8	1 mol/L KOH
	−0.47	1 mol/L Na_2CO_3
$MnO_4^- + 8H^+ + 5e^- \rightleftharpoons Mn^{2+} + 4H_2O$	1.45	1 mol/L $HClO_4$
$SnCl_6^{2-} + 2e^- \rightleftharpoons SnCl_4^{2-} + 2Cl^-$	0.14	1 mol/L HCl
	0.10	5 mol/L HCl
	0.07	0.1 mol/L HCl
	0.40	4.5 mol/L H_2SO_4
$Sn^{2+} + 2e^- \rightleftharpoons Sn$	−0.20	1 mol/L HCl·H_2SO_4
	−0.16	1 mol/L $HClO_4$
$Sb(V) + 2e^- \rightleftharpoons Sb(Ⅲ)$	0.75	3.5 mol/L HCl
$Mo^{4+} + e^- \rightleftharpoons Mo^{3+}$	0.1	4 mol/L H_2SO_4
$Mo^{6+} + e^- \rightleftharpoons Mo^{5+}$	0.53	2 mol/L HCl
$Tl^+ + e^- \rightleftharpoons Tl$	−0.551	1 mol/L HCl
$Tl(Ⅲ) + 2e^- \rightleftharpoons Tl(Ⅰ)$	1.23~	1 mol/L HNO_3
	1.26	
	1.21	0.05 mol/L,0.5 mol/L H_2SO_4
	0.78	0.6 mol/L HCl
$U(Ⅳ) + e^- \rightleftharpoons U(Ⅲ)$	−0.63	1 mol/L HCl,$HClO_4$
	−0.85	0.5 mol/L H_2SO_4

半 反 应	条件电位/V	介 质
$VO_2^+ + 2H^+ + e^- = VO^{2+} + H_2O$	1.30	9 mol/L $HClO_4$,4 mol/L H_2SO_4
	−0.74	pH=14
$Zn^{2+} + 2e^- = Zn$	−1.36	CN 络合物

表九 难溶化合物的溶度积（18～25℃）

难溶化合物	K_{sp}	pK_{sp}	难溶化合物	K_{sp}	pK_{sp}
$Al(OH)_3$ 无定形	1.3×10^{-33}	32.9	$Cd_2[Fe(CN)_6]$	3.2×10^{-17}	16.49
Al-8-羟基喹啉	1.0×10^{-29}	29.0	$Cd(OH)_2$ 新析出	2.5×10^{-14}	13.60
Ag_3AsO_4	1×10^{-22}	22.0	$CdC_2O_4 \cdot 3H_2O$	9.1×10^{-8}	7.04
AgBr	5.0×10^{-13}	12.30	CdS	7.1×10^{-28}	27.15
Ag_2CO_3	8.1×10^{-12}	11.09	$CoCO_3$	1.4×10^{-13}	12.84
AgCl	1.8×10^{-10}	9.75	$Co_2[Fe(CN)_6]$	1.8×10^{-15}	14.74
Ag_2CrO_4	2.0×10^{-12}	11.71	$Co(OH)_2$ 新析出	2×10^{-15}	14.7
AgCN	1.2×10^{-16}	15.92	$Co(OH)_3$	2×10^{-44}	43.7
AgOH	2.0×10^{-8}	7.71	$Co[Hg(SCN)_4]$	1.5×10^{-6}	5.82
AgI	9.3×10^{-17}	16.03	α-CoS	4×10^{-21}	20.4
$Ag_2C_2O_4$	3.5×10^{-11}	10.46	β-CoS	2×10^{-25}	24.7
Ag_3PO_4	1.4×10^{-16}	15.84	$Co_3(PO_4)_2$	2×10^{-35}	34.7
Ag_2SO_4	1.4×10^{-5}	4.84	$Cr(OH)_3$	6×10^{-31}	30.2
Ag_2S	2×10^{-49}	48.7	CuBr	5.2×10^{-9}	8.28
AgSCN	1.0×10^{-12}	12.00	CuCl	1.2×10^{-6}	5.92
Ag_2S_3	2.1×10^{-22}	21.68	CuCN	3.2×10^{-20}	19.49
$BaCO_3$	5.1×10^{-9}	8.29	CuI	1.1×10^{-12}	11.96
$BaCrO_4$	1.2×10^{-10}	9.93	CuOH	1×10^{-14}	14.0
BaF_2	1×10^{-6}	6.0	Cu_2S	2×10^{-48}	47.7
$BaC_2O_4 \cdot H_2O$	2.3×10^{-8}	7.64	CuSCN	4.8×10^{-15}	14.32
Ba-8-羟基喹啉	5.0×10^{-9}	8.30	$CuCO_3$	1.4×10^{-10}	9.86
$BaSO_4$	1.1×10^{-10}	9.96	$Cu(OH)_2$	2.2×10^{-20}	19.66
$Bi(OH)_3$	4×10^{-31}	30.4	CuS	6×10^{-36}	35.2
$BiOOH^①$	4×10^{-10}	9.4	Cu-8-羟基喹啉	2.0×10^{-30}	29.70
BiI_3	8.1×10^{-19}	18.09	$FeCO_3$	3.2×10^{-11}	10.50
BiOCl	1.8×10^{-31}	30.75	$Fe(OH)_2$	8×10^{-16}	15.1
$BiPO_4$	1.3×10^{-23}	22.89	FeS	6×10^{-18}	17.2
Bi_2S_3	1×10^{-97}	97.0	$Fe(OH)_3$	4×10^{-38}	37.4
$CaCO_3$	2.9×10^{-9}	8.54	$FePO_4$	1.3×10^{-22}	21.89
CaF_2	2.7×10^{-11}	10.57	$Hg_2Br_2^②$	5.8×10^{-23}	22.24

难溶化合物	K_{sp}	pK_{sp}	难溶化合物	K_{sp}	pK_{sp}
$CaC_2O_4 \cdot H_2O$	2.0×10^{-9}	8.70	Hg_2CO_3	8.9×10^{-17}	16.05
$Ca_3(PO_4)_2$	2.0×10^{-29}	28.70	Hg_2Cl_2	1.3×10^{-18}	17.88
$CaSO_4$	9.1×10^{-6}	5.04	$Hg_2(OH)_2$	2×10^{-24}	23.7
$CaWO_4$	8.7×10^{-9}	8.06	Hg_2I_2	4.5×10^{-29}	28.35
Ca-8-羟基喹啉	7.6×10^{-12}	11.12	Hg_2SO_4	7.4×10^{-7}	6.13
$CdCO_3$	5.2×10^{-12}	11.28	Hg_2S	1×10^{-47}	47.0
$Hg(OH)_2$	3.0×10^{-26}	25.52	$PbMoO_4$	1×10^{-13}	13.0
HgS 红色	4×10^{-53}	52.4	$Pb_3(PO_4)_2$	8.0×10^{-43}	42.10
黑色	2×10^{-52}	51.7	$PbSO_4$	1.6×10^{-8}	7.79
$MgNH_4PO_4$	2×10^{-13}	12.7	PbS	8×10^{-28}	27.1
$MgCO_3$	3.5×10^{-8}	7.46	$Pb(OH)_4$	3×10^{-66}	65.5
MgF_2	6.4×10^{-9}	8.19	$Sb(OH)_3$	4×10^{-42}	41.4
$Mg(OH)_2$	1.8×10^{-11}	10.74	Sb_2S_3	2×10^{-93}	92.8
Mg-8-羟基喹啉	4.0×10^{-16}	15.40	$Sn(OH)_2$	1.4×10^{-28}	27.85
$MnCO_3$	1.8×10^{-11}	10.74	SnS	1×10^{-25}	25.0
$Mn(OH)_2$	1.9×10^{-13}	12.72	$Sn(OH)_4$	1×10^{-56}	56.0
MnS 无定形	2×10^{-10}	9.7	SnS_2	2×10^{-27}	26.7
MnS 晶形	2×10^{-13}	12.7	$SrCO_3$	1.1×10^{-10}	9.96
Mn-8-羟基喹啉	2.0×10^{-22}	21.7	$SrCrO_4$	2.2×10^{-5}	4.65
$NiCO_3$	6.6×10^{-9}	8.18	SrF_2	2.4×10^{-9}	8.61
$Ni(OH)_2$ 新析出	2×10^{-15}	14.7	$SrC_2O_4 \cdot H_2O$	1.6×10^{-7}	6.80
$Ni_3(PO_4)_2$	5×10^{-31}	30.3	$Sr_3(PO_4)_2$	4.1×10^{-28}	27.39
α-NiS	3×10^{-19}	18.5	$SrSO_4$	3.2×10^{-7}	6.49
β-NiS	1×10^{-24}	24.0	Sr-8-羟基喹啉	5×10^{-10}	9.3
γ-NiS	2×10^{-26}	25.7	$Ti(OH)_3$	1×10^{-40}	40.0
Ni-8-羟基喹啉	8×10^{-27}	26.1	$TiO(OH)_2$③	1×10^{-29}	29.0
$PbCO_3$	7.4×10^{-14}	13.13	$ZnCO_3$	1.4×10^{-11}	10.84
$PbCl_2$	1.6×10^{-5}	4.79	$Zn_2[Fe(CN)_6]$	4.1×10^{-16}	15.39
$PbClF$	2.4×10^{-9}	8.62	$Zn(OH)_2$	1.2×10^{-17}	16.92
$PbCrO_4$	2.8×10^{-13}	12.55	$Zn_3(PO_4)_2$	9.1×10^{-33}	32.04
PbF_2	2.7×10^{-8}	7.57	ZnS	2×10^{-22}	21.7
$Pb(OH)_2$	1.2×10^{-15}	14.93	Zn-8-羟基喹啉	5×10^{-25}	24.3
PbI_2	7.1×10^{-9}	8.15			

① BiOOH $K_{sp} = [BiO^+][OH^-]$。

② $(Hg_2)_m X_n$ $K_{sp} = [Hg_2^{2+}]^m[X^{-2m/n}]^n$。

③ $TiO(OH)_2$ $K_{sp} = [TiO^{2+}][OH^-]^2$。

表十 常见化合物的俗名

类　别	俗　　名	主　要　化　学　成　分
硅化合物	石英	SiO_2
	水晶	SiO_2
	打火石、燧石	SiO_2
	玻璃	SiO_2
	砂石	SiO_2
	橄榄石	$MgSiO_4$
	硅锌石	$ZnSiO_4$
	硅胶	SiO_2
钠化合物	食盐	$NaCl$
	硼砂	$Na_2B_4O_7 \cdot 10H_2O$
	苏打、纯碱	Na_2CO_3
	小苏打	$NaHCO_3$
	海波	$Na_2S_2O_3 \cdot 5H_2O$
	红矾钠	$Na_2Cr_2O_7 \cdot 2H_2O$
	苛性钠、烧碱、火碱、苛性碱	$NaOH$
	芒硝	$Na_2SO_4 \cdot 10H_2O$
	硫化碱	Na_2S
	水玻璃	$Na_2SiO_3 \cdot nH_2O$
钾化合物	钾碱、碱砂	K_2CO_3
	黄血盐	$K_4Fe(CN)_6 \cdot 3H_2O$
	赤血盐	$K_3Fe(CN)_6$
	苛性钾	KOH
	灰锰氧	$KMnO_4$
	钾硝石、火硝	KNO_3
	吐酒石	$K(SbO)C_4H_4O_6$
铵化合物	硝铵、钠硝石	NH_4NO_3
	硫铵	$(NH_4)_2SO_4$
	卤砂	NH_4Cl
钡化合物	重晶石	$BaSO_4$
	钡石	$BaSO_4$
	钡垩石	$BaCO_3$
锶化合物	天青石	$SrSO_4$
	锶垩石	$SrCO_3$
铬化合物	铬绿	Cr_2O_3
	铬矾	$Cr_2K_2(SO_4)_4 \cdot 24H_2O$
	铵铬矾	$Cr_2(NH_4)_2(SO_4)_4 \cdot 24H_2O$
	红矾	$K_2Cr_2O_7$
	铬黄	$PbCrO_4$

类 别	俗 名	主 要 化 学 成 分
钙化合物		CaC_2
	电石	$CaCO_3$
	白垩	$CaCO_3$
	石灰石	$CaCO_3$
	大理石	$CaCO_3$
	文石、霞石	$CaCO_3$
	方解石	$CaCO_3$
	萤石、氟石	CaF_2
	熟石灰、消石灰	$Ca(OH)_2$
	漂白粉、氯化石灰	$Ca(OCl) \cdot Cl$
	生石灰	CaO
	无水石膏、硬石膏	$CaSO_4$
	烘石膏、熟石膏、巴黎石膏	$2CaSO_4 \cdot H_2O$
	重石	$CaWO_4$
	白云石	$CaCO_3 \cdot MgCO_3$
锰化合物	硫锰矿	MnS
	软锰矿	MnO_2
	黑石子	MnO_2
铝化合物		Al_2O_3
	矾土	Al_2O_3
	刚玉	$K_2Al_2(SO_4)_4 \cdot 2H_2O$
	明矾、铝矾	$(NH_4)_2Al_2(SO_4)_4 \cdot 24H_2O$
	铵矾	$K_2SO_4 \cdot Al_2(SO_4)_3 \cdot 2Al_2O_3 \cdot 6H_2O$
	明矾石	$Al_2O_3 \cdot 2SiO_2 \cdot 2H_2O$
	高岭土	Al_2O_3
	铝胶	Al_2O_3
	红宝石	$Na_2Al_4Si_6S_4O_{33}$ 或 $Na_xAl_4Si_6S_4O_{23}$
	群青、佛青	$3BeO \cdot Al_2O_3 \cdot 6SiO_2$
	绿宝石	Fe_2O_3
铁化合物	铁丹	Fe_2O_3
	赤铁矿	Fe_3O_4
	磁铁矿	$FeCO_3$
	菱铁矿	$Fe_3[Fe(CN)_6]_2$
	滕氏盐	$Fe_4[Fe(CN)_6]_3$
	普鲁氏盐	$FeSO_4 \cdot 7H_2O$
	绿矾	$Fe_2K_2(SO_4)_4 \cdot 24H_2O$
	铁矾	$FeAsS$
	毒砂	FeS
	磁黄铁矿	FeS_2
	黄铁矿	$(NH_4)_2SO_4 \cdot FeSO_4 \cdot 6H_2O$
	摩尔盐	

类　别	俗　　名	主　要　化　学　成　分
镁化合物	白苦土、烧苦土	MgO
	卤盐	$MgCl_2$
	泻利盐	$MgSO_4 \cdot 7H_2O$
	菱苦土	$MgCO_3$
	光卤石	$KCl \cdot MgCl_2 \cdot 6H_2O$
	滑石	$3MgO \cdot 4SiO_2 \cdot H_2O$
锌化合物	锌白	ZnO
	红锌矿	ZnO
	闪锌矿	ZnS
	炉甘石	$ZnCO_3$
	锌矾、白矾	$ZnSO_4 \cdot 7H_2O$
	锌钡白、立德粉	$ZnS + BaSO_4$
铅化合物	黄丹、密陀僧	PbO
	红铅、铅丹	Pb_3O_4
	方铅矿	PbS
	铅白	$2PbCO_3 \cdot Pb(OH)_2$
汞化合物	甘汞	Hg_2Cl_2
	升汞	$HgCl_2$
	三仙丹	HgO
	辰砂、朱砂	HgS
	雷汞	$Hg(CNO)_2 \cdot \frac{1}{2}H_2O$
铜化合物	铜绿	$CuCO_3 \cdot Cu(OH)_2$
	孔雀石 { 绿青 / 石绿	$CuCO_3 \cdot Cu(OH)_2$
	胆矾、铜矾	$CuSO_4 \cdot 5H_2O$
	赤铜矿	Cu_2O
	方黑铜矿	CuO
	黄铜矿	$CuFeS_2$
砷化合物	砒霜	As_2O_3
	雄黄	As_2S_2 或 As_4S_4
	雌黄	As_2S_3
锑化合物	锑白	Sb_2O_3 或 Sb_4O_6
	辉锑矿、闪锑矿	Sb_2S_3
有机化合物	火棉胶	硝化纤维
	石油醚	汽油的一种(沸程 30～70℃)
	玫瑰油	苯乙醇
	蚁酸	$HCOOH$

表十一　常见化合物的摩尔质量

化 合 物	M /(g/mol)	化 合 物	M /(g/mol)
Ag_3AsO_4	462.52	Al_2O_3	101.96
$AgBr$	187.77	$Al(OH)_3$	78.00
$AgCl$	143.32	$Al_2(SO_4)_3$	342.14
$AgCN$	133.89	$Al_2(SO_4)_3 \cdot 18H_2O$	666.41
$AgSCN$	165.95	As_2O_3	197.84
Ag_2CrO_4	331.73	As_2O_5	229.84
AgI	234.77	As_2S_3	246.02
$AgNO_3$	169.87	$BaCO_3$	197.34
$AlCl_3$	133.34	BaC_2O_4	225.35
$AlCl_3 \cdot 6H_2O$	241.43	$BaCl_2$	208.24
$Al(NO_3)_3$	213.00	$BaCl_2 \cdot 2H_2O$	244.27
$Al(NO_3)_3 \cdot 9H_2O$	375.13	$BaCrO_4$	253.32
BaO	153.33	$CuCl$	98.999
$Ba(OH)_2$	171.34	$CuCl_2$	134.45
$BaSO_4$	233.39	$CuCl_2 \cdot 2H_2O$	170.48
$BiCl_3$	315.34	$CuSCN$	121.62
$BiOCl$	260.43	CuI	190.45
CO_2	44.01	$Cu(NO_3)_2$	187.56
CaO	56.08	$Cu(NO_3)_2 \cdot 3H_2O$	241.60
$CaCO_3$	100.09	CuO	79.545
CaC_2O_4	128.10	Cu_2O	143.09
$CaCl_2$	110.99	CuS	95.61
$CaCl_2 \cdot 6H_2O$	219.08	$CuSO_4$	159.60
$Ca(NO_3)_2 \cdot 4H_2O$	236.15	$CuSO_4 \cdot 5H_2O$	249.68
$Ca(OH)_2$	74.09	$FeCl_2$	126.75
$Ca_3(PO_4)_2$	310.18	$FeCl_2 \cdot 4H_2O$	198.81
$CaSO_4$	136.14	$FeCl_3$	162.21
$CdCO_3$	172.42	$FeCl_3 \cdot 6H_2O$	270.30
$CdCl_2$	183.32	$FeNH_4(SO_4)_2 \cdot 12H_2O$	482.18
CdS	144.47	$Fe(NO_3)_3$	241.86
$Ce(SO_4)_2$	332.24	$Fe(NO_3)_3 \cdot 9H_2O$	404.00
$Ce(SO_4)_2 \cdot 4H_2O$	404.30	FeO	71.846
$CoCl_2$	129.84	Fe_2O_3	159.69
$CoCl_2 \cdot 6H_2O$	237.93	Fe_3O_4	231.54
$Co(NO_3)_2$	132.94	$Fe(OH)_3$	106.87
$Co(NO_3)_2 \cdot 6H_2O$	291.03	FeS	87.91
CoS	90.99	Fe_2S_3	207.87

化 合 物	M /(g/mol)	化 合 物	M /(g/mol)
$CoSO_4$	154.99	$FeSO_4$	151.90
$CoSO_4 \cdot 7H_2O$	281.10	$FeSO_4 \cdot 7H_2O$	278.01
$Co(NH_2)_2$	60.06	$FeSO_4 \cdot (NH_4)_2SO_4 \cdot 6H_2O$	392.13
$CrCl_3$	158.35	H_3AsO_3	125.94
$CrCl_3 \cdot 6H_2O$	266.45	H_3AsO_4	141.94
$Cr(NO_3)_3$	238.01	H_3BO_3	61.83
Cr_2O_3	151.99	HBr	80.912
HCN	27.026	KCl	74.551
$HCOOH$	46.026	$KClO_3$	122.55
CH_3COOH	60.052	$KClO_4$	138.55
H_2CO_3	62.025	KCN	65.116
$H_2C_2O_4$	90.035	$KSCN$	97.18
$H_2C_2O_4 \cdot 2H_2O$	126.07	K_2CO_3	138.21
HCl	36.461	K_2CrO_4	194.19
HF	20.006	$K_2Cr_2O_7$	294.18
HI	127.91	$K_3Fe(CN)_6$	329.25
HIO_3	175.91	$K_4Fe(CN)_6$	368.35
HNO_3	63.013	$KFe(SO_4)_2 \cdot 12H_2O$	503.24
HNO_2	47.013	$KHC_2O_4 \cdot H_2O$	146.14
H_2O	18.015	$KHC_2O_4 \cdot H_2C_2O_4 \cdot 2H_2O$	254.19
H_2O_2	34.015	$KHC_4H_4O_6$	188.18
H_3PO_4	97.995	$KHSO_4$	136.16
H_2S	34.08	KI	166.00
H_2SO_3	82.07	KIO_3	214.00
H_2SO_4	98.07	$KIO_3 \cdot HIO_3$	389.91
$Hg(CN)_2$	252.63	$KMnO_4$	158.03
$HgCl_2$	271.50	$KNaC_4H_4O_6 \cdot 4H_2O$	282.22
Hg_2Cl_2	472.09	KNO_3	101.10
HgI_2	454.40	KNO_2	85.104
$Hg_2(NO_3)_2$	525.19	K_2O	94.196
$Hg_2(NO_3)_2 \cdot 2H_2O$	561.22	KOH	56.106
$Hg(NO_3)_2$	324.60	K_2SO_4	174.25
HgO	216.59	$MgCO_3$	84.314
HgS	232.65	$MgCl_2$	95.211
$HgSO_4$	296.65	$MgCl_2 \cdot 6H_2O$	203.30
Hg_2SO_4	497.24	MgC_2O_4	112.33
$KAl(SO_4)_2 \cdot 12H_2O$	474.38	$Mg(NO_3)_2 \cdot 6H_2O$	256.41

化 合 物	M /(g/mol)	化 合 物	M /(g/mol)
KBr	119.00	$MgNH_4PO_4$	137.32
$KBrO_3$	167.00	MgO	40.304
$Mg(OH)_2$	58.32	NaSCN	81.07
$Mg_2P_2O_7$	222.55	Na_2CO_3	105.99
$MgSO_4 \cdot 7H_2O$	246.47	$Na_2CO_3 \cdot 10H_2O$	286.14
$MnCO_3$	114.95	$Na_2C_2O_4$	134.00
$MnCl_2 \cdot 4H_2O$	197.91	CH_3COONa	82.034
$Mn(NO_3)_2 \cdot 6H_2O$	287.04	$CH_3COONa \cdot 3H_2O$	136.08
MnO	70.937	NaCl	58.443
MnO_2	86.937	NaClO	74.442
MnS	87.00	$NaHCO_3$	84.007
$MnSO_4$	151.00	$Na_2HPO_4 \cdot 12H_2O$	358.14
$MnSO_4 \cdot 4H_2O$	223.06	$Na_2H_2Y \cdot 2H_2O$	372.24
NO	30.006	$NaNO_2$	68.995
NO_2	46.006	$NaNO_3$	84.995
NH_3	17.03	Na_2O	61.979
CH_3COONH_4	77.083	Na_2O_2	77.978
NH_4Cl	53.491	NaOH	39.997
$(NH_4)_2CO_3$	96.086	Na_3PO_4	163.94
$(NH_4)_2C_2O_4$	124.10	Na_2S	78.04
$(NH_4)_2C_2OC_4 \cdot H_2O$	142.11	$Na_2S \cdot 9H_2O$	240.18
NH_4SCN	76.12	Na_2SO_3	126.04
NH_4HCO_3	79.055	Na_2SO_4	142.04
$(NH_4)_2MoO_4$	196.01	$Na_2S_2O_3$	158.10
NH_4NO_3	80.043	$Na_2S_2O_3 \cdot 5H_2O$	248.17
$(NH_4)_2HPO_4$	132.06	$NiCl_2 \cdot 6H_2O$	237.69
$(NH_4)_2S$	68.14	NiO	74.69
$(NH_4)_2SO_4$	132.13	$Ni(NO_3)_2 \cdot 6H_2O$	290.79
NH_4VO_3	116.98	NiS	90.75
Na_3AsO_3	191.89	$NiSO_4 \cdot 7H_2O$	280.85
$Na_2B_4O_7$	201.22	P_2O_5	141.94
$Na_2B_4O_7 \cdot 10H_2O$	381.37	$PbCO_3$	267.20
$NaBiO_3$	279.97	PbC_2O_4	295.22
NaCN	49.007	$PbCl_2$	278.10
$PbCrO_4$	323.20	$SnCl_4 \cdot 5H_2O$	350.596
$Pb(CH_3COO)_2$	325.30	SnO_2	150.71
$Pb(CH_3COO)_2 \cdot 3H_2O$	379.30	SnS	150.776

化 合 物	M /(g/mol)	化 合 物	M /(g/mol)
PbI_2	461.00	$SrCO_3$	147.63
$Pb(NO_3)_2$	331.20	SrC_2O_4	175.64
PbO	223.20	$SrCrO_4$	203.61
PbO_2	239.20	$Sr(NO_3)_2$	211.63
$Pb_3(PO_4)_2$	811.54	$Sr(NO_3)_2 \cdot 4H_2O$	283.69
PbS	239.30	$SrSO_4$	183.68
$PbSO_4$	303.30	$UO_2(CH_3COO)_2 \cdot 2H_2O$	424.15
SO_3	80.06	$ZnCO_3$	125.39
SO_2	64.06	ZnC_2O_4	153.40
$SbCl_3$	228.11	$ZnCl_2$	136.29
$SbCl_5$	299.02	$Zn(CH_3COO)_2$	183.47
Sb_2O_3	291.50	$Zn(CH_3COO)_2 \cdot 2H_2O$	219.50
Sb_3S_3	339.68	$Zn(NO_3)_2$	189.39
SiF_4	104.08	$Zn(NO_3)_2 \cdot 6H_2O$	297.48
SiO_2	60.084	ZnO	81.38
$SnCl_2$	189.62	ZnS	97.44
$SnCl_2 \cdot 2H_2O$	225.65	$ZnSO_4$	161.44
$SnCl_4$	260.52	$ZnSO_4 \cdot 7H_2O$	287.54

表十二 原子量表

(1995 年国际原子量)

元素	符号	A	元素	符号	A	元素	符号	A
银	Ag	107.87	铍	Be	9.0122	氯	Cl	35.453
铝	Al	26.982	铋	Bi	208.98	钴	Co	58.933
氩	Ar	39.948	溴	Br	79.904	铬	Cr	51.996
砷	As	74.922	碳	C	12.011	铯	Cs	132.91
金	Au	196.97	钙	Ca	40.078	铜	Cu	63.546
硼	B	10.811	镉	Cd	112.41	镝	Dy	162.50
钡	Ba	137.33	铈	Ce	140.12	铒	Er	167.26
铕	Eu	151.96	氮	N	14.007	硒	Se	78.96
氟	F	18.998	钠	Na	22.990	硅	Si	28.086
铁	Fe	55.845	铌	Nb	92.906	钐	Sm	150.36
镓	Ga	69.723	钕	Nd	144.24	锡	Sn	118.71
钆	Gd	157.25	氖	Ne	20.180	锶	Sr	87.62
锗	Ge	72.61	镍	Ni	58.693	钽	Ta	180.95
氢	H	1.0079	镎	Np	237.05	铽	Tb	158.9

元素	符号	A	元素	符号	A	元素	符号	A
氦	He	4.0026	氧	O	15.999	碲	Te	127.60
铪	Hf	178.49	锇	Os	190.23	钍	Th	232.04
汞	Hg	200.59	磷	P	30.974	钛	Ti	47.867
钬	Ho	164.93	铅	Pb	207.2	铊	Tl	204.38
碘	I	126.90	钯	Pd	106.42	铥	Tm	168.93
铟	In	114.82	镨	Pr	140.91	铀	U	238.03
铱	Ir	192.22	铂	Pt	195.08	钒	V	50.942
钾	K	39.098	镭	Ra	226.03	钨	W	183.84
氪	Kr	83.80	铷	Rb	85.468	氙	Xe	131.29
镧	La	138.91	铼	Re	186.21	钇	Y	88.906
锂	Li	6.941	铑	Rh	102.91	镱	Yb	173.04
镥	Lu	174.97	钌	Ru	101.07	锌	Zn	65.39
镁	Mg	24.305	硫	S	32.066	锆	Zr	91.224
锰	Mn	54.938	锑	Sb	121.76			
钼	Mo	95.94	钪	Sc	44.956			

表十三　不同温度下标准滴定溶液体积的补正值/(mL/L)

补正值 温度/℃ ＼ 标准溶液种类	0~0.05 mol/L 的各种水溶液	0.1~0.2 mol/L 各种水溶液	0.5mol/L HCl 溶液	1mol/L HCl 溶液	0.5mol/L (1/2H₂SO₄)溶液;0.5mol/L NaOH 溶液	0.5mol/L H₂SO₄ 溶液;1mol/L NaOH 溶液
5	+1.38	+1.7	+1.9	+2.3	+2.4	+3.6
6	+1.38	+1.7	+1.9	+2.2	+2.3	+3.4
7	+1.36	+1.6	+1.8	+2.2	+2.2	+3.2
8	+1.33	+1.6	+1.8	+2.1	+2.2	+3.0
9	+1.29	+1.5	+1.7	+2.0	+2.1	+2.7
10	+1.23	+1.5	+1.6	+1.9	+2.0	+2.5
11	+1.17	+1.4	+1.5	+1.8	+1.8	+2.3
12	+1.10	+1.3	+1.4	+1.6	+1.7	+2.0
13	+0.99	+1.1	+1.2	+1.4	+1.5	+1.8
14	+0.88	+1.0	+1.1	+1.2	+1.3	+1.6
15	+0.77	+0.9	+0.9	+1.0	+1.1	+1.3
16	+0.64	+0.7	+0.8	+0.8	+0.9	+1.1
17	+0.50	+0.6	+0.6	+0.6	+0.7	+0.8
18	+0.34	+0.4	+0.4	+0.4	+0.5	+0.6
19	+0.18	+0.2	+0.2	+0.2	+0.2	+0.3
20	0.00	0.00	0.00	0.00	0.00	0.00

补正值 温度/℃ ＼ 标准溶液种类	0~0.05 mol/L 的各种水溶液	0.1~0.2 mol/L 各种水溶液	0.5mol/L HCl溶液	1mol/L HCl溶液	0.5mol/L $(1/2H_2SO_4)$溶液;0.5mol/L NaOH溶液	0.5mol/L H_2SO_4溶液;1mol/L NaOH溶液
21	-0.18	-0.2	-0.2	-0.2	-0.2	-0.3
22	-0.38	-0.4	-0.4	-0.5	-0.5	-0.6
23	-0.58	-0.6	-0.7	-0.7	-0.8	-0.9
24	-0.80	-0.9	-0.9	-1.0	-1.0	-1.2
25	-1.03	-1.1	-1.1	-1.2	-1.3	-1.5
26	-1.26	-1.4	-1.4	-1.4	-1.5	-1.8
27	-1.51	-1.7	-1.7	-1.7	-1.8	-2.1
28	-1.76	-2.0	-2.0	-2.0	-2.1	-2.4
29	-2.01	-2.3	-2.3	-2.3	-2.4	-2.8
30	-2.30	-2.5	-2.5	-2.6	-2.8	-3.2
31	-2.58	-2.7	-2.7	-2.9	-3.1	-3.5
32	-2.86	-3.0	-3.0	-3.2	-3.4	-3.9
33	-3.04	-3.2	-3.3	-3.5	-3.7	-4.2
34	-3.47	-3.7	-3.6	-3.8	-4.1	-4.6
35	-3.78	-4.0	-4.0	-4.1	-4.4	-5.0
36	-4.10	-4.3	-4.3	-4.4	-4.7	-5.3

注：1. 本表数值是以 20℃ 为标准温度以实测法测出。

2. 表中带有"＋"、"－"号的数值是以 20℃ 为分界。室温低于 20℃的补正值均为"＋"，高于 20℃的补正值均为"－"。

3. 本表的用法：如 1L $[c_{(1/2 H_2SO_4)} = 1mol/L]$ 硫酸溶液由 25℃ 换算为 20℃时，其体积补正值为 -1.5mL，故 40.00mL 换算为 20℃时的体积为 $V_{20} = (40.00 - \frac{1.5}{1000} \times 40.00)$ mL＝39.94mL。

竖排元素周期表

图例说明：

- 原子序数
- 中文名称
- 元素符号
- 价电子组态
- 标准原子量（[ ] 中为半衰期最长的同位素质量数）

示例：19 钾 K，39.10，$4s^1$

区域分类：s 区元素、p 区元素、d 区元素、ds 区元素、f 区元素

主表（族为行，周期为列）

族	周期1 (K)	周期2 (KL)	周期3 (KLM)	周期4 (KLMN)	周期5 (KLMNO)	周期6 (KLMNOP)	周期7 (KLMNOPQ)
1 (1A)	1 氢 H 1.008 $1s^1$	3 锂 Li 6.941 $2s^1$	11 钠 Na 22.99 $3s^1$	19 钾 K 39.10 $4s^1$	37 铷 Rb 85.47 $5s^1$	55 铯 Cs 132.9 $6s^1$	87 钫 Fr [223] $7s^1$
2 (2A)		4 铍 Be 9.012 $2s^2$	12 镁 Mg 24.31 $3s^2$	20 钙 Ca 40.08 $4s^2$	38 锶 Sr 87.62 $5s^2$	56 钡 Ba 137.3 $6s^2$	88 镭 Ra [226] $7s^2$
3 (3B)				21 钪 Sc 44.96 $3d^14s^2$	39 钇 Y 88.91 $4d^15s^2$	57–71 镧系 La–Lu	89–103 锕系 Ac–Lr
4 (4B)				22 钛 Ti 47.87 $3d^24s^2$	40 锆 Zr 91.22 $4d^25s^2$	72 铪 Hf 178.5 $5d^26s^2$	104 鑪 Rf [267] $6d^27s^2$
5 (5B)				23 钒 V 50.94 $3d^34s^2$	41 铌 Nb 92.91 $4d^45s^1$	73 钽 Ta 180.9 $5d^36s^2$	105 𨧀 Db [268] $6d^37s^2$
6 (6B)				24 铬 Cr 52.00 $3d^54s^1$	42 钼 Mo 95.96 $4d^55s^1$	74 钨 W 183.8 $5d^46s^2$	106 𨭆 Sg [269] $6d^47s^2$
7 (7B)				25 锰 Mn 54.94 $3d^54s^2$	43 锝 Tc [98] $4d^55s^2$	75 铼 Re 186.2 $5d^56s^2$	107 𨨏 Bh [270] $6d^57s^2$
8 (8B)				26 铁 Fe 55.85 $3d^64s^2$	44 钌 Ru 101.1 $4d^75s^1$	76 锇 Os 190.2 $5d^66s^2$	108 𨭎 Hs [277] $6d^67s^2$
9 (8B)				27 钴 Co 58.93 $3d^74s^2$	45 铑 Rh 102.9 $4d^85s^1$	77 铱 Ir 192.2 $5d^76s^2$	109 鿏 Mt [276] $6d^77s^2$
10 (8B)				28 镍 Ni 58.69 $3d^84s^2$	46 钯 Pd 106.4 $4d^{10}$	78 铂 Pt 195.1 $5d^96s^1$	110 𫟼 Ds [281] $6d^87s^2$
11 (1B)				29 铜 Cu 63.55 $3d^{10}4s^1$	47 银 Ag 107.9 $4d^{10}5s^1$	79 金 Au 197.0 $5d^{10}6s^1$	111 𬬭 Rg [282] $6d^{10}7s^1$
12 (2B)				30 锌 Zn 65.38 $3d^{10}4s^2$	48 镉 Cd 112.4 $4d^{10}5s^2$	80 汞 Hg 200.6 $5d^{10}6s^2$	112 鎶 Cn [285] $6d^{10}7s^2$
13 (3A)		5 硼 B 10.81 $2s^22p^1$	13 铝 Al 26.98 $3s^23p^1$	31 镓 Ga 69.72 $4s^24p^1$	49 铟 In 114.8 $5s^25p^1$	81 铊 Tl 204.4 $6s^26p^1$	113 鿭 Nh [285] $7s^27p^1$
14 (4A)		6 碳 C 12.01 $2s^22p^2$	14 硅 Si 28.09 $3s^23p^2$	32 锗 Ge 72.63 $4s^24p^2$	50 锡 Sn 118.7 $5s^25p^2$	82 铅 Pb 207.2 $6s^26p^2$	114 鈇 Fl [289] $7s^27p^2$
15 (5A)		7 氮 N 14.01 $2s^22p^3$	15 磷 P 30.97 $3s^23p^3$	33 砷 As 74.92 $4s^24p^3$	51 锑 Sb 121.8 $5s^25p^3$	83 铋 Bi 209.0 $6s^26p^3$	115 镆 Mc [289] $7s^27p^3$
16 (6A)		8 氧 O 16.00 $2s^22p^4$	16 硫 S 32.06 $3s^23p^4$	34 硒 Se 78.96 $4s^24p^4$	52 碲 Te 127.6 $5s^25p^4$	84 钋 Po [209] $6s^26p^4$	116 鉝 Lv [293] $7s^27p^4$
17 (7A)		9 氟 F 19.00 $2s^22p^5$	17 氯 Cl 35.45 $3s^23p^5$	35 溴 Br 79.90 $4s^24p^5$	53 碘 I 126.9 $5s^25p^5$	85 砹 At [210] $6s^26p^5$	117 鿬 Ts [294] $7s^27p^5$
18 (8A)	2 氦 He 4.003 $1s^2$	10 氖 Ne 20.18 $2s^22p^6$	18 氩 Ar 39.95 $3s^23p^6$	36 氪 Kr 83.80 $4s^24p^6$	54 氙 Xe 131.3 $5s^25p^6$	86 氡 Rn [222] $6s^26p^6$	118 鿫 Og [294] $7s^27p^6$

镧系（f 区，57–71）

57 镧 La 138.9 $5d^16s^2$	58 铈 Ce 140.1 $4f^15d^16s^2$	59 镨 Pr 140.9 $4f^36s^2$	60 钕 Nd 144.2 $4f^46s^2$	61 钷 Pm [145] $4f^56s^2$	62 钐 Sm 150.4 $4f^66s^2$	63 铕 Eu 152.0 $4f^76s^2$	64 钆 Gd 157.3 $4f^75d^16s^2$	65 铽 Tb 158.9 $4f^96s^2$	66 镝 Dy 162.5 $4f^{10}6s^2$	67 钬 Ho 164.9 $4f^{11}6s^2$	68 铒 Er 167.3 $4f^{12}6s^2$	69 铥 Tm 168.9 $4f^{13}6s^2$	70 镱 Yb 173.1 $4f^{14}6s^2$	71 镥 Lu 175.0 $4f^{14}5d^16s^2$

锕系（f 区，89–103）

89 锕 Ac [227] $6d^17s^2$	90 钍 Th 232.0 $6d^27s^2$	91 镤 Pa 231.0 $5f^26d^17s^2$	92 铀 U 238.0 $5f^36d^17s^2$	93 镎 Np [237] $5f^46d^17s^2$	94 钚 Pu [244] $5f^67s^2$	95 镅 Am [243] $5f^77s^2$	96 锔 Cm [247] $5f^76d^17s^2$	97 锫 Bk [247] $5f^97s^2$	98 锎 Cf [251] $5f^{10}7s^2$	99 锿 Es [252] $5f^{11}7s^2$	100 镄 Fm [257] $5f^{12}7s^2$	101 钔 Md [258] $5f^{13}7s^2$	102 锘 No [259] $5f^{14}7s^2$	103 铹 Lr [262] $5f^{14}6d^17s^2$